格构增强复合材料夹芯结构

Lattice-Web Reinforced Composite Sandwich Structure

方　海　刘伟庆　张富宾　史慧媛　著

科 学 出 版 社

北　京

内 容 简 介

本书从格构增强复合材料的夹芯结构基本概念出发，对格构增强复合材料夹芯梁、板、柱基本构件的受力机理、力学性能、工程设计方法、制造工艺及工程应用进行了全面的论述，并对夹芯结构吸能机理与防撞应用进行了详细的阐述。全书在内容安排及叙述上注重突出系统性、前沿性和实用性，适应工程材料科学的发展要求。

本书可作为土木工程、复合材料力学及相关专业高年级本科生、研究生的基础教材和力学、机械专业相应课程的教学参考书，也可作为复合材料夹层结构技术人员、管理人员进行工程设计、生产制造和开发应用的参考书。

图书在版编目(CIP)数据

格构增强复合材料夹芯结构/方海等著. —北京：科学出版社，2020.12

ISBN 978-7-03-066219-4

Ⅰ. ①格…　Ⅱ. ①方…　Ⅲ. ①建筑材料-复合材料-夹芯层板-研究
Ⅳ. ①TU599

中国版本图书馆 CIP 数据核字(2020)第 180067 号

责任编辑：李涪汁　曾佳佳　乔丽维/责任校对：杨聪敏
责任印制：张　伟/封面设计：许　瑞

科学出版社 出版
北京东黄城根北街 16 号
邮政编码：100717
http://www.sciencep.com

北京九州迅驰传媒文化有限公司 印刷

科学出版社发行　各地新华书店经销
*

2020 年 12 月第　一　版　开本：720×1000　1/16
2020 年 12 月第一次印刷　印张：22 1/2
字数：450 000

定价：169.00 元

(如有印装质量问题，我社负责调换)

前　言

纤维增强复合材料因其轻质高强、可设计性和高耐久性在基础设施领域逐步得到关注与应用，通过结构体系创新，可部分替代钢和混凝土制造各类结构构件，满足建筑、桥梁、海洋等工程结构的强度、刚度及使用功能需求。复合材料通常采用夹芯结构形式获得较大的结构刚度，但其在制造与服役过程中易发生面层与芯材界面剥离破坏，制约了其轻质高强特性的发挥。

针对该难题，本人2005~2008年攻读博士学位期间，在导师刘伟庆教授的指导下，发明了格构增强复合材料夹芯结构，并获得了国家发明专利授权(ZL 200710021396.8)，复合材料夹芯结构的强度、刚度、延性及界面抗剥离性能得以大幅提高。本人在攻读博士学位期间对其制造工艺、受力机理及设计理论进行了研究，并发明了一种轻质高强的应急用复合材料道面垫板，已在空军野战阵地、中石油抢修工程、南京人防演习等领域获得应用。

2008年，本人毕业后留校继续从事该领域的研究，围绕刘伟庆教授于2012年获批的国家自然科学基金重点项目“新型纤维增强结构复合材料的体系创新与关键基础理论”和本人于2015年获批的国家自然科学基金面上项目“格构增强复合材料框架的受力机理与设计方法研究”等课题，开展了格构增强泡沫或轻木夹芯复合材料的受力性能与冲击吸能机理的研究，并将其应用于桥梁复合材料防船撞系统、轻质桥面板系统、漂浮式太阳能系统等领域。研发的格构增强复合材料桥面板和楼面板还用于武汉杨泗港长江大桥上层桥面人行道和南京佛手湖玻璃钢宅中。本书作者张富宾于2015年完成了博士学位论文《纤维腹板增强复合材料夹层梁受弯、受剪性能研究》，史慧媛于2018年完成了博士学位论文《格构增强轻木夹芯复合材料结构疲劳机理研究与寿命预测》。目前张富宾博士任江苏大学土木工程与力学学院副教授，史慧媛博士任苏州科技大学土木工程学院讲师。

在本书酝酿及撰写过程中，本人曾与多位同仁、同事，特别是本人所在南京工业大学先进工程复合材料研究中心的多位同事以及研究生，有过许多有益的交流讨论。本书内容包含张富宾博士和史慧媛博士的工作，还包含本人近年来与自己所指导的硕士研究生合作完成的一些研究，主要有与陈向前、吴中元、王跃就梁、板弯曲性能的研究，与邹芳就短柱轴压性能的研究，与王健、樊子砚就吸能性能的研究。江苏大学谢少锋、南京工业大学沈春燕和黎冲等在读硕士研究生在资料收集及大量插图绘制方面给予了有力协助。在此一并表示衷心感谢。

限于本人水平，书中难免存在不足之处，敬请读者批评指正，以便再版时修改完善。

方　海

2020年8月31日于南京工业大学

目　录

第1章 绪 论

1.1 复合材料夹芯结构概念

复合材料夹芯结构由上、下高强面板和轻质芯材组成(图 1-1(a)),具有质量轻、强度高、耐腐蚀性能好等优点,近年来广泛应用于航空航天、船舶、轨道交通等领域[1-41]。

复合材料夹芯结构面板主要包括金属面板、铝合金面板和纤维增强复合材料(fiber reinforced plastics,FRP)面板等。金属面板质量重,耐腐蚀性能差;铝合金面板质量轻,成型安装方便,但其价格昂贵,仅在特殊情况下有少量应用;FRP面板具有比强度高、比模量高、耐腐蚀性能好等优点,在夹芯结构领域得到越来越广泛的应用。轻质芯材主要包括轻质混凝土、轻木及泡沫芯材等[18-20]。

纤维增强复合材料夹芯结构在承受面外弯曲荷载时,远离中和轴的纤维面板提供抗弯刚度,轻质芯材提供抗剪刚度。因此在结构设计时,为了充分发挥纤维的抗拉性能,可将模量大、强度高的纤维材料放置在远离中和轴的位置,将强度和模量较低的轻质材料放置在应力较小的位置,其受力机理见图 1-1(b)。

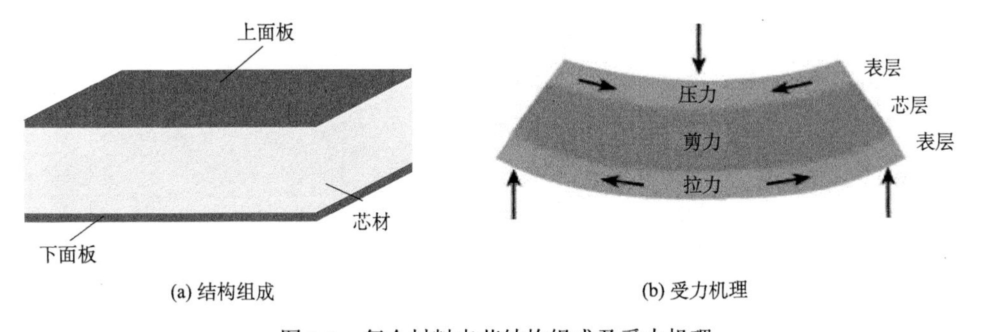

图 1-1 复合材料夹芯结构组成及受力机理

在工业发达的今天,这种创新型组合结构体系为人们提供了一种强度、刚度和质量之间相互矛盾的解决方案。国内外已开始将复合材料夹芯结构应用于保温车厢、道路垫板、桥面板、快速拼装房屋等工程领域[2-7]。

尽管纤维增强复合材料夹芯结构在力学性能上有许多优点,在航空航天、车辆及舰船领域得到越来越广泛的应用,但其在建筑结构领域的应用还处于起步阶段。主要原因是传统夹芯结构主要采用模量较低的轻质材料作为芯材,对于建筑结构用梁、板构件，在面外荷载作用下，存在模量低、剪切变形大等不足，同时易发生界面剥离、芯材剪切等脆性破坏，限制了其广泛应用。

针对传统夹芯结构芯材尚存在的不足，国内外学者相继提出了一系列芯材增强措施，使其界面性能及力学性能有了显著提高，比较有代表性的有：①Z-pin增强夹芯结构，通过在芯材上沿斜向植入碳纤维短棒，将面板与芯材黏结起来，这种技术有效提高了夹芯结构的各项性能(图 1-2(a))；②纤维缝纫增强夹芯结构，采用高强度纤维将上、下面板缝纫在一起，显著提高了夹芯梁界面性能(图 1-2(b))；③U-core 增强夹芯结构，将上、下面层中露出的纤维弯曲成 U 型环，通过一体成型工艺嵌入芯材内(图 1-2(c))；④纤维腹板增强夹芯结构，在芯材中引入纤维腹板，在改善夹芯梁界面性能的同时，有效提高其整体力学性能(图 1-2(d))。

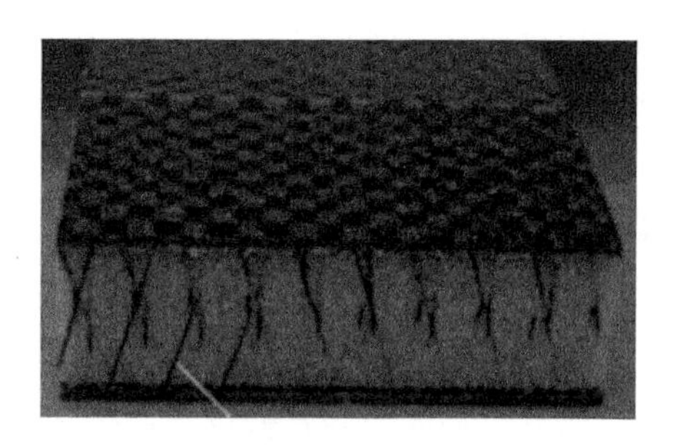

(a) Z-pin 增强夹芯结构

(b) 纤维缝纫增强夹芯结构

(c) U-core 增强夹芯结构

(d) 纤维腹板增强夹芯结构

图 1-2　芯材增强型复合材料夹芯结构

1.2　格构腹板增强复合材料夹芯结构基本概念

传统复合材料夹芯结构主要采用模量较低的轻质材料作为芯材，在面外荷载作用下，存在模量低、剪切变形大等不足，同时易发生界面剥离、芯材剪切等脆性破坏，限制了纤维材料强度的充分发挥。为了解决上述问题，进一步提高复合材料夹芯结构的受弯性能、受剪性能和延性耗能能力，本书提出一种新型夹芯结构——纤维腹板增强复合材料夹芯梁(图 1-3)，该新型梁由上面板、下面板、纤维腹板和泡沫芯材组成，其中上面板、下面板和纤维腹板为树脂基玻璃纤维增强复合材料(glassfiber reinforced plastic，GFRP)，泡沫芯材为聚氨酯(polyurethane，PU)泡沫。纤维腹板可分为单向腹板和双向腹板，单向腹板包括纵向、横向和水平向腹板(图 1-3(a)~(c))，双向腹板包括纵向、横向腹板和纵向、水平向腹板两种(图 1-3(d))。新型纤维腹板增强复合材料夹芯梁主要控制参数为腹板分布形式(纵向、横向、水平向及双向)、腹板间距、腹板厚度、纤维铺层角、芯材密度及组合方式等。

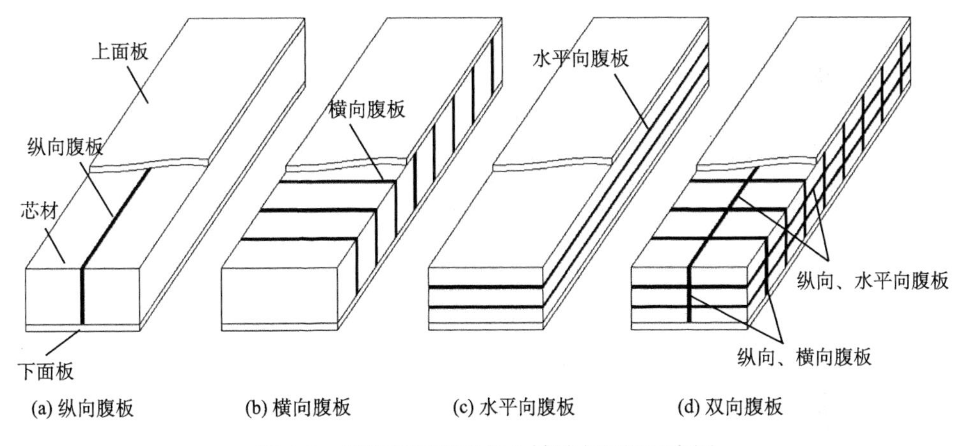

图 1-3 纤维腹板增强复合材料夹芯梁示意图

纤维腹板将上、下复合材料面板与泡沫芯材连成一体，提高了面板与芯材之间的界面抗剥离能力，同时能提高夹芯梁弯曲刚度、剪切刚度与极限承载力；在此基础上，采用不同密度泡沫组合芯材(在受压区放置高密度泡沫，在受拉区放置低密度泡沫)能进一步增强夹芯梁刚度和极限承载力；横向、水平向腹板的存在，能有效阻止芯材剪切裂缝扩展，提高夹芯梁变形能力，初步实现夹芯梁延性设计要求。

该新型夹芯梁在继承了传统复合材料夹芯结构轻质、高强、耐腐蚀性能好等优点的同时，有效改善了夹芯梁界面性能，提高其受弯、受剪极限承载力和刚度，同时能有效增强夹芯梁的变形能力，提高结构延性。该新型夹芯梁可实现工厂预制，现场安装，广泛应用于应急抢修桥面板、道路垫板、车辆、舰船及高速列车等工程领域。

1.3 芯材增强型复合材料夹芯结构发展现状

1.3.1 芯材增强型夹芯结构工程应用现状

1. Z-pin 增强复合材料夹芯结构

2001 年，NASA 提出 Z-pin 增强复合材料夹芯结构，在芯材上沿斜向植入碳纤维短棒，将面板与芯材黏结起来，有效提高了夹芯结构的各项性能。图 1-2(a)是Z-pin增强夹芯结构示意图，图中Z-pin纤维柱与结构厚度方向夹角为植入角度。2002 年，Sikorsky Aircraft 公司将这种技术取代 Nomex 蜂窝芯材应用在飞机旋翼上，其中包括在研的 RAH-66 科曼奇武装直升机[11]。这种材料在保证满足结构力学性能的基础上，质量降低了 10%。

但是，由于制作工艺限制，这种技术早期只能采用人工植入法，费时费力，更重要的是，难以确保植入角度的一致性[28]，在一定程度上限制了该技术的推广应用。

2. 纤维缝纫增强复合材料夹芯结构

2001 年，美国犹他大学的 Stanley 等提出了纤维缝纫增强复合材料夹芯结构的新概念(图 1-2(b))，用芳纶纤维将碳纤维面板和泡沫芯材缝合在一起，该新型结构继承了传统夹芯结构的优点，避免了其主要缺点(面层与芯材易发生界面剥离)，显著提高了结构稳定性，因而被用作多种型号飞机的雷达罩、直升机的旋翼蒙皮以及“旅行者”号飞机的机翼等[1,25]。美国波音公司已将该技术应用于最新的先进战区运输机计划[32]。2004 年，北卡州立大学[33]将该项技术应用于桥面板(图 1-4(a))和道路垫板(图 1-4(b))，并认为其耐久性能良好。

(a)桥面板

(b)道路垫板

图 1-4 纤维缝纫增强复合材料夹芯结构工程应用

纤维缝纫增强技术采用高强度的纤维将夹芯结构的上、下面板缝合在一起，显著改善了夹芯梁界面性能和耐久性能，但其对夹芯结构面外刚度提高有限。

3. U-core 增强复合材料夹芯结构

U-core 增强复合材料夹芯结构是一种新型的复合材料夹芯结构，该技术将上、下面层中露出的纤维弯曲成 U 型环，通过一体成型工艺嵌入芯材内，如图 1-2(c)所示，进而增强面板与芯材之间的界面性能。与纤维缝纫增强复合材料夹芯结构和 Z-pin 增强复合材料夹芯结构不同，U 型纤维环仅仅是嵌入泡沫芯材内部，并没有贯穿芯材的整个厚度。该技术不但能解决夹芯结构层间强度低、界面易剥离等不足，而且能有效提高芯材面内拉伸以及面内剪切性能[35-37]，但其对夹芯梁面外力学性能影响有限。

4. 腹板增强复合材料夹芯结构

2008 年，美国 Ribcore 公司推出了一种高强泡沫芯材，这种芯材每隔一定的距离设置纵向腹板(图 1-2(d))[40]。研究结果表明，引入腹板增强了夹芯梁的受弯性能。2010 年，美国 Hardcore 复合材料公司成功研制出腹板增强复合材料夹芯结构板桥(图 1-5)，面板和腹板采用真空导入一体成型，故其整体性好。该板桥采用两个尺寸为 12.14m×4.12m×0.91m 的单元连接起来形成双车道，并经过了各类实际车载测试[35]。

(a)真空成型工艺

(b)运输与吊装

(c)车载试验

图 1-5 美国民用应急复合材料夹芯结构板桥

2008 年，瑞士国家复合材料结构研究中心将纵向腹板增强复合材料夹芯结构应用于巴塞尔一座楼板中(图 1-6)[41]。该楼板由四个尺寸为 17.6m×12.5m×0.9m 的腹板增强夹芯结构单元组成。结果表明，纵向腹板不但增加了结构的承载力和刚度，而且在很大程度上提高了结构的整体性，使整个楼板具有质量轻、安装方便等优点。

(a)静力试验

(b)现场安装

(c)成型效果

图 1-6　巴塞尔复合材料夹芯结构楼板

2010 年，南京工业大学先进工程复合材料研究中心[3]对纵向腹板增强复合材料夹芯结构静力性能及冲击力学性能进行了广泛研究。结果表明，相对于传统复合材料夹芯结构，该新型结构具有优异的力学性能和界面性能。该中心先后将这种新型夹芯结构应用于道路垫板、桥面板、快速拼装房屋及桥梁防撞装置等土木工程领域(图 1-7)。

(a)道路垫板

(b)快速拼装房屋

(c)桥梁防撞装置

图 1-7　腹板增强复合材料夹芯结构在土木工程领域的应用

2012 年，ACCM 公司提出了混合芯材的概念，即按需求将不同性能的芯材混合使用，如 Balsa 轻木与聚氨酯泡沫芯材组合，不同密度泡沫混合使用，能满足复杂工况、复杂几何形状的要求[22]。到目前为止，国内外对这种混合芯材研究的报道尚少。

1.3.2　芯材增强型夹芯结构研究现状

目前国内外对芯材增强型复合材料夹芯结构的研究方法主要分为试验研究、理论分析和数值分析三种。其中以试验研究和理论分析为主，数值分析为辅。

1. 受弯性能研究现状

Allen[42]、Steeves 等 [43]、Rizov 等[44]、Koissin 等[45]对无腹板增强复合材料夹

芯结构受弯性能进行了广泛研究，归纳总结了夹芯结构的典型破坏模式为面层屈服、面层屈曲、芯材剪切破坏和芯材局部压陷。

Marasco 等[46]对 Z-pin 增强复合材料夹芯结构基本力学性能进行了试验研究。结果表明，泡沫填充 Z-pin 复合材料夹芯结构具有较高的承载力，并且泡沫具有防水的作用，能有效防止 Z-pin 与面板之间的剥离。Partridge 等[47]、Kocher 等[48]、Pimsiree 等[49]、Liu 等[50]、Vaidya 等[51]、Palazotto 等[52]对 Z-pin 增强复合材料夹芯结构受弯性能进行研究，得出了纤维柱失稳是其典型的破坏模式，填充聚氨酯泡沫能有效防止纤维柱发生失稳破坏。国内田旭等[26]、杜龙等[28]、陈海欢[53]通过大量试验对 Z-pin 增强复合材料夹芯结构受弯性能进行了系统研究，得出 Z-pin 增强复合材料在提高夹芯结构承载力和刚度的同时能有效降低其质量。

Dweib 等[54]对纵向腹板增强复合材料夹芯结构受弯性能进行研究，分析了纤维种类(玻璃纤维、天然纤维及混合纤维)对夹芯梁受力性能的影响；2004 年，James [55]对纵向腹板增强复合材料夹芯结构进行了受弯性能试验研究；Keller 等[41]对尺寸为 17.6m × 12.5m × 0.9m 的纵向腹板增强复合材料夹芯结构受弯性能进行了研究。结果表明，纵向腹板能提高复合材料夹芯梁极限承载力和刚度，同时能改变其破坏模式。

Jeong 等[56]、Zi 等[57]、Fam 等[58]、Lee 等[59]、Moon 等[60]对泡沫填充横向腹板增强复合材料夹芯结构受力性能进行研究，重点研究了横向腹板间距、厚度等参数对夹芯梁受弯性能的影响。结果表明，填充泡沫对夹芯结构刚度、承载力都有很大的提高，同时对横向腹板稳定性也起到很大的作用。相对于无腹板增强复合材料夹芯结构，横向腹板能有效阻止芯材裂纹扩展，改变结构的破坏模式，提高其变形能力。

Manalo 等[61,62]对复合材料夹芯梁受弯性能进行研究，重点研究水平向腹板层数、剪跨比等参数对其力学性能的影响。结果表明，夹芯梁承载力和刚度随着腹板层数的增加而增加，同时这种新型夹芯结构概念，使得不同密度泡沫组合变得更加简单、方便。

刘伟庆等[3]、方海[63]和万里[64]采用真空导入工艺制备纵向腹板增强复合材料夹芯结构，并对其受弯、受压及界面性能进行了广泛研究。结果表明，纤维腹板能显著提高复合材料夹芯结构的承载力和刚度，同时腹板可有效阻止剪切裂纹的扩展，抑制面板与芯材之间发生界面剥离破坏。Russell 等[65]、周强[66]、Wang 等[67]、刘子健[68]、陈向前[69]对纵、横向腹板增强复合材料夹芯梁、板构件受弯性能进行了研究。国内外学者对单向(纵向、横向)腹板增强复合材料夹芯结构受弯性能进行了一定的研究，并取得一定的成果。但对腹板间距、厚度等参数的研究尚不够充分，对水平向腹板、双向腹板研究尚少；对腹板增强复合材料夹芯结构尚未形成统一的设计方法，离实际工程应用还有一定差距。

2. 受剪性能研究现状

由于夹芯结构纯剪状态很难模拟，所以精确描述夹芯结构真实的受剪性能有一定的困难。目前国内外学者对夹芯结构受剪性能试验研究常用的方法包括：①V 形切口梁剪切试验[70]（图 1-8(a)）；②拉剪试验[71]（图 1-8(b)）；③非对称梁剪切试验[72]（图 1-8(c)）；④三点弯曲试验[73]（图 1-8(d)）。

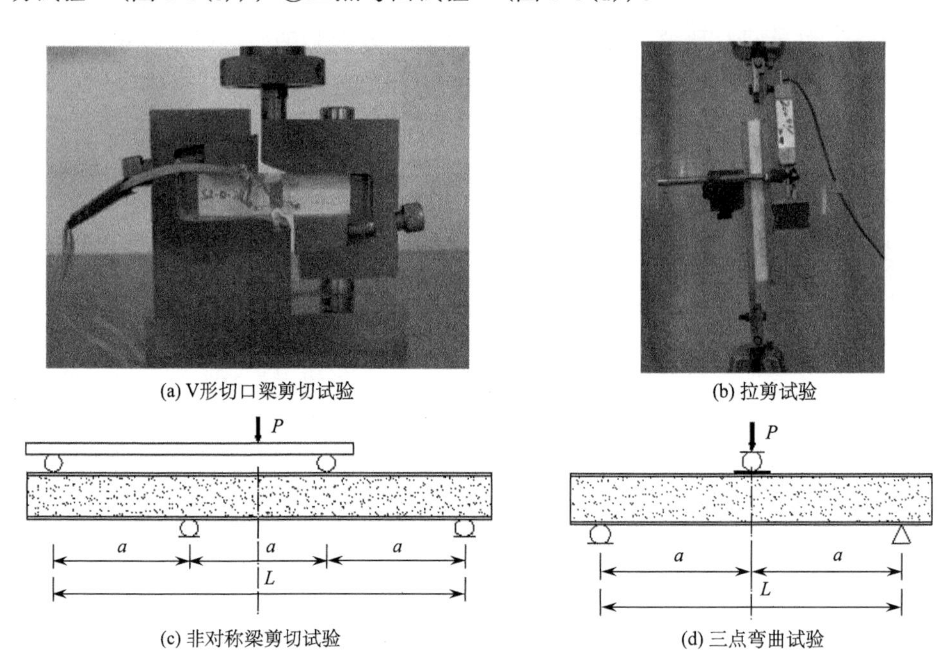

(a) V形切口梁剪切试验　　(b) 拉剪试验

(c) 非对称梁剪切试验　　(d) 三点弯曲试验

图 1-8　复合材料夹芯结构剪切试验方法

V 形切口梁剪切试验首先用于测量金属棒的剪切强度，后来广泛应用于测量纤维增强复合材料的剪切强度。尽管该方法能够测定复合材料的剪切模量和剪切强度，但由于测量装置本身尺寸很小，限制了其在复合材料夹芯结构受剪试验中的应用。拉剪试验将试件固定在两块钢板夹具之间，然后对两钢板施加拉力，该方法适用于剪切模量较低的芯材，对高密度芯材测量结果不够精确。非对称梁剪切试验使得试件最大剪力处弯矩为零，能够有效地使试件发生芯材剪切破坏，对于芯材强度较高的复合材料夹芯结构，得到的结果比较可靠，但该方法所用试验加载装置相对复杂。三点弯曲试验是使短夹芯梁处于三点弯曲受力形式下进行加载，来测量芯材剪切强度。该方法操作简单，能基本保证芯材破坏模式为剪切破坏，因而广泛用于测量复合材料夹芯结构芯材的受剪性能。到目前为止，三点弯曲试验是测量夹芯结构芯材剪切强度最简单、最常用的试验方法。但由于试验过程中夹芯梁剪力最大的地方会受到弯矩影响，因而该方法得到的结果偏于保守。

Allen[42]、Steeves 等[43]采用三点弯曲试验对无腹板增强复合材料夹芯结构受剪性能进行了广泛研究，总结了夹芯结构的典型破坏模式为芯材剪切破坏。Manalo 等[61, 62]采用三点弯曲试验对水平向腹板增强复合材料夹芯梁受剪性能进行研究，重点研究水平向腹板层数、剪跨比等参数对其破坏模式及力学性能的影响，得到水平向腹板对夹芯梁受剪承载力影响不明显的结论。

综上所述，国内外学者对腹板增强复合材料夹芯结构受剪性能的研究尚不够充分，对腹板增强夹芯梁受剪机理研究尚不明确。因此，本书在前述研究基础上，系统研究不同纤维腹板增强方式对复合材料夹芯梁受剪性能的影响。

3. 压缩性能研究现状

1) 复合材料圆筒压缩性能研究

万志敏等[74]对玻璃-环氧圆柱壳在轴向压缩荷载作用下的吸能特性进行了研究，分析了纤维缠绕角度对吸能特性的影响，比较了其压碎破坏模式。谢志民等[75]研究了玻璃-环氧圆柱壳在撞击试验下的破坏渐进过程，结合一维应力波传播理论，提出圆柱壳在轴向撞击下的破坏简化模型，并分析了破坏过程中的能量变化。钟卫洲等[76]对碳纤维复合材料圆筒结构进行了准静态压缩和动态冲击试验研究，研究表明，在准静态压缩下，无填充物试件的失效模式主要表现为纤维分层和表面褶皱，含填充物试件的失效模式则表现为因环向膨胀而产生的外表面纤维分层与拉伸断裂；在动态冲击下，碳纤维复合材料圆筒的失效模式主要表现为试件端部发生纤维分层与断裂，破坏端部呈花瓣状。

1963 年，de Runtz 等[77]提出了两平板对压下圆管四个塑性铰的破损机构，推导了理想刚塑性材料圆管在两平板对压下的荷载-挠度曲线方程，与试验值相比承载力偏低，这可以用应变强化解释。1964 年，Redwood[78]假定塑性铰等效长度为 λh，得到线性强化弯矩关系公式，引入刚-线性强化材料的应变强化模量 E_p，修正了荷载-挠度曲线方程。1978 年，Reid 等[79]提出了塑性线理论，用一段圆弧代替集中的铰，圆弧长度随挠度变化，从本质上揭示了挠度的增加除了增强弯矩抗力外，有效力臂长度也随之减小。

Xia 等[80]基于复合曲梁理论(curved composite-beam theory)和层合理论(multilayer-buildup theory)，研究了层合圆管受侧向荷载作用下的挠度和应力分布情况，并将理论值与试验值进行比较。研究表明，挠度试验值介于两个理论值之间，对于内部填充泡沫的 GFRP 层合管，层合理论所求得的挠度与试验值更为接近。竺润祥等[81]对在侧压、轴压和水压作用下填充弹性介质的多层复合材料圆筒壳的稳定性进行了理论研究，采用 Galerkin 差分法求解 Donnell 方程，再根据稳定准则确定临界值。

周辉等[82, 83]以用于保护桥梁的筒形复合材料防撞装置为研究对象，进行了格构增强复合材料圆筒准静态压缩和低速冲击试验研究，分析横向格构数量、间距对试件极限荷载、刚度和耗能性能的影响。研究表明，横向格构越多或间距越小，试件的极限压缩荷载和冲击荷载越大，耗能性能越好；横向格构对纵向格构起到了约束作用，且横向格构间距越小，约束作用越强。史红彬等[84]对碳纤维/环氧树脂复合材料薄壁圆筒受低速横向冲击进行了有限元数值模拟，并采用大变形损伤本构方程和冲击动力学方程对其进行动态响应分析。采用接触力历程、内能历程和位移历程研究了边界条件、冲击速度和铺层顺序对圆筒动态响应的影响，并评价了不同冲击状态下薄壁圆筒的抗冲击性。

2）复合材料柱压缩性能研究

2002 年，Fleck 等[85]进行组合柱轴压试验，该组合柱由 GFRP 面板与泡沫芯材组成。试验中观察到多种破坏模式：欧拉整体屈曲、芯材剪切屈曲、面板屈曲、面板褶皱。Puente 等[86]提出了 GFRP 柱屈曲破坏承载力设计方法，试验采用拉挤成型空心圆截面柱，通过共振频率和短柱强度试验来获得弯曲刚度和材料的局部屈曲荷载。通过对试验结果的理论分析并结合先前的研究成果，提出了 GFRP 拉挤成型柱的一种新的设计方法，基于该方法求得的理论值与试验值吻合较好。与 Barbero 和 Tomblin 提出的设计方法相比，该方法能更准确地预测 GFRP 柱的屈曲荷载。

2009 年，Bai 等[87]发现，在轴向荷载作用下，拉挤 GFRP 复合材料构件由剪力引起的二阶效应可能导致剪切失效先于轴压失效发生，构件表现出相对较低的剪切强度。文献进一步分析了初始缺陷、长细比、剪切-压缩强度比、剪切系数等对极限荷载和破坏模式的影响。基于剪切失效和二阶变形，一种预测极限荷载的方程被提出。

李喜来等[88]提出了适合于拉挤成型复合材料结构的边缘破坏准则，按照边缘破坏准则，推导了复合材料受压构件稳定承载力计算公式，并且进行了有限元分析，将理论计算值、有限元计算值、欧拉临界承载力和稳定承载力试验值进行比较，结果表明，对于长细比较大的构件，其欧拉临界承载力理论值与试验值比较接近；对于长细比较小的构件，理论值与试验值相差较大；对于所有长细比构件，边缘破坏准则理论计算值与有限元计算值和试验值都非常吻合。张银龙等[89]、王长虎等[90]对高强钢轴压构件稳定承载力进行了研究，分析了目前高强钢轴压构件稳定性研究现状和进展，找出了高强钢稳定性设计方法存在的不足，结合数值积分方法和模型试验方法，得出了轴压构件稳定系数与材料弹性模量之间的基本关系。

2012 年，陈云鹤等[91]为了获得 GFRP 试验构件抗压力学性能特性，对一定数量的不同截面类型和长度的构件进行抗压试验（试验装置及破坏模式见图 1-9），根据试验中发生的破坏模式，分析了这类构件发生破坏的机理，并且可以得到以下几点初步结论：①试验过程中主要有三种破坏模式，即剥离破坏、剪切失效和折断破坏。长细比是影响这类构件破坏模式的主要因素，长细比越大，构件越容易发生折断破坏。②GFRP 拉挤型材，由于其自身特殊的成型工艺，型材的抗压力学性能与材料本身的抗压力学性能有一定的差异性，两者之间并不能等同。③GFRP 拉挤型材以纵向纤维为主，横向受力性能较弱，但在外荷载作用下，构件存在一定的剪切变形，降低了构件的承载力，在设计时，应考虑横向变形的影响。

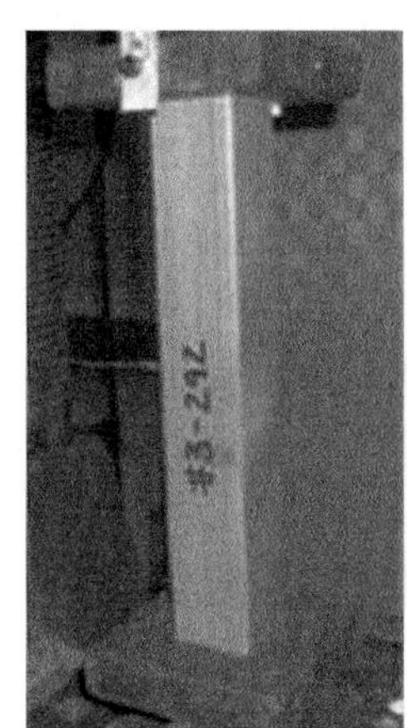
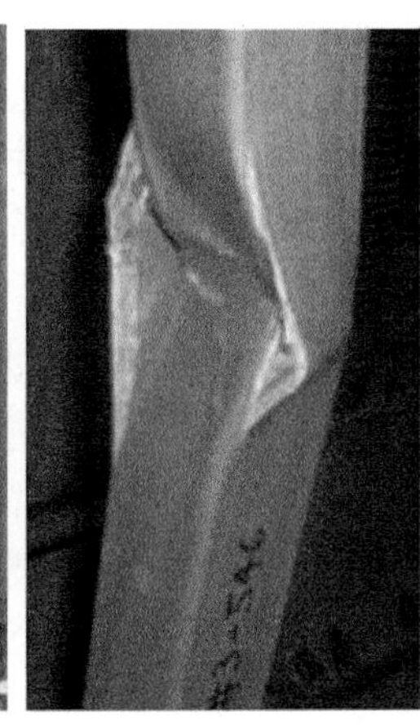
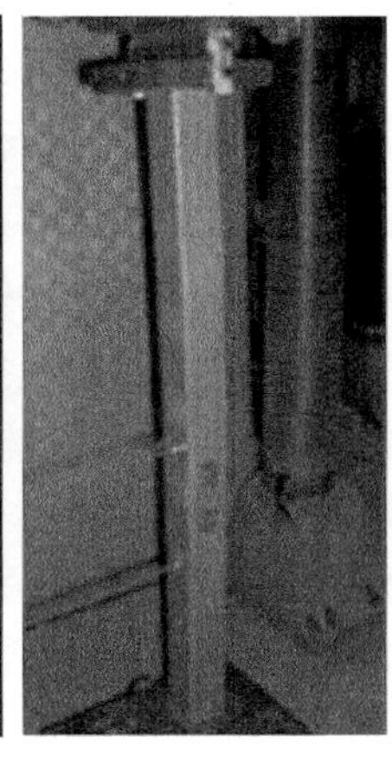
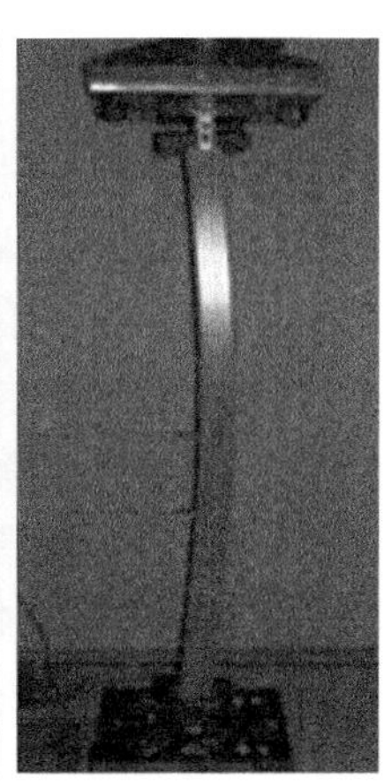

图 1-9　方形截面柱轴压试验

综上所述，由于复合材料组合柱具有优良的力学性能，成为国内外学者研究的热点。因此，本书主要针对以泡桐木和南方松为芯材，通过真空导入成型制备而成的复合材料组合柱的轴心受力性能展开研究工作。

4. 疲劳性能研究现状

近几十年，国内外学者对泡沫、金属、木材等不同芯材夹芯结构的疲劳性能做了大量的研究工作。Burman 等[92,93]研究了四点弯曲疲劳荷载作用下 PVC 泡沫夹芯梁的性能及寿命，证明局部应力应变法可以用来准确预测此种具有初始缺陷的夹芯结构的疲劳寿命。Shenoi 等[94-96]对以 PVC 泡沫为芯材的 FRP 夹芯梁做了静态及疲劳性能的测试试验，发现夹芯梁的主要失效方式为芯材的剪切破坏和面层的屈服破坏，并建立起夹芯结构梁在循环蠕变-循环疲劳相互作用下的损伤模型。Shipsha 等[97]对泡沫夹芯结构的夹芯梁面部及核心的裂纹扩展速率进行了研究，对裂纹的传播位置与扩展速率进行了观测分析，同时结合试验数据对结构的应力强度因子进行了有限元分析，以经典的 Paris 理论为基础，对应力强度因子变化范围进行提取，并确定了应力强度因子的阈值。Harte 等[98]对铝制材料为面板、泡沫铝为芯材的夹芯梁进行了四点弯曲疲劳试验，并同时得到 *S-N* 曲线，发现该夹芯结构的疲劳失效模式主要为面层的屈曲破坏、芯材的剪切破坏、芯材的凹陷破坏。程羽等[99]对木塑复合材料进行了疲劳性能研究，分析桦木与杨木两种不同结构的木材和木塑复合材料的疲劳性能、裂纹扩展机理，发现不同种类的木材裂纹开展方式也各不相同。Kanny 等[100]对 S2 玻璃纤维乙烯酯、PVC 为芯材的复合材料增强夹芯结构做了不同应力等级的弯曲疲劳研究，证明所有的失效都是由一个萌生在芯材的主剪切裂缝造成的，裂纹扩展路径及扩展速率与加载频率有关。Bozhevolnaya 等[101]将冲击条件考虑到疲劳性能中去，考虑了冲击损伤对结构疲劳寿命的影响，并采用超声波探伤的方法对结构进行无损检伤。Dawood 等[102]对三维玻璃纤维增强复合材料夹芯板的静态评估和疲劳特性进行了试验研究和疲劳行为评估，发现材料的剪切模量与复合面板的抗弯能力是夹芯板抗弯水平的核心，面板与刚性芯材的组合比柔性芯材具有更好的抗疲劳性能。邹广平等[103]、曹扬[104]对金属蜂窝夹芯板的弯曲疲劳模型以及寿命预测做了大量的研究，表明钢制蜂窝夹心板的疲劳行为与芯子的排列方向有较大的关系，基于等效剪切模量退化理论，建立了寿命预测和演化的模型。张响鹏等[105]对采用真空导入工艺的泡桐木夹芯梁进行四点弯曲疲劳试验，研究发现泡桐木夹芯梁的破坏形式主要有界面的脱黏、芯材的剪切破坏、面板分层等，采用 3 种寿命预测公式对 *S-N* 曲线进行线性拟合，得到该泡桐木夹芯梁的寿命预测公式，并给出其疲劳失效的 *P-S-N* 曲线。

对复合材料夹芯结构工程应用的情况进行研究发现，用作桥面板、路面板的泡桐木芯复合材料夹芯板容易出现面层与芯材剥离的现象。对于复合材料木芯夹芯结构，制作、安装工艺引起的界面裂纹或局部分层等初始缺陷，抑或使用过程中木材的局部开裂，都会使复合界面在极小应力状态下失稳而出现裂纹的迅速扩展，从而使界面应力传递失效，影响夹芯结构整体受力性能。在随机疲劳荷载作用下，夹芯结构受力性能与在一般的静载及单调荷载作用下不同，面层与芯材间不断发生剪切或拉挤，从而引起连接界面的不断磨损，最终可能导致界面剥离损伤，进而影响整体结构的安全性。国内外已有很多对复合材料结构中连接界面性能的研究。Raftery 等[106]通过试验研究发现，木材种类、胶种类、含水率等均会影响 FRP-木材胶结界面的性能。Hong[107]对 FRP-木材胶结界面的疲劳测试方法、疲劳性能、断裂性能进行了研究，表明胶结强度是影响界面性能的重要因素。熊陈福[108]对 BFRP-木材胶结界面进行了剥离、剪切性能测试。杨小军[109]对 CFRP-木材复合材料关键界面从复合工艺、剥离承载性能、湿热效应、断裂特性及耐久性能等方面开展了系统研究。

综上所述，国内外目前对复合材料夹芯结构的疲劳研究成果集中在泡沫夹芯复合材料结构的试验研究上，且研究成果缺乏疲劳破坏机理分析。对于工程中常用的轻木夹芯复合材料结构，疲劳研究成果非常少见。

5. 冲击性能研究现状

复合材料夹芯结构的冲击响应主要包括冲击过程中的接触荷载、夹芯板的变形以及板中各点应力应变随时间的变化情况。复合材料夹芯板在受到低速冲击时，在冲击点会发生较大的变形，同时伴随着板的整体变形。冲击损伤主要指冲击过程中所带来的损伤形貌、损伤程度和损伤演化等。复合材料的损伤主要包括面层损伤、芯材损伤和面层-芯材界面损伤。其中面层损伤包括压溃、屈曲、分层、树脂开裂等；芯材损伤主要包括压溃、剪切、屈曲(金属蜂窝)；面层-芯材界面损伤主要为面层和芯材的剥离或脱黏，与层合板的冲击不同，夹芯板的芯材往往选用强度和刚度较差的低密度材料，因此在受到冲击时，芯材处于控制主导地位。

2006 年，Compston 等[110]详细讨论了泡沫铝夹芯板和聚丙烯泡沫夹芯板冲击损伤规律。研究指出，在 5~26J 冲击能的作用下，聚丙烯泡沫夹芯板在冲击点处局部损伤表现为上面层复合材料板断裂和芯材压溃；而对于泡沫铝夹芯板，其面层无明显的断裂，相比泡沫夹芯板，其损伤较小。

Hazizan 等[111,112]考察了复合材料夹芯板的低速冲击响应，选用了聚醚酰亚胺/聚氯乙烯泡沫作为芯材。试验表明，破坏模式可根据板的刚度分为三类：板的刚度较低时发生芯材剪切破坏，刚度适中时发生上面层的屈曲，而板的刚度很大时会出现上面层的分层破坏。研究还发现，凹坑响应对材料应变速率敏感性较小。面层和芯层之间的连接将对冲击吸能起很大作用，余同希和卢国兴指出，有面层夹芯板的压溃荷载是无面层蜂窝材料的 2 倍。

Anderson 等[113]研究了石墨增强环氧树脂复合材料夹芯板的低速冲击特性。芯材分为泡沫和蜂窝两种，试验采用质量为 1.8~2.7kg、直径为 25.4mm 的冲头，冲头的落高为 0.2~1.2m。结果表明，提高面层的厚度和增加泡沫的密度可增大夹芯板的吸能特性，却不能改变损伤模式，同时凹坑深度变化也不明显。泡沫夹芯板和蜂窝夹芯板凹坑深度分别为0.13mm和0.25mm。两种夹芯板的面层损伤较小，只有蜂窝板的内部出现了少许损伤。

Hosur 等[114]研发了一种三维缝纫泡沫夹芯板，开展了关于芯材和缝纫泡沫夹芯板的低速冲击试验。结果表明，面层有效提高了板的损伤阻抗，在上面层损伤很小的情形下，冲击峰值力和吸能随着冲击能的增大而增大。以上学者均认为低速冲击响应和损伤主要与芯材和面层的刚度比以及冲击能量有关，当刚度比较小时会发生芯材破坏，而刚度比较大时会发生面层失效；当冲击能量较小时，面层和芯材将发生塑性变形，且界面易剥离，而面层并无穿孔或撕裂发生，但冲击能量较大时，夹芯板将发生穿孔。

国内外在复合材料夹芯结构冲击响应和损伤预测模型方面也取得了一些重要进展。Schubel 等[115]研究了碳纤维复合材料泡沫夹芯板的低速冲击性能。研究认为，除了冲击带来的局部损伤外，低速冲击和准静态压缩行为本质上相似，两种方式的荷载-应变响应接近,因此可以用简单的准静态试验方法来预测低速冲击响应。同时基于正弦脉冲函数建立了荷载时程预测方法，可用来模拟峰值荷载和冲击能量的关系。

Mines 等[116]对复合材料蜂窝夹芯板进行了低速冲击试验。试验结果表明，冲击速度越大，处于高应变率下的面层和芯材中的应力得到提高，从而吸能越明显。该研究将面层视为弹性材料，将芯材等效为理想的弹塑性地基，建立了复合材料夹芯板的冲击接触模型，该模型可模拟芯材的压溃过程。

Türk 等[117]采用最大应力法则和 Tsai-Hill 准则预测了面板的开裂荷载，然而预测的荷载低于试验结果。

Hoo-Fatt 等[118]从初始损伤荷载角度预测上面板的开裂、芯材的剪切破坏和下面板的拉伸破坏，建立了适用于预测初始损伤的解析模型，但这些模型没有考虑损伤的演化过程。

Atas 等[119]通过试验研究了 PVC 泡沫填充与软木填充玻璃纤维增强复合材料夹芯结构的冲击性能，通过改变冲击能量这个参数，进而研究两种复合材料夹芯结构的撞击力与吸能特性。试验结果表明，虽然 PVC 泡沫填充玻璃纤维增强复合材料夹芯结构所能承受的撞击力及损伤面积较大，但其所吸收的能力比软木填充的玻璃纤维增强复合材料夹芯结构要大很多。

Al-Shamary 等[120]通过试验研究了三种不同布置形式的玻璃纤维 PVC 泡沫夹芯复合材料的低速冲击性能，试验结果表明，多层复合材料夹芯结构的撞击力时程曲线出现了 4 个峰值点，每一个峰值点所对应的时间都是芯材与面板产生层间剥离的时间，且单层复合材料夹芯结构的最大撞击力是多层复合材料夹芯结构的近 2.7 倍。

He 等[121]通过有限元软件建立了低速冲击作用下的泡沫填充复合材料夹芯结构，试验结果和数值模拟结果较为吻合；进而对此结构在不同冲击能量下的低速冲击性能进行数值分析，模拟结果表明，通过 Hashin 失效准则和基于泡沫的可压溃泡沫模型，可以有效模拟泡沫夹芯复合材料在低速冲击状态下的冲击响应和冲击损伤。

陈博等[122]通过建立聚氯乙烯泡沫填充复合材料夹芯结构有限元模型，模拟研究了模型网格尺寸、接触方式对结构冲击性能的影响，材料本构模型选用可压溃泡沫模型及 Hashin 失效准则，数值模拟结果表明，自动的面面接触(auto surface-to-surface contact)较通用接触(general contact)更能与试验结果相吻合，而且网格尺寸越小，撞击工况中的荷载-位移曲线与试验结果越吻合。

Ivañez 等[123]针对泡沫填充复合材料夹芯结构在受不同冲击能量以及角度作用下，对其最大撞击力、吸能特性、损伤面积进行了研究。试验结果表明，吸收能量与最大撞击力的大小随着冲击能量和角度的增大而增大，且在低速冲击作用下，泡沫填充复合材料夹芯结构所遭受的损伤面积几乎为 0，但其强度和刚度的损耗是不可忽略的。

王杰[124]研究了低速冲击状态下，冲击能量、冲头尺寸、面板厚度和夹芯厚度对泡沫夹芯复合材料冲击响应的影响，同时通过冲击后压缩试验，研究了冲击能量对复合材料泡沫夹芯结构剩余强度的影响，揭示了泡沫夹芯复合材料冲击后压缩性能的失效形式。

Li 等[125]、Guo 等[126]首次将泡沫填充进圆管中，通过与未填充泡沫的圆管进行对比，试验及有限元研究泡沫填充结构在冲击荷载下的耐撞性。试验结果表明，泡沫填充圆管具有更好的冲击抗弯性能，且可以显著改善结构的破坏形式，同时，作者创新性地提出进行外围环绕圆管填充泡沫结构，试验研究表明，此种结构内部填充圆管结构具有更高的比吸能。

Yazici 等[127,128]通过试验和有限元模拟的方法研究泡沫填充多层波纹夹芯结构在冲击荷载作用下的动态响应，研究结果表明，泡沫填充复合材料波纹夹芯结构可显著减小结构受冲击荷载下的变形量，而整体结构质量仅有少量增加，除此之外，作者还发现泡沫填充材料的吸能效果会随着面板与芯材厚度的增大而减小。

国内诸多学者也对此进行了深入研究，王涛等[129]运用非线性动力有限元分析软件 ANSYS/LS-DYNA 研究了泡沫填充波纹夹芯结构在子弹冲击作用下的抗侵彻性能，通过改变子弹冲击角度、夹芯结构面板与芯材厚度比这些参数，进一步研究泡沫填充波纹夹芯结构的抗侵彻性能。

于渤等[130, 131]对 PMI 泡沫填充复合材料夹芯梁在受铝块高速冲击作用下的冲击响应以及变形损伤过程进行了试验研究，并且通过 ABAQUS 有限元软件对试验结果进行验证并加以参数分析。试验和数值模拟结果表明，金属面板的密度会对填充泡沫产生较大影响，面板的密度越大，填充泡沫的影响越小。

周昊[132]研究了填充式波纹夹芯结构在初速度为 3~15km/s 的球形空间碎片垂直撞击作用下的超高速撞击特性，对不同撞击初速度下防护结构的冲击波传播特性、填充式波纹夹芯结构穿孔特性、撞击形成碎片云特性、能量吸收特性以及航天器舱壁损伤特性进行了详细分析，同时对比研究了相同面密度 Whipple 结构相应的撞击特性，讨论了填充式波纹夹芯结构的防护机理，获得了其超高速撞击特性随撞击初速度的演变规律，并进一步阐述了填充式波纹夹芯结构 Whipple 结构更为优秀的超高速撞击防护性能。

参 考 文 献

[1] 杜善义. 先进复合材料与航空航天[J]. 复合材料学报, 2007, 24(1): 1-12.

[2] Hollaway L C. A review of the present and future utilisation of FRP composites in the civil

infrastructure with reference to their important in-service properties[J]. Construction and Building Materials, 2010, 24: 2419-2455.

[3] 刘伟庆, 方海. 纤维增强复合材料及其在结构工程中的应用研究[A]//沈健, 马振吉, 刘伟庆. 海峡两岸复合材料研究与应用新进展[C]. 北京: 中国建筑工业出版社, 2011: 61-73.

[4] Hollaway L C. The evolution of and the way forward for advanced polymer composites in the civil infrastructure[J]. Construction and Building Materials, 2003, 17: 365-378.

[5] Awad Z K, Aravinthan T, Zhuge Y, et al. A review of optimization techniques used in the design of fibre composite structures for civil engineering applications[J]. Materials and Design, 2012, 33(1): 534-544.

[6] Xiao Y, Wu H. Compressive behavior of concrete confined by various types of FRP composite jackets[J]. Journal of Reinforced Plastics and Composites, 2003, 22(13): 1187-1201.

[7] Feng P, Zhang Y H, Bai Y, et al. Combination of bamboo filling and FRP wrapping to strengthen steel members in compression[J]. Journal of Composites for Construction, 2013, 17(3): 347-356.

[8] 吴刚, 姚刘镇, 杨慎银, 等. 嵌入式 BFRP 筋与外包 BFRP 布组合加固钢筋混凝土方柱性能研究[J]. 建筑结构, 2013, 43(19): 10-15.

[9] 滕锦光, 余涛, 黄玉龙, 等. FRP 管-混凝土-钢管组合柱力学性能的试验研究和理论分析[J]. 建筑钢结构进展, 2006, 8(5): 1-7.

[10] 黄桥平, 赵桂平, 李杰. 碳纤维/环氧树脂复合材料动态拉伸试验研究与损伤分析[J]. 复合材料学报, 2009, 26(6): 143-149.

[11] Kreja I. A literature review on computational models for laminated composite and sandwich panels [J]. Central European Journal of Engineering, 2011, 1(1): 59-80.

[12] 叶列平, 冯鹏. FRP 在工程结构中的应用与发展[J]. 土木工程学报, 2006, 39(3): 24-36.

[13] 吕志涛. 高性能材料 FRP 应用与结构工程创新[J]. 建筑科学与工程学报, 2005, 22(1): 1-5.

[14] 刘伟庆, 方海, 祝露, 等. 船-桥碰撞力理论分析及复合材料防撞系统[J]. 东南大学学报, 2013, 44(5): 1080-1086.

[15] 潘金龙, 陈忠范, 梁坚凝. FRP 加固混凝土梁中弯曲和弯剪裂缝引起的 FRP 剥离破坏试验[J]. 东南大学学报(自然科学版), 2007, 37(2): 229-234.

[16] 冯鹏. 新型 FRP 空心桥面板的设计开发与受力性能研究[D]. 北京: 清华大学, 2004.

[17] 周祝林, 张长明. 舰船用玻璃钢夹层结构设计基础[J]. 中国造船, 2004, 45(3): 43-49.

[18] 陆伟东, 刘伟庆, 耿启凡, 等. 竖嵌 CFRP 板条层板增强的胶合木梁受弯性能研究[J]. 建筑结构学报, 2014, 35(8): 151-157.

[19] 方海, 刘伟庆, 万里. 点阵增强型复合材料夹层结构制备与力学性能[J]. 建筑材料学报, 2008, 11(4): 495-499.

[20] 齐玉军, 施冬, 刘伟庆. 新型拉挤 GFRP-轻木组合梁弯曲性能试验研究[J]. 建筑材料学报, 2015, 18(1): 95-99.

[21] Davis J M. Light Weight Sandwich Construction[M]. London: Blackwell Science Ltd, 2001.

[22] Avila A F. Failure mode investigation of sandwich beams with functionally graded core[J].

Composite Structures, 2007, 81(3): 323-330.
[23] 王兴业, 杨孚标, 曾竟成, 等. 夹层结构复合材料设计原理及其应用[M]. 北京: 化学工业出版社, 2007.
[24] 曹茂生, 李大勇, 荆天辅. 复合材料概论[M]. 哈尔滨: 哈尔滨工业大学出版社, 1999.
[25] 沈真. 复合材料结构设计手册[M]. 北京: 航空工业出版社, 2001.
[26] 田旭, 肖军, 李勇. X-cor 夹层结构试制与性能研究[J]. 飞机设计, 2004, 24(1): 22-25.
[27] 谢莉. 新型玻璃钢蜂窝夹层结构模板研究[D]. 南京: 南京工业大学, 2004.
[28] 杜龙, 矫桂琼, 黄涛. X 状 Z-pin 增强泡沫夹层结构的剪切性能[J]. 复合材料学报, 2007, 24(6): 140-146.
[29] 葛畅, 薛伟辰. 型材拼装箱梁的受力性能研究[J]. 玻璃钢/复合材料, 2009, (1): 68-72, 22.
[30] 吴林志, 熊健, 马力, 等. 新型复合材料点阵结构的研究进展[J]. 力学进展, 2012, 12(1): 41-67.
[31] Han D Y, Tsai S W. Interlocked composite grids design and manufacturing[J]. Journal of Composite Materials, 2003, 37(4): 287-316.
[32] Yalkin H E, Icten B M, Alpyildiz T. Enhanced mechanical performance of foam core sandwich composites with through the thickness reinforced core[J]. Composites Part B, 2015, 79: 383-391.
[33] Mouritz A P. Compression properties of z-pinned sandwich composites[J]. Journal of Materials Science, 2006, 41(17): 5771-5774.
[34] Marasco A I, Cartie D D R, Partridge I K, et al. Mechanical properties balance in novel Z-pinned sandwich panels: Out of plane properties[J]. Composites Part A, 2006, 37(2): 295-302.
[35] Kocher C, Watson W, Gomez M. Integrity of sandwich panels and beams with truss-reinforced cores[J]. Journal of Aerospace Engineering, 2002, 15(3): 111-117.
[36] Evans A G, Hutchinson J W, Fleck N A, et al. The topological design of multifunctional cellular metals[J]. Progress in Materials Science, 2001, 46: 309-327.
[37] Sypeck D J. Cellular truss core sandwich structures[J]. Applied Composite Materials, 2005, 12: 229-246.
[38] Vaidya U K, Kamath M V, Hosur M V, et al. Low-velocity impact response of cross-ply laminated sandwich composites with hollow and foam-filled Z-pin reinforced core[J]. Journal of Composites Technology and Research, 1999, 21(2): 84-97.
[39] James S N, Travis K H. Design, construction and evaluation of an FRP deck bridge used for temporary bypass applications[J]. Iowa Department of Transportation Office of Bridges and Structures, 2005, 12(2): 45-56.
[40] Chen M D, Zhou G M, Wang J J. On mechanical behavior of looped fabric reinforced foam sandwich[J]. Composite Structures, 2014, 118(1): 159-169.
[41] Keller T, Haas C, Vallee T. Structural concept, design, and experimental verification of a glass fiber-reinforced polymer sandwich roof structure[J]. Journal of Composite Constructors, 2008, 12: 454-468.
[42] Allen H G. Analysis and Design of Structural Sandwich Panels[M]. London: Pergamon Press,

1969.
[43] Steeves C A, Fleck N A. Material selection in sandwich beam construction[J]. Scripta Materialia, 2004, 50(10): 1335-1339.
[44] Rizov V, Shipsha A, Zenkert D. Indentation study of foam core sandwich composite panels[J]. Composite Structures, 2005, 69(1): 95-102.
[45] Koissin V, Shipsha A, Skvortsov V. Compression strength of sandwich panels with sub-interface damage in the foam core[J]. Composites Science and Technology, 2009, 69(13): 2231-2240.
[46] Liao B B, Zhang Z W, Sun L P. Experimental investigation on the double-position impact responses and damage mechanism for Z-pinned composite laminates[J]. Composite Structures, 2020, 259: 113463.
[47] Partridge I K, Cartie D R, Bonning T. Manufacture and Performance of Z-pinned Composites[M]. Boca Raton: CRC Press, 2003.
[48] Kocher C, Watson W, Gomez M. Integrity of sandwich panels and beams with truss-reinforced cores [J]. Journal of Aerospace Engineering, 2002, 15(3): 111-117.
[49] Pimsiree M, Dana M, Wadley N G. Titanium matrix composite lattice structures[J]. Composites: Part A, 2008, 39: 176-187.
[50] Liu T, Deng C, Lu T J. Analytical modeling and finite element simulation of the plastic collapse of sandwich beams with pin-reinforced foam cores[J]. International Journal of Solids and Structures, 2008, 45(18-19): 5127-5151.
[51] Vaidya U K, Palazatto A, Gummadil N B. Low velocity impact response and nondestructive evaluation of sandwich composite structures[R]. International Mechanical Engineering Congress and Exposition, ASME Winter Annual Meeting, Dallas, 1997.
[52] Palazotto A N, Herup E J, Harrington T. An experimental investigation of sandwich panel under low velocity impact [C]//ASME 11th Engineering Mechanics Conference, Florida, 1996.
[53] 陈海欢. X-cor 增强泡沫夹层复合材料结构力学行为研究[D]. 上海: 上海交通大学, 2010.
[54] Dweib M A, Hu B, Donnell A O. All natural composite sandwich beams for structural applications[J]. Composite Structures, 2004, 63: 147-157.
[55] James W G. Influence of reinforcement type on the mechanical behavior and fire response of hybrid composites and sandwich structures[D]. New Brunswick: The State University of Newjersey, 2004.
[56] Jeong J W, Lee Y H, Park K T, et al. Field and laboratory performance of a rectangular shaped glass fiber reinforced polymer deck[J]. Composite Structures, 2007, 81: 622-628.
[57] Zi G, Kim M B, Hwang Y K, et al. An experimental study on static behavior of a GFRP bridge deck filled with a polyurethane foam[J]. Composite Structures, 2008, 82: 257-268.
[58] Fam A, Sharaf T. Flexural performance of sandwich panels comprising polyurethane core and GFRP skins and ribs of various configurations[J]. Composite Structures, 2011, 92: 2927-2935.
[59] Lee J, Kim Y B, Jung J W, et al. Experimental characterization of a pultruded GFRP bridge deck for light-weight vehicles[J]. Composite Structures, 2007, 80(1): 141-151.

[60] Moon D Y, Zi G, Lee D H, et al. Fatigue behavior of the foam-filled GFRP bridge deck[J]. Composites: Part B, 2009, 40: 141-148.

[61] Manalo A C, Aravinthan T, Karunasena W, et al. Flexural behavior of structural fiber composite sandwich beams in flatwise and edgewise positions[J]. Composite Structures, 2010, 92(4): 984-995.

[62] Manalo A C, Aravinthan T, Karunasena W. Flexural behaviour of glue-laminated fibre composite sandwich beams[J]. Composite Structures, 2010, 92(11): 2703-2711.

[63] 方海. 新型复合材料夹芯结构受力性能及其道面垫板应用研究[D]. 南京: 南京工业大学, 2008.

[64] 万里. 泡桐木夹芯结构界面增强机理研究[D]. 南京: 南京工业大学, 2010.

[65] Russell B P, Deshpande V S, Wadley H N G. Quasistatic deformation and failure modes of composite square honeycombs[J]. Journal of Mechanics of Materials and Structures, 2008, 3(7): 1315-1340.

[66] 周强. 单向纤维腹板增强复合材料夹芯结构受弯性能研究[D]. 南京: 南京工业大学, 2011.

[67] Wang L, Liu W Q, Wan L, et al. Mechanical performance of foam-filled lattice composite panels in four-point bending: Experimental investigation and analytical modeling[J]. Composites: Part B, 2014, 67: 270-279.

[68] 刘子健. 双向纤维腹板增强复合材料夹芯结构受弯性能研究[D]. 南京: 南京工业大学, 2012.

[69] 陈向前. 双向纤维腹板增强复合材料夹芯结构受弯性能研究[D]. 南京: 南京工业大学, 2012.

[70] ASTM D5379. Standard test method for shear properties of composite materials by the V-notched beam method[S]. West Conshohocken PA: ASTM International, 2019.

[71] ASTM C273. Standard test method for shear properties of sandwich core materials[S]. West Conshohocken PA: ASTM International, 2016.

[72] Mostafa A, Shankar K, Morozov E V. Behavior of fibre composite sandwich structures under short and asymmetrical beam shear tests [J]. Materials and Design, 2013, 50: 92-101.

[73] ASTM C393. Standard test method for flexural properties of sandwich constructions [S]. West Conshohocken PA: ASTM International, 2000.

[74] 万志敏, 桂良进, 谢志民, 等. 玻璃-环氧圆柱壳吸能特性的试验研究[J]. 复合材料学报, 1999, 16(2): 15-20.

[75] 谢志民, 万志敏, 宋宏伟, 等. 玻璃-环氧圆柱壳的撞击吸能分析[J]. 复合材料学报, 1999, 16(4): 79-84.

[76] 钟卫洲, 宋顺成, 张青平, 等. 碳纤维复合材料圆筒结构抗压性能研究[J]. 工程力学, 2009, 26(12): 105-111.

[77] de Runtz J A, Hodge P G. Crushing of tube between rigid plates[J]. Journal of Applied Mechanics, 1963, 30: 391-395.

[78] Redwood R G. Discussion: Crushing of tube between rigid plates[J]. Journal of Applied

Mechanics, 1964, 31: 357-358.
[79] Reid S R, Reddy T Y. Effect of strain hardening on the lateral compression of tubes between rigid plates[J]. International Journal of Solids and Structures, 1978, 14(3): 213-225.
[80] Xia M, Takayanagi H, Kemmochi K. Analysis of transverse loading for laminated cylindrical pipes[J]. Composite Structures, 2001, 53(3): 279-285.
[81] 竺润祥, 姜晋庆, 尹云玉. 充有弹性介质多层复合材料圆筒壳稳定性[J]. 宇航学报, 1989, 10(1): 91-98.
[82] 周辉. 格构增强复合材料桥梁防撞装置试验研究[D]. 南京: 南京工业大学, 2015.
[83] 周辉, 刘伟庆, 万里, 等. 格构增强复合材料圆筒的侧向压缩性能[J]. 材料科学与工程学报, 2016, 34(2): 274-279.
[84] 史红彬, 杨世源, 王军霞, 等. 碳纤维/环氧树脂复合材料圆筒在低速横向冲击下的数值研究[J]. 材料导报, 2011, 25(24): 148-152.
[85] Fleck N A, Sridhar I. End compression of sandwich columns[J]. Composites Part A, 2002, 33(2): 353-359.
[86] Puente I, Insausti A, Azkune M. Buckling of GFRP columns: An empirical approach to design[J]. Composites Constructure, 2006, 10: 529-537.
[87] Bai Y, Keller T. Shear failure of pultruded fiber-reinforced polymer composite under axial compression[J] . Composites Constructure, 2009, 13(3): 234-242.
[88] 李喜来, 吴庆华, 吴海洋, 等. 复合材料杆塔压杆稳定计算方法研究[J]. 特种结构, 2010, 27(6): 1-7.
[89] 张银龙, 苟明康, 李宁, 等. 高强钢轴压构件稳定性研究[J]. 华北水利水电学院学报, 2010, 31(5): 21-25.
[90] 王虎长, 胡建民, 赵雪零, 等. 玻璃钢复合材料轴压构杆稳定性分析[J]. 电力建设, 2011, 32(9): 85-89.
[91] 陈云鹤, 张广友, 金广谦. GFRP 工字型材抗压性能试验及分析[J]. 国防交通工程与技术, 2012, 10(3): 14-19.
[92] Burman M, Zenkert D. Fatigue of foam core sandwich beams-1: Undamaged specimens[J]. International Journal of Fatigue, 1997, 19(7): 551-561.
[93] Burman M, Zenkert D. Fatigue of foam core sandwich beams-2: Effect of initial damage[J]. International Journal of Fatigue, 1997, 19(7): 563-578.
[94] Shenoi R A, Aksu S, Allen H G. Flexural fatigue characteristics of FRP sandwich beams [J]. Fatigue & Fracture of Engineering Materials & Structures, 1993, 16(6): 649-662.
[95] Shenoi R A, Clark S D, Allen H G. Fatigue behaviour of polymer composite sandwich beams[J]. Journal of Composite Materials, 1995, 29(18): 2423-2445.
[96] Shenoi R A, Allen H G, Clark S D. Cyclic creep and creep-fatigue interaction in sandwich beams[J]. Journal of Strain Analysis for Engineering Design, 1997, 32(1): 1-18.
[97] Shipsha A, Burman M, Zenkert D. Interfacial fatigue crack growth in foam core sandwich structures[J]. Fatigue & Fracture of Engineering Materials & Structures, 1999, 22(2): 123-131.

[98] Harte A M, Fleck N A, Ashby M F. The fatigue strength of sandwich beams with an aluminium alloy foam core[J]. International Journal of Fatigue, 2001, 23(6): 499-507.

[99] 程羽, 郭成, 景成芳, 等. 木塑复合材料疲劳性能的研究[J]. 复合材料学报, 2001, 18(4): 119-122.

[100] Kanny K, Mahfu H. Flexural fatigue characteristics of sandwich structures at different loading frequencies[J]. Composite Structure, 2005, 67(4): 403-410.

[101] Bozhevolnaya E, Thomsen O T. Structurally graded core junctions in sandwich beams: Fatigue loading conditions[J]. Composite Structure, 2005, 70(1): 12-23.

[102] Dawood M, Taylor E, Ballew W, et al. Static and fatigue bending behavior of pultruded GFRP sandwich panels with through-thickness fiber insertions[J]. Composites Part B: Engineering, 2010, 41(5): 363-374.

[103]邹广平, 芦颉, 曹扬, 等. 钢质蜂窝夹芯板的弯曲疲劳损伤模型[J]. 金属学报, 2011, 47(9): 1181-1187.

[104] 曹扬. 金属蜂窝夹芯板的疲劳行为和寿命预测研究[D]. 哈尔滨: 哈尔滨工程大学, 2011.

[105] 张响鹏, 刘伟庆, 万里, 等. 泡桐木夹芯梁的弯曲疲劳试验[J]. 南京工业大学学报(自然科学版), 2014, 36(5): 76-82.

[106] Raftery G M, Harte A M, Rodd P D. Bond quality at the FRP–wood interface using wood-laminating adhesives[J]. International Journal of Adhesion & Adhesives, 2009, 29(2): 101-110.

[107] Hong Y. Fatigue and fracture of the FRP-wood interface: Experimental characterization and performance limits[D]. Orono: University of Maine, 2003.

[108] 熊陈福. 玄武岩连续纤维增强塑料(BFRP)/木材复合材料的研究[D]. 北京: 北京林业大学, 2006.

[109] 杨小军. CFRP-木材复合材界面力学特性研究[D]. 南京: 南京林业大学, 2012.

[110] Compston P, Styles M, Kalyanasundaram S. Low energy impact damage modes in aluminum foam and polymer foam sandwich structures[J]. Journal of Sandwich Structures and Materials, 2006, 8(5): 365-379.

[111] Hazizan M A, Cantwell W J. The low velocity impact response of foam-based sandwich structures[J]. Composites Part B: Engineering, 2002, 33(3): 193-204.

[112] Hazizan M A, Cantwell W J. The low velocity impact response of an aluminium honeycomb sandwich structure[J]. Composites Part B: Engineering, 2003, 34(8): 679-687.

[113] Anderson T, Madenci E. Experimental investigation of low-velocity impact characteristics of sandwich composites[J]. Composite Structures, 2000, 50(3): 239-247.

[114] Hosur M V, Abdullah M, Jeelani S. Manufacturing and low-velocity impact characterization of foam filled 3-D integrated core sandwich composites with hybrid face sheets[J]. Composite Structures, 2004, 65(1): 103-115.

[115] Schubel P M, Luo J J, Daniel I M. Low velocity impact behavior of composite sandwich panels[J]. Composites Part A: Applied Science and Manufacturing, 2005, 36(10): 1389-1396.

[116] Mines R A W, Worrall C M, Gibson A G. Low velocity perforation behavior of polymer composite sandwich panels[J]. International Journal of Impact Engineering, 1998, 21(10): 855-879.

[117] Türk M H, Hoo-Fatt M S. Localized damage response of composite sandwich plates[J]. Composites Part B: Engineering, 1999, 30(2): 157-165.

[118] Hoo-Fatt M S, Park K S. Dynamic models for low-velocity impact damage of composite sandwich panels - Part B: Damage initiation[J]. Composite Structures, 2001, 52(3-4): 353-364.

[119] Atas C, Sevim C. On the impact response of sandwich composites with cores of balsa wood and PVC foam[J]. Composite Structures, 2010, 93(1): 40-48.

[120] Al-Shamary A K J, Karakuzu R, Zdemir O O. Low-velocity impact response of sandwich com-posites with different foam core configurations[J]. Journal of Sandwich Structures & Materials, 2016, 18(6): 745-768.

[121] He Y, Zhang X, Long S, et al. Dynamic mechanical behavior of foam-core composite sandwich structures subjected to low-velocity impact[J]. Archive of Applied Mechanics, 2016, 86(9): 1-15.

[122] 陈博, 张彦飞, 王智, 等. PVC 泡沫夹芯板低速冲击响应数值模拟[J]. 玻璃钢/复合材料, 2016, (2): 29-34.

[123] Ivañez I, Moure M M, Garcia-Castillo S K, et al. The oblique impact response of composite sandwich plates[J]. Composite Structures, 2015, 133: 1127-1136.

[124] 王杰. 复合材料泡沫夹芯结构低速冲击与冲击后压缩性能研究[D]. 上海: 上海交通大学, 2013.

[125] Li Z B, Zheng Z J, Yu J L, et al. Crashworthiness of foam-filled thin-walled circular tubes under dynamic bending[J]. Materials & Design, 2013, 52(24): 1058-1064.

[126] Guo L W, Yu J D. Dynamic bending response of double cylindrical tubes filled with aluminum foam[J]. International Journal of Impact Engineering, 2011, 38(2-3): 85-94.

[127] Yazici M, Wright J, Bertin D, et al. Experimental and numerical study of foam filled corrugated core steel sandwich structures subjected to blast loading[J]. Composite Structures, 2014, 110(4): 98-109.

[128] Yazici M, Wright J, Bertin D, et al. Preferentially filled foam core corrugated steel sandwich structures for improved blast performance[J]. Journal of Applied Mechanics, 2015, 82(6): 061005.

[129] 王涛, 余文力, 王玉玲, 等. 波纹板/泡沫铝组合芯体夹芯结构抗侵彻性能仿真研究[C]//中国力学大会, 上海, 2015.

[130] 于渤, 韩宾, 徐雨, 等. 空心及 PMI 泡沫填充铝波纹板夹芯梁冲击性能的数值研究[J]. 应用力学学报, 2014, 31(6): 906-910, 996.

[131] 于渤, 韩宾, 倪长也, 等. 空心及 PMI 泡沫填充铝波纹夹芯梁冲击性能实验研究[J]. 西安交通大学学报, 2015, 49(1): 86-91.

[132] 周昊. 波纹夹层防护结构超高速撞击特性研究[D]. 南京: 南京理工大学, 2016.

第 2 章　无腹板增强复合材料夹芯梁受弯性能

2.1　引　　言

纤维增强复合材料夹芯结构由 FRP 面板和轻质芯材组成。与传统钢、混凝土及木材相比，FRP 具有比强度高、比模量高、耐腐蚀性能好等优点。目前常见的纤维主要包括碳纤维、硼纤维、芳纶纤维、玻璃纤维和玄武岩纤维等(图 2-1)。其中，碳纤维强度最高，但其价格也高，目前主要应用于航空航天、土木工程加固等领域；芳纶纤维具有较高的强度和韧性，目前主要应用于防弹、防高速冲击等军工领域；相对于碳纤维和芳纶纤维，玻璃纤维模量较低，但其价格最低，性价比最高，目前在土木工程领域应用最为广泛。

(a) 玻璃纤维

(b) 芳纶纤维

(c) 碳纤维

(d) 硼纤维

图 2-1　常见纤维种类

夹芯结构芯材主要包括轻质混凝土、轻木、轻质泡沫和蜂窝芯材等(图 2-2)。其中，泡沫芯材(聚氯乙烯(polyvinyl chloride，PVC)、聚氨酯(PU)泡沫等)具有受力均匀、与树脂基复合材料连接性能好等优点，且其密度具有连续性，近年来颇受工程师们的青睐。因此，本书以 GFRP 和 PU 泡沫材料为研究对象，旨在进一步推动纤维增强复合材料夹芯结构在土木工程基础设施领域的应用。

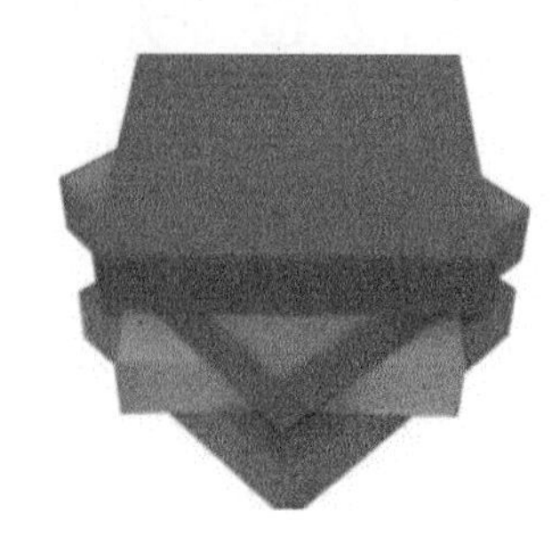

(a) 泡沫混凝土　　(b) 木材　　(c) PU 泡沫

图 2-2　夹芯结构常用芯材

相对于 GFRP，PU 泡沫材料模量较低，在集中荷载作用下，易发生局部压陷破坏，同时易导致夹芯梁刚度低、变形大，限制了夹芯梁在建筑结构领域的广泛应用。因此，系统研究泡沫芯材密度对夹芯梁整体及局部受弯力学性能的影响是十分有必要的。

本章首先对 GFRP 片材和 PU 泡沫材料的基本力学性能进行研究，包括 GFRP 片材和 PU 泡沫拉伸、压缩和剪切试验，得到组分材料模量、强度和应变数值，为后续纤维腹板增强复合材料夹芯梁试验研究和理论分析提供数据支撑；其次，通过三点弯曲试验研究芯材密度对无腹板增强复合材料夹芯梁受弯性能的影响；最后，基于能量变分原理，考虑芯材竖向压缩效应，运用高阶剪切变形理论，建立无腹板增强复合材料夹芯梁的简化计算模型，与一阶剪切变形和欧拉梁理论计算结果对比，并进行参数分析，得到芯材密度对夹芯梁整体及局部受弯性能的影响。

2.2　夹芯梁各组分材性试验

2.2.1　GFRP 片材材性试验

GFRP 片材由[0/90°]无碱玻璃纤维布和不饱和聚酯树脂(G100)通过真空导入工艺(vacuum infusion process, VIP)制备而成。单层纤维布面密度为 800g/m^2，固化后单层板平均厚度为 0.6mm。拉伸、压缩和剪切试验采用德国 Zwick/Roell Z050 电子试验机，试验机量程为 50kN，精度为 0.01N。用静态信号采集分析系统 DH3816 应变箱采集应变数据。

1. GFRP 片材拉伸试验

通过拉伸试验可以测得 GFRP 片材的拉伸强度和弹性模量。根据 ASTM D3039[1]制备 5 组长 250mm、宽 25mm、厚 4.8mm 的 GFRP 层合板，并在两端用 50mm 长玻璃纤维材料在夹持段进行增强。在试件标距中部设置两片相互垂直的应变片，用以测量试件在两个方向的应变。采用德国 Zwick/Roell Z050 电子试验机加载(图 2-3(a))，加载速率为 2mm/min。

(a) 拉伸、剪切试验

(b) 压缩试验

图 2-3　GFRP 片材试验加载装置

加载前期试样无明显变化，加载到一定阶段后可听到断断续续的噼啪声，临近破坏时，纤维被拉断，见图 2-4(a)，且能听到清脆的响声。图 2-5 给出了 GFRP 片材拉伸应力-应变曲线。由图可知，GFRP 片材拉伸应力随应变呈现线性变化关系。

(a) 拉伸试验

(b) 剪切试验

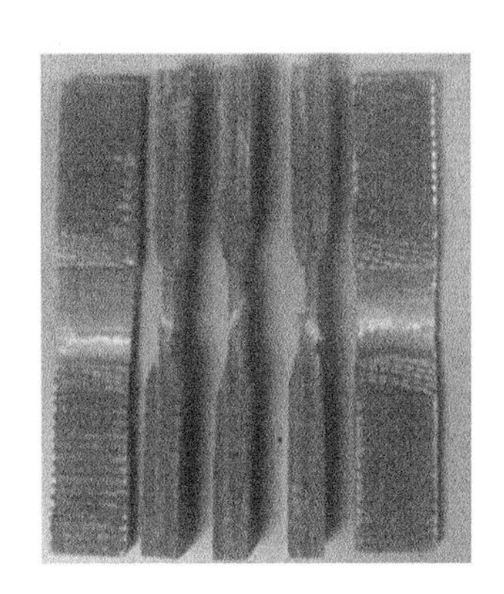

(c) 压缩试验

图 2-4　GFRP 片材试验破坏形态

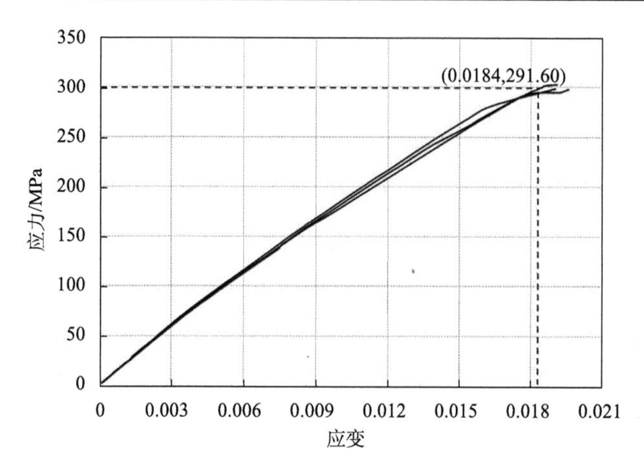

图 2-5　GFRP 片材拉伸应力-应变曲线

2. GFRP 片材剪切试验

根据 ASTM D3518[2]，GFRP 片材的剪切试验采用偏轴±45°拉伸试验进行。剪切试验试件制作方法、尺寸和数量与 GFRP 片材拉伸试验相同，试验在德国 Zwick/Roell Z050 电子试验机上进行，加载速率为 2mm/min，加载装置见图 2-3(a)。

加载前期试件无明显变化，当加载到一定阶段后可听到断断续续的噼啪声，进而观察到纤维层间出现分层破坏，破坏时纤维断面呈现锯齿状，见图 2-4(b)。图 2-6 给出了 GFRP 片材剪切应力-应变曲线。由图可知，在加载初期，应力-应变曲线呈线性变化，当应力大于 30MPa 时，曲线呈非线性变化，其原因主要是此时树脂基体出现开裂，纤维出现层间剥离，直到试件破坏。

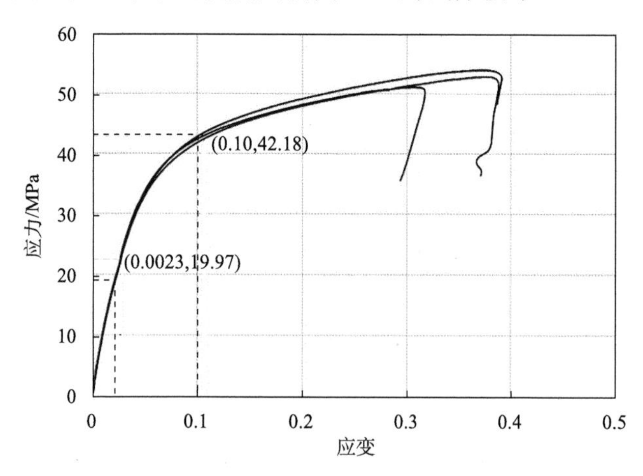

图 2-6　GFRP 片材剪切应力-应变曲线

3. GFRP 片材压缩试验

根据 ASTM D3410[3]对 GFRP 片材进行压缩试验，得到面板压缩模量和强度。制备 5 组长 150mm、宽 25mm、厚 4.8mm 的 GFRP 层合板，并在两端用玻璃纤维材料进行增强，使试件不致在夹持处发生破坏，中间净距 20mm。在试件标距中部设置两片相互垂直的应变片，用以测量试件在两个方向的应变。采用德国 Zwick/Roell Z050 电子试验机加载，加载速率为 1mm/min，加载装置见图 2-3(b)。

加载前期试件无明显变化，加载到一定阶段后可听到树脂基体断裂、纤维丝压断的声音，临近破坏时，纤维被压断，且能听到清脆的噼啪声(图 2-4(c))。GFRP 片材压缩应力-应变曲线见图 2-7。由图可知，GFRP 片材压缩应力随应变呈现线性变化关系。

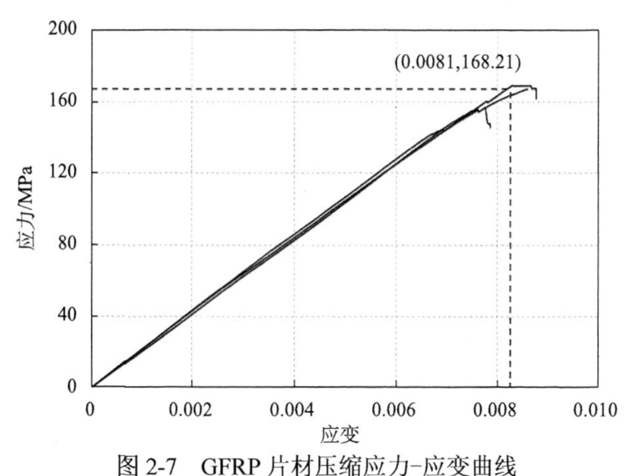

图 2-7　GFRP 片材压缩应力-应变曲线

表 2-1 给出了面板拉伸、剪切、压缩强度和模量。由表可知，GFRP 片材拉伸、压缩模量相差不大，但其拉伸强度比压缩强度高 73%。

表 2-1　GFRP 片材基本力学性能参数

性能	试验方法	单位	均值	方差	变异系数
拉伸强度	ASTM D3039	MPa	291.60	2.76	0.0095
拉伸模量	ASTM D3039	GPa	22.68	0.09	0.0039
拉伸应变	ASTM D3039	—	0.0184	0.0002	0.0082
剪切强度	ASTM D3518	MPa	42.18	1.15	0.022
剪切模量	ASTM D3518	GPa	8.80	0.07	0.019
剪切应变	ASTM D3518	—	0.10	0.012	3.30
压缩强度	ASTM D3410	MPa	168.21	5.59	0.034
压缩模量	ASTM D3410	GPa	21.09	0.49	0.025
压缩应变	ASTM D3410	—	0.0081	0.00037	0.058

2.2.2　PU 泡沫材性试验

泡沫芯材采用 PU 泡沫，密度分别为 48kg/m^3、130kg/m^3、199kg/m^3、251kg/m^3 和 413kg/m^3。拉伸、剪切试验采用德国 Zwick/Roell Z050 电子试验机加载，试验机量程为 50kN，精度为 0.01N，加载速率为 0.5mm/min。压缩试验采用 MTS 电子试验机加载，试验机量程为 200kN，精度为 0.05N，加载速率为 2mm/min。用静态信号采集分析系统 DH3816 应变箱采集应变数据。对于拉伸、压缩和剪切试验，每种密度泡沫制作 5 组试件。

1. PU 泡沫拉伸试验

通过拉伸试验可以测得 PU 泡沫的拉伸强度和拉伸模量。根据 ASTM C297[4] 制作截面尺寸为 60mm × 60mm、厚度为 50mm 的立方体试块。由于泡沫模量相对较小，用 E200 环氧树脂将试件粘到预先制作好的钢制 T 型转换装置上，转换装置与螺纹杆通过可转动的插销与试验机夹头相连，见图 2-8(a)。

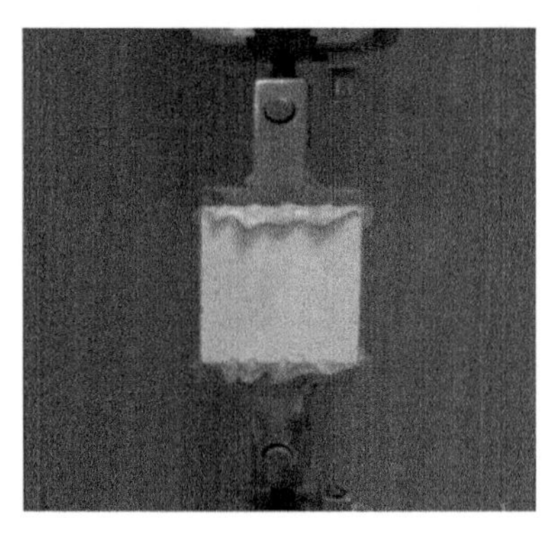

(a) 试验装置

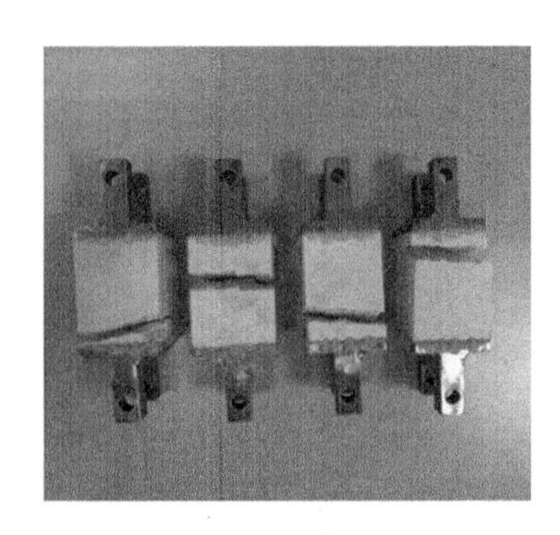

(b) 破坏模式

图 2-8　PU 泡沫拉伸试验

在加载初期，试件无明显变化；当试件达到其极限承载力时，泡沫块发生脆性断裂，破坏前无明显征兆，泡沫密度对破坏模式无影响。图 2-8(b) 给出了泡沫拉伸破坏模式。荷载除以泡沫截面面积即可得到其拉伸应力，位移除以试件高度即可得到其应变值。图 2-9 给出了不同密度 PU 泡沫拉伸应力-应变曲线。由图可知，曲线呈线性变化关系，泡沫密度越大，拉伸应力越大。表 2-2 给出了不同密度泡沫拉伸强度和拉伸模量值。

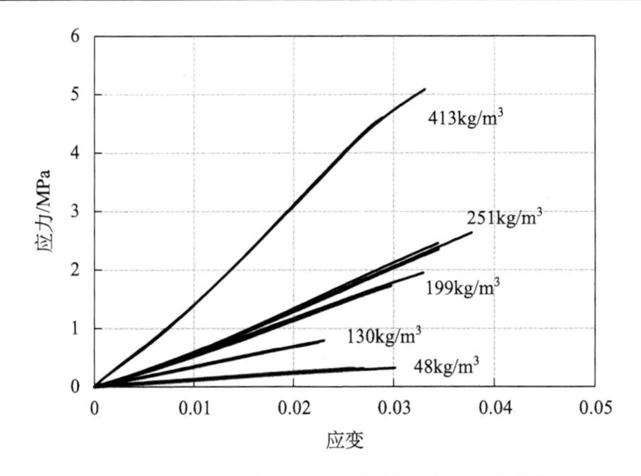

图 2-9　不同密度 PU 泡沫拉伸应力-应变曲线

表 2-2　PU 泡沫基本力学性能参数

性能	试验方法	单位	PU 泡沫密度/(kg/m³)				
			48	130	199	251	413
拉伸强度	ASTM C297	MPa	0.31	0.72	1.59	2.37	4.63
拉伸模量	ASTM C297	MPa	6.76	34.09	57.36	67.06	152.97
拉伸应变	ASTM C297	—	0.0271	0.0223	0.0325	0.0386	0.0309
压缩强度	ASTM C365	MPa	0.29	1.22	2.87	4.83	12.76
压缩模量	ASTM C365	MPa	7.78	35.42	80.59	117.96	283.60
压缩应变	ASTM C365	—	0.0426	0.0487	0.0513	0.0627	0.0714
剪切强度	ASTM C273	MPa	0.18	0.44	0.77	1.03	1.25
剪切模量	ASTM C273	MPa	2.84	16.22	24.32	32.68	87.32
剪切应变	ASTM C273	—	0.1123	0.0645	0.0815	0.0940	0.0980

2. PU 泡沫压缩试验

根据 ASTM C365[5]对不同密度 PU 泡沫进行压缩力学性能试验，试件尺寸和拉伸试件尺寸相同。为了使泡沫受力均匀，在试件和试验机之间放置两块尺寸为 100mm × 100mm × 20mm 的钢板。图 2-10 给出了不同密度 PU 泡沫压缩破坏模式。当泡沫密度较低时(小于 130kg/m^3)，泡沫无明显的破坏现象，在卸载后，有较强的恢复力；当泡沫密度较高时(大于 199kg/m^3)，破坏时泡沫块边缘处泡沫脱落，出现竖向裂缝，呈脆性破坏。

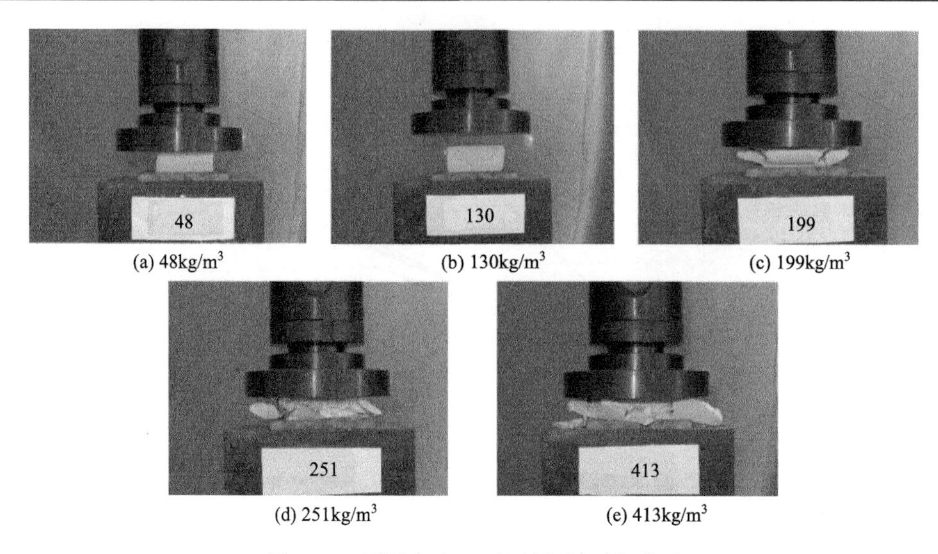

(a) 48kg/m³　(b) 130kg/m³　(c) 199kg/m³

(d) 251kg/m³　(e) 413kg/m³

图 2-10　不同密度 PU 泡沫压缩破坏模式

图 2-11 给出了不同密度 PU 泡沫压缩应力-应变曲线。由图可知，对于密度为 48kg/m³ 的泡沫，在加载初期，曲线处于弹性段，随应力的增加，曲线呈现非线性，随后达到极限应力强度，应力进入局部下降段，曲线瞬间进入平台阶段，在这一阶段，泡沫应力不再增加而应变不断增大。当应变值达到 0.7 左右时，泡沫进入强化阶段，泡沫应变几乎不再增大，而应力迅速增加。密度为 130kg/m³、199kg/m³、251kg/m³ 和 413kg/m³ 泡沫的压缩应力-应变曲线与 48kg/m³ 泡沫相似，不同的是随着密度的增加，泡沫屈服下降段逐渐变得不明显，当泡沫密度大于 251kg/m³ 时，屈服下降段消失，其应力-应变曲线变为弹性上升段、屈服平台

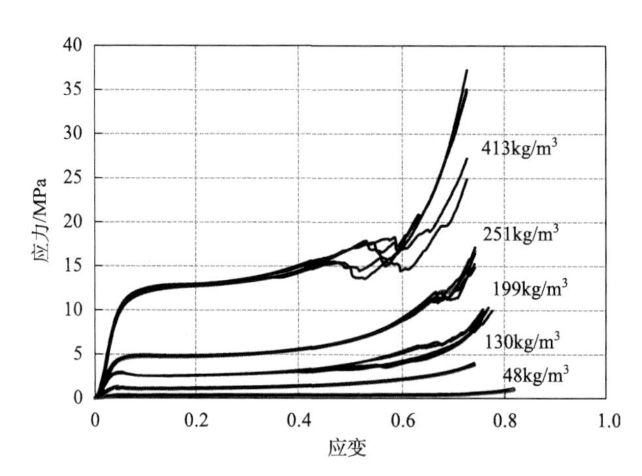

图 2-11　不同密度 PU 泡沫压缩应力-应变曲线

段和应力强化段。同时，当泡沫密度大于 199kg/m^3 时，其应力-应变曲线在应力强化段出现刚度退化现象，这是由于泡沫块边缘处泡沫脱落，降低了泡沫块受压面积。泡沫压缩模量、压缩强度及压缩应变值见表 2-2。

3. PU 泡沫剪切试验

根据 ASTM C273[6]对不同密度 PU 泡沫进行剪切性能试验。试件尺寸为 250mm×60mm×25mm，加载速率为 1mm/min。加载装置见图 2-12(a)，试件通过环氧树脂和两块钢板黏结在一起。为了增强泡沫和钢板之间的黏结强度，与钢板接触面泡沫表面开槽，槽深 1mm，槽宽 2mm，试验机通过转环节将力传递到钢板上。采用量程为 100mm 的位移传感器测量两块钢板的相对位移。由式(2-1)和式(2-2)可求出泡沫芯材的剪切强度和剪切模量。试件剪切模量、剪切强度、剪切应变值见表 2-2。

$$\tau_{\mathrm{c}}=\frac{P}{Lb} \tag{2-1}$$

$$G_{\mathrm{c}}=\frac{(\Delta P/\Delta u)t}{Lb} \tag{2-2}$$

其中，P 为试件破坏时试验机荷载；L 为试件长度；b 为试件宽度；$\Delta P/\Delta u$ 为试件应力-应变曲线初始斜率；t 为试件厚度。

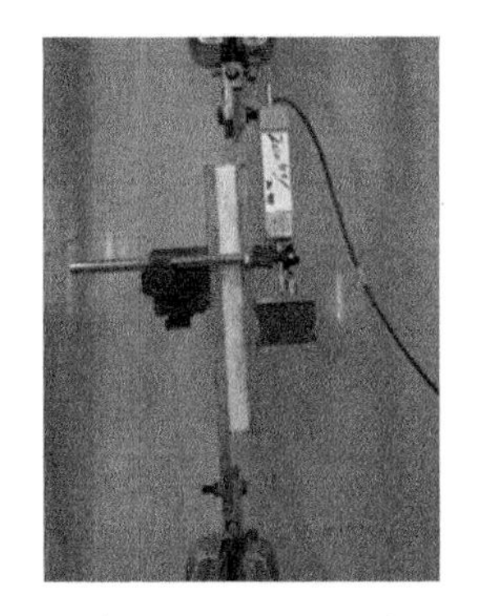

(a) 试验装置

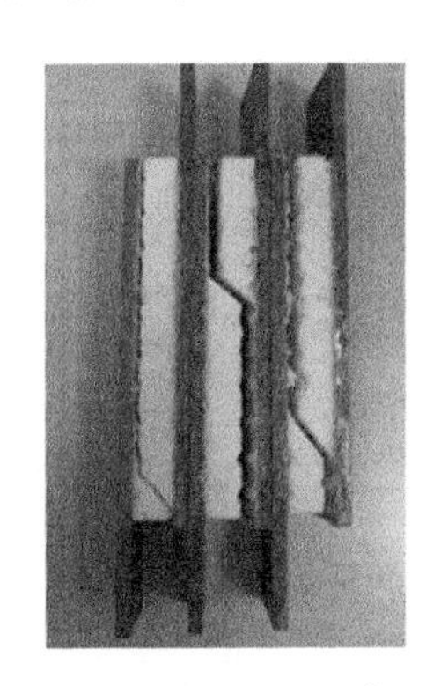

(b) 破坏模式(ρ=48kg/m^3)

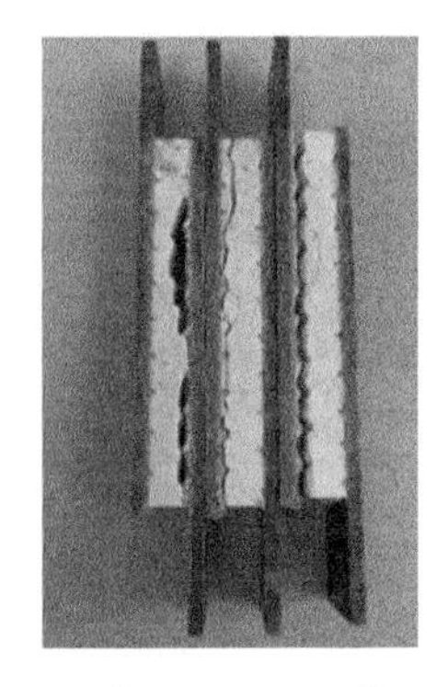

(c) 破坏模式(ρ=251kg/m^3)

图 2-12　PU 泡沫剪切试验

当泡沫密度较低时，其剪切破坏模式为 45°剪切斜裂缝破坏(图 2-12(b))，破坏呈延性；当泡沫密度较高时，沿试件和钢板交界面方向发生波纹状断裂裂缝，破坏呈脆性(图 2-12(c))。其主要原因是对试件进行了开槽处理，槽中环氧树脂改变了泡沫块剪应力的分布。泡沫密度越大，脆性越明显。

不同密度 PU 泡沫剪切应力-应变曲线如图 2-13 所示。由图可知，当泡沫密度较低时，泡沫剪切应力-应变曲线呈现明显的非线性，当泡沫密度较高时，泡沫剪切应力-应变曲线基本呈现线性变化。

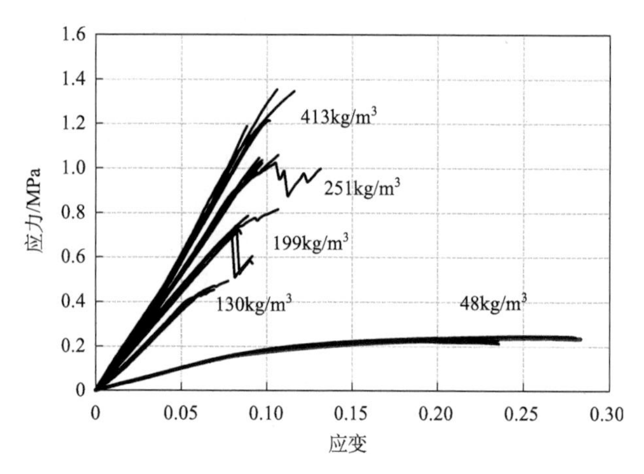

图 2-13　不同密度 PU 泡沫剪切应力-应变曲线

2.3　无腹板增强夹芯梁受弯试验

2.3.1　试件设计与试验过程

1. 试件设计及制备

无腹板增强复合材料夹芯梁尺寸为 1400mm×300mm×78mm，其中上、下面板厚均为$[0/90°]_6$，芯材厚 70mm，密度分别为 48kg/m^3、130kg/m^3、199kg/m^3、251kg/m^3 和 413kg/m^3，对应试件编号分别为 B1、B2、B3、B4 和 B5。

试件采用真空导入工艺制作，加工流程见图 2-14。首先，PU 泡沫试块上、下表面开槽，槽间距 25mm，槽宽 2mm，槽深 2mm；其次，将泡沫块放置在预先裁剪好的$[0/90°]_6$ 纤维布上，并在其上铺设$[0/90°]_6$ 纤维布；最后，用真空袋将其密封并抽真空，待树脂固化后，通过脱模、裁剪等工序得到试验所需试件。

(a) 泡沫材料

(b) 泡沫开槽

(c) 铺设底布

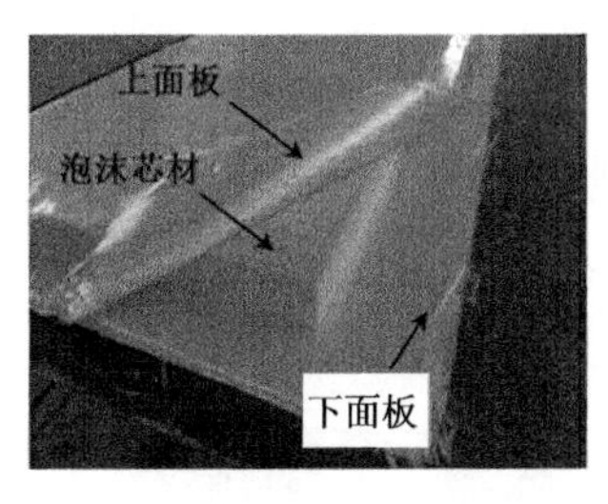

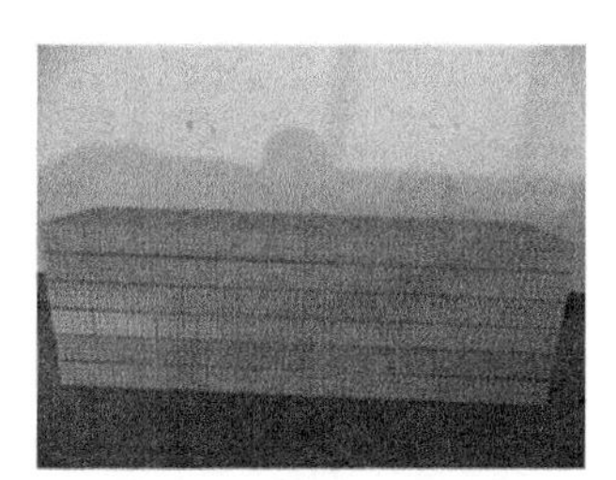

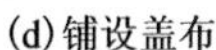
(d) 铺设盖布　　(e) 树脂导入　　(f) 试验构件

图 2-14　试件加工流程

2. 试验过程

根据 ASTM C393[7]规范对复合材料夹芯梁进行三点弯曲试验研究。试件净跨 1200mm。试验采用量程为 200kN 的 MTS 试验机加载，加载速率为 2mm/min。用两个量程为 100mm 的位移计分别测量夹芯梁跨中上、下面板的竖向位移，用电阻应变片测量夹芯梁上、下面板沿跨度方向的纵向应变。图 2-15 给出了试验加载及测量装置。

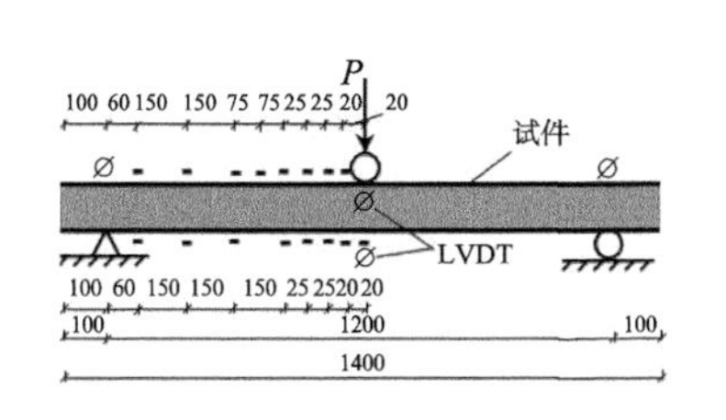

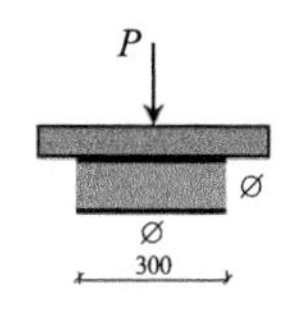

(a) 加载及测量装置(单位：mm)　　(b) 实际加载装置

图 2-15　试验加载及测量装置

2.3.2　试验结果分析

1. 破坏模式

无腹板增强夹芯梁的主要破坏模式见图 2-16。图示表明，随着芯材密度变化，夹芯梁主要破坏模式为芯材压陷破坏和面板受压屈服破坏。试件 B1 在加载初期处于弹性状态，随着变形的增加，加载点下方泡沫出现塑性变形，并伴随轻微噼啪声。随后塑性变形继续增大，发出连续不断的轻微噼啪声，芯材发生压陷破坏(图

2-16(a))，整个过程中构件呈现明显的延性破坏特性。试件 B2 和试件 B1 相似，当荷载接近极限承载力时，加载点下方泡沫出现塑性变形，发生芯材压陷破坏。对于试件 B3、B4 和 B5，在荷载达到其极限承载力之前，加载点附近泡沫并没有出现明显的塑性变形，当荷载接近其极限承载力时，加载点下方发出连续不断的清脆声，伴随着发生上面板受压屈服破坏(图 2-16(b)和(c))，呈现明显的脆性破坏特性。

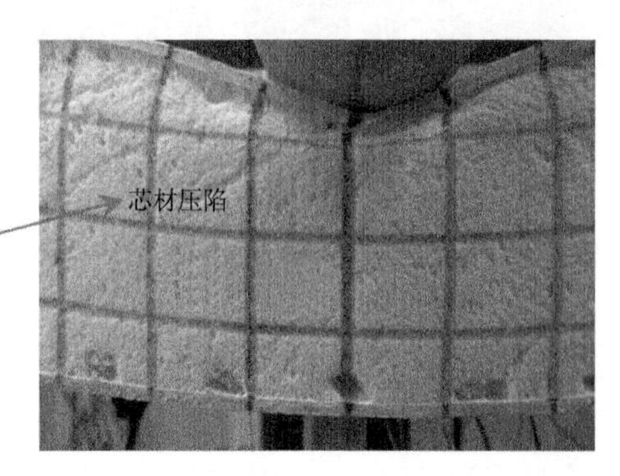

(a) 试件 B1

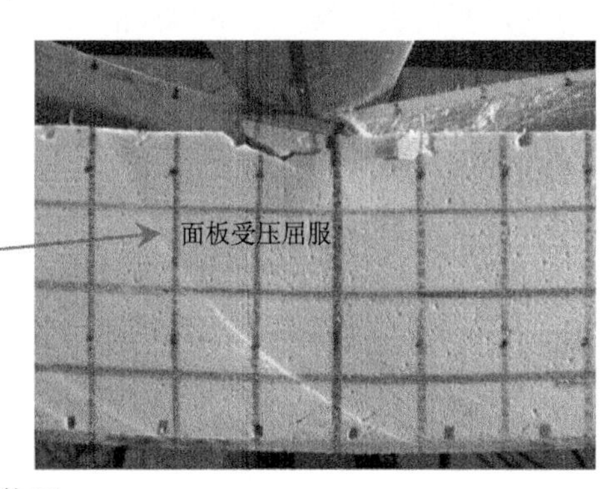

(b) 试件 B3

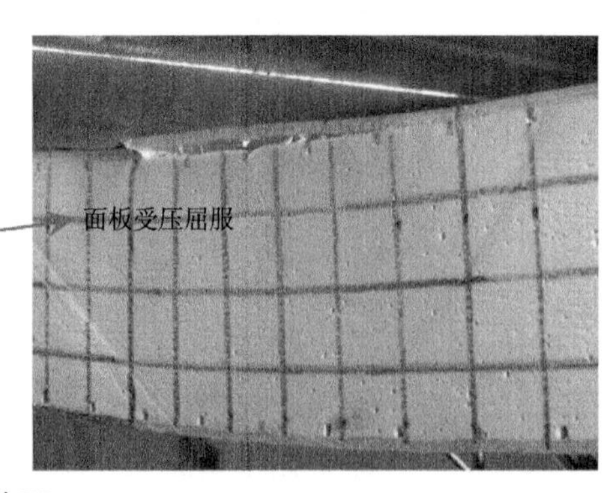

(c) 试件 B5

图 2-16　无腹板增强夹芯梁主要破坏模式

2. 变形分析

图 2-17 给出了不同芯材密度夹芯梁荷载-位移曲线。由图可知，试件 B1 荷载-位移曲线在加载初期呈线性变化；当荷载大于 4.3kN 时，曲线呈非线性变化；当荷载达到 6.4kN 时，达到其极限承载力。与试件 B1 相似，试件 B2 荷载-位移曲线在加载初期呈线性变化，当荷载大于 15kN 时，曲线呈非线性变化，当荷载达到 16.4kN 时，达到其极限承载力。试件 B3、B4 和 B5 在达到其极限承载力之前，荷载-位移曲线基本呈线性变化，其极限承载力分别为 28.5kN、31.6kN 和 41.1kN。结果表明，芯材密度越大，夹芯梁极限承载力越大；当芯材密度大于某一定值时，随着芯材密度的增加，夹芯梁极限承载力增加速度变慢。

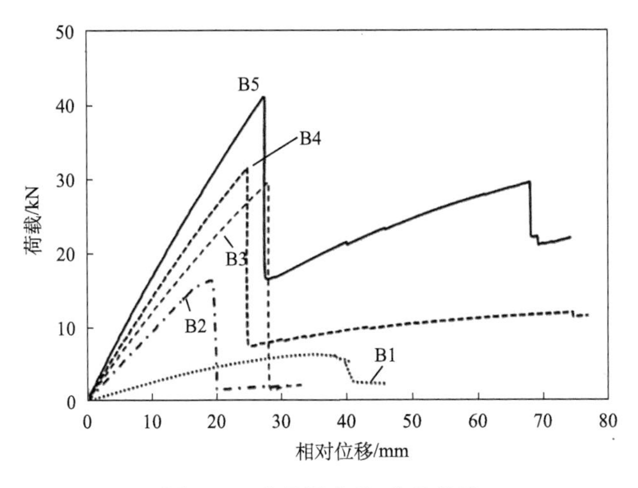

图 2-17　夹芯梁荷载-位移曲线

图 2-18 给出了不同夹芯梁加载点位置荷载-上、下面板相对位移曲线。由图可知，荷载-相对位移曲线可分为四个阶段：线性阶段 I（泡沫芯材处于弹性阶段）、非线性阶段 II（泡沫芯材开始进入非线性阶段）、屈服平台阶段III（泡沫芯材受压屈服）、下降段IV（泡沫芯材压陷破坏）。

试件 B1、B2 荷载-上、下面板相对位移曲线依次经历了线性阶段、非线性阶段、屈服平台阶段和下降段，试件 B3 荷载-上、下面板相对位移曲线依次经历了线性阶段和非线性阶段；试件 B4 和 B5 荷载-上、下面板相对位移曲线仅包含线性阶段。对比夹芯梁试验破坏过程及荷载-面板相对位移曲线可知，当试件 B1、B2 荷载-上、下面板相对位移曲线进入屈服平台阶段时，对应着泡沫芯材进入受压屈服阶段，下降段对应泡沫芯材压陷破坏阶段；试件 B3、B4 和 B5 均未出现屈服平台阶段，说明夹芯梁未发生芯材压陷破坏。图示同时表明，泡沫芯材密度越

大，面板相对压陷位移值越小，说明增加芯材密度能降低芯材局部压陷效应。

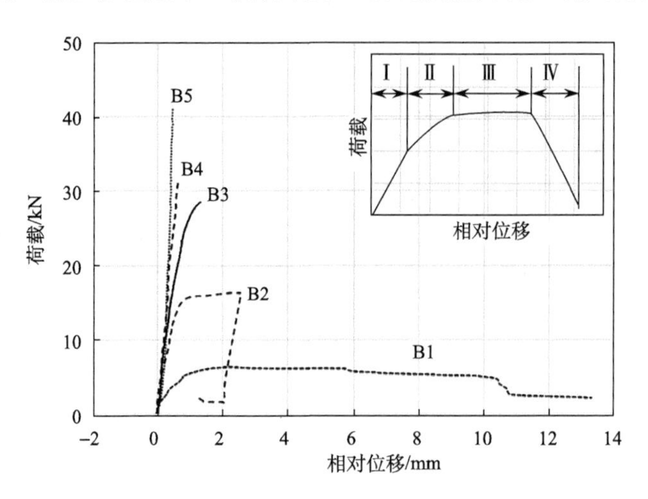

图 2-18　夹芯梁跨中荷载-上、下面板相对位移曲线

3. 应变分析

图 2-19(a)、(c)、(e)给出了不同密度芯材夹芯梁荷载-应变曲线。由图可知，夹芯梁下面板的荷载-应变曲线基本呈线性变化。在加载点附近，荷载较小时，上面板荷载-应变曲线呈现线性变化，荷载较大时，曲线呈非线性变化；芯材密度越小，变化越明显。随着芯材密度的增加，下面板极限拉应变值增大，说明增大芯材密度，能使 GFRP 受拉强度得到更加充分的利用。图 2-19(b)、(d)、(f)同时给出了在荷载 P= 3kN 时不同夹芯梁上、下面板应变-位置曲线。由图可知，在加载点附近，上面板压应变值随着位置的变化呈现非线性变化，密度越小，非线性越明显；下面板拉应变在加载点位置有较明显的突然增大现象，这是由于泡沫芯材竖向压缩模量较低，加载点位置泡沫芯材发生局部压陷，导致下面板局部隆起。上述分析表明，泡沫密度越小，芯材对夹芯梁局部受压力学性能的影响越明显。

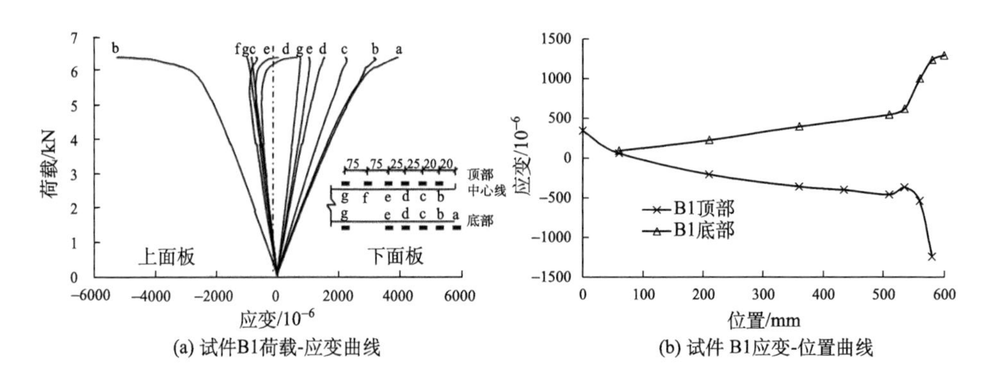

(a) 试件B1荷载-应变曲线　　　　(b) 试件 B1应变-位置曲线

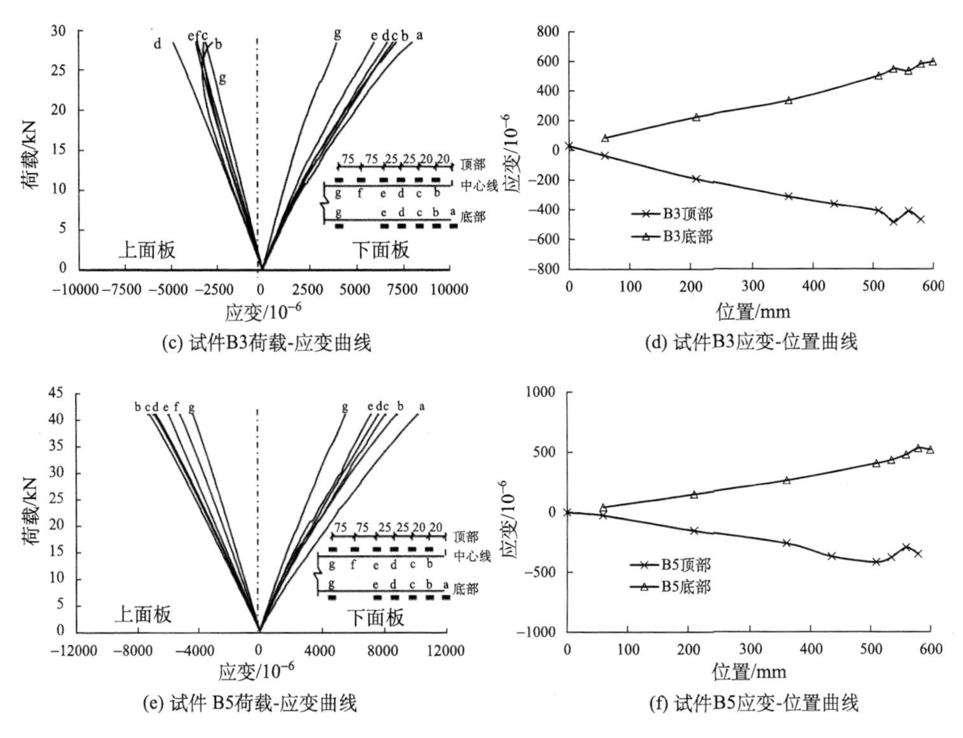

(c) 试件B3荷载-应变曲线　　(d) 试件B3应变-位置曲线

(e) 试件 B5荷载-应变曲线　　(f) 试件B5应变-位置曲线

图 2-19　夹芯梁荷载-应变及应变-位置曲线(P=3kN)

2.4　无腹板增强夹芯梁理论分析

2.4.1　弹性理论分析

1. 高阶剪切变形理论

1) 基本假设

无腹板增强复合材料夹芯梁由上、下复合材料面板和中间均质芯材构成(图 2-20)，d_t和 d_b分别为上、下面板厚度，h_c为芯材厚度，下标 t 和 b 分别表示上面板和下面板。高阶剪切变形理论基本假设如下[8-11]：

(1) 小变形弹性分析。

(2) 不考虑芯材纵向压缩变形。

(3) 不考虑面板剪切变形。

(4) 芯材与面板之间无相对滑移。

2) 基本方程

(1) 能量方程。

运用能量变分原理推导夹芯梁在横向荷载作用下的弯曲方程，最小势能原理表示为

$$\delta(U+V)=0 \tag{2-3}$$

其中，U 和 V 分别为夹芯梁变形能和外力做的功；δ为变分符号。

夹芯梁变形能的一阶变分为

$$\delta U=\int_{v_{\mathrm{t}}}\sigma_{xx}\delta\varepsilon_{xx}\mathrm{d}v+\int_{v_{\mathrm{b}}}\sigma_{xx}\delta\varepsilon_{xx}\mathrm{d}v+\int_{v_{\mathrm{c}}}\tau_{\mathrm{c}}\delta\gamma_{\mathrm{c}}\mathrm{d}v+\int_{v_{\mathrm{c}}}\sigma_{zz}\delta\varepsilon_{zz}\mathrm{d}v \tag{2-4}$$

其中，σ_{xx}和ε_{xx}为上、下面板的应力和应变；τ_{c}和γ_{c}为芯材的剪应力和剪应变；σ_{zz}和ε_{zz}为芯材竖向应力和应变；v_{t}、v_{b}和 v_{c} 分别表示上、下面板和芯材的体积；dv 表示体积的微分符号。

外力做功的一阶变分为

$$\begin{aligned}\delta V=&-\int_0^l(q_{\mathrm{t}}\delta w_{\mathrm{t}}+q_{\mathrm{b}}\delta w_{\mathrm{b}}+n_{\mathrm{t}}\delta u_{\mathrm{t}}+n_{\mathrm{b}}\delta w_{\mathrm{b}}+m_{\mathrm{t}}\delta w_{\mathrm{t},x}+m_{\mathrm{b}}\delta w_{\mathrm{b},x})\mathrm{d}x\\&-\sum_{j=1}^{NC}\int_0^l(P_{\mathrm{t}j}\delta w_{\mathrm{t}}+P_{\mathrm{b}j}\delta w_{\mathrm{b}}+N_{\mathrm{t}j}\delta u_{\mathrm{t}}+N_{\mathrm{b}j}\delta w_{\mathrm{b}}+M_{\mathrm{t}j}\delta w_{\mathrm{t},x}+M_{\mathrm{b}j}\delta w_{\mathrm{b},x})\delta_{\mathrm{d}}(x-x_j)\mathrm{d}x\end{aligned} \tag{2-5}$$

其中，q_i、n_i和 $m_i(i=\mathrm{t, b})$分别代表上、下面板的均布竖向荷载、均布水平荷载和均布弯曲荷载；P_{ij}、N_{ij}和 $M_{ij}(i=\mathrm{t, b})$分别代表上、下面板的竖向集中荷载、水平荷载和弯曲荷载；$x=x_j$为加载点位置；NC 为集中荷载的数量；$\delta_{\mathrm{d}}(x-x_j)$为加载点位置的狄利克雷函数；$u_i$、$w_i$和 $w_{i,x}(i=\mathrm{t, b})$分别为相对于上、下面板的水平位移、竖向位移和扭转位移；l 为夹芯梁净跨。图 2-20 给出了夹芯梁理论计算模型。

(2) 几何方程。

对于面板，有

$$\varepsilon_{xx}^{\mathrm{t}}=u_{\mathrm{ot},x}-z_{\mathrm{t}}w_{\mathrm{t},x} \tag{2-6a}$$

$$\varepsilon_{xx}^{\mathrm{b}}=u_{\mathrm{ob},x}-z_{\mathrm{b}}w_{\mathrm{b},x} \tag{2-6b}$$

其中，$\varepsilon_{xx}^{\mathrm{t}}(i=\mathrm{t, b})$表示面板纵向应变；$u_{\mathrm{oi},x}$和 $w_{i,x}(i=\mathrm{t, b})$表示面板的纵向变形和竖向变形；$z_i(i=\mathrm{t, b})$为面板竖向坐标(图 2-20(a))。

对于芯材，有

$$\gamma_{\mathrm{c}}=u_{\mathrm{c},z}+w_{\mathrm{c},x} \tag{2-7a}$$

$$\varepsilon_{zz}=w_{\mathrm{c},z} \tag{2-7b}$$

其中，γ_{c}和ε_{zz}分别为芯材剪切应变和竖向压缩应变；$u_{\mathrm{c},z}$和 $w_{\mathrm{c},x}$分别为芯材纵向位移和竖向位移；z 为芯材高度方向坐标，从与上面板接触面往下开始计算。

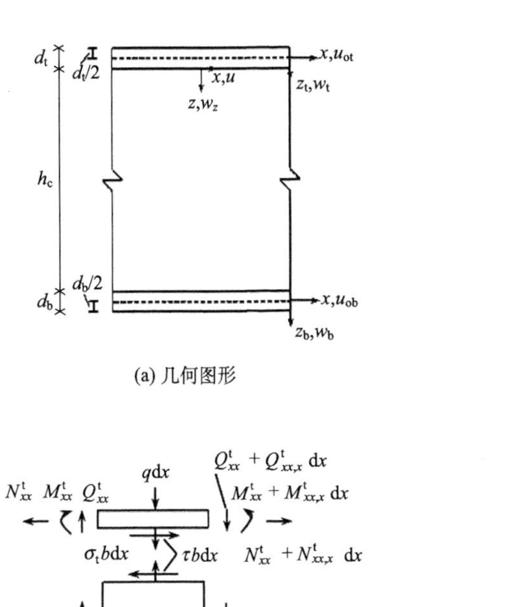

(a) 几何图形

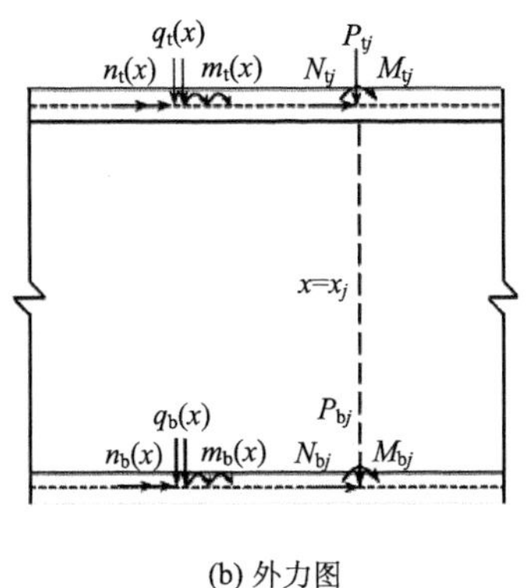

(b) 外力图

(c) 内力图

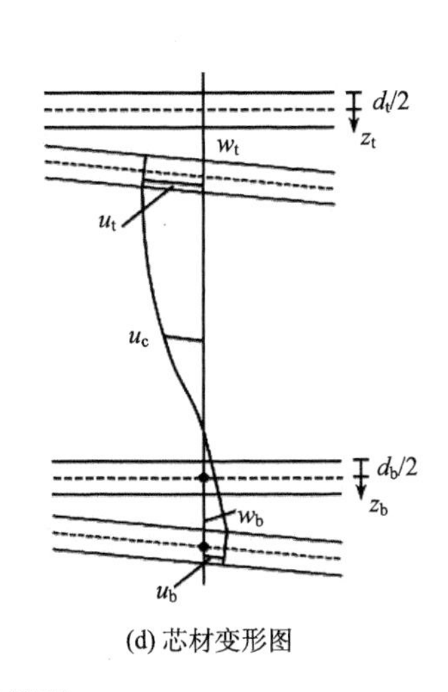

(d) 芯材变形图

图 2-20　夹芯梁理论计算模型

根据芯材和面板上、下表面界面位置连续性条件，在 z=0（上表面）位置，有

$$u_{\mathrm{c}}^{\mathrm{t}}=u_{\mathrm{ot}}-\frac{d_{\mathrm{t}}}{2}w_{\mathrm{t},x} \tag{2-8a}$$

$$w_{\mathrm{c}}^{\mathrm{t}}=w_{\mathrm{t}} \tag{2-8b}$$

在 $z=h_{\mathrm{c}}$（下表面）位置，有

$$u_{\mathrm{c}}^{\mathrm{b}}=u_{\mathrm{ob}}-\frac{d_{\mathrm{b}}}{2}w_{\mathrm{b},x} \tag{2-9a}$$

$$w_{\mathrm{c}}^{\mathrm{b}}=w_{\mathrm{b}} \tag{2-9b}$$

其中，u_{c}^{i} 和 w_{c}^{i}（i=t, b）分别表示在芯材与面板交界处芯材水平向位移和竖向位移。

把方程(2-4)和方程(2-5)代入方程(2-3)，并联合方程(2-8)和方程(2-9)，由分部积分法得

$$N^{\mathrm{t}}_{xx,x} + \tau_{\mathrm{c}}(z=0)b + n_{\mathrm{t}} = 0 \tag{2-10a}$$

$$N^{\mathrm{b}}_{xx,x} - \tau_{\mathrm{c}}(z=h_{\mathrm{c}})b + n_{\mathrm{b}} = 0 \tag{2-10b}$$

$$M^{\mathrm{t}}_{xx,xx} + \frac{b\tau_{\mathrm{c},x}(z=0)d_{\mathrm{t}}}{2} + \sigma_{zz}(z=0)b + q_{\mathrm{t}} - m_{\mathrm{t},x} = 0 \tag{2-10c}$$

$$M^{\mathrm{b}}_{xx,xx} + \frac{b\tau_{\mathrm{c},x}(z=h_{\mathrm{c}})d_{\mathrm{b}}}{2} + \sigma_{zz}(z=c)b + q_{\mathrm{b}} - m_{\mathrm{b},x} = 0 \tag{2-10d}$$

$$\tau_{\mathrm{c},x} + \sigma_{zz,z} = 0 \tag{2-10e}$$

$$\tau_{\mathrm{c},z} = 0 \tag{2-10f}$$

其中，N^i_{xx} 和 M^i_{xx} (i=t, b) 分别为面板轴向压力和面板弯矩；b 为夹芯梁宽度。

假设剪应力 τ_{c} 沿高度方向均匀分布，只是 x 的函数，因此有

$$\tau_{\mathrm{c}} = \tau(x) \quad 或 \quad \tau_{\mathrm{c}}(z=0) = \tau_{\mathrm{c}}(z=h_{\mathrm{c}}) = \tau \tag{2-11}$$

(3) 边界条件。

在上面板：

$$N^{\mathrm{t}}_{xx}(x=0) = -N_{\mathrm{t}}(x=0),\quad N^{\mathrm{t}}_{xx}(x=l) = N_{\mathrm{t}}(x=l) \quad 或 \quad u_{\mathrm{ot}} = 0 \tag{2-12a}$$

$$M^{\mathrm{t}}_{xx}(x=0) = M_{\mathrm{t}}(x=0),\quad M^{\mathrm{t}}_{xx}(x=l) = -M_{\mathrm{t}}(x=l) \quad 或 \quad w_{\mathrm{t},xx} = 0 \tag{2-12b}$$

$$M^{\mathrm{t}}_{xx,x}(x=0) + \frac{b\tau(x=0)d_{\mathrm{t}}}{2} - m_{\mathrm{t}}(x=0) = -P_{\mathrm{t}}(x=0) \quad 或 \quad w_{\mathrm{t}} = 0 \tag{2-12c}$$

$$M^{\mathrm{t}}_{xx,x}(x=l) + \frac{b\tau(x=l)d_{\mathrm{t}}}{2} - m_{\mathrm{t}}(x=l) = -P_{\mathrm{t}}(x=l) \quad 或 \quad w_{\mathrm{t}} = 0 \tag{2-12d}$$

在下面板：

$$N^{\mathrm{b}}_{xx}(x=0) = -N_{\mathrm{b}}(x=0),\quad N^{\mathrm{b}}_{xx}(x=l) = N_{\mathrm{b}}(x=l) \quad 或 \quad u_{\mathrm{ob}} = 0 \tag{2-13a}$$

$$M^{\mathrm{b}}_{xx}(x=0) = M_{\mathrm{b}}(x=0),\quad M^{\mathrm{b}}_{xx}(x=l) = -M_{\mathrm{b}}(x=l) \quad 或 \quad w_{\mathrm{b},xx} = 0 \tag{2-13b}$$

$$M^{\mathrm{b}}_{xx,x}(x=0) + \frac{b\tau(x=0)d_{\mathrm{b}}}{2} - m_{\mathrm{b}}(x=0) = -P_{\mathrm{b}}(x=0) \quad 或 \quad w_{\mathrm{b}} = 0 \tag{2-13c}$$

$$M^{\mathrm{b}}_{xx,x}(x=l) + \frac{b\tau(x=l)d_{\mathrm{b}}}{2} - m_{\mathrm{b}}(x=l) = -P_{\mathrm{b}}(x=l) \quad 或 \quad w_{\mathrm{b}} = 0 \tag{2-13d}$$

其中，N_i、P_i 和 M_i (i=t, b) 分别表示在位置 x=0 和 x=l 处外荷载轴向力、集中荷载和弯矩。

在沿芯材高度方向上的任何一点，有

$$\tau(x=0) = 0,\quad \tau(x=l) = 0 \quad 或 \quad w_{\mathrm{c}}(x=0,z) = 0,\ w_{\mathrm{c}}(x=l,z) = 0 \tag{2-14}$$

(4) 连续条件。

连续条件包括七个几何连续条件和七个自然连续边界条件。

对上面板：

$$u_{\mathrm{ot}}^{-}=u_{\mathrm{ot}}^{+} \tag{2-15a}$$

$$w_{\mathrm{t}}^{-}=w_{\mathrm{t}}^{+} \tag{2-15b}$$

$$w_{\mathrm{t},x}^{-}=w_{\mathrm{t},x}^{+} \tag{2-15c}$$

$$N_{xx}^{\mathrm{t}(-)}-N_{xx}^{\mathrm{t}(+)}=N_{\mathrm{t}j} \tag{2-15d}$$

$$-M_{xx}^{\mathrm{t}(-)}+M_{xx}^{\mathrm{t}(+)}=M_{\mathrm{t}j} \tag{2-15e}$$

$$M_{xx,x}^{\mathrm{t}(-)}+\frac{b\tau^{(-)}d_{\mathrm{t}}}{2}-m_{\mathrm{t}}^{(-)}-M_{xx,x}^{\mathrm{t}(+)}-\frac{b\tau^{(+)}d_{\mathrm{t}}}{2}+m_{\mathrm{t}}^{(+)}=P_{\mathrm{t}j} \tag{2-15f}$$

对下面板：

$$u_{\mathrm{ob}}^{-}=u_{\mathrm{ob}}^{+} \tag{2-16a}$$

$$w_{\mathrm{b}}^{-}=w_{\mathrm{b}}^{+} \tag{2-16b}$$

$$w_{\mathrm{b},x}^{-}=w_{\mathrm{b},x}^{+} \tag{2-16c}$$

$$N_{xx}^{\mathrm{b}(-)}-N_{xx}^{\mathrm{b}(+)}=N_{\mathrm{b}j} \tag{2-16d}$$

$$-M_{xx}^{\mathrm{b}(-)}+M_{xx}^{\mathrm{b}(+)}=M_{\mathrm{b}j} \tag{2-16e}$$

$$M_{xx,x}^{\mathrm{b}(-)}+\frac{b\tau^{(-)}d_{\mathrm{b}}}{2}-m_{\mathrm{b}}^{(-)}-M_{xx,x}^{\mathrm{b}(+)}-\frac{b\tau^{(+)}d_{\mathrm{b}}}{2}+m_{\mathrm{b}}^{(+)}=P_{\mathrm{b}j} \tag{2-16f}$$

对芯材高度内任意一点：

$$w_{\mathrm{c}}^{-}=w_{\mathrm{c}}^{+} \tag{2-17a}$$

$$\tau^{-}=\tau^{+} \tag{2-17b}$$

符号–和+分别表示 $x=x_j$ 点的左侧和右侧；N_{ij}、P_{ij} 和 M_{ij} (i=t, b) 分别表示在 $x=x_j$ 位置外荷载的轴向力、竖向荷载和弯矩。

(5) 物理方程。

对面板 (i=t, b)：

$$N_{xx}^{i}=E_{\mathrm{f}}A_{i}u_{\mathrm{o}i,x} \tag{2-18a}$$

$$M_{xx}^{i}=E_{\mathrm{f}}I_{i}w_{i,xx} \tag{2-18b}$$

其中，$E_{\mathrm{f}}A_i$ 和 $E_{\mathrm{f}}I_i$ 分别为面板轴向刚度和弯曲刚度。

对芯材：

$$\tau=G_{\mathrm{c}}\gamma \tag{2-19a}$$

$$\sigma_{zz}=E_{\mathrm{c}}w_{\mathrm{c},z} \tag{2-19b}$$

其中，E_{c} 和 G_{c} 分别为芯材弹性模量和剪切模量。

通过式 (2-19a) 和式 (2-19b) 可以确定芯材的应力和位移，通过式 (2-8) 和式

(2-9)确定芯材与面板界面处的连续条件，通过物理方程(2-18)和(2-19)可得竖向应力方程为

$$\sigma_{zz}(x,z) = -\tau_{,x}z + \sigma_{zz}(z=0) \tag{2-20}$$

其中，$\sigma_{zz}(z=0)$为上面板和芯材之间的界面应力，在后续中确定。

通过物理方程(2-18)确定芯材竖向位移 $w_c(x, z)$，结合上面板和芯材界面连续条件，可得

$$w_c(x,z) = \frac{-\dfrac{\tau_{,x}z^2}{2} + \sigma_{zz}(z=0)z}{E_c} + w_t \tag{2-21}$$

应力 $\sigma_{zz}(z=0)$可以由面板竖向位移 w_t、w_b 和芯材剪切应力 τ，结合下面板与芯材连续条件(2-16)得到，即

$$\sigma_{zz}(z=0) = \frac{E_c(w_b - w_t)}{c} + \frac{\tau_{,x}h_c}{2} \tag{2-22}$$

因此，把式(2-22)代入式(2-20)得

$$\sigma_{zz}(x,z=h_c) = \frac{E_c(w_b - w_t)}{c} - \frac{\tau_{,x}h_c}{2} \tag{2-23}$$

把式(2-22)代入式(2-21)得到芯材竖向位移表达式为

$$w_c(x,z) = \frac{-\tau_{,x}z(z-h_c)}{2E_c} + \frac{(w_b - w_t)z}{c} + w_t \tag{2-24}$$

通过方程(2-7)和方程(2-19)得

$$u_c(x,z) = \frac{1}{G_c}\int \tau \mathrm{d}z - \int w_{c,x}\mathrm{d}z + C_u \tag{2-25}$$

其中，C_u为待定常数。

根据式(2-8)、式(2-11)和式(2-24)，得到

$$u_c(x,z) = \frac{\tau z}{G_c} - \frac{\tau_{,xx}}{2E_c}\left(\frac{z^2h_c}{2} - \frac{z^3}{3}\right) - \frac{w_{b,x}z^2}{2h_c} - w_{t,x}\left(-\frac{z^2}{2h_c} + z + \frac{d_t}{2}\right) + u_{ot} \tag{2-26}$$

芯材竖向位移和水平位移呈现非线性。当芯材材质较软时，必须考虑芯材横向压缩变形的影响。

(6)平衡方程。

通过化简，我们可以得到关于面板水平位移 u_{ot} 和 u_{ob}、竖向位移 w_t 和 w_b、芯材剪切应力 τ 的五个微分方程，即方程(2-27a)~(2-27e)。其中，前四个方程由方程(2-10a)~(2-10d)以及变形协调方程得到，第五个控制方程通过变形协调方程(2-9)代入方程(2-26)并乘以宽度 b 得到。

$$E_{\rm f}A_{\rm t}u_{{\rm ot},xx}+\tau b=-n_{\rm t} \tag{2-27a}$$

$$E_{\rm f}A_{\rm b}u_{{\rm ob},xx}-\tau b=-n_{\rm b} \tag{2-27b}$$

$$E_{\rm f}I_{\rm t}w_{{\rm t},xxxx}+\frac{bB_{\rm c}w_{\rm t}}{h_{\rm c}}-\frac{bE_{\rm c}w_{\rm b}}{h_{\rm c}}-\frac{\tau_{,x}b(h_{\rm c}+d_{\rm t})}{2}=q_{\rm t}-m_{{\rm t},x} \tag{2-27c}$$

$$\frac{-bB_{\rm c}w_{\rm t}}{h_{\rm c}}+E_{\rm f}I_{\rm b}w_{{\rm b},xxxx}+\frac{bE_{\rm c}w_{\rm b}}{h_{\rm c}}-\frac{\tau_{,x}b(h_{\rm c}+d_{\rm t})}{2}=q_{\rm t}-m_{{\rm b},x} \tag{2-27d}$$

$$u_{\rm ot}b-u_{\rm ob}b-\frac{w_{{\rm t},x}b(h_{\rm c}+d_{\rm t})}{2}-\frac{w_{{\rm b},x}b(h_{\rm c}+d_{\rm b})}{2}-\frac{\tau_{,xx}bh_{\rm c}^3}{12E_{\rm c}}+\frac{\tau bh_{\rm c}}{G_{\rm c}}=0 \tag{2-27e}$$

方程(2-27a)~(2-27e)是关于 $u_{\rm ot}$、$u_{\rm ob}$、$w_{\rm t}$、$w_{\rm b}$ 和 τ 的五元 14 阶常微分方程组。根据数学分析软件编制计算程序，可以求得水平位移 $u_{\rm ot}$ 和 $u_{\rm ob}$、竖向位移 $w_{\rm t}$ 和 $w_{\rm b}$、芯材剪切应力 τ 的解。

2. 一阶剪切变形理论

1) 基本假设

(1) 小变形弹性分析。

(2) 不考虑芯材纵向和竖向压缩变形。

(3) 假设芯材与面板之间无相对滑移。

(4) 不考虑面板剪切变形。

(5) 芯材变形满足平截面假设。

2) 抗弯刚度

夹芯梁整体抗弯刚度 EI:

$$EI=2E_{\rm f}I_{\rm f}+E_{\rm c}I_{\rm c}=\frac{E_{\rm f}(bd_{\rm t}^3)}{6}+\frac{E_{\rm f}(bd_{\rm t}d^2)}{2}+\frac{E_{\rm c}(bh_{\rm c}^3)}{12} \tag{2-28}$$

其中，$d=d_{\rm t}+h_{\rm c}$ 为夹芯梁上、下面板中性轴之间的距离；b 为梁的宽度；$h_{\rm c}$ 为芯材高度；$d_{\rm t}$ 为面层厚度；$E_{\rm f}$ 为面层压缩模量；$E_{\rm c}$ 为芯材压缩模量。

3) 抗剪刚度

本章研究的夹芯梁抗剪刚度主要由芯材提供，根据文献[12]可求得夹芯梁等效抗剪刚度为

$$G_{\rm c}A=\frac{bd^2G_{\rm c}}{h_{\rm c}}\approx bdG_{\rm c} \tag{2-29}$$

其中，$G_{\rm c}$ 为芯材剪切模量。

4) 挠度计算

根据一阶剪切变形理论，夹芯梁三点弯曲试验跨中挠度为

$$\varDelta=\varDelta_{\mathrm{b}}+\varDelta_{\mathrm{s}}=\frac{Pl^3}{48EI}+\frac{Pl}{4G_{\mathrm{c}}A}f_{\mathrm{s}} \tag{2-30}$$

其中，$\varDelta_{\mathrm{b}}$ 为弯曲引起的变形；$\varDelta_{\mathrm{s}}$ 为剪切引起的变形；EI 为夹芯梁的弯曲刚度；G_{c} 为芯材剪切模量；l 为夹芯梁净跨；A 为芯材截面面积；f_{s} 为截面形状影响系数，其表达式为

$$f_{\mathrm{s}}=\frac{A}{I^2}\int_A\frac{Q^2}{b^2}\mathrm{d}A \tag{2-31}$$

对于夹芯结构，芯材模量较低，可假设芯材剪力沿芯材截面高度均匀分布，截面形状影响系数 f_{s} 取 1，故考虑剪切变形影响，夹芯梁跨中挠度计算公式可写为

$$\varDelta=\varDelta_{\mathrm{b}}+\varDelta_{\mathrm{s}}=\frac{Pl^3}{48EI}+\frac{Pl}{4G_{\mathrm{c}}A} \tag{2-32}$$

3. 欧拉梁理论

1) 基本假设

(1) 小变形弹性分析。

(2) 不考虑芯材纵向和竖向压缩变形。

(3) 假设芯材与面板之间无相对滑移。

(4) 不考虑面板剪切变形。

(5) 芯材变形满足平截面假设，变形后截面与梁中和轴垂直。

2) 挠度计算

根据欧拉梁理论，夹芯梁三点弯曲试验跨中挠度为

$$\varDelta=\frac{Pl^3}{48EI} \tag{2-33}$$

其中，EI 为夹芯梁的弯曲刚度；l 为夹芯梁净跨。

4. 方程求解与验证

本节给出不同计算方法得出的夹芯梁变形和应力应变计算结果，并与不同密度芯材夹芯梁三点弯曲试验结果进行对比分析。

表 2-3 给出了不同芯材密度复合材料夹芯梁在荷载为 3kN 时跨中挠度试验值与欧拉梁理论、一阶剪切变形理论和高阶剪切变形理论计算值。和试验值相比，当芯材密度较低时，欧拉梁理论计算值误差较大(最大为735%)，其主要原因是欧拉梁理论不能考虑芯材剪切变形对夹芯梁的影响，一阶剪切变形理论次之(最大误差为 24%)，高阶剪切变形理论计算值与试验值吻合良好(最大误差为 9%)；当芯材密度较高时，欧拉梁理论计算误差最大(16%)，一阶剪切变形理论和高阶剪切

变形理论计算值与试验值吻合良好(误差小于 5%)。上述结果说明对于无腹板增强复合材料夹芯梁，芯材剪切变形对夹芯梁总变形的影响不可忽略；当芯材密度较大时，高阶剪切变形理论和一阶剪切变形理论计算结果差别不大，说明增大泡沫密度，芯材高阶剪切变形对夹芯梁总变形的影响减弱。

表 2-3　无腹板增强夹芯梁跨中挠度理论计算结果与试验结果对比

试件名称	位置	试验值	高阶剪切变形理论		一阶剪切变形理论		欧拉梁理论	
		Δ_{ex}/mm	Δ_h/mm	$(\Delta_{ex}-\Delta_h)/\Delta_h$	Δ_f/mm	$(\Delta_{ex}-\Delta_f)/\Delta_f$	Δ_o/mm	$(\Delta_{ex}-\Delta_o)/\Delta_o$
B1	上面板	11.86	10.91	0.09	9.55	0.24	1.42	7.35
	下面板	11.55	10.76	0.07	9.55	0.21	1.42	7.13
B2	上面板	3.2	2.95	0.08	2.82	0.13	1.41	1.27
	下面板	3.17	2.98	0.06	2.82	0.12	1.41	1.25
B3	上面板	2.52	2.35	0.07	2.31	0.09	1.40	0.80
	下面板	2.43	2.23	0.09	2.31	0.05	1.40	0.74
B4	上面板	2.28	2.21	0.03	2.13	0.07	1.40	0.63
	下面板	2.21	2.09	0.06	2.13	0.04	1.40	0.58
B5	上面板	1.64	1.58	0.04	1.57	0.04	1.37	0.20
	下面板	1.59	1.55	0.03	1.56	0.02	1.37	0.16

由于高阶剪切变形理论考虑了芯材竖向压陷效应，其计算结果能较好地考虑复合材料夹芯梁上、下面板位移和应变变化情况。图 2-21(a)给出了试件 B1 在荷载为 3kN 时上、下面板应变分布理论计算值与试验值对比。由图可知，面板应变理论计算结果在支座处有突变现象，其原因是高阶剪切变形理论计算模型假设边界条件为理想简支边，而在实际试验时，夹芯梁在支座处向外悬挑一定长度。在其他位置，夹芯梁上、下面板应变理论计算值和试验值吻合良好，说明高阶剪切变形理论能较好地考虑芯材竖向压陷效应。图 2-21(b)和(c)分别给出了试件 B3 和 B5 在荷载为 3kN 时上、下面板应变分布理论计算值与试验值对比。由图可知，总体上，理论计算值与试验值吻合良好。上述分析表明，考虑芯材压陷效应的高阶剪切变形理论能较精确地分析加载点下方上、下面板应变变化情况。

5. 讨论与分析

1)面板拉、压应变分析

图 2-21(d)给出了不同芯材密度夹芯梁在加载点附近上面板应变变化情况。由图可知，上面板应变随位置变化呈现非线性变化，越靠近加载点位置，芯材密度越小，非线性现象越明显。在加载点位置，芯材密度越大，上面板应变越小，

说明增加芯材密度，能有效降低上面板压应变，减少芯材压陷效应对夹芯梁局部受力性能的影响。

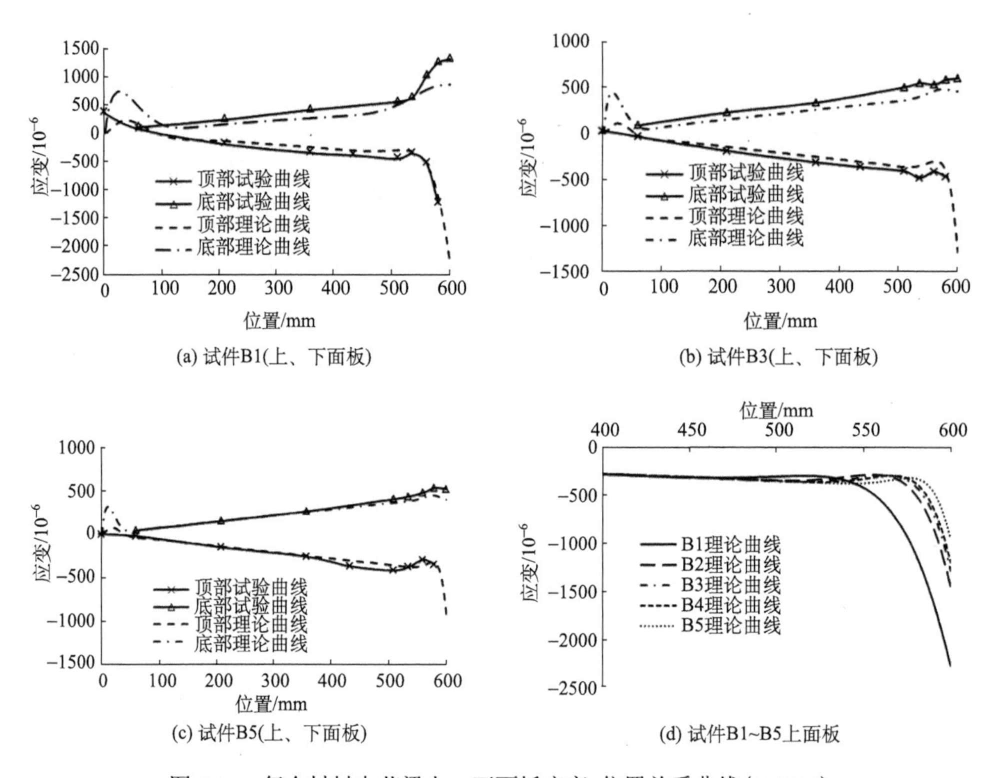

(a) 试件B1(上、下面板)

(b) 试件B3(上、下面板)

(c) 试件B5(上、下面板)

(d) 试件B1~B5上面板

图 2-21 复合材料夹芯梁上、下面板应变-位置关系曲线(P=3kN)

2) 面板、芯材剪力分析

图 2-22(a)给出了试件 B1 面板和芯材剪力分布曲线。由图可知，在加载支座位置，夹芯梁剪力主要由下面板承担；在加载支座与加载点之间位置，夹芯梁剪力主要由芯材承担；在加载点位置，夹芯梁剪力主要由上面板承担。试件 B2~B5 剪力分布曲线和试件 B1 相似。图 2-22(b)给出了不同芯材密度夹芯梁在加载点附近的剪力分布情况。由图可知，在远离加载点位置，芯材密度对夹芯梁剪力分布几乎没有影响，剪力主要由芯材承担；在加载点位置，剪力主要由上面板承担。距离加载点越近，芯材承担的剪力越小，上面板承担的剪力越大。在加载点附近，芯材密度越大，上面板承担的剪力越小。说明增大芯材密度，能降低加载点附近上面板承受的剪力。

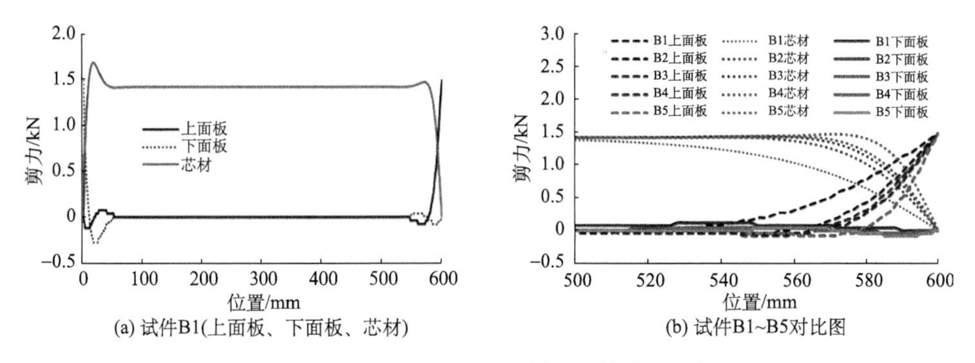

(a) 试件B1(上面板、下面板、芯材)　　(b) 试件B1~B5对比图

图 2-22　复合材料夹芯梁上、下面板及芯材剪力分布(P=3kN)

3)面板弯矩分析

图 2-23(a)给出了试件 B1 上、下面板弯矩分布曲线。由图可知，在加载支座和加载点位置，夹芯梁上、下面板弯矩较大，说明集中荷载能增大夹芯梁面板弯矩。试件 B2~B5 面板弯矩分布曲线和试件 B1 相似。图 2-23(b)给出了不同密度夹芯梁在加载点附近面板弯矩分布情况。由图可知，距离加载点越近，面板弯矩越大；在加载点位置，芯材密度越大，面板弯矩越小。说明增大芯材密度，能降低加载点附近面板承受的局部弯矩作用，进而减少面板由集中荷载引起的应力集中现象。

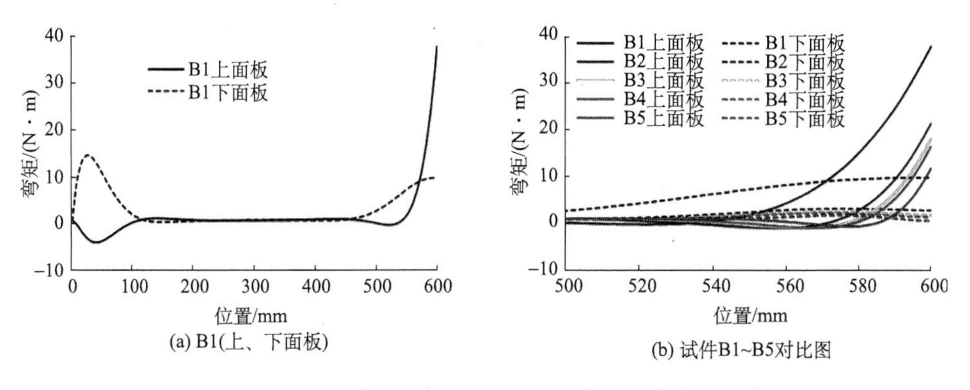

(a) B1(上、下面板)　　(b) 试件B1~B5对比图

图 2-23　复合材料夹芯梁上、下面板弯矩分布(P=3kN)

4)变形分析

图 2-24(a)给出了荷载为 3kN 时不同芯材密度对夹芯梁变形的影响。由图可知，夹芯梁芯材密度越大，变形越小；随芯材密度的增大，变形量减小速度减慢。图 2-24(b)给出了在荷载为 3kN 时不同芯材密度夹芯梁弯曲变形、剪切变形分别对总变形的贡献。由图可知，当芯材密度较低时，剪切变形对夹芯梁总变形的贡献较大(85%)，当芯材密度较高时，剪切变形对夹芯梁总变形的贡献较小(12%)。

说明增加芯材密度，夹芯梁变形较小，剪切变形对夹芯梁总变形的贡献逐渐降低，弯曲变形对夹芯梁总变形的贡献逐渐增加。

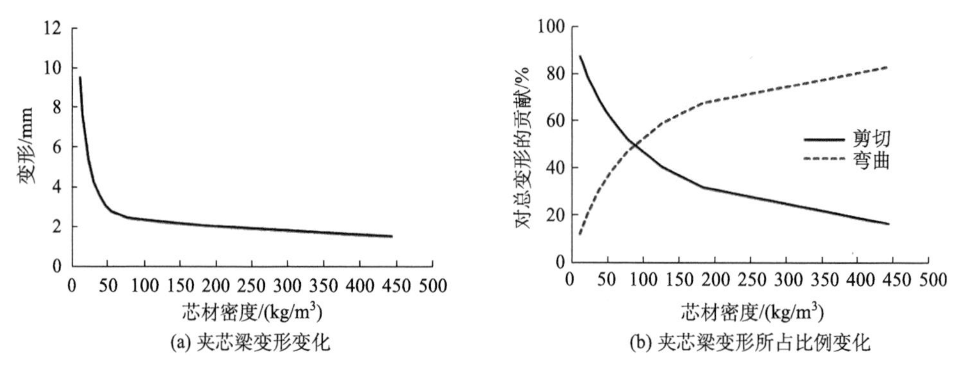

图 2-24　不同芯材密度复合材料夹芯梁变形分析(P=3kN)

2.4.2　极限承载力分析

Steeves 等[13,14]研究得出夹芯梁的主要破坏模式为：①芯材压陷破坏；②面板受压屈服破坏；③芯材剪切破坏；④面板屈曲破坏。极限承载力简化计算公式如下。

芯材压陷破坏：

$$P = bd_{\mathrm{t}}\left(\frac{\pi^2\sigma_{\mathrm{c}}^2 E_{\mathrm{f}} d}{3l}\right)^{1/3} \tag{2-34}$$

面板受压屈服破坏：

$$P = \frac{4b\sigma_{\mathrm{f}} d_{\mathrm{t}} d}{l} \tag{2-35}$$

芯材剪切破坏：

$$P = 2\tau_{\mathrm{c}} bd \tag{2-36}$$

面板屈曲破坏：

$$P = \frac{2bd_{\mathrm{t}}d}{l}\sqrt[3]{E_{\mathrm{f}}E_{\mathrm{c}}G_{\mathrm{c}}} \tag{2-37}$$

其中，l 为夹芯梁计算长度；d=h_{c}+d_{t}，h_{c} 为芯材高度；b 为夹芯梁宽度；E_{f}、d_{t} 分别为面板模量和厚度；σ_{f} 为 GFRP 面板抗压强度；E_{c} 为芯材压缩模量；G_{c} 为芯材剪切模量；σ_{c} 为芯材压缩强度；τ_{c} 为芯材剪切强度。

表 2-4 给出了夹芯梁极限承载力理论计算值与试验值对比。结果表明，当芯材密度较低时，理论计算值与试验值吻合良好；当芯材密度较高时，理论计算值

比试验值略低，这是由于当芯材密度较高时夹芯梁破坏模式为面板受压屈服破坏，理论计算公式未能考虑泡沫芯材对夹芯梁极限承载力的贡献。总体上，理论计算值与试验值吻合良好。

表 2-4　无腹板增强夹芯梁极限承载力计算结果对比

试件编号	密度/(kg/m^3)	P_u/kN	P_{pre}/kN	P_{pre}/P_u	破坏模式
B1	48	6.38	6.52	1.02	CI
B2	130	16.35	17.02	1.04	CI
B3	199	28.51	27.77	0.97	CI/SC
B4	251	31.62	30.14	0.95	SC
B5	413	41.10	38.34	0.93	SC

注：1) P_u 为试验值，P_{pre} 为理论计算值；
2) CI 表示芯材压陷破坏，SC 表示面板受压屈服破坏。

2.5　本 章 小 结

本章首先对 GFRP 片材和 PU 泡沫拉伸、压缩和剪切性能进行了研究；然后对不同密度芯材复合材料夹芯梁进行了三点弯曲试验，并基于高阶剪切变形理论、一阶剪切变形理论和欧拉梁理论对其进行理论分析；最后对试验中出现的典型破坏模式进行了极限承载力分析。主要得到如下结论：

(1) GFRP 片材拉伸模量和压缩模量相差不大，但拉伸强度比压缩强度高 73%；当 PU 泡沫密度较低时，其拉伸破坏呈现脆性破坏，压缩、剪切破坏呈现一定的延性破坏；当 PU 泡沫密度较高时，其拉伸、剪切破坏呈现脆性破坏，压缩破坏呈现延性破坏；泡沫密度越大，其拉伸、压缩及剪切模量和强度越大。

(2) 三点弯曲试验研究表明，当泡沫芯材密度较小时，夹芯梁极限承载力随泡沫密度的增大而增大；当泡沫密度较高时，继续增大泡沫密度，夹芯梁极限承载力增加速度变慢；随芯材密度变化，夹芯梁破坏模式为芯材压陷破坏和面板受压屈服破坏。

(3) 增加芯材密度，能有效降低加载点附近上面板压应变和加载点附近面板弯矩，减少芯材压陷效应对夹芯梁局部受力性能的影响。

(4) 在加载点位置，夹芯梁剪力主要由上面板承担，距离加载点越近，芯材承担的剪力越小，上面板承担的剪力越大；芯材密度越大，上面板承担的剪力越小。

(5) 芯材剪切变形对夹芯梁总变形的影响不可忽略；随芯材密度的增加，夹芯梁变形减小，芯材剪切变形对夹芯梁总变形的贡献逐渐降低，弯曲变形对总变

形的贡献逐渐增加，芯材高阶剪切变形对夹芯梁总变形的影响减弱。@@

参 考 文 献

[1] ASTM D3039. Standard test method for tensile properties of polymer matrix composite materials[S]. West Conshohocken, PA: ASTM International, 2017.

[2] ASTM D3518. Standard test method for in-plane shear response of polymer matrix composite materials by tensile test of a ±45° laminates[S]. West Conshohocken, PA: ASTM International, 2018.

[3] ASTM D3410. Standard test method for compressive properties of polymer matrix composite materials with unsupported gage section by shear loading[S]. West Conshohocken, PA: ASTM International, 2003.

[4] ASTM C297. Standard test method for flatwise tensile strength of sandwich constructions[S]. West Conshohocken, PA: ASTM International, 2004.

[5] ASTM C365. Standard test method for flatwise compressive properties of sandwich cores[S]. West Conshohocken, PA: ASTM International, 2016.

[6] ASTM C273. Standard test method for shear properties of sandwich core materials[S]. West Conshohocken, PA: ASTM International, 2016.

[7] ASTM C393. Standard test method for flexural properties of sandwich constructions[S]. West Conshohocken, PA: ASTM International, 2000.

[8] Frostig Y, Baruch M, Vilnay O, et al. High-order theory for sandwich beam behavior with transversely flexural core[J]. Journal of Engineering Mechanics, 1992, 118: 1026-1043.

[9] Frostig Y. High-oeder behavior of sandwich beams with flexural core and transverse diaphragms[J]. Journal of Engineering Mechanics, 1993, 119: 955-972.

[10] Frostig Y, Rabinovitch O. Behavior of unidirectional sandwich panels with a multi-skin construction or a multi-layered core layout-high-order approach[J]. Journal of Sandwich Structures and Materials, 2000, 2: 181-213.

[11] Frostig Y S, Thomsen O T, Sheinman I. On the non-linear high-order theory of unidirectional sandwich panels with a transversely flexible core[J]. International Journal of Solids and Structures, 2005, 42: 1443-1463.

[12] Allen H G. Analysis and Design of Structural Sandwich Panels[M]. London: Pergamon Press, 1969.

[13] Steeves C A, Fleck N A. Collapse mechanisms of sandwich beams with composite faces and foam core, loaded in three-point bending, Part Ⅰ: Analytical models and minimum weight design[J]. International Journal of Mechanical Sciences, 2004, 46(4): 561-583.

[14] Steeves C A, Fleck N A. Collapse mechanisms of sandwich beams with composite faces and a foam core, loaded in three-point bending. Part Ⅱ: Experimental investigation and numerical modelling[J]. International Journal of Mechanical Sciences, 2004, 46(4): 585-608.

第 3 章　纵向腹板增强复合材料夹芯梁受弯性能

3.1　引　　言

纤维腹板增强复合材料夹芯梁由 GFRP 面板、纤维腹板和 PU 泡沫芯材组成。本章对纵向腹板增强复合材料夹芯梁研究尚存在的不足之处进行研究。首先，通过四点弯曲试验，研究纵向腹板对夹芯梁受弯性能的影响，得到不同腹板厚度、腹板间距、纤维铺层角等参数对夹芯梁受弯破坏模式、极限承载力、刚度和延性性能的影响规律；其次，将纵向腹板增强夹芯梁芯材进行连续、均质化等效，得到芯材弹性等效常数，运用高阶剪切变形理论，建立纵向腹板增强夹芯梁的简化理论计算模型，并与一阶剪切变形理论和欧拉梁理论计算结果进行对比；最后，对纵向腹板增强夹芯梁典型破坏模式进行理论建模，得到其极限承载力计算公式，为实际工程设计提供参考。

3.2　纵向腹板增强夹芯梁受弯试验

3.2.1　试件设计与试验过程

1. 试件设计

本节主要考察纵向腹板间距、腹板厚度和纤维铺层角等因素对夹芯梁受弯性能的影响(图 3-1)。共设计了 7 根试件，长 L 为 1400mm，宽 B 为 120mm。其中上、下面板铺层均为$[0/90°]_8$，厚度为 4.8mm，芯材厚 70mm。7 根试件中包括一根对比试件 LB-CON，研究无腹板增强夹芯梁的力学性能；试件 LB-60-1.2-90 和 LB-120-1.2-90，腹板间距(s_l)分别为 60mm 和 120mm，研究腹板间距对夹芯梁受弯性能的影响；试件 LB-60-1.2-90、LB-60-2.4-90 和 LB-60-3.6-90，腹板厚度(t_l)分别为 1.2mm、2.4mm 和 3.6mm，研究腹板厚度对夹芯梁受弯性能的影响；试件 LB-60-2.4-90、LB-60-2.4-60 和 LB-60-2.4-45，纤维铺层角(θ)分别为[0/90°]、[±60°]和[±45°]，研究纤维铺层角对夹芯梁受弯性能的影响。所有的试件详细情况参见表 3-1。

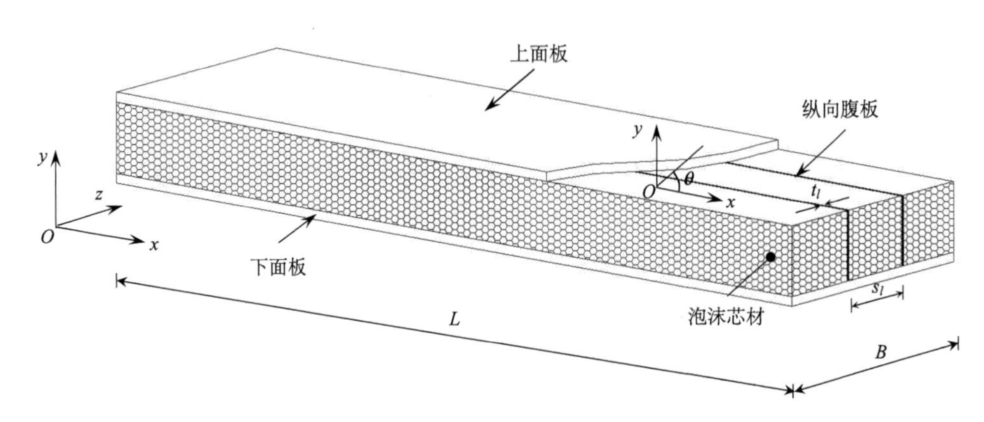

图 3-1　纵向腹板增强复合材料夹芯梁

表 3-1　纵向腹板增强夹芯梁设计参数

试件编号	截面图	长/mm	宽/mm	质量/kg	纵向腹板		
					t_l/mm	s_l/mm	θ/(°)
LB-CON		1400	120	4.58	—	—	—
LB-120-1.2-90		1400	120	4.83	1.2	120	$[0/90]_2$
LB-60-1.2-90		1400	120	5.10	1.2	60	$[0/90]_2$
LB-60-2.4-90		1400	120	5.70	2.4	60	$[0/90]_4$
LB-60-3.6-90		1400	120	6.16	3.6	60	$[0/90]_6$
LB-60-2.4-60		1400	120	5.73	2.4	60	$[\pm 60]_4$
LB-60-2.4-45		1400	120	5.80	2.4	60	$[\pm 45]_4$

注：LB-*a*-*b*-*c* 中 *a* 表示腹板间距，*b* 表示腹板厚度，*c* 表示腹板纤维铺层角。

2. 试件制备

纵向腹板增强复合材料夹芯梁采用真空导入工艺制作，制备过程见图 3-2。首先，PU 泡沫条四周表面开槽，槽间距 25mm，槽宽 2mm，槽深 2mm；其次，将裁剪好的纤维布包裹泡沫条，并放置在预先裁剪好的纤维布上，并在其上铺设盖布；最后，用真空袋将其密封并抽真空，待树脂固化后，通过脱模、裁剪等工序得到试验所需试件。

3. 试验加载及测量方案

根据 ASTM C393[1]规范对纵向腹板增强复合材料夹芯梁进行四点弯曲试验研究，试件净跨 1200mm，加载点间距为 300mm。试验采用量程为 200kN 的 MTS

试验机加载，加载速率为 2mm/min。用量程为 100mm 的位移计测量夹芯梁跨中位移，用量程为 20mm 的位移计测量支座处夹芯梁竖向位移，用电阻应变片测量夹芯梁上、下面板沿跨度方向的纵向应变。图 3-3 给出了试验加载及测量装置图。

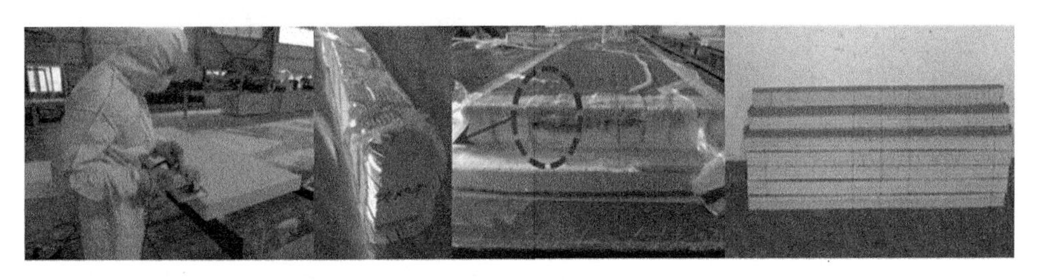

(a) 裁剪泡沫　(b) 真空导入　(c) 试件成型

图 3-2　纵向腹板增强复合材料夹芯梁制备过程

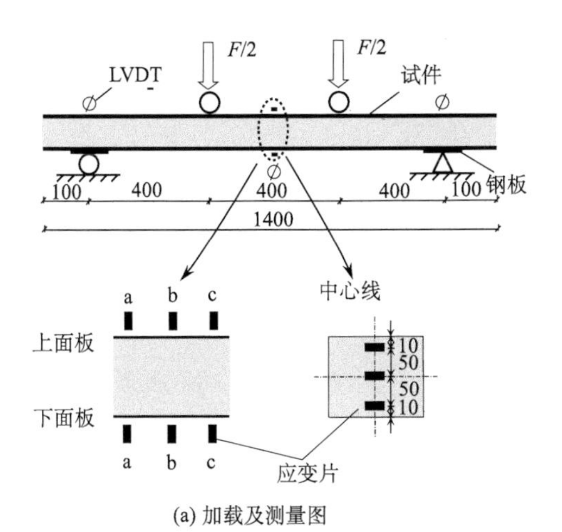

(a) 加载及测量图

(b) 实际加载装置

图 3-3　试验加载及测量图示(单位：mm)

3.2.2　试验结果分析

1. 破坏模式

纵向腹板增强复合材料夹芯梁典型破坏模式可分为四种(图 3-4)：①芯材剪切破坏，如试件 LB-CON(图 3-4(a))；②腹板受剪屈服破坏，如试件 LB-120-1.2-90 和 LB-60-1.2-90(图 3-4(b))；③面板与芯材界面剥离破坏，如试件 LB-60-2.4-90 (图 3-4(c))；④面板受压屈服破坏，如试件 LB-60-3.6-90、LB-60-2.4-60 和 LB-60-2.4-45(图 3-4(d))。

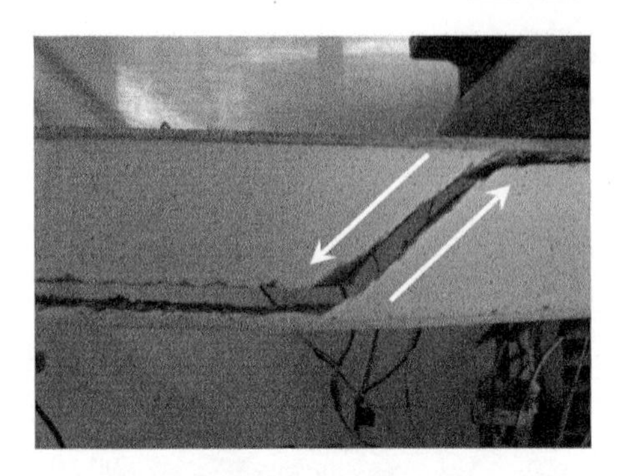

(a) 试件LB-CON芯材剪切破坏

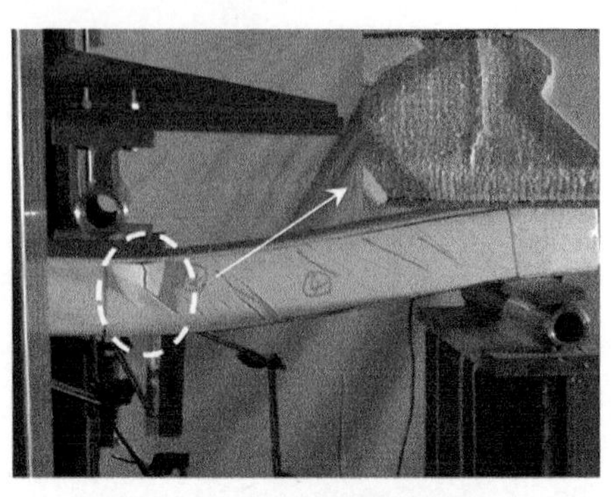

(b) 试件LB-60-1.2-90腹板受剪屈服破坏

(c) 试件LB-60-2.4-90界面剥离破坏

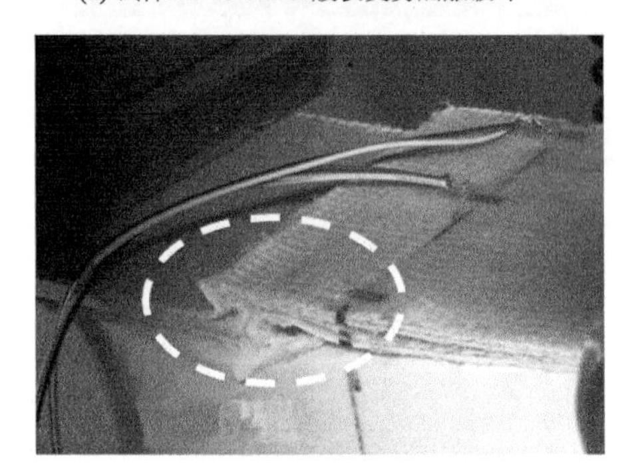

(d) 试件LB-60-2.4-45面板受压屈服破坏

图 3-4　纵向腹板增强复合材料夹芯梁典型破坏模式

上述不同破坏模式的受力机理分别介绍如下：①泡沫芯材剪切应变超过其极限剪切应变，泡沫发生剪切破坏，随后，芯材承担的剪力传递给面板，导致面板和芯材之间瞬间发生界面剥离破坏；②由于纵向腹板的存在，剪切荷载由泡沫芯材和纵向腹板共同承担。由材性试验结果可知，泡沫芯材极限剪切应变(0.065)小于腹板(0.10)，当泡沫剪切应变达到其极限剪切应变时，发生剪切破坏，之后泡沫承担的剪力传递给纵向腹板，当腹板应变达到其极限剪切应变时，发生受剪屈服破坏；③由于纵向腹板厚度较厚，泡沫芯材发生剪切破坏后，腹板抗剪承载力和面板受压屈服承载力比面板和芯材之间界面剥离承载力高，当荷载达到其界面剥离承载力时，试件发生界面剥离破坏；④当面板压应变超过其极限压应变时，试件发生面板受压屈服破坏。

2. 变形分析

图 3-5 给出了纵向腹板增强复合材料夹芯梁荷载-位移曲线。在加载初期，试件 LB-CON 荷载-位移曲线呈线性变化，当荷载达到 8kN 时，曲线呈非线性变化，这是由于夹芯梁内树脂和泡沫出现损伤，泡沫进入剪切屈服阶段。随着荷载继续

增大，芯材剪切破坏，丧失承载力，破坏荷载为10.8kN。在加载初期，试件LB-120-1.2-90荷载-位移曲线基本呈现线性变化，当荷载大于11kN时，曲线呈现非线性变化，当荷载接近其极限承载力时，泡沫芯材发生剪切破坏。但由于纵向腹板的存在，泡沫芯材承担的剪力可以由腹板承担，夹芯梁承载力继续增加，当荷载为15.6kN时，试件达到其极限承载力，腹板发生受剪屈服破坏。试件LB-60-1.2-90荷载-位移曲线和试件LB-120-1.2-90相似，极限承载力为19.9kN。当荷载达到30kN时，试件LB-60-2.4-90出现一定的刚度退化现象，原因是泡沫剪切应变超过其极限剪切应变，泡沫发生剪切破坏。当荷载接近其极限承载力时，夹芯梁面板和芯材之间界面发生剥离破坏，此时试件位移增加，荷载不再增大，直到面板与芯材发生界面完全剥离，试件达到其极限承载力38.5kN(图3-5(b))。试件LB-60-3.6-90，当荷载超过34kN时出现一定的刚度退化现象，当试件接近其极限承载力时，面板与芯材发生一定程度的剥离，此时试件位移增加，荷载几乎不再增大，试件最终发生面板受压屈服破坏，破坏荷载为41.9kN。试件LB-60-2.4-60和LB-60-2.4-45也发生面板受压屈服破坏，破坏荷载分别为41.7kN和44.9kN(图3-5(c))。

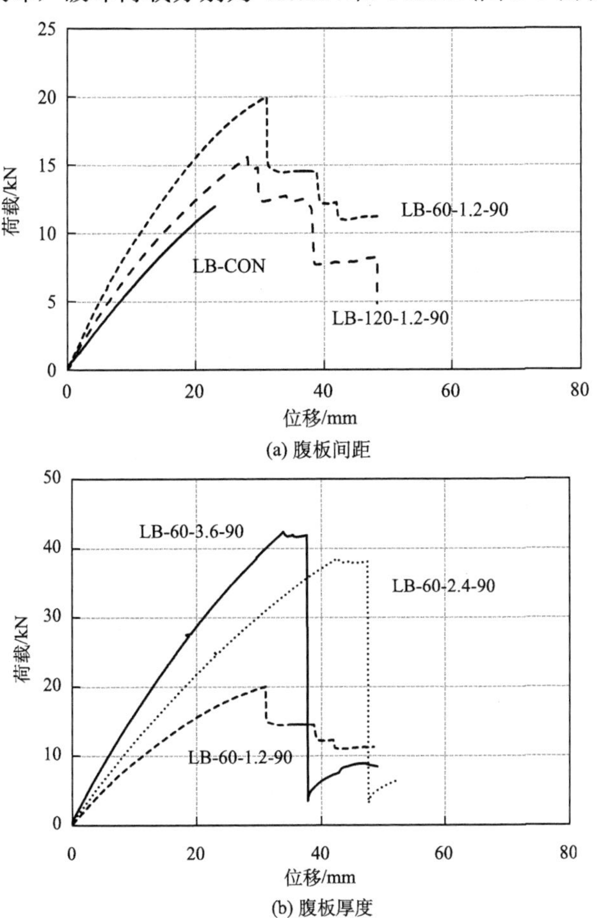

(a) 腹板间距

(b) 腹板厚度

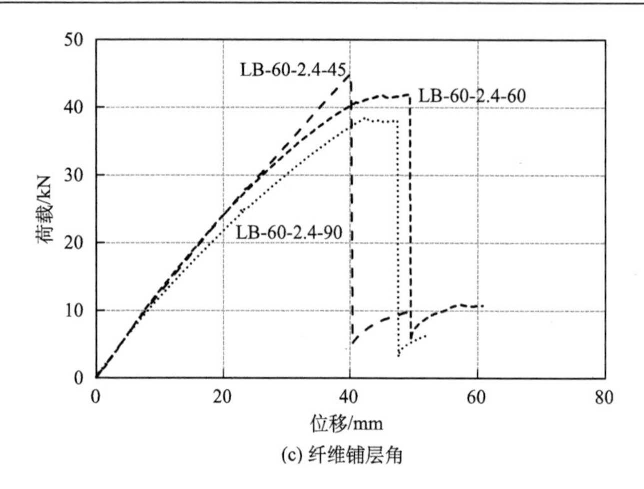

(c) 纤维铺层角

图 3-5　不同参数条件下夹芯梁荷载-位移曲线

3. 应变分析

图 3-6 给出了夹芯梁跨中上、下面板荷载-应变曲线。由图可知，夹芯梁荷载-应变曲线基本呈现线性变化关系。可知，下面板极限拉应变最大值为 0.99×10^{-2}，小于材性试验中所得的数值(1.84×10^{-2})。上面板极限压应变为 0.89×10^{-2}，略高于材性试验中所得到的面板极限压应变(0.82×10^{-2})，GFRP 上面板材料发生受压屈服破坏。上述研究表明，纵向腹板能够使 GFRP 面板材料受拉、受压强度得到更充分的利用。

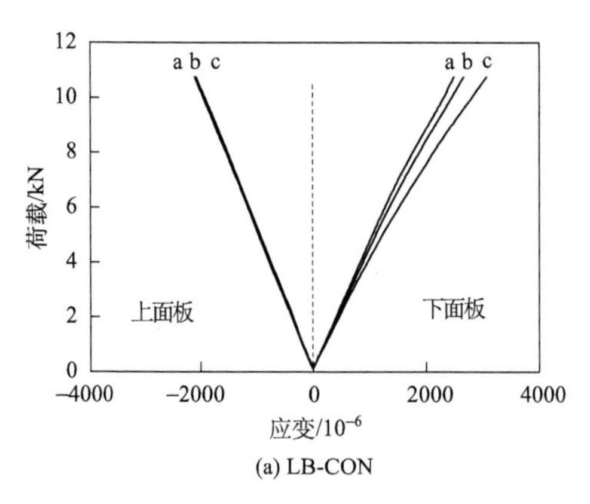

(a) LB-CON

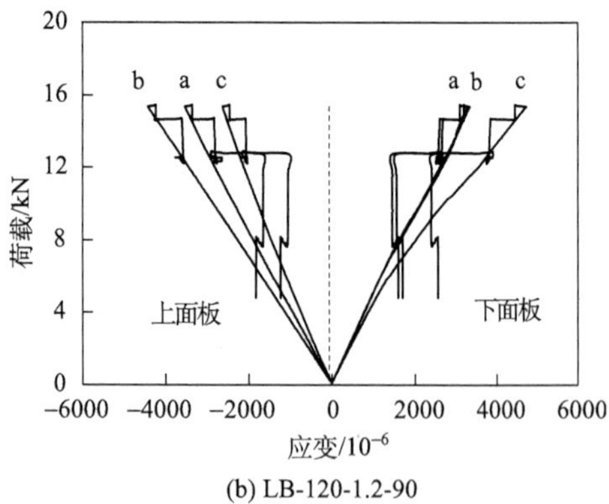

(b) LB-120-1.2-90

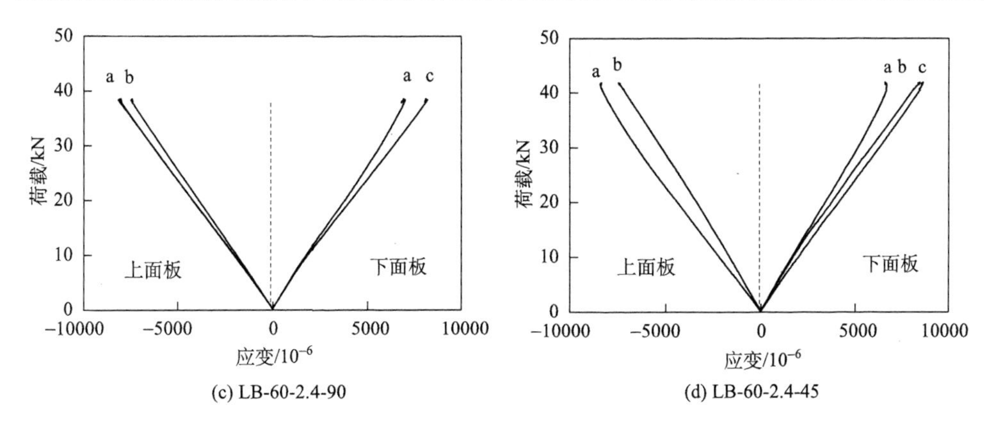

图 3-6　典型试件荷载-应变曲线

3.2.3　纵向腹板作用分析

1. 纵向腹板对破坏模式的影响

无腹板增强复合材料夹芯梁发生芯材剪切破坏；对于纵向腹板增强复合材料夹芯梁，当腹板厚度较小时，发生腹板受剪屈服破坏；当腹板厚度较大时，发生面板受压屈服破坏。说明纵向腹板能改变夹芯梁破坏模式，腹板厚度不同，夹芯梁破坏模式不同。

2. 纵向腹板对极限承载力的影响

图 3-5 同时给出了腹板间距(s_l)、腹板厚度(t_l)和纤维铺层角(θ)对夹芯梁极限承载力的影响规律。由图 3-5(a)可知，减小腹板间距，能提高腹板极限承载力(试件 LB-60-1.2-90 和 LB-120-1.2-90 极限承载力比试件 LB-CON 分别高 84%和 44%)。这是由于减小腹板间距，增加了腹板体积含量，增强了芯材的抗剪强度，同时增强了面板和芯材之间的联结力，防止界面剥离破坏发生，因而增大了夹芯梁极限承载力。由图 3-5(b)可知，增加腹板厚度能有效提高夹芯梁极限承载力，当腹板厚度达到一定程度后，增加腹板厚度，极限承载力增加效果不明显(试件 LB-60-3.6-90 和 LB-60-2.4-90 极限承载力比试件 LB-60-1.2-90 分别高 111%和 93%)。由图 3-5(c)可知，纤维铺层角对纵向腹板极限承载力影响不大(试件 LB-60-2.4-60 和 LB-60-2.4-45 极限承载力比试件 LB-60-2.4-90 分别高 8%和 17%)。表 3-2 给出了不同夹芯梁极限承载力和比强度值。由表可知，试件 LB-60-2.4-45 比强度最高，比试件 LB-60-2.4-90 和 LB-CON 分别高 15%和 228%。分析表明，减小腹板间距或增加腹板厚度，能显著提高夹芯梁极限承载力。

表 3-2　纵向腹板增强夹芯梁试验结果

试件编号	质量/kg	P_u/kN	EI_{ex} /(10^{10}N · mm^2)	P_u/W	EI_{ex}/W
LB-CON	4.58	10.8	2.00	2.36	0.44
LB-120-1.2-90	4.83	15.6	2.65	3.23	0.55
LB-60-1.2-90	5.10	19.9	3.32	3.90	0.65
LB-60-2.4-90	5.70	38.5	4.11	6.75	0.72
LB-60-3.6-90	6.16	41.9	5.98	6.80	0.97
LB-60-2.4-60	5.73	41.7	4.32	7.28	0.75
LB-60-2.4-45	5.80	44.9	4.57	7.74	0.79

注：P_u/W 表示比强度，EI_{ex}/W 表示比刚度。

3. 纵向腹板对刚度的影响

复合材料夹芯梁四点弯曲试验初始弯曲刚度 EI_{ex} 可根据试验结果通过式(3-1)计算[2]：

$$EI_{ex} = \frac{468}{24576} l^3 \left[\frac{\Delta P}{\Delta \delta} \right] \tag{3-1}$$

其中，$\Delta P/\Delta\delta$为夹芯梁荷载-位移曲线初始段斜率；l 为梁净跨。

夹芯梁弯曲刚度 EI_{ex} 计算值见表 3-2。由表可知，减小腹板间距，能提高夹芯梁刚度(试件 LB-60-1.2-90 和 LB-120-1.2-90 刚度比试件 LB-CON 分别高 66%和 33%)，这是由于减小腹板间距，能增加腹板体积含量，因而能增大夹芯梁刚度。增加腹板厚度能有效提高夹芯梁刚度(试件 LB-60-3.6-90 和 LB-60-2.4-90 刚度比试件 LB-60-1.2-90 分别高 80%和 24%)。纤维铺层角为±45°夹芯梁初始刚度最大(试件LB-60-2.4-60和LB-60-2.4-45刚度比试件LB-60-2.4-90分别高5%和11.2%)，这是由于±45°铺层能提供较高的抗剪刚度。总体上，纤维铺层角对夹芯梁初始刚度的影响不明显。表 3-2 给出了不同试件比刚度值，由表可知，试件 LB-60-3.6-90 比刚度最高，比试件 LB-CON 高 120%。

4. 纵向腹板对荷载突降比的影响

夹芯梁达到极限承载力后，荷载降低。将极限荷载 P_u 与第一次突降后数值 P_1 之差与极限荷载 P_u 的比值定义为突降比 η，即

$$\eta = \frac{P_u - P_1}{P_u} \tag{3-2}$$

突降比 η 越小，荷载突降越不明显，即梁的延性越好。不同夹芯梁的荷载突降比计算结果见表 3-3。由表可知，纵向腹板可有效降低试件荷载突降比，这主要由于纵向腹板增强了面板与芯材之间的联结力，泡沫开裂时其所承担的剪力可以由纵向腹板承担，有效避免芯材与面板的界面剥离破坏。增加腹板厚度或减小腹板间距，荷载突降比数值基本上增大，这是由于随着腹板体积含量的增加，夹芯梁破坏模式变为面板受压屈服破坏。

表 3-3　纵向腹板增强夹芯梁突降比及延性系数

试件编号	质量/kg	P_u/kN	P_1/kN	η	Δu/mm	Δf/mm	μ
LB-CON	4.58	10.8	0	1.00	22.0	22.0	1.00
LB-120-1.2-90	4.83	15.6	12.6	0.19	31.1	48.2	1.55
LB-60-1.2-90	5.10	19.9	15.0	0.25	32.3	48.5	1.50
LB-60-2.4-90	5.70	38.5	3.5	0.91	40.6	47.4	1.17
LB-60-3.6-90	6.16	41.9	6.5	0.84	32.4	37.8	1.17
LB-60-2.4-60	5.73	41.7	5.2	0.88	39.8	49.4	1.24
LB-60-2.4-45	5.80	44.9	5.6	0.88	36.4	40.2	1.10

5. 纵向腹板对延性的影响

纵向腹板可提高面板和芯材之间的联结力，同时能提供梁较大的弯曲刚度和剪切刚度，当夹芯梁发生泡沫剪切破坏后，不会立即发生界面剥离破坏。将试件达到其极限承载力时对应的位移记为 Δu，将荷载下降至极限荷载 50%时对应的位移记为 Δf，二者的比值记为延性系数 μ，即

$$\mu = \frac{\Delta f}{\Delta u} \tag{3-3}$$

延性系数越大，夹芯梁延性越好。不同试件延性系数见表 3-3。由表可知，无腹板增强夹芯梁延性系数 $\mu=1$，脆性破坏特征明显；纵向腹板可增加梁的延性系数，试件 LB-120-1.2-90 和 LB-60-1.2-90 的延性系数分别为 1.55 和 1.50；随腹板厚度的增加，夹芯梁延性系数基本变小，即腹板厚度越大，夹芯梁延性越差。由上述分析可知，适当增加纵向腹板含量能增加夹芯梁的变形能力。

3.3　纵向腹板增强夹芯梁理论分析

3.3.1　弹性理论分析

1. 理论计算模型

1) 芯材模量等效常数

Wang 等[3]、刘子健[4]对非连续芯材弹性常数进行研究，在此基础上从能量法的角度将芯材等效为连续均质的同性材料，具体推导了纵向腹板增强芯材面内等效弹性模量与剪切模量。

(1) 层合板理论。

对称铺层层合板刚度为[5]

$$D_{ij}=\frac{h^3}{3n^2}\sum_{k=1-n/2}^{n/2}\bar{Q}_{ij}{}^{k}[k^3-(k-1)^3]\quad(i=1,2,6;j=1,2,6) \tag{3-4}$$

其中，$\bar{Q}_{ij}{}^{k}$ 为层合板第 k 层的偏轴模量；k 为层合板的铺层序号。其中偏轴模量为

$$\begin{Bmatrix}\bar{Q}_{11}^{k}\\ \bar{Q}_{22}^{k}\\ \bar{Q}_{12}^{k}\\ \bar{Q}_{66}^{k}\\ \bar{Q}_{16}^{k}\\ \bar{Q}_{26}^{k}\end{Bmatrix}=\begin{bmatrix}m^4 & n^4 & 2m^2n^2 & 4m^2n^2\\ n^4 & m^4 & 2m^2n^2 & 4m^2n^2\\ m^2n^2 & m^2n^2 & m^4+n^4 & -4m^2n^2\\ m^2n^2 & m^2n^2 & -2m^2n^2 & (m^2-n^2)^2\\ m^3n & -mn^3 & mn^3-m^3n & 2(mn^3-m^3n)\\ mn^3 & -m^3n & m^3n-mn^3 & 2(m^3n-mn^3)\end{bmatrix}\begin{Bmatrix}Q_{11}\\ Q_{22}\\ Q_{12}\\ Q_{66}\end{Bmatrix} \tag{3-5}$$

其中，$m=\cos\theta_k$，$n=\sin\theta_k$。

(2) 等效弹性模量 E_{lx}、E_{lz}。

当纵向腹板增强夹芯梁受到 x 方向单向应力 σ_x 时，如图 3-7 所示，等效单元为虚线围成的矩形。

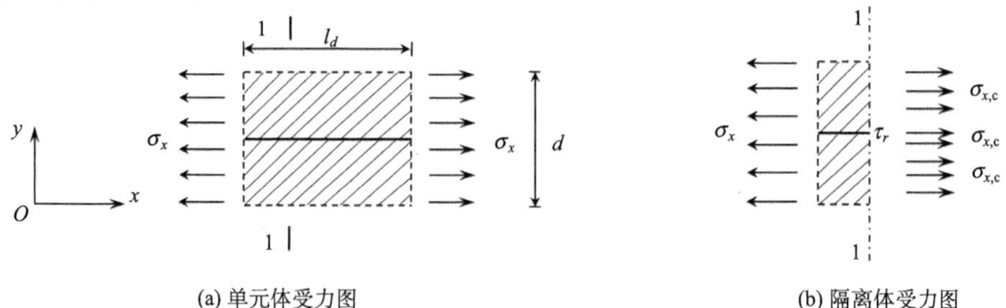

(a) 单元体受力图　　(b) 隔离体受力图

图 3-7　纵向腹板增强芯材模量等效模型

l_d 为所取单元长度，d 为所取单元宽度

当单元承受沿 x 方向荷载 P_x 时，根据隔离体平衡，可得

$$P_x = \sigma_{x,\mathrm{r}} A_\mathrm{r} + \sigma_{x,\mathrm{c}} A_\mathrm{c} \tag{3-6}$$

其中，$\sigma_{x,\mathrm{r}}$、$\sigma_{x,\mathrm{c}}$ 分别为单元体纵向腹板和泡沫芯材在 x 方向的应力；A_r、A_c 分别为腹板和泡沫芯材的面积。

假设腹板和泡沫芯材界面无相对滑移，满足应变协同原理。方程(3-6)两边分别除以 $\varepsilon_x A_x$ 得

$$E_{lx} = \frac{\sigma_{x,\mathrm{r}} A_\mathrm{r}}{\varepsilon_x A_x} + \frac{\sigma_{x,\mathrm{c}} A_\mathrm{c}}{\varepsilon_x A_x} = E_\mathrm{r} V_\mathrm{r} + E_\mathrm{c} V_\mathrm{c} \tag{3-7}$$

其中，ε_x 为等效单元体沿 x 方向的应变；A_x 为等效单元体 x 方向截面面积；E_{lx}、E_r 和 E_c 分别为等效单元体 x 方向模量、腹板弹性模量、泡沫芯材的弹性模量；V_r、V_c 分别为腹板和泡沫芯材的体积含量。

由于泡沫芯材为各向同性材料，纤维腹板在 x 和 z 方向模量相同，因此等效单元体在 z 方向的等效模量可以写成

$$E_{lz} = E_{lx} = E_\mathrm{r} V_\mathrm{r} + E_\mathrm{c} V_\mathrm{c} \tag{3-8}$$

(3) 等效剪切模量 G_{lxz}。

假设腹板和泡沫芯材界面无相对滑移，腹板和泡沫芯材剪应变协调，等效单元体剪应力为

$$\tau_{lxz} = \tau_\mathrm{r} A_\mathrm{r} + \tau_\mathrm{c} A_\mathrm{c} \tag{3-9}$$

其中，τ_{lxz}、τ_r 和 τ_c 分别为等效单元体、腹板和泡沫芯材剪应力；A_r 和 A_c 分别为腹板和泡沫芯材的面积。

根据应变协同原理，有

$$\gamma_{lxz} = \gamma_\mathrm{r} = \gamma_\mathrm{c} \tag{3-10}$$

其中，γ_{lxz}、γ_r 和 γ_c 分别为等效单元体、腹板和泡沫芯材剪应变。

根据胡克定律，有

$$\tau_{lxz} = \gamma_{lxz} G_{lxz} \tag{3-11}$$

$$\tau_\mathrm{r} = \gamma_\mathrm{r} G_\mathrm{r} \tag{3-12}$$

$$\tau_\mathrm{c} = \gamma_\mathrm{c} G_\mathrm{c} \tag{3-13}$$

其中，G_r 和 G_c 分别为腹板和泡沫芯材的剪切模量；G_{lxz} 为单元体等效剪切模量。

将方程(3-11)~方程(3-13)代入方程(3-9)得

$$G_{lxz} = G_\mathrm{r} A_\mathrm{r} + G_\mathrm{c} A_\mathrm{c} \tag{3-14}$$

2) 理论分析

将上述等效弹性常数计算结果 E_{lx}、E_{lz} 和 G_{lxz} 代入 2.5 节高阶剪切变形理论得到纵向腹板增强复合材料夹芯梁弯曲控制方程，即

$$E_f A_t u_{ot,xx} + \tau b = -n_t \tag{3-15a}$$

$$E_f A_b u_{ob,xx} - \tau b = -n_b \tag{3-15b}$$

$$E_f I w_{t,xxxx} + \frac{bE_{lz} w_t}{h_c} - \frac{bE_{lz} w_b}{h_c} - \frac{\tau_{,x} b(h_c + d_t)}{2} = q_t - m_{t,x} \tag{3-15c}$$

$$\frac{-bE_c}{h_c} w_t + E_f I_b w_{b,xxxx} + \frac{bE_{lz} w_b}{h_c} - \frac{\tau_{,x} b(h_c + d_t)}{2} = q_b - m_{b,x} \tag{3-15d}$$

$$u_{ot} b - u_{ot} b - u_{ob} b - \frac{w_{t,x} b(h_c + d_t)}{2} - \frac{w_{b,x} b(h_c + d_b)}{2} - \frac{\tau_{,xx} b h_c^3}{12E_{lz}} + \frac{\tau b h_c}{G_{lxz}} = 0 \tag{3-15e}$$

方程(3-15a)~(3-15e)是关于 u_{ot}、u_{ob}、w_t、w_b 和 τ 的五元 14 阶常微分方程组。根据数学分析软件可以求得水平位移 u_{ot} 和 u_{ob}、竖向位移 w_t 和 w_b、芯材剪切应力 τ 的解。

根据一阶剪切变形理论，夹芯梁四点弯曲试验挠度计算公式为

$$\varDelta = \varDelta_b + \varDelta_s = \frac{Pa(3l^2 - 4a^2)}{48(EI)_{eq}} + \frac{Pa}{2(GA)_{eq}} \tag{3-16}$$

根据欧拉梁理论，夹芯梁四点弯曲试验跨中挠度为

$$\varDelta = \frac{Pa(3l^2 - 4a^2)}{48(EI)_{eq}} \tag{3-17}$$

其中，a 为加载点与支座之间的净距；l 为夹芯梁净跨；$(EI)_{eq}$ 和 $(GA)_{eq}$ 分别由式(3-7)和式(3-14)代入式(2-28)和式(2-29)计算得到。

2. 方程求解与验证

表 3-4 给出了不同纵向腹板增强夹芯梁在荷载为 3kN 时下面板跨中挠度试验值和理论计算值对比。由表可知，采用欧拉梁理论计算结果误差最大(最大误差达

表 3-4 纵向腹板增强夹芯梁跨中挠度(下面板)试验值与理论值对比

试件编号	试验值	高阶剪切变形理论		一阶剪切变形理论		欧拉梁理论	
	$\varDelta_{ex}$/mm	$\varDelta_h$/mm	$(\varDelta_{ex}-\varDelta_h)/\varDelta_h$	$\varDelta_f$/mm	$(\varDelta_{ex}-\varDelta_f)/\varDelta_f$	$\varDelta_o$/mm	$(\varDelta_{ex}-\varDelta_o)/\varDelta_o$
LB-CON	4.76	4.33	0.10	4.19	0.14	2.13	1.23
LB-120-1.2-90	3.69	3.38	0.09	3.24	0.14	2.02	0.83
LB-60-1.2-90	3.08	2.77	0.11	2.68	0.15	1.93	0.60
LB-60-2.4-90	2.16	2.02	0.07	2.01	0.07	1.76	0.23
LB-60-3.6-90	1.77	1.58	0.12	1.64	0.08	1.61	0.10
LB-60-2.4-60	2.42	2.24	0.08	2.14	0.13	2.06	0.17
LB-60-2.4-45	2.28	2.08	0.10	2.13	0.07	1.96	0.16

123%)，增大腹板体积含量(增加腹板厚度或减小腹板间距)，误差变小(10%)，这是由于纵向腹板增加了夹芯梁抗剪刚度，降低了芯材剪切变形对总变形的影响。一阶剪切变形理论和高阶剪切变形理论计算值和试验值相差不大(最大误差分别为 15%和 12%)。说明在夹芯梁中引入纵向腹板，芯材高阶剪切变形对夹芯梁总变形的影响不再明显。

3. 讨论与分析

1) 纵向腹板间距影响分析

图 3-8(a)给出了在荷载为 3kN 时，不同纵向腹板间距情况下夹芯梁跨中挠度。由图可知，随腹板间距减小，夹芯梁变形减小，其原因是减小腹板间距，增加了夹芯梁弯曲刚度和剪切刚度。图 3-8(b)给出了不同纵向腹板间距夹芯梁弯曲变形、剪切变形分别对总变形的贡献。由图可知，随着腹板间距减小，剪切变形对总变形的贡献减少，弯曲变形对总变形的贡献增加，说明减小纵向腹板间距能降低芯材剪切变形对夹芯梁总变形的贡献。

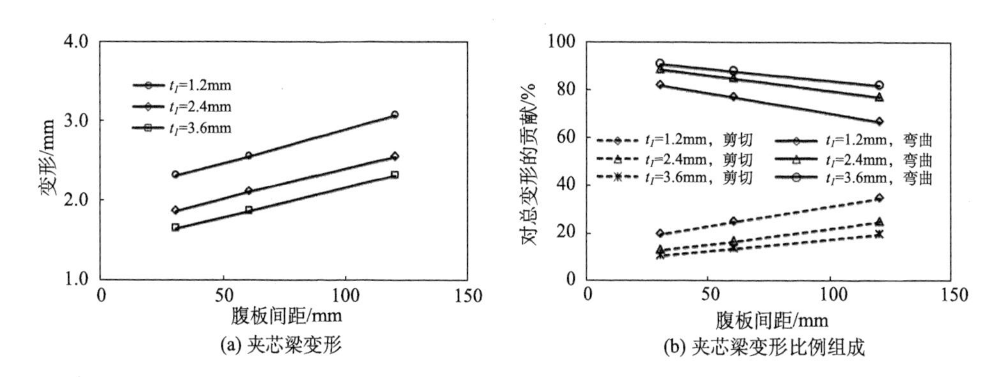

(a) 夹芯梁变形　(b) 夹芯梁变形比例组成

图 3-8　不同腹板间距夹芯梁变形分析(P=3kN)

2) 纵向腹板厚度影响分析

图 3-9(a)给出了在荷载为 3kN 时，不同纵向腹板厚度情况下夹芯梁跨中挠度。由图可知，随着腹板厚度增大，夹芯梁变形减小，原因是增大腹板厚度能增大夹芯梁弯曲刚度和剪切刚度。图 3-9(b)给出了不同纵向腹板厚度夹芯梁弯曲变形、剪切变形分别对总变形的贡献。由图可知，随腹板厚度增大，剪切变形对夹芯梁总变形的贡献减少，弯曲变形对总变形的贡献增加，说明增加腹板厚度能有效降低剪切变形对夹芯梁总变形的影响。

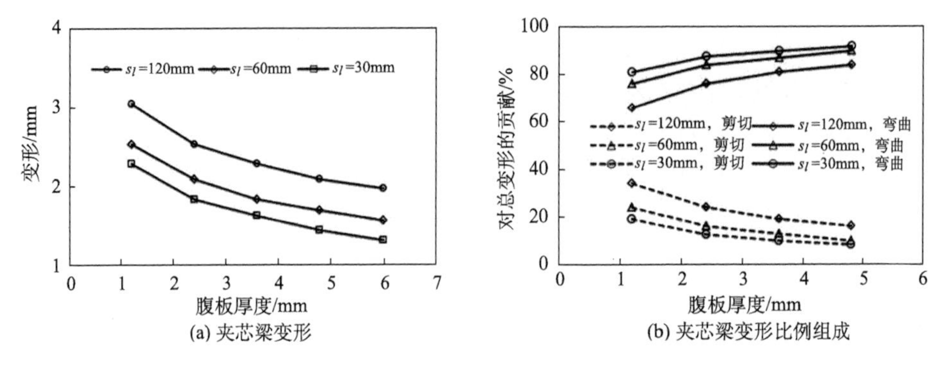

(a) 夹芯梁变形　　(b) 夹芯梁变形比例组成

图 3-9　不同腹板厚度夹芯梁变形分析(P=3kN)

3)纵向腹板纤维铺层角影响分析

图 3-10(a)给出了在荷载为 3kN 时，不同纵向腹板纤维铺层角情况下夹芯梁跨中挠度。由图可知，夹芯梁变形随腹板纤维铺层角的变化而变化。其中，纵向腹板±45°铺层夹芯梁变形最小，这是由于±45°铺层芯材剪切刚度最大。图 3-10(b)给出了在荷载为 3kN 时，不同纵向腹板纤维铺层角情况下夹芯梁弯曲变形、剪切变形对总变形的贡献。由图可知，腹板±45°铺层夹芯梁剪切变形对夹芯梁总变形的贡献最小。

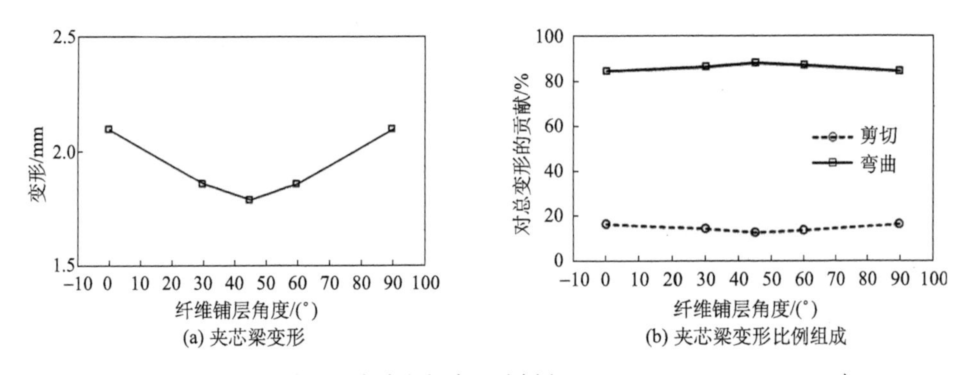

(a) 夹芯梁变形　　(b) 夹芯梁变形比例组成

图 3-10　不同纤维铺层角夹芯梁变形分析(P=3kN，t_l=2.4mm，s_l=60mm)

3.3.2　极限承载力分析

纵向腹板增强复合材料夹芯梁主要破坏模式为：①腹板受剪屈服破坏；②面板受压屈服破坏，其极限承载力简化计算公式如下。

假设腹板和泡沫芯材之间满足变形协调假设，腹板受剪屈服破坏计算公式可写为

$$P = 2(\tau_c h_c b + \sum t_{ri} h_{ri} G_r \gamma_c) \tag{3-18}$$

面板受压屈服破坏应考虑纵向腹板对夹芯梁极限承载力的贡献。由于 $E_c << E_f$，忽略泡沫对夹芯梁极限承载力的贡献。由极限平衡法，面板受压屈服极限承载力为

$$P = \frac{\sigma_f (24bd_t d + 5\sum t_{ri} h_{ri}^2)}{6(l-a)} \tag{3-19}$$

其中，σ_f 为面板极限压缩强度；$d=d_t+h_c$ 为面板中心之间的距离，d_t 为面板厚度；b 为夹芯梁宽度；h_{ri} 为腹板高度，假设腹板高度和芯材高度相等（$h_{ri}=h_c$）；t_{ri} 为腹板厚度；l 为夹芯梁净跨；a 为加载点间距。

表 3-5 给出了夹芯梁极限承载力理论计算值与试验值对比。由表可知，理论计算值和试验值的最大误差为 12%（试件 LB-60-1.2-90），其原因是式（3-18）中假设芯材和腹板满足变形协调条件，在实际试验中腹板较薄，易发生屈曲，同时理论计算公式假设腹板受纯剪切荷载作用，而实际试验过程中腹板受弯、剪荷载耦合作用，因此导致夹芯梁极限承载力理论值基本上比试验值高。总体上，理论计算值与试验值吻合良好。

表 3-5　纵向腹板增强夹芯梁极限承载力计算结果对比

试件编号	质量/kg	P_u/kN	P_{pre}/kN	P_{pre}/P_u	破坏模式
LB-CON	4.58	10.8	10.58	0.98	CS
LB-120-1.2-90	4.83	15.6	17.20	1.10	RS
LB-60-1.2-90	5.10	19.9	22.30	1.12	RS
LB-60-2.4-90	5.70	38.5	40.80	1.06	DF
LB-60-3.6-90	6.16	41.9	41.45	0.99	SC
LB-60-2.4-60	5.73	41.7	41.45	0.99	SC
LB-60-2.4-45	5.80	44.9	41.45	0.92	SC

注：1）CS 为芯材剪切破坏，RS 为腹板受剪破坏，DF 为界面剥离破坏，SC 为面板受压屈服；
2）P_u 为试验值，P_{pre} 为理论计算值。

3.4　本 章 小 结

本章对纵向腹板增强复合材料夹芯梁进行了四点弯曲试验研究，并进行了弹性和极限承载力理论分析，得到以下主要结论：

（1）无腹板增强复合材料夹芯梁破坏模式为芯材剪切破坏；减小腹板间距或增大腹板厚度，均能改变夹芯梁破坏模式。当纵向腹板体积含量较低时，发生腹板剪切屈服破坏；当纵向腹板体积含量较高时，发生面板受压屈服破坏。

(2) 减小腹板间距或增大腹板厚度，能显著提高夹芯梁极限承载力和刚度(相对于无腹板增强夹芯梁，纵向腹板增强夹芯梁极限承载力和刚度分别提高 316% 和 199%)。

(3) 当纵向腹板厚度较小时，减小腹板间距或增大腹板厚度，能增强夹芯梁延性性能；当纵向腹板厚度较大时，夹芯梁延性性能增强效果不再明显。

(4) 对于无腹板增强夹芯梁，芯材剪切变形对总变形的贡献不可忽略；对于纵向腹板增强复合材料夹芯梁，随腹板体积含量的增加，芯材剪切变形占总变形的比例减少，弯曲变形占总变形的比例增加。纵向腹板能降低芯材高阶剪切变形对夹芯梁总变形的影响。

参考文献

[1] ASTM C393. Standard test method for flexural properties of sandwich constructions[S]. West Conshohocken, PA: ASTM International, 2000.

[2] Manalo A C, Aravinthan T, Karunasena W, et al. Flexural behavior of structural fiber composite sandwich beams in flatwise and edgewise positions[J]. Composite Structures, 2010, 92(4): 984-995.

[3] Wang L, Liu W Q, Wan L, et al. Mechanical performance of foam-filled lattice composite panels in four-point bending: Experimental investigation and analytical modeling[J]. Composites: Part B, 2014, 67: 270-279.

[4] 刘子健. 双向纤维腹板增强复合材料夹芯结构受弯性能研究[D]. 南京: 南京工业大学, 2012.

[5] 沈真. 复合材料结构设计手册[M]. 北京: 航空工业出版社, 2001.

第 4 章　格构增强木芯复合材料梁的弯曲性能试验研究

4.1　引　　言

格构增强木芯复合材料梁结构具备良好的组合效应，能充分发挥木芯和复合材料的强度，使得其强度及延性得以大幅提高。因此，本章首先对格构增强木芯复合材料梁进行受弯试验，观察弯曲破坏形态，并对其变形和应变进行测试与分析；然后分别分析格构腹板对 R 型截面 PAW 木夹芯梁、S 型截面 PAW 木夹芯梁、R 型截面 SOP 木夹芯梁、S 型截面 SOP 木夹芯梁的极限承载力、初始弯曲刚度、构件延性的影响以及不同受压形式和不同芯材之间的性能比较，总结出格构对哪种受压形式的极限承载力影响大、格构对哪种受压形式的延性影响大以及不同芯材格构腹板对其影响的大小；最后基于 Hoff 理论，将轻木芯材与格构腹板组成的不连续芯材进行近似的连续化等效处理和材料属性叠加。从 4.2 节弯曲试验中夹芯梁的荷载-位移曲线可以看出，木夹芯梁在到达屈服点前处于线弹性阶段。采用 Timoshenko 梁理论，考虑弯曲变形和剪切变形的共同影响作用，推导截面带有格构腹板的夹芯结构等效抗弯刚度和等效抗剪刚度，根据一阶剪切变形理论，得出其挠度计算公式。

4.2　格构增强木芯复合材料梁的弯曲性能试验

4.2.1 试件制作

1. 试件设计

本章提出的格构增强木芯复合材料梁制备主要采用真空导入工艺，利用真空泵产生的负压将树脂从容器中吸入，经进料孔浸满上下面层及轻木芯材(泡桐木、南方松)之间的玻璃纤维布，形成上下面板和格构腹板，构成夹芯梁的主要受力骨架。在导入之前，需根据设计将板材切割成所需的尺寸(表 4-1 所示为泡桐木芯材，南方松和泡桐木试件尺寸一样，各做一组)；用具有较好包扎后平整度的玻璃纤维布包裹，并用玻璃纤维丝捆扎，使玻璃纤维布与板材平整地铺设在一起，两者的贴合程度将影响成型后腹板的竖直度及夹芯梁的受弯极限承载力，然后在其四面另外铺设玻璃纤维布包裹，固化成型。表 4-2 为试件成型后的横截面图。

表 4-1 试件尺寸

试件编号	试件总尺寸/mm			芯材尺寸/mm		试件编号	试件总尺寸/mm			芯材尺寸/mm	
	长度	宽度	高度	宽度	高度		长度	宽度	高度	宽度	高度
RPAW-F	1400	70	110	70	110	SPAW-F	1400	110	110	110	110
1RPAW-F	1400	80	120	70	110	1SPAW-F	1400	120	120	110	110
2RPAW-F	1400	80	120	70	53	2SPAW-F	1400	120	120	110	53
3RPAW-F	1400	80	120	70	34	3SPAW-F	1400	120	120	110	34
4RPAW-F	1400	80	120	70	24.5	4SPAW-F	1400	120	120	110	24.5
5RPAW-F	1400	80	120	70	18.8	5SPAW-F	1400	120	120	110	18.8
RPAW-E	1400	110	70	110	70	SPAW-E	1400	120	120	110	110
1RPAW-E	1400	120	80	110	70	1SPAW-E	1400	120	120	110	110
2RPAW-E	1400	120	80	53	70	2SPAW-E	1400	120	120	53	110
3RPAW-E	1400	120	80	34	70	3SPAW-E	1400	120	120	34	110
4RPAW-E	1400	120	80	24.5	70	4SPAW-E	1400	120	120	24.5	110
5RPAW-E	1400	120	80	18.8	70	5SPAW-E	1400	120	120	18.8	110

注：试件命名时，PAW 代表泡桐木，SOP 代表南方松；R 代表矩形截面，S 代表正方形截面；前面的数字代表芯材的数目；F 代表平面受压形式，E 代表侧面受压形式；RPAW-F、RPAW-E、SPAW-F、SPAW-E 为木梁，是参照试验组。

表 4-2 试件截面图

试件编号	截面	试件编号	截面	试件编号	截面	试件编号	截面
RPAW-F		RPAW-E	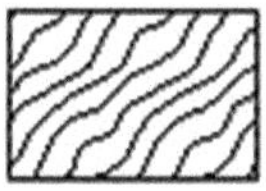	SPAW-F		SPAW-E	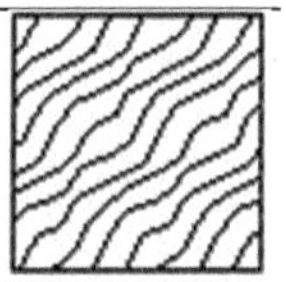
1RPAW-F		1RPAW-E	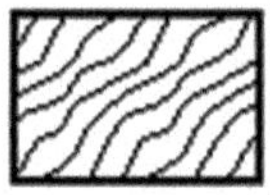	1SPAW-F		1SPAW-E	
2RPAW-F	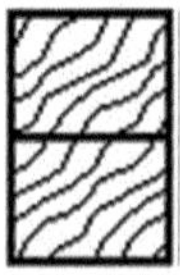	2RPAW-E	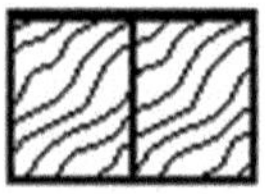	2SPAW-F		2SPAW-E	
3RPAW-F	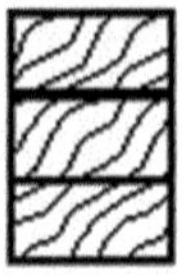	3RPAW-E	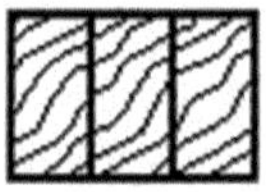	3SPAW-F		3SPAW-E	

续表

试件编号	截面	试件编号	截面	试件编号	截面	试件编号	截面
4RPAW-F		4RPAW-E		4SPAW-F		4SPAW-E	
5RPAW-F		5RPAW-E		5SPAW-F		5SPAW-E	

注：表 4-2 中的黑色阴影部分是以复合材料为面层和两边腹板、格构腹板。

2. 试件制备

具体加工过程见图 4-1。将泡桐木和南方松原材高温干燥数小时后取出，或者将其置于空旷场地上数日，自然晒干。沿芯材纹理方向切割的梁段作为横纹芯

(a) 板材切割成型

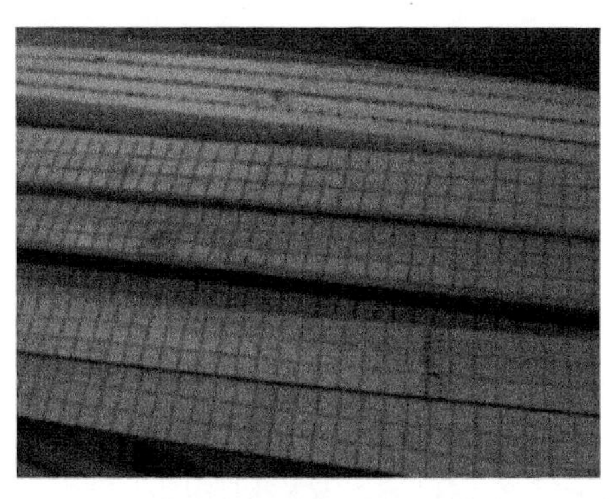

(b) 板材顺纹开槽

(c) 用纤维布包裹板材

(d) 脱模布铺放

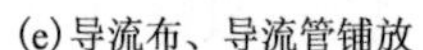
(e) 导流布、导流管铺放

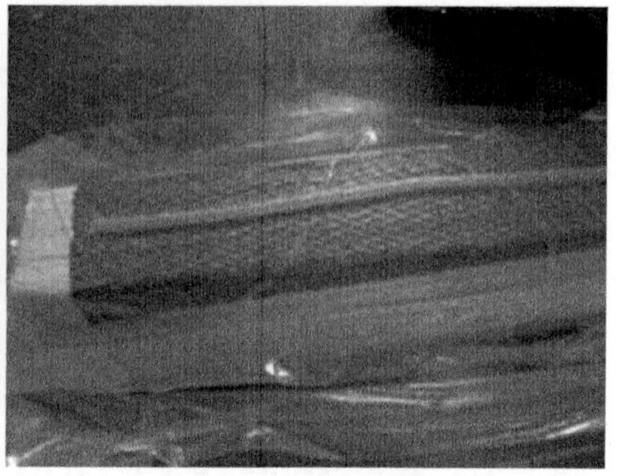
(f) 真空袋铺放

(g) 真空导入操作

(h) 切割成型

图 4-1　木夹芯梁制备过程

材。将顺纹芯材侧面胶合后，沿垂直于木材的纹理方向，横切而成的梁段作为竖纹芯材。为防止板材性能削弱过多，在板材的顺纹方向开深度为 1mm 的沟槽。在真空导入成型中，这些沟槽既为树脂提供了快速流动的通道，在室温下迅速完成整个充模过程；又在树脂固化后，齿槽内填满树脂，将复合材料面板“钉”在芯材上，或将上、下面板与芯材“拧”在一起，可显著提高复合材料与板材的抗剥离能力。

构件采用真空导入设备加工，用铺层设计为两层–45°/45°的玻璃纤维布将板材梁包裹严密，然后在其四面另外铺设三层 0/90°玻璃纤维布包裹。采用真空袋密封，型腔内抽真空时，树脂即可在大气压作用下沿树脂管注入真空袋内，固化成型。每层纤维布和树脂固化之后的计算厚度取为 0.8mm。试件制作过程不但绿色环保，而且效率很高，真空导入操作 24h 内即可自动完成，不需消耗过多人力。

上述木夹芯梁的制备过程需合理地掌握树脂进口的布置，导入过程中树脂的用量主要以抽气孔有树脂溢出为重要指标。

4.2.2　材性试验

1. 复合材料材性试验

1) 试件设计

通过开展拉伸试验可以测出纤维增强面层、格构腹板的抗拉强度、剪切模量和弹性模量。按《纤维增强塑料拉伸性能试验方法》(GB/T 1447—2005)[1]中规定的尺寸进行设计，并在两端用玻璃钢材料进行夹持段增强，使试件不致在夹持处发生破坏。具体尺寸设计见图 4-2，同时为了测出试件复合材料的泊松比，在试件标距中部设置两片相互垂直的应变片，用来测出两个方向的应变值。根据现有规范《聚合物基复合材料纵横剪切试验方法》(GB/T 3355—2014)[2]进行腹板纵横向剪切试验，对于正交纤维增强平板纵横向剪切试验，取纤维方向和试验机主拉伸方向成 45°，所以此试验方法称为 45°偏轴拉伸试验。

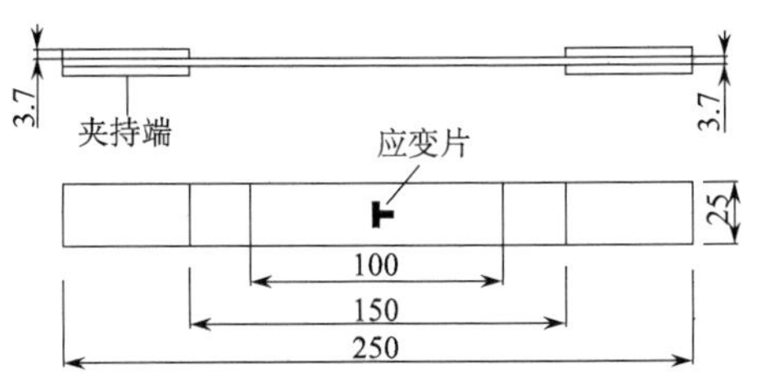

(a) 面板及腹板拉伸试验试件尺寸

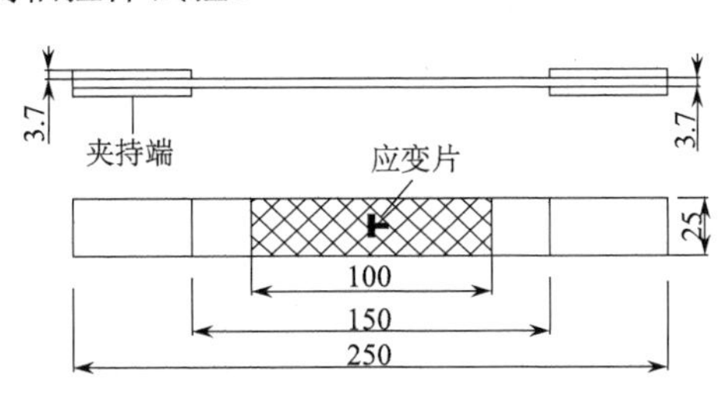

(b) 格构腹板纵横向剪切试验试件尺寸

图 4-2　拉伸试验试样(单位：mm)

2) 试件步骤、现象和结果

材性试验采用 Zwick/Roell 电子拉伸试验机，用静态信号采集分析系统 DH3816 应变箱进行连续数据采集，连续加载，加载速率为 2mm/min，试验装置见图 4-3。

图 4-3　拉伸试验装置图

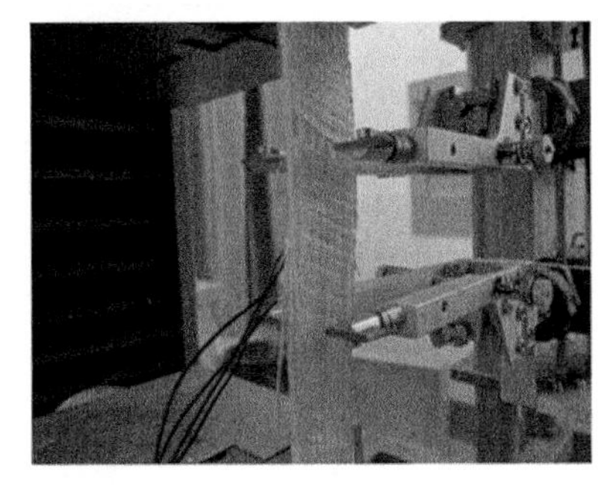

图 4-4　拉伸试验试样破坏图

加载初期试样无明显变化，加载到一定阶段后可听到树脂基体断裂、纤维丝拉断的声音，临近破坏时，局部纤维被拉断，断口发白，见图 4-4，且能听到清脆的响声，表明玻璃纤维布是一种脆性材料，发生破坏时的位移较小，这与塑性材料的延性破坏形式有很大的不同。玻璃纤维增强材料的拉伸试验基本上以树脂基体断裂、纤维增强物断裂为主要破坏顺序，在两者之间会发生诸如纤维丝周围覆盖的界面黏结滑移失效、树脂基体与纤维丝完全脱离等现象，因此纤维增强材料的破坏形式及应力-应变曲线与低碳钢的拉伸不一样，后者应力-应变曲线在弹性阶段较为光滑[3]，而前者往往呈锯齿状。根据试验情况，将结果列于表 4-3。

表 4-3　面层拉伸试验结果

序号	高度 h /mm	宽度 b /mm	抗拉强度 f_t			弹性模量 E_f			泊松比		
			试验值 /MPa	平均值 /MPa	变异系数/%	试验值 /GPa	平均值 /GPa	变异系数/%	试验值	平均值	变异系数/%
1	3.15	24.9	306.2			19.99			0.12		
2	3.06	24.08	287.9			20.28			0.16		
3	3.10	25.05	331.7	316.9	7.1	20.45	20.73	6.2	0.14	0.15	15.1
4	3.25	24.12	342.3			20.74			0.16		
5	3.16	25.18	316.4			22.18			0.18		

腹板的拉伸试验参数与面层的拉伸试验基本一致，试验现象与面层拉伸试验相同，试验结果见表 4-4 和表 4-5。试件大多断裂于中部，属于标距范围，因此试验结果能代表此类铺层下腹板的性能参数。

表 4-4　腹板拉伸试验结果

序号	高度 h /mm	宽度 b /mm	抗拉强度 f_t			弹性模量 E_f			泊松比		
			试验值 /MPa	平均值 /MPa	变异系数/%	试验值 /GPa	平均值 /GPa	变异系数/%	试验值	平均值	变异系数/%
1	2.02	24.04	290.4			6.44			0.81		
2	2.06	24.20	289.8			5.39			0.85		
3	2.28	24.26	290.3	296.3	3.1	6.18	6.41	10.6	0.94	0.82	9.5
4	2.08	24.08	300.5			7.02			0.77		
5	2.14	24.04	310.5			7.03			0.74		

2. 轻木芯材材性试验

本章所用芯材为泡桐木和南方松两种，轻质木材作为夹芯梁的芯材，其力学性能对板材的受力性能影响较大。由于木材为各向异性材料，顺纹方向和横纹方向的性能相差较大，而在整体受弯理论分析过程中主要考虑顺纹方向的受力特性，本章对泡桐木和南方松两种木材的顺纹方向进行材性试验。试验参照《木材顺纹抗压弹性模量测定方法》（GB/T 15777—2017）、《木材顺纹抗剪强度试验方法》（GB/T 1937—2009）、《木材顺纹抗拉强度试验方法》（GB 1938—2009）。部分试验过程见图 4-5，试验结果见表 4-6，所有试件的数量为 5 个。

表 4-5　格构腹板剪切试验结果

序号	高度 h /mm	宽度 b /mm	剪切模量 G_c 试验值/GPa	剪切模量 G_c 平均值/GPa	剪切模量 G_c 变异系数/%
1	2.02	24.02	4.62		
2	2.16	24.15	6.92		
3	2.26	24.25	5.54	5.93	19.3
4	2.07	24.05	6.16		
5	2.15	24.31	6.41		

(c)顺纹抗压试验

(d)顺纹抗剪试验

(d)顺纹抗拉试验

图 4-5　木材顺纹材性试验

表 4-6　木材顺纹基本力学性能试验结果

序号	抗压强度/MPa		弹性模量/GPa		剪切模量/GPa		抗剪强度/MPa	
	平均值	标准差	平均值	标准差	平均值	标准差	平均值	标准差
泡桐木	20.45	3.163	3.83	0.308	0.421	0.0328	4.21	0.373
南方松	31.88	4.581	5.87	0.352	0.684	0.0214	6.15	0.493

4.2.3　试验设计

1. 试验方案

本章试验主要研究芯材为泡桐木与南方松的木夹芯梁，考虑实际工程中常用的梁截面形式，试件选取两种横截面(矩形截面、正方形截面)，有两种受压形式(平面受压、侧面受压)，平面受压梁的宽度 80mm、高度 120mm 不变，改变芯材的高度，1 层芯材高度为 110mm，2 层芯材高度为 53mm，3 层芯材高度为 34mm，4 层芯材高度为 24.5mm，5 层芯材高度为 18.8mm。侧面的截面形式和平面一样，只是受压方式不一样。正方形截面也有两种受压形式(平面受压、侧面受压)，平面受压梁的宽度 120mm、高度 120mm 不变，和矩形截面芯材的厚度同等改变。侧面的截面形式和平面一样，只是受压方式不一样。南方松木夹芯梁和泡桐木木夹芯梁一样，各做一组，作对比分析，试件的横截面图见表 4-2。

2. 试验装置

格构增强木芯复合材料梁在四点弯曲试验中，试件两端简支。在两个加载点上设置分布梁，分布梁中心位置用万能试验机对试件进行静态加载。试验采用 DH3816N 静态应变测试系统进行应变采集，先施加预加荷载(破坏荷载的 10%~15%)，消除试样与支座间的空隙，卸至初始荷载(破坏荷载的 5%)。调整仪表零点，然后以破坏荷载的 5%为级差分级，加载至破坏荷载，记录各级荷载和应变值。试验装置图见图 4-6。其中构件自重、分布梁相对于荷载很小，忽略其影响。

四点弯曲试验考察木夹芯梁的弯曲极限承载能力、荷载-位移曲线以及荷载-应变曲线，这些是描述木夹芯梁弯曲力学性能的主要指标。本章在跨中底端安置位移计以测量跨中挠度，上、下面层在跨中处设置纵向两个应变片，考察面层的荷载与应变的关系。

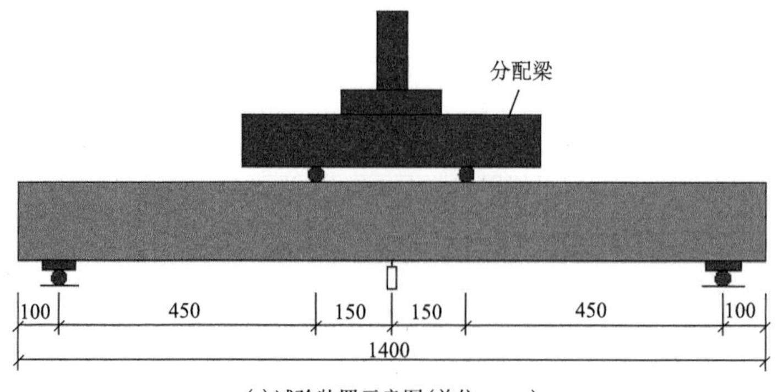

(a) 试验装置示意图(单位：mm)

(b) 试验装置实物图

图 4-6　试验装置图

4.2.4　R 型截面 PAW 木夹芯梁弯曲试验

1. 试验现象

1) R 型截面 PAW 木夹芯梁平面受压试件组

(1) 试件 RPAW-F。

由于试件 RPAW-F 外部没有玻璃纤维布包裹着，其刚度很小，随着荷载的增大，挠度增加很快，无其他明显现象。当加载到 12.31kN 后，试件突然发出一声响声，此时试件受拉处在加载点下方发生剪切破坏(图 4-7)，此时停止加载。试件在发生剪切破坏前无明显征兆，属于脆性破坏。

图 4-7　试件 RPAW-F 破坏形态

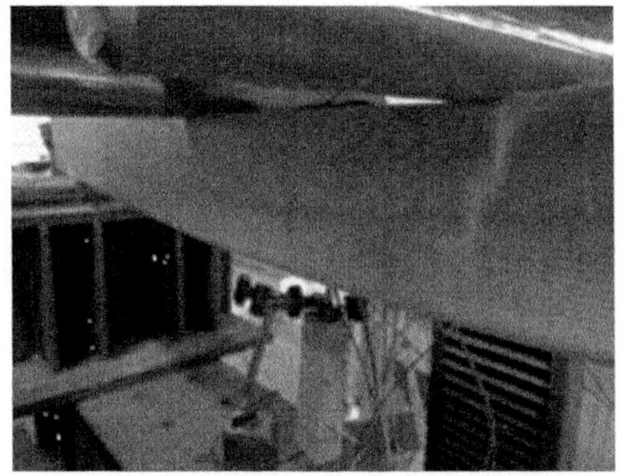

图 4-8　试件 1RPAW-F 破坏形态

(2) 试件 1RPAW-F。

加载初期，试件出现轻微的声音，无其他明显现象。继续加载到 26.32kN 时，试件发出微小的纤维布撕裂声，经观察，试件仍没有现象出现。当加载到 31.53kN

时，能听到明显的纤维布撕裂声，此时发现加载点处下方有白色裂纹。当加载到36.83kN 时，试件发出一声响声，两段加载点处发生局部凹陷破坏且裂纹垂直向下延伸，见图 4-8。当加载到 36.83kN 时，试件所受的承载力达到最大，此时跨中位移为 33.15mm。

(3) 试件 2RPAW-F、3RPAW-F、4RPAW-F、5RPAW-F。

试件 2RPAW-F、3RPAW-F、4RPAW-F、5RPAW-F 的试验现象类似。在加载初期，无明显现象。随着荷载逐渐增大，试件会发出纤维布撕裂的声音。继续加荷载时，试件会持续发出纤维布撕裂声，此时发现加载点处下方开始有裂纹。随着荷载的增加，试件会发出响声，裂纹向下和腹板格构层纵向延伸且伴随着加载点受压处表面层受压破坏，试件破坏形态主要在试件两加载点下方受压处，见图 4-9~图 4-12。试件 2RPAW-F、3RPAW-F、4RPAW-F、5RPAW-F 分别达到极限承载力 36.83kN、35.22kN、29.80kN、34.96kN 时，其对应的跨中位移分别为37.97mm、36.14mm、35.24mm、47.42mm。随着试件位移的继续增大，试件所受承载力开始呈现平缓的下降趋势，最终在两段加载点处发生剪切破坏，此时停止加载。

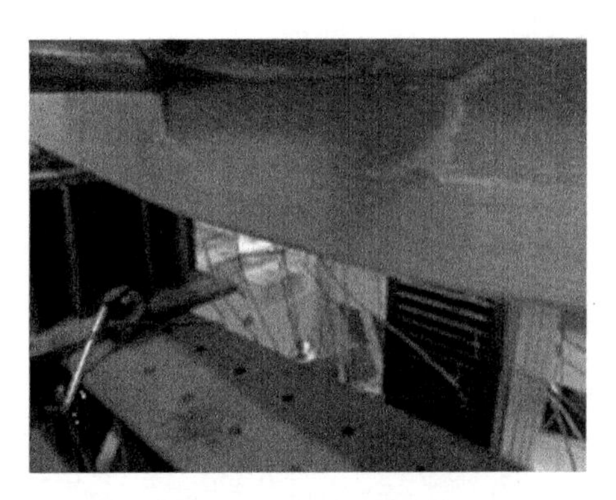

图 4-9　试件 2RPAW-F 破坏形态

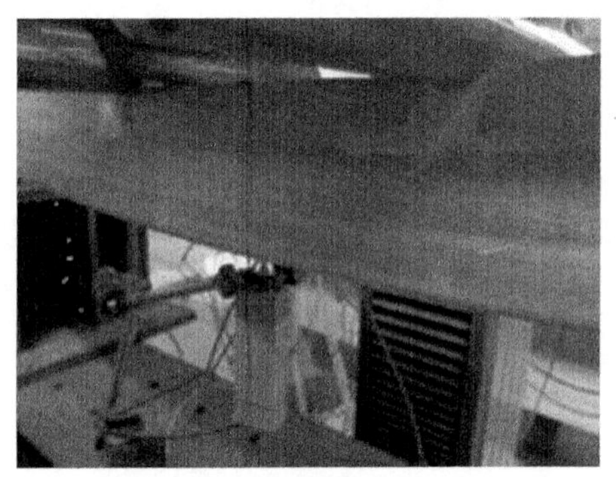

图 4-10　试件 3RPAW-F 破坏形态

图 4-11　试件 4RPAW-F 破坏形态

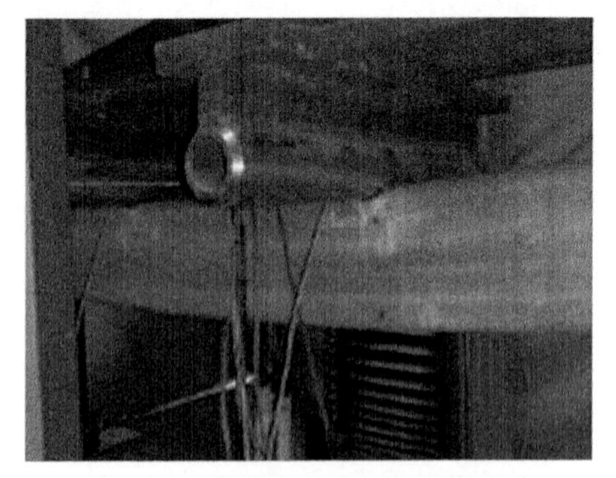

图 4-12　试件 5RPAW-F 破坏形态

2) R 型截面 PAW 木夹芯梁侧面受压试件组

(1) 试件 RPAW-E。

由于试件 RPAW-E 外部没有纤维布包裹，其刚度很小，随着荷载的增大，挠度增加很快，无其他明显现象。当加载到 9.3kN 后，试件突然发出一声响声，试件受拉处在加载点下方断裂(图 4-13)，此时停止加载。试件在发生剪切破坏前无明显征兆，属于脆性破坏。

(2) 试件 1RPAW-E。

试件 1RPAW-E 在加载初期，无明显现象。随着荷载的增加，试件挠度逐渐增大，加载到 19.7kN 时，试件发出微小的撕裂声，经观察，试件没有现象出现。当加载到 22.5kN 时，能听到明显的玻璃纤维布撕裂声，此时发现一边加载点处下方有裂纹，并随着试件挠度增大，裂纹垂直向下延伸，见图 4-14。当加载到 24.7kN 时，试件所受承载力达到最大。随着试件挠度持续增加，试件所受承载力逐渐下降，最终在两段加载点处发生剪切破坏，此时停止加载。

图 4-13　试件 RPAW-E 破坏形态

图 4-14　试件 1RPAW-E 破坏形态

(3) 试件 2RPAW-E、3RPAW-E、4RPAW-E、5RPAW-E。

试件 2RPAW-E、3RPAW-E、4RPAW-E、5RPAW-E 的试验现象类似。加载初期，试件无明显现象。随着荷载的增加，试件挠度逐渐增大，试件发出微小的撕裂声，经观察，试件仍没有现象出现。当加载到一定荷载时，试件会发出一声响声，此时发现所有试件一边加载点处下方出现裂缝并向下延伸，见图 4-15~图 4-18。当试件分别达到极限承载力 34.30kN、31.65kN、29.30kN、20.18kN 时，其对应的跨中位移分别为 46.67mm、39.84mm、43.79mm、27.9mm。随着试件位移的继续增大，试件所受承载力开始呈现平缓的下降趋势，最终在两段加载点处发生剪切破坏，此时停止加载。

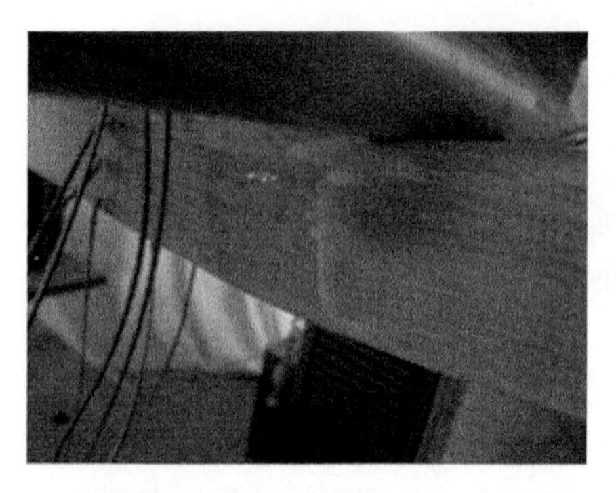

图 4-15　试件 2RPAW-E 破坏形态

图 4-16　试件 3RPAW-E 破坏形态

图 4-17　试件 4RPAW-E 破坏形态

图 4-18　试件 5RPAW-E 破坏形态

2. 变形分析

1) 平面受压试件变形分析

图 4-19 给出了格构增强木芯复合材料梁平面受压形式的荷载-位移曲线。由图可知，试件 RPAW-F 从开始加载到破坏，荷载-位移曲线近似呈线性变化。而其他无格构木芯梁、格构木芯梁荷载-位移曲线前期近似呈线性变化，后期呈塑性变化。试件 3RPAW-F、4RPAW-F 和 5RPAW-F 的荷载-位移曲线经历了下降又上升的过程，具有稳定的二次刚度，且试件 4RPAW-F、5RPAW-F 的荷载-位移曲线后期有较长的平稳阶段，变形能力增大，使得构件延性得以大幅提升。

2) 侧面受压试件变形分析

图 4-20 给出了格构增强木芯复合材料梁侧面受压形式的荷载-位移曲线。由图可知，试件 RPAW-E 从开始加载到破坏，荷载-位移曲线近似呈线性变化。而其他无格构木芯梁、格构木芯梁的荷载-位移曲线前期近似呈线性变化，后期呈塑性变化。无格构木芯梁 1RPAW-E、格构木芯梁 2RPAW-E 的荷载-位移曲线前期近似呈线性变化，当荷载达到极限承载力时，曲线下降较快，而格构木芯梁

3RPAW-E、4RPAW-E、5RPAW-E 当荷载达到极限承载力时，曲线有较稳定的下降段，可见增加格构腹板时，试件的变形能力得以提高。

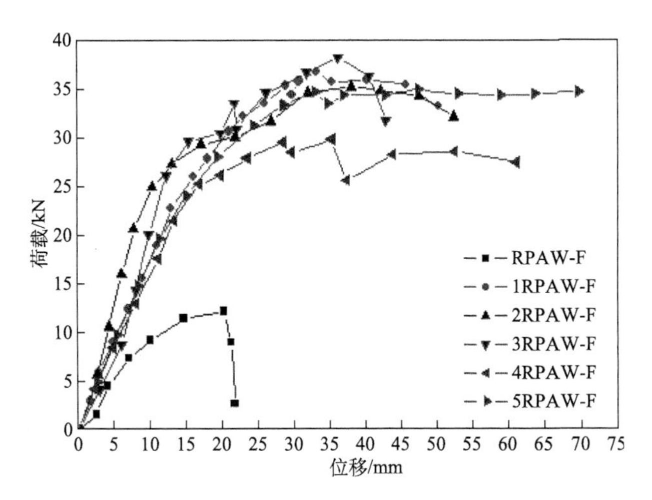

图 4-19　R 型截面 PAW 木夹芯梁平面受压荷载-位移曲线

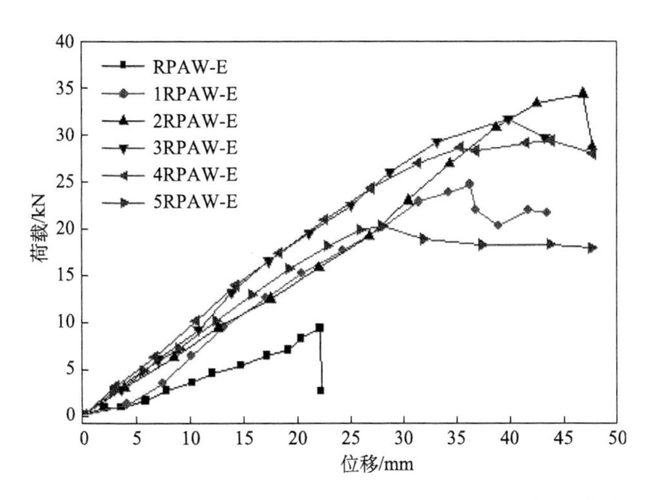

图 4-20　R 型截面 PAW 木夹芯梁侧面受压荷载-位移曲线

3. 应变分析

图 4-21 给出了木夹芯梁平面受压与侧面受压试件跨中上、下面板荷载-应变曲线。由图可知，木夹芯梁荷载-应变曲线基本呈现线性变化关系，满足平截面假定。在相同的荷载下，木夹芯梁平面受压形式的压应变比木夹芯梁侧面受压形式的压应变大，可以得出平面受压试件的刚度比侧面受压试件刚度大。

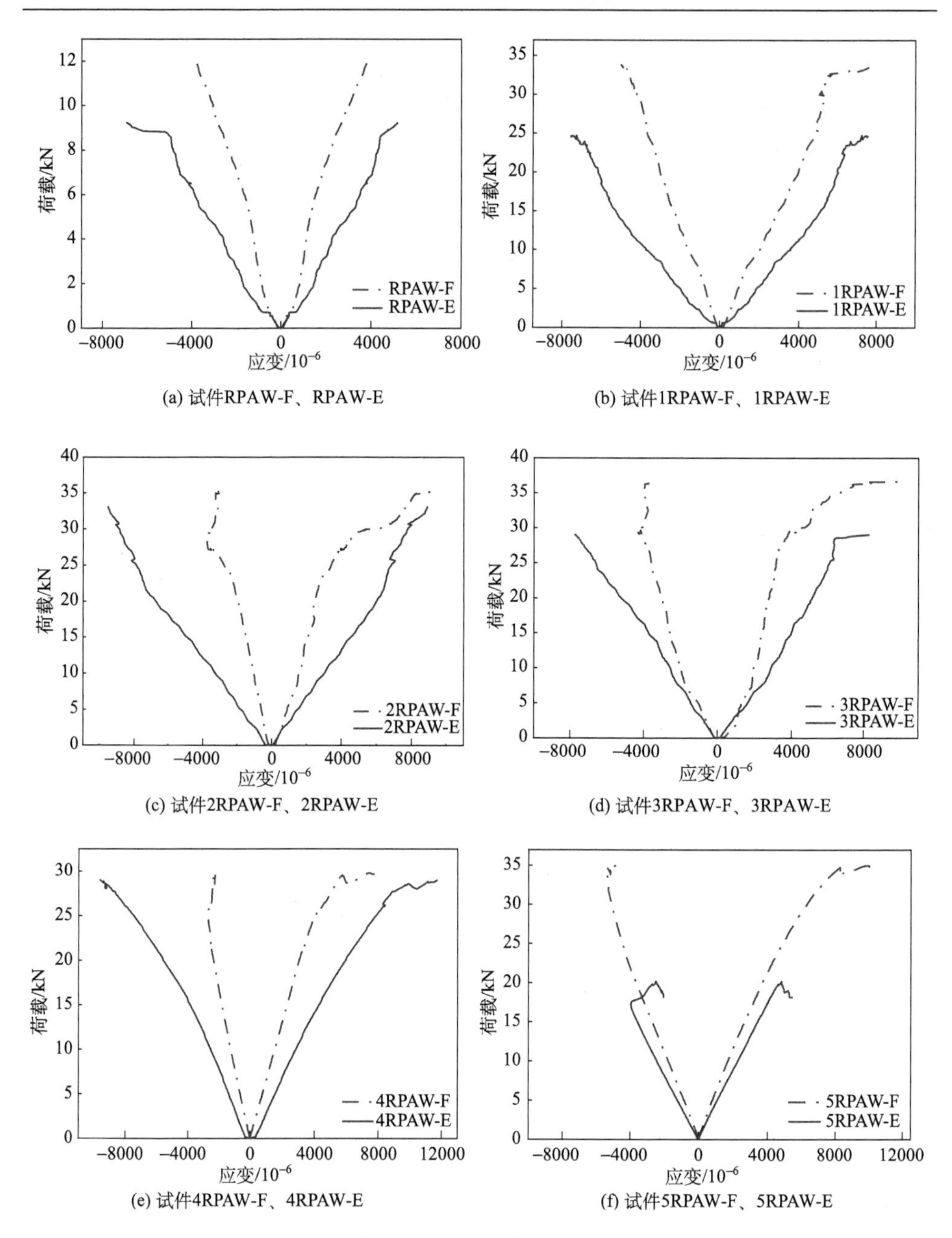

(a) 试件RPAW-F、RPAW-E

(b) 试件1RPAW-F、1RPAW-E

(c) 试件2RPAW-F、2RPAW-E

(d) 试件3RPAW-F、3RPAW-E

(e) 试件4RPAW-F、4RPAW-E

(f) 试件5RPAW-F、5RPAW-E

图 4-21　R 型截面 PAW 木夹芯梁荷载-应变曲线对比

4.2.5　S 型截面 PAW 木夹芯梁弯曲试验

1. 试验现象

1) S 型截面 PAW 木夹芯梁平面受压试件组

(1) 试件 SPAW。

如图 4-22 所示，由于试件 SPAW 外部没有玻璃纤维布包裹，随着荷载的增大，挠度增加很快，无其他明显现象。当加载到 25.55kN 后，试件突然发出一声响声，试件受拉处在加载点下方发生剪切破坏，此时停止加载。试件在发生剪切破坏前无明显征兆，属于脆性破坏。

(2) 试件 1SPAW-F。

加载初期，试件出现轻微的声音，无其他明显现象。继续加载到 24.52kN 时，试件发出细微的撕裂声，经观察，试件仍没有任何现象出现。当加载到 39.08kN 时，能听到一声响声和明显的撕裂声，此时发现加载点处下方有裂缝并垂直向下延伸，见图 4-23。当加载到 42.17kN 时，试件再次发出一声响声，且两段加载点处发生局部凹陷破坏。随着荷载的增加，试件所承受的承载力呈现平缓的下降趋势，最终两段加载点处下方发生剪切破坏。

图 4-22　试件 SPAW 破坏形态

图 4-23　试件 1SPAW-F 破坏形态

(3) 试件 2SPAW-F、3SPAW-F、4SPAW-F、5SPAW-F。

试件 2SPAW-F、3SPAW-F、4SPAW-F、5SPAW-F 的试验现象类似，在加载初期，试件无明显现象。随着试件挠度逐渐增大，试件会发出纤维布撕裂的声音，仍无其他明显现象。继续加载时，试件发出玻璃纤维布撕裂声，此时发现加载点处下方开始有裂纹。随着荷载的增加，试件会发出响声，且裂纹向下和腹板格构层纵向延伸，试件破坏形态主要在试件两加载点下方受拉处，见图 4-24~图 4-27。当试件分别达到极限承载力 48.26kN、47.92kN、52.37kN、65.03kN 时，其对应的跨中位移分别为 60.78mm、57.66mm、68.21mm、65.23mm，随着试件位移的继续增大，试件所承受的承载力开始呈现平缓的下降趋势，最终两段加载点处发生剪切破坏，此时停止加载。

图 4-24　试件 2SPAW-F 破坏形态

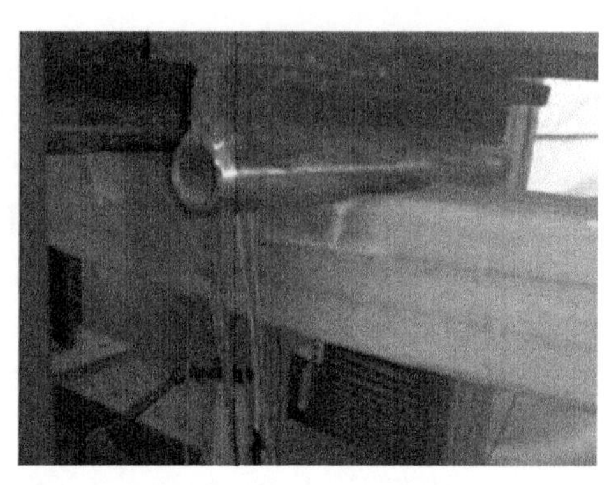

图 4-25　试件 3SPAW-F 破坏形态

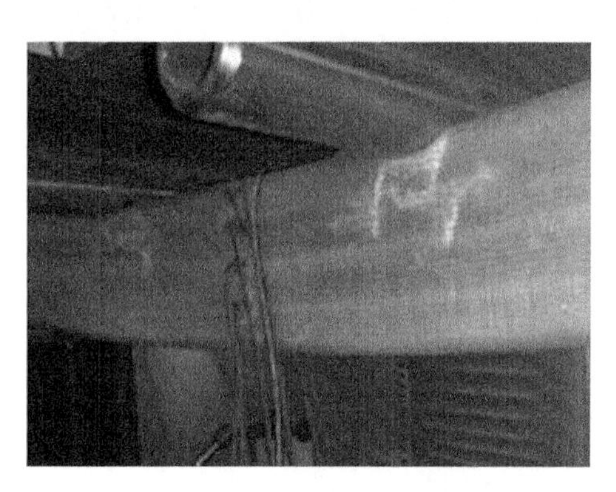

图 4-26　试件 4SPAW-F 破坏形态

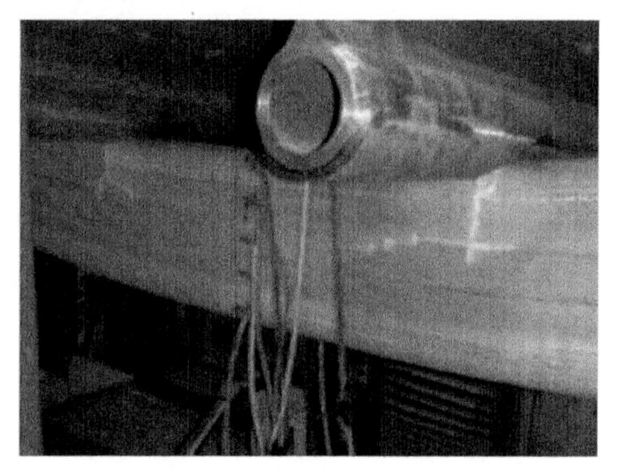

图 4-27　试件 5SPAW-F 破坏形态

2) S 型截面 PAW 木夹芯梁侧面受压试件组

试件 2SPAW-E、3SPAW-E、4SPAW-E、5SPAW-E 的试验现象类似，在加载初期，试件无明显现象。随着荷载的增加，试件挠度逐渐增大，试件发出微小的玻璃纤维布撕裂声，经观察，试件仍没有现象出现。继续加载，试件会发出一声响声，加载点处下方左边出现裂纹并垂直向下延伸，见图 4-28~图 4-31。当试件分别加载到 46.61kN、59.34kN、63.54kN、68.10kN 时，试件所受承载力达到最大，此时试件的跨中位移分别为 22.48mm、54.81mm、51.02mm、33.45mm。继续增加试件位移，试件所受承载力保持平稳的下降趋势，最终两段加载点处发生剪切破坏，此时停止加载。

图 4-28　试件 2SPAW-E 破坏形态

图 4-29　试件 3SPAW-E 破坏形态

图 4-30　试件 4SPAW-E 破坏形态

图 4-31　试件 5SPAW-E 破坏形态

2. 变形分析

1) 平面受压试件变形分析

图 4-32 给出了 S 型截面 PAW 木夹芯梁平面受压形式的荷载-位移曲线。由图可知，试件 SPAW-F 从开始加载到破坏，荷载-位移曲线近似呈线性变化。而其他无格构木芯梁、格构木芯梁荷载-位移曲线前期近似呈线性变化，后期呈塑性变化。试件 1SPAW-F、2SPAW-F、3SPAW-F、4SPAW-F 荷载-位移曲线经历了下降又上升的过程，具有稳定的二次刚度，变形能力增大，使得构件延性得以大幅提升。试件 5SPAW-F 荷载-位移曲线平滑上升，有较长的平稳阶段，木材和 FRP 两种脆性材料在试件 5SPAW-F 中的协调作用得以充分发挥。

2) 侧面受压试件变形分析

图 4-33 给出了 S 型截面 PAW 木夹芯梁侧面受压形式的荷载-位移曲线。由图可知，试件 SPAW-E 从开始加载到破坏，荷载-位移曲线近似呈线性变化。而其他无格构木芯梁、格构木芯梁荷载-位移曲线前期近似呈线性变化，后期呈塑性变化。无格构木芯梁 1SPAW-E 和格构木芯梁 2SPAW-E、3SPAW-E、4SPAW-E 达到屈服

点后，曲线有较长的稳定平稳阶段，主要是由于试件中 FRP 发挥主要作用，可见增加格构腹板时试件的变形能力得以提高。试件 5SPAW-E 达到极限承载力时，曲线下降幅度较快，说明复合材料和芯材的前期共同协同作用得以充分发挥。从图中还可以看出，随着格构层数的增加，试件的极限承载力有明显增加，可见格构层数对试件极限承载力的提高有一定的作用。

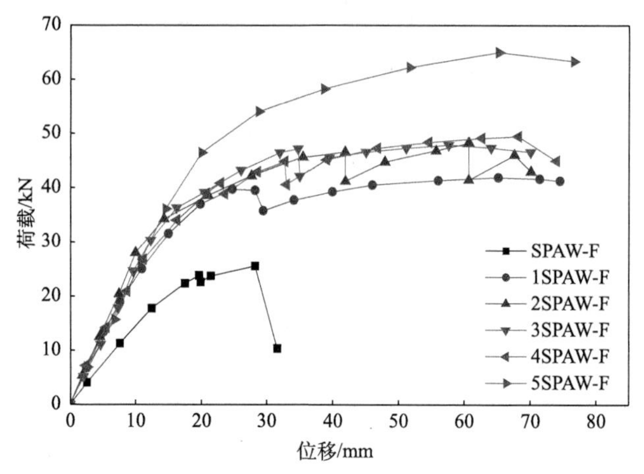

图 4-32　S 型截面 PAW 木夹芯梁平面受压荷载-位移曲线

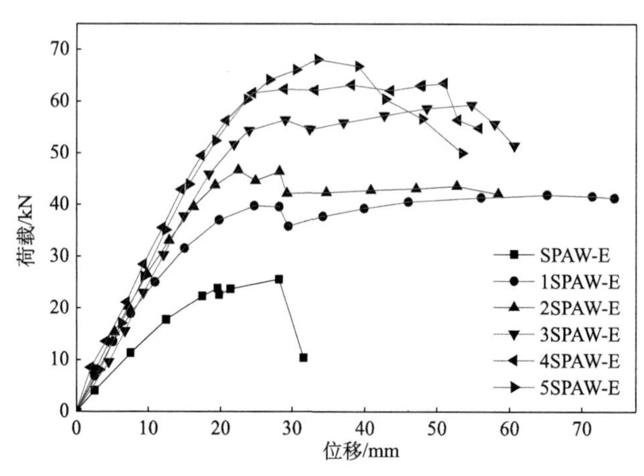

图 4-33　S 型截面 PAW 木夹芯梁侧面受压荷载-位移曲线

3. 应变分析

图 4-34 给出了 S 型截面 PAW 木夹芯梁跨中上、下面板荷载-应变曲线。由图可知，S 型截面 PAW 木夹芯梁荷载-应变曲线在线弹性阶段基本呈现线性变化关系，满足平截面假定。在格构木芯梁中，侧面受压构件的压应变从开始到结束变

化幅度相差不大。而平面受压构件在加载后期，受压处应变变小，受拉处应变增大幅度变大，可以反映出侧面受压构件受压处 FRP 和芯材的共同协同作用比平面受压构件发挥得好。

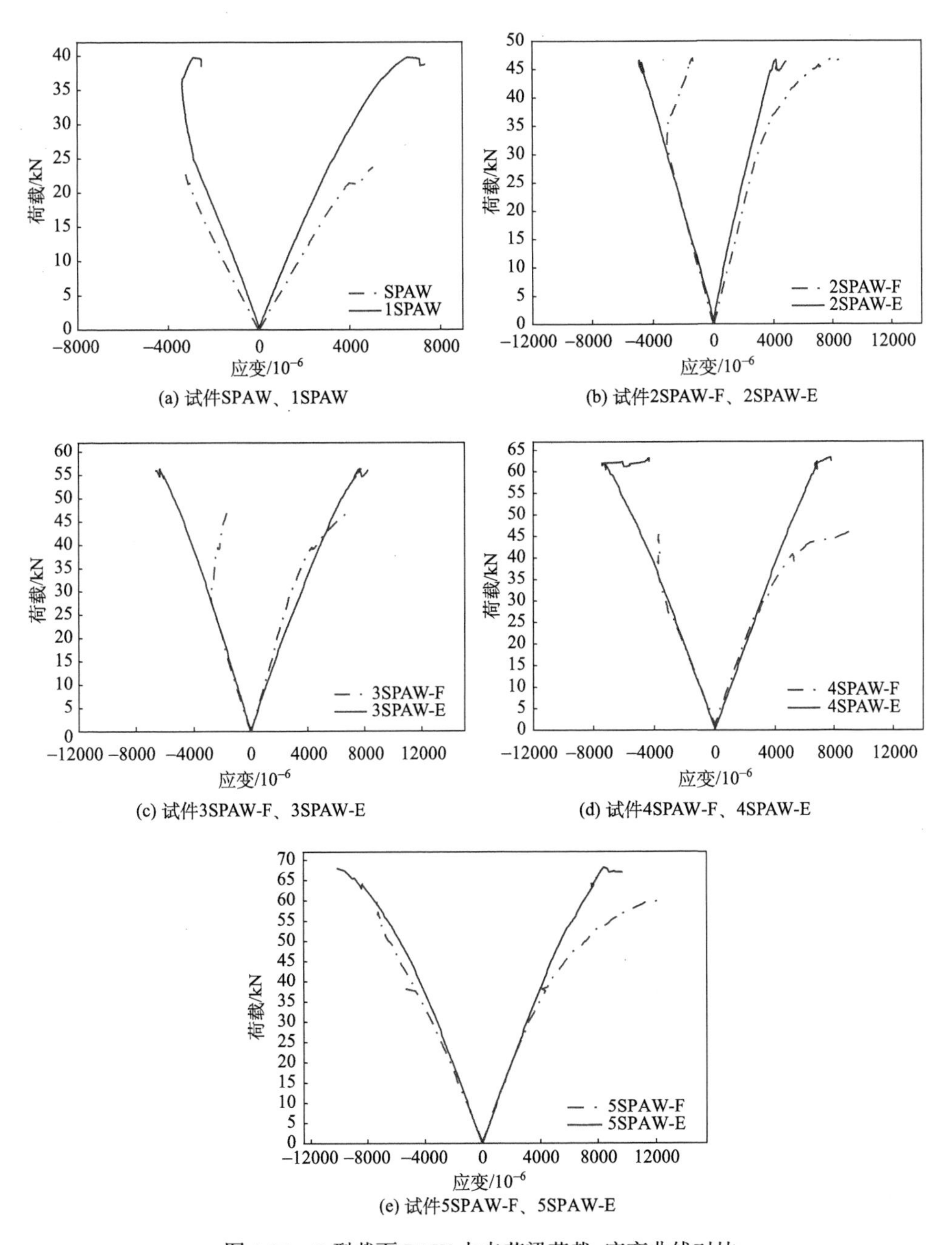

图 4-34　S 型截面 PAW 木夹芯梁荷载-应变曲线对比

4.2.6 R 型截面 SOP 木夹芯梁弯曲试验

1. 试验现象

1) R 型截面 SOP 木芯梁平面受压试件组

(1) 试件 RSOP-F。

由于试件 RSOP-F 外部没有纤维布包裹，其刚度很小，随着荷载的增大，挠度增加很快，无其他明显现象。当加载到 18.52kN 后，此时的跨中位移为 17.06mm，试件突然发出一声响声，试件受拉处在加载点下方断裂(图 4-35)，此时停止加载。试件在发生剪切破坏前无明显征兆，属于脆性破坏。

图 4-35　试件 RSOP-F 破坏形态

(2) 试件 1RSOP-F。

加载初期，试件出现轻微的声音，无其他明显现象。当加载到 40.14kN 时，试件发出连续的纤维布撕裂声，经观察，试件仍没有现象出现。当加载到 42.92kN 时，试件发出一声响声，此时发现加载点处下方有裂纹并向下延伸(图 4-36(a))，且两段加载点处发生局部凹陷受压破坏。当加载到 50.82kN 时，试件所受承载力达到最大，此时的跨中位移为 58.08mm。随着试件位移的继续增大，试件受拉处下表面的玻璃纤维布开始断裂(图 4-36(b))，试件所受承载力开始呈现平缓的下降趋势，最终两段加载点处发生断裂破坏，此时停止加载。

(3) 试件 2RSOP-F、3RSOP-F、4RSOP-F、5RSOP-F。

试件 3RPAW-F、4RSOP-F、5RSOP-F 的试验现象类似，在加载初期，无明显现象。随着试件挠度逐渐增大，试件会发出纤维布撕裂的声音，仍无其他明显现象。继续加载时，试件发出纤维布撕裂声，此时发现加载点处下方开始有裂纹。随着荷载的增加，试件会发出响声，且裂纹向下和腹板格构层纵向延伸，试件破坏

(a) 腹板剪切破坏

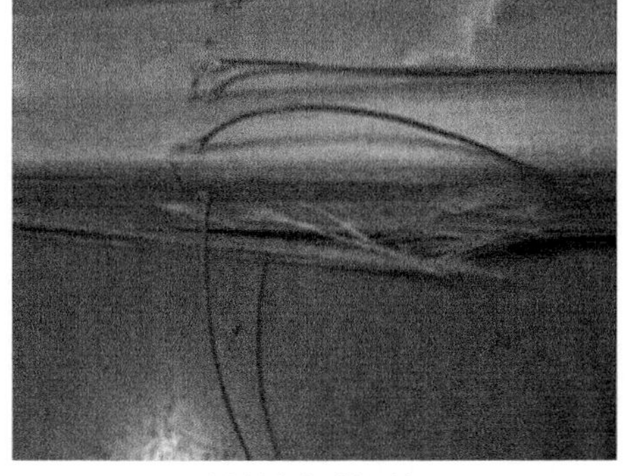

(b) 纤维布受拉破坏

图 4-36　试件 1RSOP-F 破坏形态

形态主要发生在两加载点的下方受拉处，见图 4-37~图 4-40。当试件 3RSOP-F、4RSOP-F、5RSOP-F 分别达到极限承载力 45.22kN、41.74kN、52.37kN 时，其对应的跨中位移分别为 72.49mm、71.65mm、70.83mm，随着试件位移的继续增大，和试件 2RSOP-F 一样，各试件受拉处下表面的玻璃纤维布开始断裂(图 4-41)，试件所受承载力开始呈现平缓的下降趋势，最终两段加载点处发生断裂破坏，此时停止加载。

图 4-37　试件 2RSOP-F 破坏形态

图 4-38　试件 3RSOP-F 破坏形态

图 4-39　试件 4RSOP-F 破坏形态

图 4-40　试件 5RSOP-F 破坏形态

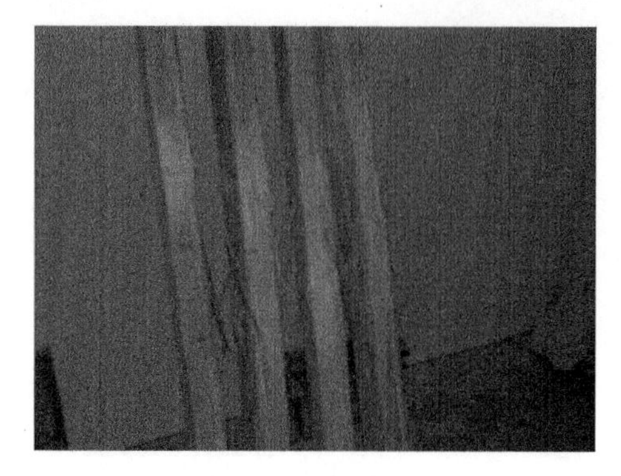

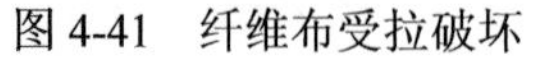

图 4-41　纤维布受拉破坏

图 4-42　试件 RSOP-E 破坏形态

2) R 型截面 SOP 木夹芯梁侧面受压试件组

(1) 试件 RSOP-E。

由于试件 RSOP-E 外部没有玻璃纤维布包裹，其刚度很小，随着荷载的增大，挠度增加很快，无其他明显现象，见图 4-42。当加载到 13.43kN 后，试件突然发出一声响声，试件受拉处在加载点下方断裂，发生剪切破坏，此时停止加载。试件在发生剪切破坏前无明显征兆，属于脆性破坏。

(2) 试件 1RSOP-E。

试件 1RSOP-E 在加载初期，无明显现象。随着荷载的增加，试件挠度逐渐增大，当加载到 29.75kN 时，试件发出微小的撕裂声，经观察，试件没有现象出现。当加载到 33.93kN 时，能听到明显的玻璃纤维布撕裂声，此时发现两边加载点处下方有裂纹，并随着试件挠度的增加，裂纹向下延伸，见图 4-43。当加载到 35.38kN 时，试件所受承载力达到最大，此时的跨中位移为 35.91mm。随着试件挠度持续增加，试件所受承载力逐渐下降，最终两段加载点处发生断裂破坏，此时停止加载。

图 4-43　试件 1RSOP-E 破坏形态

(3) 试件 2RSOP-E、3RSOP-E、4RSOP-E、5RSOP-E。

试件 3RSOP-E、4RSOP-E、5RSOP-E 的试验现象类似，在加载初期，无明显现象。随着荷载的增加，试件挠度逐渐增大，试件发出微小的玻璃纤维布撕裂声，经观察，试件仍没有现象出现。继续加载，试件会发出一声响声，加载点处下方左边出现裂纹并垂直向下延伸，见图 4-44~图 4-47。当试件 3RSOP-E、4RSOP-E、5RSOP-E 分别加载到 40.54kN、29.68kN、33.44kN 时，试件所受承载力达到最大，此时的跨中位移分别为 44.12mm、32.05mm、40.24mm。随着试件位移继续增加，试件所受承载力保持平稳的下降趋势，最终两段加载点处发生断裂破坏，此时停止加载。

图 4-44　试件 2RSOP-E 破坏形态

图 4-45　试件 3RSOP-E 破坏形态

图 4-46　试件 4RSOP-E 破坏形态

图 4-47　试件 5RSOP-E 破坏形态

2. 变形分析

1) 平面受压试件变形分析

图 4-48 给出了 R 型截面 SOP 木夹芯梁平面受压形式的荷载-位移曲线。由图可知，试件 RSOP-F 从开始加载到破坏，荷载-位移曲线近似呈线性变化。而其他

无格构木芯梁、格构木芯梁荷载-位移曲线前期近似呈线性变化，后期呈塑性变化。无格构木芯梁 1RSOP-F 和格构木芯梁 2RSOP-F、3RSOP-F、4RSOP-F、5RSOP-F 荷载-位移曲线经历了下降又上升的过程，主要原因是构件的芯材发生剪切破坏后，试件中的 FRP 发挥主要作用，使得曲线具有了稳定的二次刚度，后期有较长的平稳阶段，变形能力增大，构件延性得以大幅提升。

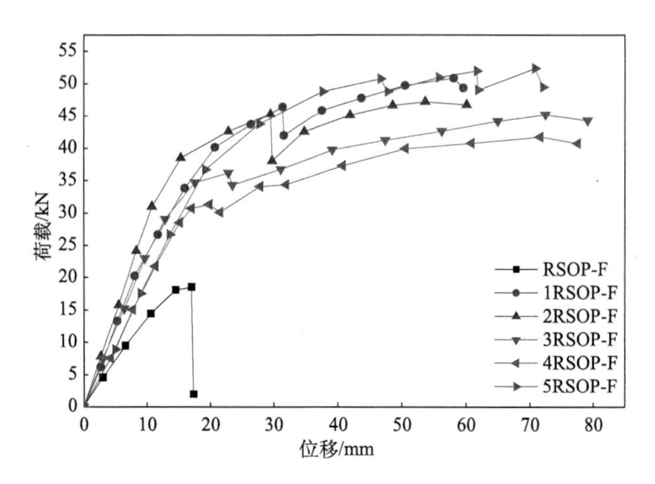

图 4-48　R 型截面 SOP 木夹芯梁平面受压荷载-位移曲线

2)侧面受压试件变形分析

图 4-49 给出了 R 型截面 SOP 木夹芯梁侧面受压形式的荷载-位移曲线。由图可知，试件 RSOP-E 从开始加载到破坏，荷载-位移曲线近似呈线性变化。而其他无格构木芯梁、格构木芯梁荷载-位移曲线前期近似呈线性变化，后期呈塑性变化。

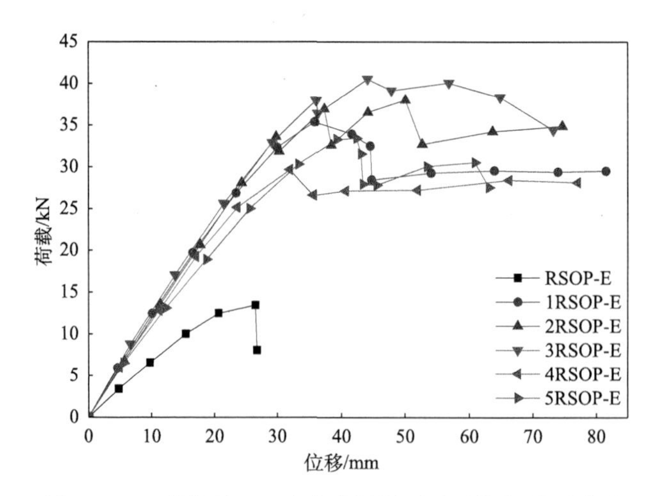

图 4-49　R 型截面 SOP 木夹芯梁侧面受压荷载-位移曲线

无格构木芯梁 1RSOP-E 和格构木芯梁 2RSOP-E、4RSOP-E、5RSOP-E 达到屈服点后，承载力下降较快，但曲线后期有较长的稳定平稳阶段，主要是由于芯材发生剪切破坏后，试件中的 FRP 发挥主要作用，使得构件的变形能力增大，延性得以大幅提升。而格构木芯梁 3RSOP-E 达到屈服点后，曲线没有平稳阶段，一直呈现下降的趋势。

3. 应变分析

图 4-50 给出了木夹芯梁平面受压与侧面受压试件跨中上、下面板荷载-应变曲线。由图可知，木夹芯梁荷载-应变曲线基本呈现线性变化关系，满足平截面假定。在相同的荷载下，木夹芯梁侧面受压形式的压应变比平面受压形式大，可以得出侧面受压试件的刚度比平面受压试件刚度大。

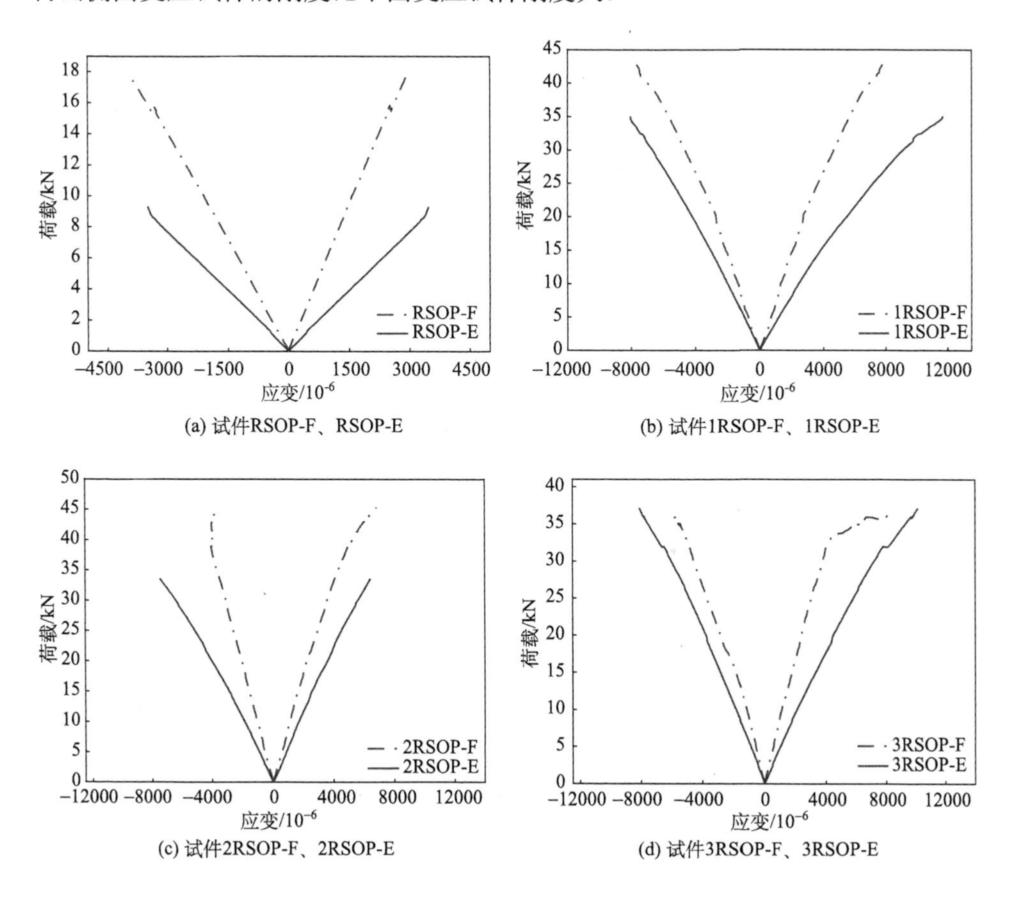

(a) 试件RSOP-F、RSOP-E　(b) 试件1RSOP-F、1RSOP-E

(c) 试件2RSOP-F、2RSOP-E　(d) 试件3RSOP-F、3RSOP-E

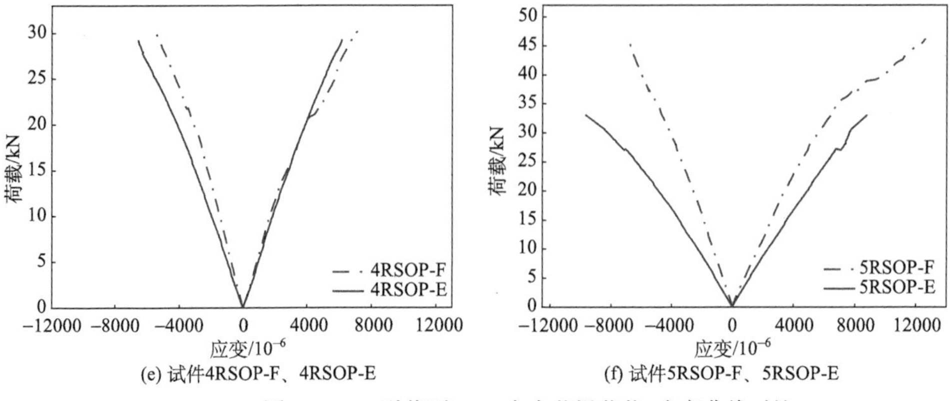

(e) 试件4RSOP-F、4RSOP-E　　(f) 试件5RSOP-F、5RSOP-E

图 4-50　R 型截面 SOP 木夹芯梁荷载-应变曲线对比

4.2.7　S 型截面 SOP 木夹芯梁弯曲试验

1. 试验现象

1) S 型截面 SOP 木夹芯梁平面受压试件组

(1) 试件 SSOP。

由于试件 SSOP 没有外部玻璃纤维布包裹，其刚度很小，随着荷载的增大，挠度增加很快，无其他明显现象。当加载到 29.42kN 后，试件突然发出一声响声，力传感器测得的荷载快速下降，试件受拉处在加载点下方断裂(图 4-51)，此时停止加载。试件在发生剪切破坏前无明显征兆，属于脆性破坏。

(2) 试件 1SSOP-F。

加载初期，试件出现轻微的声音，无其他明显现象。继续加载到 55.67kN 时，试件纤维布发出细微的撕裂声，经观察，试件仍没有现象出现。当加载到 68.35kN 时，能听到一声响声和明显的纤维布撕裂声，此时发现加载点处下方有裂缝并垂直向下延伸，见图 4-52。当加载到 73.04kN 时，试件再次发出一声响声，且两段

图 4-51　试件 SSOP 破坏形态

图 4-52　试件 1SSOP-F 破坏形态

加载点处发生局部凹陷破坏。当加载到 73.96kN 时，试件所受承载力达到最大，此时的跨中位移为 31.94mm。随着荷载的增加，试件所承受承载力呈现平缓的下降趋势，最终两段加载点处发生受压断裂破坏。

(3) 试件 2SSOP-F、3SSOP-F、4SSOP-F、5SSOP-F。

试件 2SSOP-F、3SSOP-F、4SSOP-F、5SSOP-F 的试验现象类似，在加载初期，试件无明显现象。随着挠度逐渐增大，试件会发出细微纤维布撕裂的声音，无其他明显现象。继续加载时，试件发出明显的纤维布撕裂声，此时发现加载点处下方开始有裂纹。随着荷载的增加，试件会发出响声，且裂纹向下和腹板格构层纵向延伸，两段加载点处发生局部凹陷破坏，试件破坏形态主要发生在两加载点下方受拉处，见图 4-53~图 4-55 和图 4-56(a)。当试件 2SSOP-F、3SSOP-F、4SSOP-F、5SSOP-F 分别达到极限承载力 69.31kN、64.59kN、67.91kN、80.48kN 时，其对应的跨中位移分别为 65.68mm、65.52mm、67.83mm、68.97mm，随着试件位移继续增大，各试件受拉处下表面的玻璃纤维布有不同程度的断裂，其中试件 5SSOP-F 下方断裂较为明显，见图 4-56(b)。随着试件位移的继续增大，试件所受承载力开始呈现平缓的下降趋势，最终两段加载点处发生断裂破坏，此时停止加载。

图 4-53　试件 2SSOP-F 破坏

图 4-54　试件 3SSOP-F 破坏形态

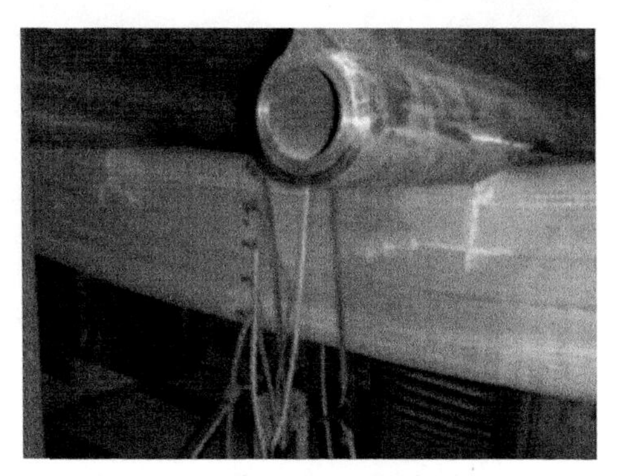

图 4-55　试件 4SSOP-F 破坏形态

(a)腹板剪切破坏

(b)纤维布受拉破坏

图 4-56　试件 5SSOP-F 破坏形态

2)S 型截面 SOP 木芯梁侧面受压试件组

试件 2SSOP-E、3SSOP-E、4RSOP-E、5SSOP-E 的试验现象类似，在加载初期，无明显现象。随着荷载的增加，试件挠度逐渐增大，试件发出微小的玻璃纤维布撕裂声，经观察，试件仍没有现象出现。继续加载，试件会发出一声响声，加载点处下方左边出现裂纹并垂直向下延伸，见图 4-57~图 4-60。当试件 2SSOP-E、3SSOP-E、4SSOP-E、5SSOP-E 分别加载到 67.27kN、79.09kN、84.85kN、72.65kN 时，试件所受承载力达到最大，此时试件的跨中位移分别为 21.08mm、36.33mm、36.83mm、34.77mm。随着试件位移的继续增大，各试件受拉处下表面的玻璃纤维布有不同程度的断裂。随着试件位移的继续增大，试件所受承载力开始呈现平缓的下降趋势，最终两段加载点处发生断裂破坏，此时停止加载。

图 4-57　试件 2SSOP-E 破坏形态

图 4-58　试件 3SSOP-E 破坏形态

图 4-59　试件 4SSOP-E 破坏形态

图 4-60　试件 5SSOP-E 破坏形态

2. 变形分析

1) 平面受压试件变形分析

图 4-61 给出了 S 型截面 SOP 木夹芯梁平面受压形式的荷载-位移曲线。由图可知，试件 SSOP-F 从开始加载到破坏，荷载-位移曲线近似呈线性变化。而其他无格构木芯梁、格构木芯梁荷载-位移曲线前期近似呈线性变化，后期呈塑性变化。无格构木芯梁 1SSOP-F 和格构木芯梁 2SSOP-F、3SSOP-F、4SSOP-F、5SSOP-F 荷载-位移曲线经历了下降又上升的过程，主要原因是构件的芯材发生剪切破坏后，试件中的 FRP 发挥主要作用，使得曲线具有稳定的二次刚度，后期有较长的平稳阶段，变形能力增大，构件延性得以大幅提升。

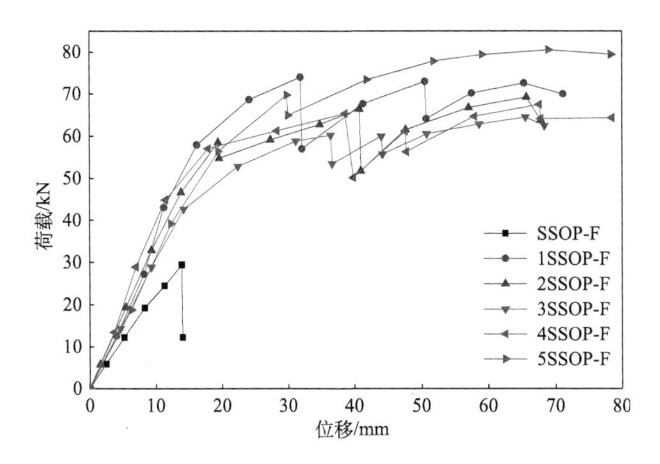

图 4-61　S 型截面 SOP 木夹芯梁平面受压荷载-位移曲线

2) 侧面受压试件变形分析

图 4-62 给出了 S 型截面 SOP 木夹芯梁侧面受压形式的荷载-位移曲线。由图

可知，试件 SSOP-E 从开始加载到破坏，荷载-位移曲线近似呈线性变化。而其他无格构木芯梁、格构木芯梁荷载-位移曲线前期近似呈线性变化,后期呈塑性变化。格构木芯梁 2SSOP-E、3SSOP-E、4SSOP-E、5SSOP-E 达到极限承载力后，试件所受承载力下降较快，且曲线没有平稳阶段，一直呈现下降的趋势，主要原因在试件达到极限承载力后，SOP 芯材和 FRP 都已受到不同程度的破坏，可见试件的延性没有得以提升。而无格构木芯梁 1SSOP-E 荷载-位移曲线经历了下降又上升的过程，变形能力得以很明显的提升。

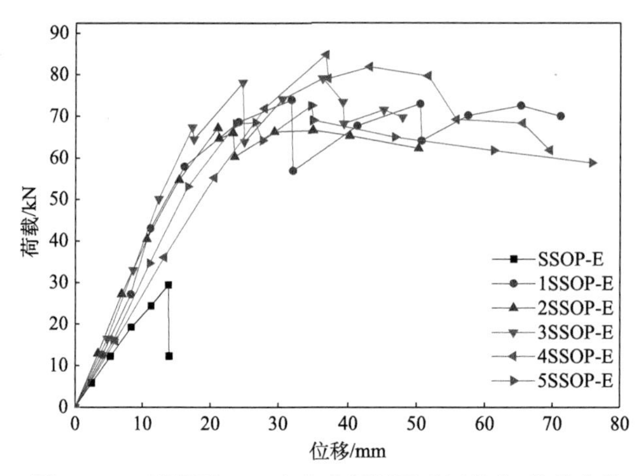

图 4-62　S 型截面 SOP 木夹芯梁侧面受压荷载-位移曲线

3. 应变分析

图 4-63 给出了 S 型截面 SOP 木夹芯梁跨中上、下面板荷载-应变曲线。由图可知，S 型截面 SOP 木夹芯梁荷载-应变曲线在线弹性阶段基本呈现线性变化关系，满足平截面假定。在格构木芯梁中，侧面受压构件的压应变从开始到结束变

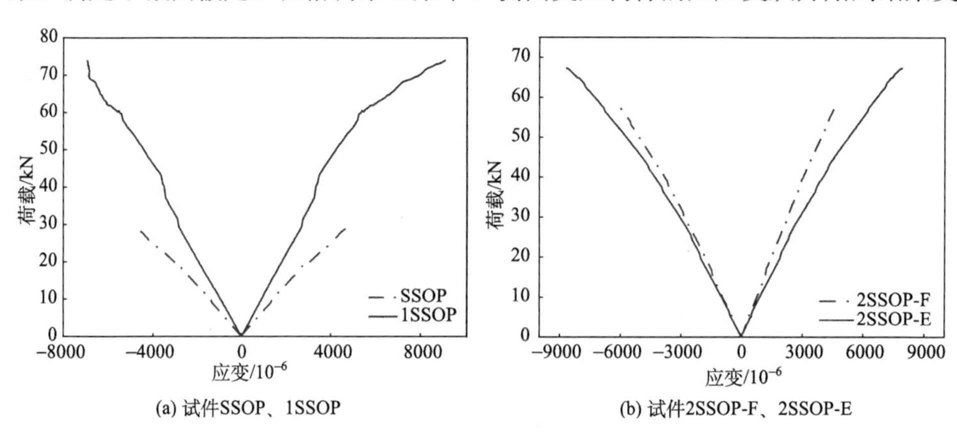

(a) 试件SSOP、1SSOP　　(b) 试件2SSOP-F、2SSOP-E

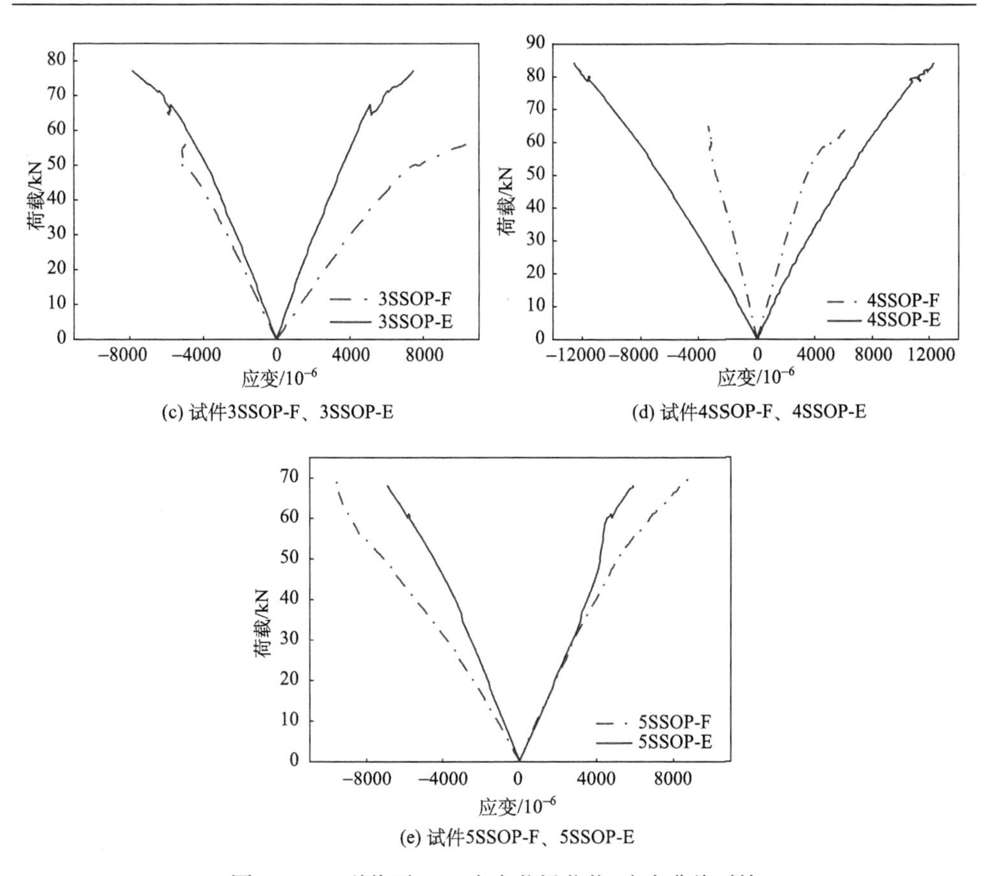

(c) 试件3SSOP-F、3SSOP-E

(d) 试件4SSOP-F、4SSOP-E

(e) 试件5SSOP-F、5SSOP-E

图 4-63　S 型截面 SOP 木夹芯梁荷载-应变曲线对比

化幅度相差不大。而平面受压构件在加载后期，受压处应变变小，受拉处应变增大幅度变大，可以反映出平面受压构件受压处 FRP 和芯材的共同协同作用比侧面受压构件发挥得好。

4.3　格构增强木芯复合材料梁的弯曲试验性能分析

4.3.1　格构腹板对 R 型截面 PAW 木夹芯梁性能的影响

表 4-7 给出了 R 型截面 PAW 木夹芯梁横截面示意图。本小节将分别研究格构腹板对 R 型截面 PAW 木夹芯梁平面受压与侧面受压的极限承载力、刚度、延性的影响，以及两种受压形式之间的性能比较分析。

表 4-7 R 型截面 PAW 木夹芯梁横截面示意图

类型	木梁	无格构木芯梁	格构木芯梁			
试件编号	RPAW-F	1RPAW-F	2RPAW-F	3RPAW-F	4RPAW-F	5RPAW-F
截面图						
试件编号	RPAW-E	1RPAW-E	2RPAW-E	3RPAW-E	4RPAW-E	5RPAW-E
截面图						

1. 格构腹板对极限承载力的影响

1) 格构腹板对平面受压试件极限承载力的影响

从表 4-8 可以看出，R 型截面梁平面受压试件中，无格构木芯梁、格构木芯梁极限承载力比木梁有明显的提高。无格构木芯梁 1RPAW-F 的极限承载力比木梁 RPAW-F 提高 199.19%，可见在木芯梁表层包裹玻璃纤维布对构件极限承载力的提高有很明显的作用。无格构木芯梁与格构木芯梁相比而言，格构木芯梁 3RPAW-F 的极限承载力比无格构木芯梁 1RPAW-F 提高了 3.86%，可见在无格构木芯梁中适当增加格构腹板对试件极限承载力提高有一定的作用，但提高效果不明显。

表 4-8 R 型截面 PAW 木芯梁的极限承载力

类型	木梁	无格构木芯梁	格构木芯梁			
试件编号	RPAW-F	1RPAW-F	2RPAW-F	3RPAW-F	4RPAW-F	5RPAW-F
极限承载力/kN	12.31	36.83	35.22	38.25	29.80	34.96
试件编号	RPAW-E	1RPAW-E	2RPAW-E	3RPAW-E	4RPAW-E	5RPAW-E
极限承载力/kN	9.30	24.59	34.30	31.65	29.30	20.18

2) 格构腹板对侧面受压试件极限承载力的影响

从表 4-8 可以看出，R 型截面梁侧面受压试件中，无格构木芯梁、格构木芯梁极限承载力比木梁有明显的提高。无格构木芯梁 1RPAW-E 的极限承载力比木梁 RPAW-E 提高了 164.41%，可见在木梁表面包裹玻璃纤维布对构件极限承载力的提高有很明显的作用。无格构木芯梁与格构木芯梁相比而言，格构木芯梁 2RPAW-F、3RPAW-F、4RPAW-F 的极限承载力比无格构木芯梁 1RPAW-E 分别提高了 39.49%、28.71%、19.15%，可见在无格构木芯梁中适当增加格构腹板对试件极限承载力提高有明显的作用。

3) 两种格构形式极限承载力对比分析

从表 4-8 可以得出，木梁 RPAW-F 的极限承载力比木梁 RPAW-E 提高了 32.37%; 无格构木芯梁 1PRAW-F 的极限承载力比无格构木芯梁 1RPAW-E 提高了 49.78%; 格构木芯梁 2RPAW-F、3RPAW-F、4RPAW-F、5RPAW-F 的极限承载力比格构木芯梁 2RPAW-E、3RPAW-E、4RPAW-E、5RPAW-E 分别提高了 2.68%、20.85%、1.71%、73.24%。可以得出，在本章给定的尺寸下，R 型截面试件的平面受压所受的极限承载力比侧面受压所受的极限承载有明显的提高。

2. 格构腹板对刚度的影响

复合材料夹芯梁四点弯曲试验初始弯曲刚度 EI_{ex} 可根据试验结果通过式(4-1)计算:

$$EI_{\mathrm{ex}} = \frac{a(3L^2 - 4a^2)}{48}\left[\frac{\Delta P}{\Delta \delta}\right] \tag{4-1}$$

其中，$\Delta P/\Delta\delta$ 为夹芯梁荷载-位移曲线初始段斜率(kN/mm)；L 为梁净跨(mm)；a 为加载点至反力支座之间的距离(mm)。

R 型截面 PAW 木芯梁初始弯曲刚度见表 4-9。

表 4-9　R 型截面 PAW 木芯梁初始弯曲刚度

类型	木梁	无格构木芯梁	格构木芯梁			
试件编号	RPAW-F	1RPAW-F	2RPAW-F	3RPAW-F	4RPAW-F	5RPAW-F
$EI_{\mathrm{ex}}/(\mathrm{kN\cdot m^2})$	34.16	61.35	72.87	65.09	62.82	59.38
试件编号	RPAW-E	1RPAW-E	2RPAW-E	3RPAW-E	4RPAW-E	5RPAW-E
$EI_{\mathrm{ex}}/(\mathrm{kN\cdot m^2})$	11.72	25.26	26.13	29.70	29.62	26.15

1) 格构腹板对平面受压试件刚度的影响

对于平面受压试件，无格构木芯梁、格构木芯梁的刚度比木梁有明显的提高。无格构木芯梁 1RPAW-F 的刚度比木梁 RPAW-F 提高了 79.60%，可见在木芯梁表层包裹玻璃纤维布对构件刚度的提高有明显的作用。格构木芯梁 2RPAW-F、3RPAW-F、4RPAW-F 的刚度比无格构木芯梁 1RPAW-F 分别提高了 18.78%、6.10%、2.40%。可见在无格构木芯梁中适当增加格构腹板对试件刚度的提高有一定的作用，其中格构木芯梁 2RPAW-F 对刚度的提高较为明显。

2) 格构腹板对侧面受压试件刚度的影响

对于侧面受压试件，无格构木芯梁、格构木芯梁的刚度比木梁有明显的提高。

无格构木芯梁 1RPAW-E 的刚度比木梁 RPAW-E 提高了 115.53%，可见在木芯梁外包裹玻璃纤维布对构件刚度的提高有明显的作用。格构木芯梁 2RPAW-E、3RPAW-E、4RPAW-E、5RPAW-E 的刚度比无格构木芯梁 1RPAW-E 分别提高了 3.44%、17.58%、17.26%、3.52%，可见在无格构木芯梁中增加格构腹板对试件刚度提高有明显作用，其中 3RPAW-E、4RPAW-E 格构木芯梁的刚度增加较为明显。

3) 两种格构形式刚度对比分析

从表 4-9 和图 4-64 曲线初始斜率可以明显看出，同种形式的平面受压试件的刚度比侧面受压试件有明显的提高。

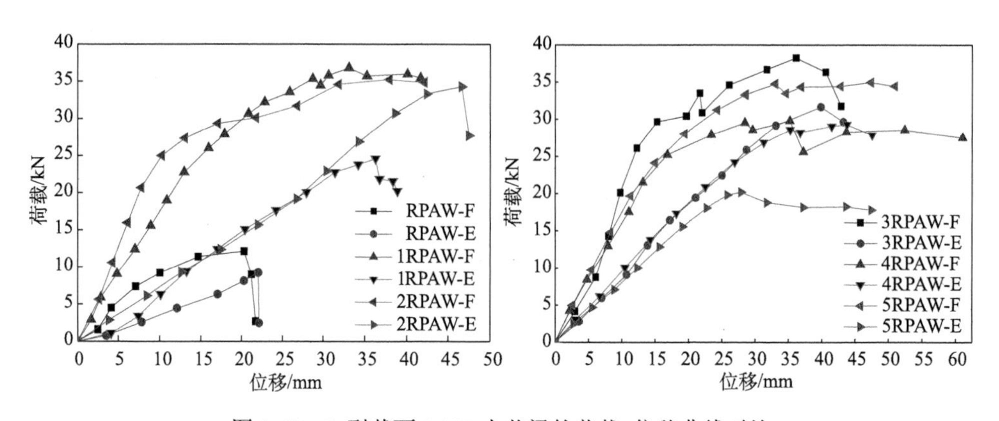

图 4-64　R 型截面 PAW 木芯梁的荷载-位移曲线对比

3. 格构腹板对延性的影响

延性指标是用构件的位移延性系数反映构件的延性，构件的位移延性系数定义为结构屈服后的极限位移与屈服位移之比，即

$$\mu_{\Delta} = \frac{\Delta_{\mu}}{\Delta_{y}} \tag{4-2}$$

式中，Δ_{μ} 为构件极限状态下的位移；Δ_{y} 为构件屈服状态下的位移（试件进入非弹性阶段，取较为明显的屈服点对应的跨中位移）。

R 型截面 PAW 木芯梁的位移延性系数见表 4-10。

由表可知，对于平面受压试件，格构木芯梁的位移延性系数比无格构木芯梁高。其中格构木芯梁 5RPAW-F 的位移延性系数最大，达到 5.22。可见在无格构木芯梁中增加格构腹板对构件的延性有很大的提升。对于侧面受压试件，格构木芯梁的位移延性系数比无格构木芯梁高，其中格构腹板木芯梁 4RPAW-F 的位移延性系数最大，达到 1.63，但是提高的效果没有平面受压试件明显。从图 4-64 也可以明显看出，平面受压试件的变形能力比侧面受压试件好。

表 4-10　R 型截面 PAW 木芯梁的位移延性系数

类型	无格构木芯梁	格构木芯梁			
试件编号	1RPAW-F	2RPAW-F	3RPAW-F	4RPAW-F	5RPAW-F
极限位移/mm	33.15	37.97	36.14	35.24	47.42
屈服位移/mm	12.97	7.75	12.26	13.24	9.08
μ_Δ	2.56	4.90	2.95	2.66	5.22
试件编号	1RPAW-E	2RPAW-E	3RPAW-E	4RPAW-E	5RPAW-E
极限位移/mm	36.29	46.67	39.84	43.79	27.90
屈服位移/mm	31.55	38.57	28.67	26.91	22.73
μ_Δ	1.15	1.21	1.39	1.63	1.23

4.3.2　格构腹板对 S 型截面 PAW 木夹芯梁性能的影响

表 4-11 为 S 型截面 PAW 木夹芯梁横截面示意图。本小节将分别研究其格构腹板对 S 型截面 PAW 木夹芯梁的平面受压与侧面受压的极限承载力、刚度、延性的影响，以及两种受压形式之间的性能比较分析。

表 4-11　S 型截面 PAW 木夹芯梁横截面示意图

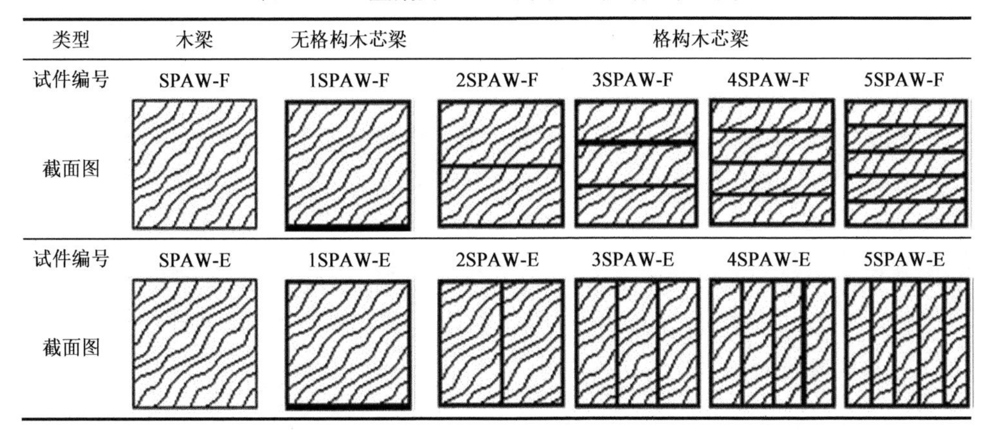

类型	木梁	无格构木芯梁	格构木芯梁			
试件编号	SPAW-F	1SPAW-F	2SPAW-F	3SPAW-F	4SPAW-F	5SPAW-F
截面图						
试件编号	SPAW-E	1SPAW-E	2SPAW-E	3SPAW-E	4SPAW-E	5SPAW-E
截面图						

1. 格构腹板对极限承载力的影响

1) 格构腹板对平面受压试件极限承载力的影响

从表 4-12 可以看出，S 型截面梁平面受压试件中，无格构木芯梁、格构木芯梁的极限承载力比木梁有明显的提高。无格构木芯梁 1SPAW-F 的极限承载力比木梁 SPAW-F 提高了 64.15%，可见在木芯梁表层包裹玻璃纤维布对构件极限承载力的提高有很明显的作用。无格构木芯梁和格构木芯梁相比，格构木芯梁 2SPAW-F、

3SPAW-F、4SPAW-F、5SPAW-F 的极限承载力比无格构木芯梁 1SPAW-F 分别提高了 15.07%、14.26%、17.95%、55.05%，可见在无格构木芯梁中增加格构腹板对试件极限承载力的提高有明显的作用，其中 5SPAW-F 格构木芯梁对其极限承载力的提高最大，达到 55.05%。

表 4-12　S 型截面 PAW 木芯梁的极限承载力

类型	木梁	无格构木芯梁	格构木芯梁			
试件编号	SPAW-E	1SPAW-E	2SPAW-E	3SPAW-E	4SPAW-E	5SPAW-E
极限承载力/kN	25.55	41.94	46.61	59.34	63.54	68.10
试件编号	SPAW-F	1SPAW-F	2SPAW-F	3SPAW-F	4SPAW-F	5SPAW-F
极限承载力/kN	25.55	41.94	48.26	47.92	49.47	65.03

2) 格构腹板对侧面受压试件极限承载力的影响

从表 4-12 可以看出，S 型截面梁侧面受压试件中，无格构木芯梁、格构木芯梁极限承载力比木梁有明显的提高。无格构木芯梁和格构木芯梁相比而言，格构木芯梁 2SPAW-E 、3SPAW-E、4SPAW-E、5SPAW-E 的极限承载力比无格构木芯梁 1SPAW-E 分别提高了 11.13%、41.49%、51.50%、62.37%。可见在无格构木芯中增加格构腹板对试件极限承载力提高有显著的作用，且随着格构层数的增加，提高效果越明显。

3) 两种格构形式极限承载力对比分析

平面受压和侧面受压试件所受极限承载力比较发现，格构木芯梁 3SPAW-E、4SPAW-E、5SPAW-E 的极限承载力比格构木芯梁 3SPAW-F、4SPAW-F、5SPAW-F 分别提高了 23.83%、28.44%、4.72%。可以得出格构层为 2 层、3 层、4 层的同种格构试件侧面受压所受的极限承载力比平面受压所受的极限承载力有明显的提高。

2. 格构腹板对刚度的影响

1) 格构腹板对平面受压试件刚度的影响

从表 4-13 可以看出，对于平面受压试件，无格构木芯梁、格构木芯梁的刚度比木梁有明显的提高。无格构木芯梁 1SPAW-F 的刚度比木梁 SPAW-F 提高了 88.93%，可见在木芯梁表层包裹玻璃纤维布对构件刚度的提高有很明显的作用。格构腹板木芯梁试件中的 2SPAW-F 的刚度比无格构木芯梁 1SPAW-F 提高了 4.45%，其余格构刚度都降低了，可见在无格构木芯梁中适当增加格构腹板对试件刚度的提高有一定的作用，但效果不明显。

表 4-13　S 型截面 PAW 木芯梁的初始弯曲刚度

类型	木梁	无格构木芯梁	格构木芯梁			
试件编号	SPAW-F	1SPAW-F	2SPAW-F	3SPAW-F	4SPAW-F	5SPAW-F
EI_{ex}/(kN·m^2)	46.70	88.23	92.16	85.17	78.59	81.65
试件编号	SPAW-E	1SPAW-E	2SPAW-E	3SPAW-E	4SPAW-E	5SPAW-E
EI_{ex}/(kN·m^2)	46.70	88.23	84.42	83.41	96.99	92.35

2) 格构腹板对侧面受压试件刚度的影响

从表 4-13 可以看出，对于侧面受压试件，无格构木芯梁、格构木芯梁的刚度比木梁有明显的提高。格构腹板木芯梁试件中的 4SPAW-E、5SPAW-E 的刚度比无格构木芯梁 1SPAW-E 分别提高了 9.93%、4.67%，可见在无格构木芯梁中适当增加格构腹板对试件初始刚度的提高有明显作用，其中 4SPAW-E 格构木芯梁提高效果较为明显。

3) 两种格构形式刚度对比分析

从表 4-13 和图 4-65 曲线初始斜率可以明显看出，格构木芯梁 2SPAW-F、3SPAW-F 的刚度比格构木芯梁 2SPAW-E、3SPAW-E 分别提高了 9.17%、2.11%，格构木芯梁 4SPAW-E、5SPAW-E 的刚度比格构木芯梁 4SPAW-F、5SPAW-F 分别提高了 23.41%、13.10%。

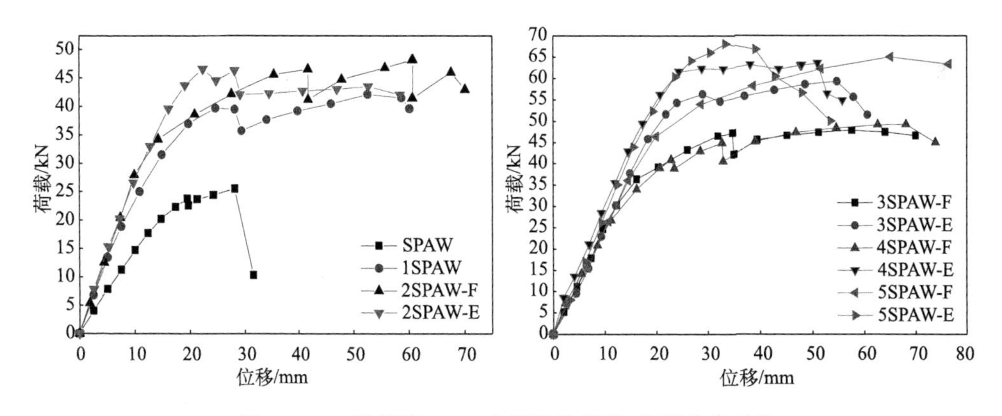

图 4-65　S 型截面 PAW 木芯梁的荷载-位移曲线对比

3. 格构腹板对延性的影响

由表 4-14 可知，对于平面受压试件，格构木芯梁的位移延性系数比无格构木芯梁高，其中格构木芯梁 4SPAW-F 的位移延性系数最大，达到 6.08，可见在无格构木芯梁中增加格构腹板对构件的延性有很大的提升。对于侧面受压试件，格构木芯梁的位移延性系数比无格构木芯梁高，其中格构腹板木芯梁 4SPAW-E 的位移延性系数最大，达到 2.98，但是提高的效果没有平面受压试件的突出。从图 4-65 也可以明显看出，平面受压试件有较长的平稳阶段，反映出平面受压试件的变形能力比侧面受压试件好。

表 4-14　S 型截面 PAW 木芯梁的位移延性系数

类型	无格构木芯梁	格构木芯梁			
试件编号	1SPAW-F	2SPAW-F	3SPAW-F	4SPAW-F	5SPAW-F
极限位移/mm	31.53	60.78	57.66	68.21	65.23
屈服位移/mm	18.66	11.96	9.63	11.21	14.55
μ_Δ	1.69	5.08	5.99	6.08	4.48
试件编号	1SPAW-E	2SPAW-E	3SPAW-E	4SPAW-E	5SPAW-E
极限位移/mm	31.53	22.48	54.81	51.02	33.45
屈服位移/mm	18.66	12.88	25.14	17.12	19.30
μ_Δ	1.69	1.75	2.18	2.98	1.73

4.3.3　格构腹板对 R 型截面 SOP 木夹芯梁性能的影响

表 4-15 为 R 型截面 SOP 木夹芯梁横截面示意图。本小节将分别研究其格构腹板对 R 型截面 SOP 木夹芯梁平面受压与侧面受压的极限承载力、刚度、延性的影响，以及两种受压形式之间的性能比较分析。

表 4-15　R 型截面 SOP 木夹芯梁横截面示意图

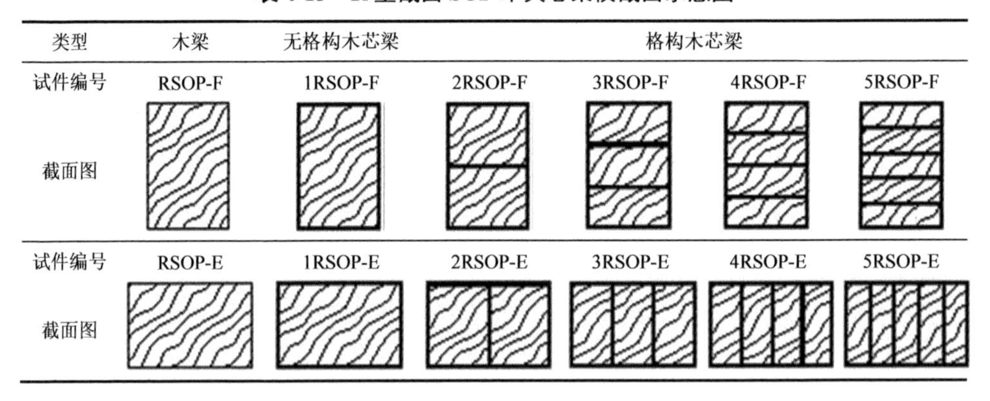

类型	木梁	无格构木芯梁	格构木芯梁			
试件编号	RSOP-F	1RSOP-F	2RSOP-F	3RSOP-F	4RSOP-F	5RSOP-F
截面图						
试件编号	RSOP-E	1RSOP-E	2RSOP-E	3RSOP-E	4RSOP-E	5RSOP-E
截面图						

1. 格构腹板对极限承载力的影响

1) 格构腹板对平面受压试件极限承载力的影响

从表 4-16 可以看出，R 型截面梁平面受压试件中，无格构木芯梁、格构木芯梁极限承载力比木梁有明显的提高。无格构木芯梁 1RSOP-F 的极限承载力比木梁 RSOP-F 的极限承载力提高了 174.41%，可见在木芯梁表层包裹玻璃纤维布对构件极限承载力的提高有很明显的作用。无格构木芯梁和格构木芯梁相比而言，格构木芯梁 5RSOP-F 的极限承载力比无格构木芯梁 1RSOP-F 提高了 3.05%，其余的格构木芯梁均有所下降，可见在无格构木芯梁中适当增加 4 层格构腹板对试件极限承载力的提高有一定的作用，但作用效果不明显。

表 4-16　R 型截面 SOP 木芯梁的极限承载力

类型	木梁	无格构木芯梁	格构木芯梁			
试件编号	RSOP-F	1RSOP-F	2RSOP-F	3RSOP-F	4RSOP-F	5RSOP-F
极限承载力/kN	18.52	50.82	47.18	45.22	41.74	52.37
试件编号	RSOP-E	1RSOP-E	2RSOP-E	3RSOP-E	4RSOP-E	5RSOP-E
极限承载力/kN	13.43	35.38	38.01	40.54	29.68	33.44

2) 格构腹板对侧面受压试件极限承载力的影响

从表 4-16 可以看出，R 型截面梁侧面受压试件中，无格构木芯梁、格构木芯梁极限承载力比木梁有明显的提高。无格构木芯梁 1RSOP-E 的极限承载力比木梁 RSOP-E 提高了 163.44%，可见在木芯梁表层包裹玻璃纤维布对构件极限承载力的提高有很明显的作用。无格构木芯梁和格构木芯梁相比而言，格构木芯梁 2RSOP-E、3RSOP-E 的极限承载力比无格构木芯梁 1RSOP-E 分别提高了 7.43%、14.58%，其余的格构木芯梁均有所下降，可见在无格构木芯中增加 1 层、2 层格构腹板对试件极限承载力的提高有一定的作用。

3) 两种格构形式极限承载力对比分析

从表 4-16 可以得出，木梁 RSOP-F 的极限承载力比木梁 RSOP-E 提高了 37.90%，无格构木芯梁 1RSOP-F 的极限承载力比无格构木芯梁 1RSOP-E 提高了 43.64%，格构木芯梁 2RSOP-F、3RSOP-F、4RSOP-F、5RSOP-F 的极限承载力比格构木芯梁 2RSOP-E、3RSOP-E、4RSOP-E、5RSOP-E 分别提高了 24.13%、11.54%、40.63%、56.61%。可以得出同种截面形式的平面受压试件所受的极限承载力比侧面受压试件高。

2. 格构腹板对刚度的影响

1) 格构腹板对平面受压试件刚度的影响

从表 4-17 可以看出，对于平面受压试件，无格构木芯梁、格构木芯梁的刚度比木梁有明显的提高。无格构木芯梁 1RSOP-F 的刚度比木芯梁 RSOP-F 提高了 66.98%，可见在木芯梁表层包裹玻璃纤维布对构件刚度的提高有明显的作用。格构腹板木芯梁 2RSOP-F 的刚度比无格构木芯梁 1RSOP-F 提高了 18.52%，其余格构木芯梁都有不同程度的下降，可见在无格构木芯梁中增加格构腹板对试件初始刚度的提高有一定的作用。但在格构木芯梁中，随着格构腹板的增加，刚度呈现减小的趋势。

表 4-17　R 型截面 SOP 木芯梁的初始弯曲刚度

类型	木梁	无格构木芯梁	格构木芯梁			
试件编号	RSOP-F	1RSOP-F	2RSOP-F	3RSOP-F	4RSOP-F	5RSOP-F
EI_{ex}/(kN·m^2)	44.70	74.64	88.46	74.47	63.06	64.35
试件编号	RSOP-E	1RSOP-E	2RSOP-E	3RSOP-E	4RSOP-E	5RSOP-E
EI_{ex}/(kN·m^2)	19.84	39.04	37.97	39.26	37.09	35.11

2) 格构腹板对侧面受压试件刚度的影响

从表 4-17 可以看出，对于侧面受压试件，无格构木芯梁、格构木芯梁的刚度比木梁有明显的提高。无格构木芯梁 1RSOP-E 的刚度比木芯梁 RSOP-E 提高了 96.77%，可见在木芯梁表层包裹玻璃纤维布对构件刚度的提高有明显的作用。格构木芯梁 3RSOP-E 的初始弯曲刚度比无格构木芯梁 1RSOP-E 提高了 0.56%，其余格构木芯梁都有所下降，可见在无格构木芯梁中增加格构腹板对试件初始刚度的提高没有明显的效果。

3) 两种格构形式刚度对比分析

从表 4-17 和图 4-66 曲线初始斜率可以明显看出，同种截面形式的平面受压试件的刚度比侧面受压试件高。

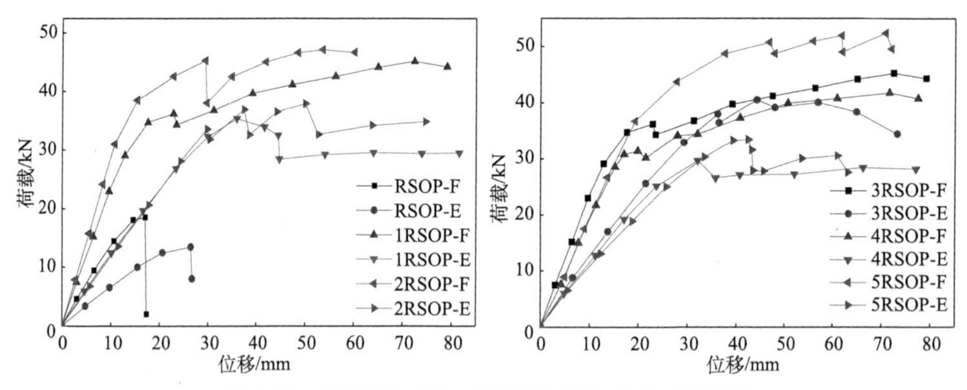

图 4-66　R 型截面 SOP 木芯梁的荷载-位移曲线对比

3. 格构腹板对延性的影响

由表 4-18 可知，对于平面受压试件，格构木芯梁的位移延性系数比无格构木芯梁高，其中格构腹板木芯梁 4RSOP-F 的位移延性系数最大，达到 6.32，可见在无格构木芯梁中增加格构腹板对构件的延性有很大的提升。对于侧面受压试件，格构木芯梁 2RSOP-E、5RSOP-E 的位移延性系数比无格构木芯梁高，其中格构腹板木芯梁 2RSOP-E 的位移延性系数最大，达到 1.68，但是整体提高的效果没有平面受压试件的突出。从图 4-66 中也可以明显看出，平面受压构件有较长的平稳阶段，反映出平面受压试件的变形能力比侧面受压试件好，延性得以大幅度提升。

表 4-18　R 型截面 SOP 木芯梁的位移延性系数

类型	无格构木芯梁	格构木芯梁			
试件编号	1RSOP-F	2RSOP-F	3RSOP-F	4RSOP-F	5RSOP-F
极限位移/mm	58.08	53.67	72.49	71.65	70.83
屈服位移/mm	15.96	10.80	12.86	11.34	13.04
μ_Δ	3.64	4.97	5.64	6.32	5.43
试件编号	1RSOP-E	2RSOP-E	3RSOP-E	4RSOP-E	5RSOP-E
极限位移/mm	35.91	50.10	44.12	32.05	40.24
屈服位移/mm	23.46	29.81	29.18	23.66	25.65
μ_Δ	1.53	1.68	1.51	1.35	1.57

4.3.4　格构腹板对 S 型截面 SOP 木夹芯梁性能的影响

表 4-19 为 S 型截面 SOP 木夹芯梁横截面示意图。本小节将分别研究其格构腹板对 S 型截面 SOP 木夹芯梁平面受压与侧面受压的极限承载力、刚度、延性的影响，以及两种受压形式之间的性能比较分析。

表 4-19　S 型截面 SOP 木夹芯梁横截面示意图

类型	木梁	无格构木芯梁	格构木芯梁			
试件编号	SSOP-F	1SSOP-F	2SSOP-F	3SSOP-F	4SSOP-F	5SSOP-F
截面图	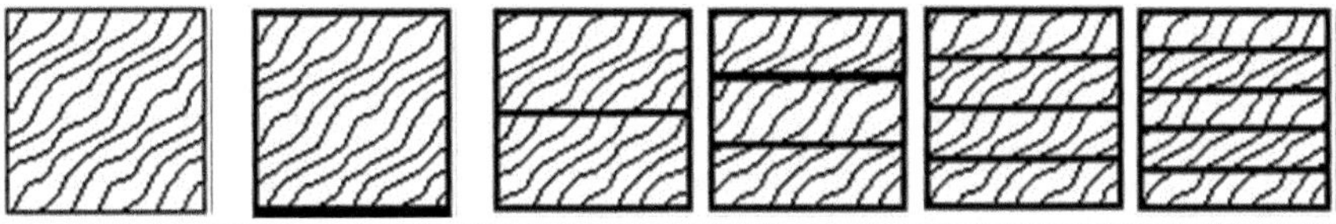					

续表

类型	木梁	无格构木芯梁	格构木芯梁			
试件编号	SSOP-E	1SSOP-E	2SSOP-E	3SSOP-E	4SSOP-E	5SSOP-E
截面图						

1. 格构腹板对极限承载力的影响

1) 格构腹板对平面受压试件极限承载力的影响

从表 4-20 可以看出，S 型截面梁平面受压试件中，无格构木芯梁、格构木芯梁的极限承载力比木梁有明显的提高。无格构木芯梁 1SSOP-F 的极限承载力比木梁 SSOP-F 提高了 143.73%，可见在木芯梁表层包裹玻璃纤维布对构件极限承载力的提高有很明显的作用。无格构木芯梁和格构木芯梁相比而言，格构木芯梁 5SSOP-F 的极限承载力比无格构木芯梁 1SSOP-F 提高了 8.65%，可见在无格构木芯中增加 4 层格构腹板能提高试件极限承载力。

表 4-20　S 型截面 SOP 木芯梁的极限承载力

类型	木梁	无格构木芯梁	格构木芯梁			
试件编号	SSOP-E	1SSOP-E	2SSOP-E	3SSOP-E	4SSOP-E	5SSOP-E
极限承载力/kN	30.39	74.07	67.27	79.09	84.85	72.65
试件编号	SSOP-F	1SSOP-F	2SSOP-F	3SSOP-F	4SSOP-F	5SSOP-F
极限承载力/kN	30.39	74.07	69.31	64.59	67.91	80.48

2) 格构腹板对侧面受压试件极限承载力的影响

从表 4-20 可以看出，S 型截面梁侧面受压试件中，无格构木芯梁、格构木芯梁的极限承载力比木梁有明显的提高。无格构木芯梁和格构木芯梁相比而言，格构木芯梁 3SSOP-E、4SSOP-E 的极限承载力比无格构木芯梁 1SSOP-E 分别提高了 6.78%、14.55%，可见在无格构木芯梁中增加 2 层、3 层格构腹板对试件极限承载力的提高有明显的作用。

3) 两种格构形式极限承载力对比分析

平面受压和侧面受压试件所受极限承载力比较发现，格构木芯梁 3SSOP-E、4SSOP-E 的极限承载力比格构木芯梁 3SSOP-F、4SSOP-F 分别提高了 22.45%、24.94%，格构木芯梁 2SSOP-F、5SSOP-F 的极限承载力比格构木芯梁 2SSOP-E、5SSOP-E 分别提高了 3.03%、10.78%。

2. 格构腹板对刚度的影响

1) 格构腹板对平面受压试件刚度的影响

从表 4-21 可以看出，对于平面受压试件，无格构木芯梁、格构木芯梁的刚度比木梁有明显的提高。无格构木芯梁 1SSOP-F 的刚度比木梁 SSOP-F 提高了 43.28%，可见在木芯梁表层包裹玻璃纤维布对构件刚度的提高有明显的作用。格构木芯梁 2SSOP-F、4SSOP-F 的初始弯曲刚度比无格构木芯梁 1SSOP-F 分别提高了 2.52%、18.75%，可见在无格构木芯梁中增加 1 层、3 层格构腹板能提高试件刚度。

表 4-21　S 型截面 SOP 夹芯梁的初始弯曲刚度

类型	木梁	无格构木芯梁	格构木芯梁			
试件编号	SSOP-F	1SSOP-F	2SSOP-F	3SSOP-F	4SSOP-F	5SSOP-F
EI_{ex}/(kN·m^2)	75.70	108.46	111.19	101.40	128.80	104.94
试件编号	SSOP-E	1SSOP-E	2SSOP-E	3SSOP-E	4SSOP-E	5SSOP-E
EI_{ex}/(kN·m^2)	75.70	108.46	126.90	124.43	100.32	104.01

2) 格构腹板对侧面受压试件刚度的影响

从表 4-21 可以看出，对于侧面受压试件，无格构木芯梁、格构木芯梁的刚度比木梁有明显的提高。格构腹板木芯梁 2SSOP-E、3SSOP-E 的初始弯曲刚度比无格构木芯梁 1SSOP-E 分别提高了 17.0%、14.72%，可见在无格构木芯梁中增加 1 层、2 层格构腹板能提高试件刚度。

3) 两种格构形式刚度对比分析

从表 4-21 和图 4-67 曲线初始斜率可以明显看出，格构木芯梁 4SSOP-F、5SSOP-F 的刚度比格构木芯梁 4SSOP-E、5SSOP-E 分别提高了 28.39%、0.89%，格构木芯梁 2SSOP-E、3SSOP-E 的刚度比格构木芯梁 2SSOP-F、3SSOP-F 分别提高了 14.13%、22.71%。

3. 格构腹板对延性的影响

由表 4-22 可知，对于平面受压试件，格构木芯梁的位移延性系数比无格构木芯梁高，其中格构腹板木芯梁 5SSOP-F 的位移延性系数最大，达到 4.53，可见在无格构木芯梁中增加格构腹板对构件的延性有很大的提升。对于侧面受压试件，在无格构木芯梁中增加格构腹板对构件的延性无明显效果。

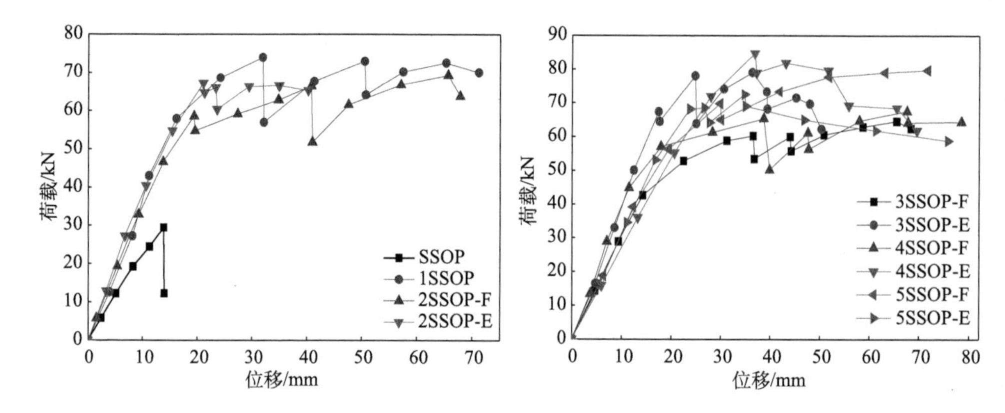

图 4-67　S 型截面 SOP 木芯梁的荷载-位移曲线对比

表 4-22　S 型截面 SOP 木芯梁的位移延性系数

类型	无格构木芯梁	格构木芯梁			
试件编号	1SSOP-F	2SSOP-F	3SSOP-F	4SSOP-F	5SSOP-F
极限位移/mm	31.94	65.68	65.52	67.83	68.97
屈服位移/mm	16.21	19.42	15.23	15.23	15.23
μ_Δ	1.97	3.38	4.30	4.45	4.53
试件编号	1SSOP-E	2SSOP-E	3SSOP-E	4SSOP-E	5SSOP-E
极限位移/mm	31.94	21.08	36.33	36.83	34.77
屈服位移/mm	16.21	15.50	25.58	24.07	23.79
μ_Δ	1.97	1.36	1.42	1.53	1.46

4.3.5　PAW 与 SOP 芯材性能对比分析

1. R 型截面平面受压比较分析

表 4-23 为 R 型截面 PAW 与 SOP 木夹芯梁平面受压横截面示意图。本小节将分别比较分析格构腹板对 R 型截面 PAW 与 SOP 不同芯材木夹芯梁的平面受压极限承载力、刚度、延性的影响。

1) 极限承载力的比较分析

从表 4-24 和图 4-68 可以看出，R 型截面 SOP 木芯梁平面受压试件所受极限承载力比 R 型截面 PAW 木芯梁平面受压试件要高。其中木梁 RSOP-F 的极限承载力比木梁 RPAW-F 的极限承载力提高了 50.45%，无格构木芯梁 1RSOP-F 的极限承载力比无格构木芯梁 1RPAW-F 提高了 37.99%，格构木芯梁 2RSOP-F、3RSOP-F、4RSOP-F、5RSOP-F 的极限承载力比格构木芯梁 2RPAW-F、3RPAW-F、

4RPAW-F、5RPAW-F 分别提高了 33.96%、18.22%、40.07%、49.80%。

表 4-23　R 型截面 PAW 与 SOP 木夹芯梁平面受压横截面示意图

类型	木梁	无格构木芯梁	格构木芯梁			
试件编号	RPAW-F	1RPAW-F	2RPAW-F	3RPAW-F	4RPAW-F	5RPAW-F
截面图						
试件编号	RSOP-F	1RSOP-F	2RSOP-F	3RSOP-F	4RSOP-F	5RSOP-F
截面图						

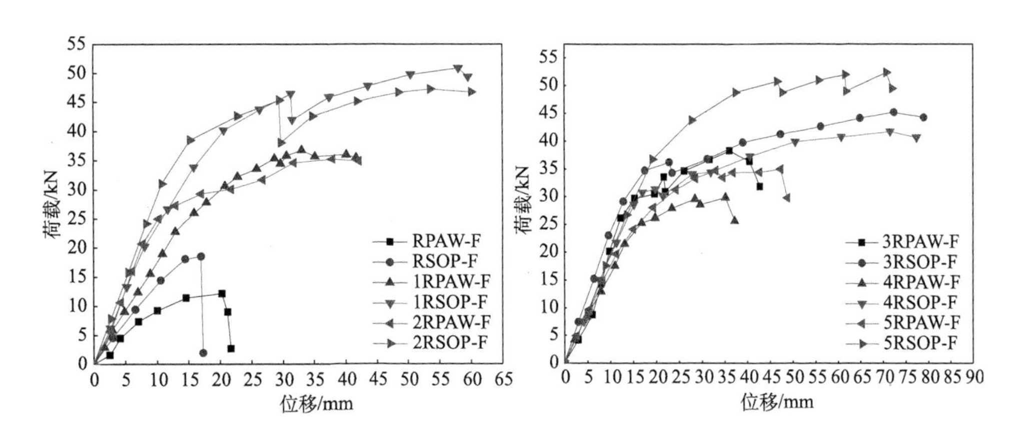

图 4-68　R 型截面 PAW 与 SOP 木芯梁平面受压荷载-位移曲线对比

表 4-24　R 型截面 PAW 与 SOP 木芯梁平面受压性能对比

试件编号	极限承载力/kN	EI_{ex}/(kN·m^2)	μ_Δ	试件编号	极限承载力/kN	EI_{ex}/(kN·m^2)	μ_Δ
RPAW-F	12.31	34.16	1	RSOP-F	18.52	44.70	1
1RPAW-F	36.83	61.35	2.56	1RSOP-F	50.82	74.64	3.64
2RPAW-F	35.22	72.87	4.90	2RSOP-F	47.18	88.46	4.97
3RPAW-F	38.25	65.09	2.95	3RSOP-F	45.22	74.47	5.64
4RPAW-F	29.80	62.82	2.66	4RSOP-F	41.74	63.06	6.32
5RPAW-F	34.96	59.38	5.22	5RSOP-F	52.37	64.35	5.43

2）刚度比较分析

从表 4-24 和图 4-68 曲线的斜率可以看出，R 型截面 SOP 木芯梁平面受压试件的刚度比 R 型截面 PAW 木芯梁平面受压试件要高。其中无格构木芯梁 1RSOP-F 的刚度比无格构木芯梁 1RPAW-F 提高了 21.66%。在格构木芯梁中，2RSOP-F 的刚度比 2PAW-F 提高了 21.39%，提高的幅度最大。

3）延性比较分析

从表 4-24 可以看出，SOP 木芯梁平面受压试件的位移延性系数比 PAW 木芯梁平面受压试件的位移延性系数高。从图 4-68 也可以看出，SOP 木芯梁的变形能力明显好于 PAW 木夹芯梁，可见 SOP 和玻璃纤维布共同协同作用更加突出。

2. R 型截面侧面受压比较分析

表 4-25 为 R 型截面 PAW 与 SOP 木夹芯梁侧面受压横截面示意图。本小节将分别比较分析格构腹板对 R 型截面 PAW 与 SOP 不同芯材木夹芯梁的侧面受压极限承载力、刚度、延性的影响。

表 4-25 R 型截面 PAW 与 SOP 木夹芯梁侧面受压横截面示意图

类型	木梁	无格构木芯梁	格构木芯梁			
试件编号	RPAW-E	1RPAW-E	2RPAW-E	3RPAW-E	4RPAW-E	5RPAW-E
截面图						
试件编号	RSOP-E	1RSOP-E	2RSOP-E	3RSOP-E	4RSOP-E	5RSOP-E
截面图						

1）极限承载力的比较分析

从表 4-26 和图 4-69 可以看出，R 型截面 SOP 木芯梁侧面受压试件所受极限承载力比 R 型截面 PAW 木芯梁侧面受压试件高。其中木梁 RSOP-E 的极限承载力比木梁 RPAW-E 提高了 44.41%，无格构木芯梁 1RSOP-E 的极限承载力比无格构木芯梁 1RPAW-E 提高了 43.88%，格构木芯梁 5RSOP-E 的极限承载力比格构木芯梁 5SPAW-E 提高了 65.71%，提高幅度最大。

2）刚度比较分析

从表 4-26 和图 4-69 曲线的斜率可以看出，R 型截面 SOP 木芯梁侧面受压试件的刚度比 R 型截面 PAW 木芯梁侧面受压试件要高。其中无格构木芯梁 1RSOP-E 的刚度比无格构木芯梁 1RPAW-E 提高了 54.55%，提高幅度最大。

表 4-26　R 型截面 PAW 与 SOP 木芯梁侧面受压性能对比

试件编号	极限承载力/kN	EI_{ex}/(kN·m^2)	μ_{Δ}	试件编号	极限承载力/kN	EI_{ex}/(kN·m^2)	μ_{Δ}
RPAW-E	9.30	11.72	1	RSOP-E	13.43	19.84	1
1RPAW-E	24.59	25.26	1.15	1RSOP-E	35.38	39.04	1.53
2RPAW-E	34.30	26.13	1.21	2RSOP-E	38.01	37.97	1.68
3RPAW-E	31.65	29.70	1.39	3RSOP-E	40.54	39.26	1.51
4RPAW-E	29.30	29.62	1.63	4RSOP-E	29.68	37.09	1.35
5RPAW-E	20.18	26.15	1.23	5RSOP-E	33.44	35.11	1.57

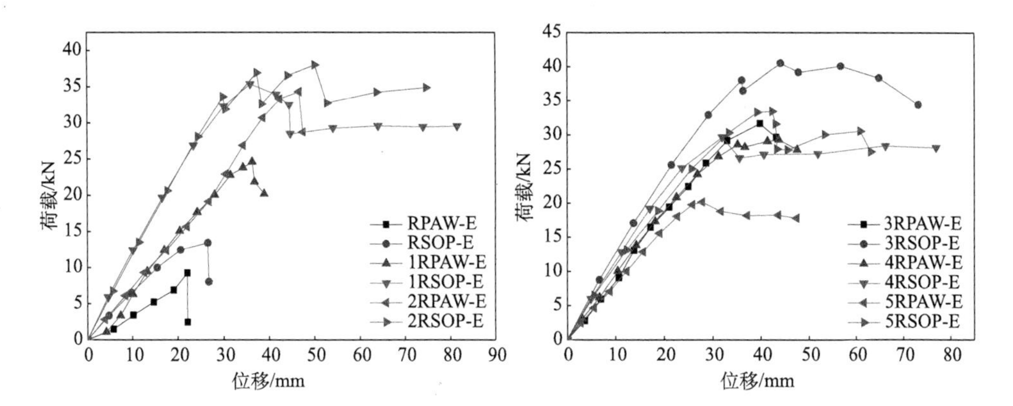

图 4-69　R 型截面 PAW 与 SOP 木芯梁侧面受压荷载-位移曲线对比

3) 延性比较分析

从表 4-26 可以看出，SOP 木芯梁侧面受压试件的位移延性系数整体上比 PAW 木芯梁侧面受压试件高。从图 4-69 也可以看出，SOP 木芯梁的变形能力明显好于 PAW 木芯梁。

3. S 型截面平面受压比较分析

表 4-27 为 S 型截面 PAW 与 SOP 木夹芯梁平面受压横截面示意图。本小节将分别比较分析格构腹板对 S 型截面 PAW 与 SOP 不同芯材木夹芯梁的侧面受压极限承载力、刚度、延性的影响。

1) 极限承载力的比较分析

从表 4-28 和图 4-70 可以看出，S 型截面 SOP 木芯梁平面受压试件所受极限承载力比 S 型截面 PAW 木芯梁平面受压试件要高。木梁 SSOP-F 的极限承载力比木梁 SPAW-F 提高了 18.94%，无格构木芯梁 1SSOP-F 的极限承载力比无格构木芯梁 1SPAW-F 提高了 76.61%；格构木芯梁 2SSOP-F 的极限承载力比格构木芯梁

2SPAW-F 提高了 43.62%，在格构木芯梁中提高幅度最大。

表 4-27　S 型截面 PAW 与 SOP 木夹芯梁平面受压横截面示意图

类型	木梁	无格构木芯梁	格构木芯梁			
试件编号	SPAW-F	1SPAW-F	2SPAW-F	3SPAW-F	4SPAW-F	5SPAW-F
截面图						
试件编号	SSOP-F	1SSOP-F	2SSOP-F	3SSOP-F	4SSOP-F	5SSOP-F
截面图						

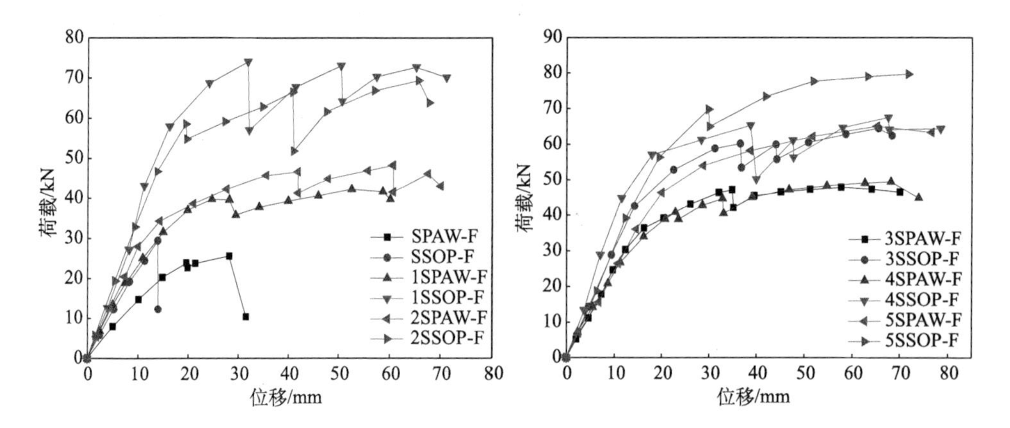

图 4-70　S 型截面 PAW 与 SOP 木芯梁平面受压荷载-位移曲线对比

表 4-28　S 型截面 PAW 与 SOP 木芯梁平面受压性能对比

试件编号	极限承载力/kN	EI_{ex}/(kN·m^2)	μ_{Δ}	试件编号	极限承载力/kN	EI_{ex}/(kN·m^2)	μ_{Δ}
SPAW-F	25.55	46.70	1	SSOP-F	30.39	75.70	1
1SPAW-F	41.94	88.23	1.69	1SSOP-F	74.07	108.46	1.97
2SARW-F	48.26	92.16	5.08	2SSOP-F	69.31	111.19	3.38
3SPAW-F	47.92	85.17	5.99	3SSOP-F	64.59	101.40	4.30
4SPAW-F	49.47	78.59	6.08	4SSOP-F	67.91	128.80	4.45
5SPAW-F	65.03	81.65	4.48	5SSOP-F	80.48	104.94	4.53

2) 刚度比较分析

从表 4-28 和图 4-70 曲线的斜率可以看出，S 型截面 SOP 木芯梁平面受压试件的刚度比 S 型截面 PAW 木芯梁平面受压试件要高。其中无格构木芯梁 1SSOP-F 的刚度比无格构木芯梁 1SPAW-F 提高了 22.93%，格构木芯梁 4SSOP-F 的刚度比格构木芯梁 4SPAW-F 提高了 63.89%，提高幅度最大。

3) 延性比较分析

从表 4-28 可以看出，格构腹板 PAW 木芯梁平面受压试件的位移延性系数整体上比格构腹板 SOP 木芯梁平面受压试件高，因此格构腹板 PAW 木芯梁的变形能力比格构腹板 SOP 木芯梁好。

4. S 型截面侧面受压比较分析

表 4-29 为 S 型截面 PAW 与 SOP 木夹芯梁侧面受压横截面示意图。本小节将分别比较分析格构腹板对 S 型截面 PAW 与 SOP 不同芯材木夹芯梁的侧面受压极限承载力、刚度、延性的影响。

表 4-29　S 型截面 PAW 与 SOP 木夹芯梁侧面受压横截面示意图

类型	木梁	无格构木芯梁	格构木芯梁			
试件编号	SPAW-E	1SPAW-E	2SPAW-E	3SPAW-E	4SPAW-E	5SPAW-E
截面图						
试件编号	SSOP-E	1SSOP-E	2SSOP-E	3SSOP-E	4SSOP-E	5SSOP-E
截面图						

1) 极限承载力的比较分析

从表 4-30 和图 4-71 可以看出，S 型截面 SOP 木芯梁侧面受压试件所受极限承载力比 S 型截面 PAW 木芯梁侧面受压试件高。格构木芯梁 2SSOP-E 的极限承载力比格构木芯梁 2SPAW-E 提高了 44.33%，提高幅度最大。

2) 刚度的比较分析

从表 4-30 和图 4-71 曲线的斜率可以看出，S 型截面 SOP 木芯梁侧面受压试件的刚度比 S 型截面 PAW 木芯梁侧面受压试件要高。格构木芯梁 2SSOP-E 的刚度比格构木芯梁 2SPAW-E 提高了 50.32%，提高幅度最大。

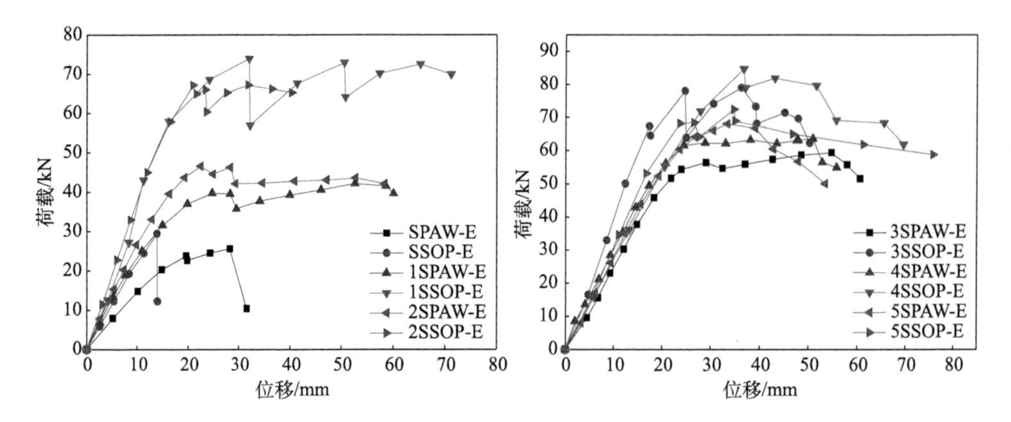

图 4-71　S 型截面 PAW 与 SOP 木芯梁侧面受压荷载-位移曲线对比

表 4-30　S 型截面 PAW 与 SOP 夹芯梁侧面受压性能对比

试件编号	极限承载力/kN	EI_{ex}/(kN·m²)	μ_Δ	试件编号	极限承载力/kN	EI_{ex}/(kN·m²)	μ_Δ
SPAW-E	25.55	46.70	1	SSOP-E	30.39	75.70	1
1SPAW-E	41.94	88.23	1.69	1SSOP-E	74.07	108.46	1.97
2SPAW-E	46.61	84.42	1.74	2SSOP-E	67.27	126.90	1.36
3SPAW-E	59.34	83.41	2.18	3SSOP-E	79.09	124.43	1.42
4SPAW-E	63.54	96.99	2.98	4SSOP-E	84.85	100.32	1.53
5SPAW-E	68.10	92.35	1.73	5SSOP-E	72.65	104.01	1.46

3) 延性的比较分析

从表 4-30 可以看出，格构 PAW 木芯梁侧面受压试件的位移延性系数整体上比 SOP 木芯梁侧面受压试件的位移延性系数高。从图 4-71 也可以看出，PAW 木芯梁的变形能力明显好于 SOP 木芯梁。

4.4　格构增强木芯复合材料梁的理论分析

4.4.1　一阶剪切变形理论

1. 基本假设

(1) 小变形弹性分析。

(2) 不考虑芯材纵向和竖向压缩变形。

(3) 假设芯材与面板之间无相对滑移。

(4) 不考虑面板剪切变形。

(5)芯材变形满足平截面假定。

2. 抗弯刚度

根据平截面假定，夹芯梁整体抗弯刚度 D 为

$$D=\frac{bt_{\mathrm{f}}^{3}}{6}E_{\mathrm{f}}+\frac{bt_{\mathrm{f}}d_{\mathrm{f}}^{2}}{2}E_{\mathrm{f}}+\frac{bt_{\mathrm{c}}^{3}}{12}E_{\mathrm{c}} \tag{4-3}$$

其中，$d_{\mathrm{f}}=t_{\mathrm{c}}+t_{\mathrm{f}}$ 为夹芯梁上、下面板中心位置距中性轴的距离；b 为梁的宽度；t_{c} 为芯材高度；t_{f} 为面层厚度；E_{f} 为弹性模量；E_{c} 为芯材弹性模量。

3. 抗剪刚度

本章研究的木夹芯梁的抗剪刚度主要由芯材提供，根据文献[4]可求得木夹芯梁等效抗剪刚度为

$$G_{\mathrm{c}}A=\frac{bd_{\mathrm{f}}^{2}G_{\mathrm{c}}}{t_{\mathrm{c}}}\approx bd_{\mathrm{f}}G_{\mathrm{c}} \tag{4-4}$$

其中，G_{c} 为芯材剪切模量。

4. 挠度计算

根据一阶剪切变形理论基本假设，复合材料面层与木材芯材黏结良好，无界面脱层破坏发生，在弯矩作用下沿截面高度的应变分布为一条连续直线，满足平截面假定。当芯材厚度较大时，根据 Timoshenko 梁理论，当荷载 P 施加于板材上时，所产生的挠度由弯曲变形 w_1 与剪切变形 w_2[4]构成，参见图 4-72。

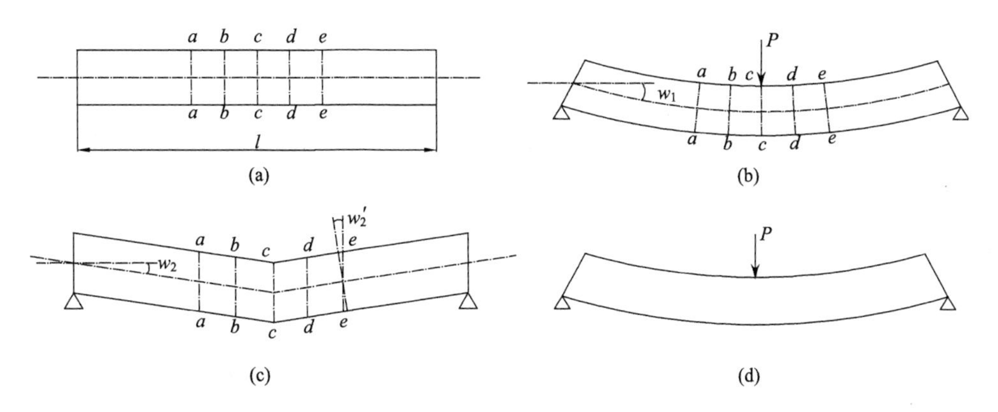

图 4-72　复合材料夹芯梁的挠度

对于弯曲变形 w_1，可以通过经典梁受弯理论进行求解；剪切变形 w_2 可由图 4-73 所示的几何关系以及芯材的剪应变 γ 计算，则有

$$\frac{\mathrm{d}w_2}{\mathrm{d}x}=\gamma\frac{c}{d}=\frac{Q}{Gbd}\frac{c}{d}=\frac{Q}{AG} \tag{4-5}$$

其中，AG 为夹芯梁的等效剪切刚度。

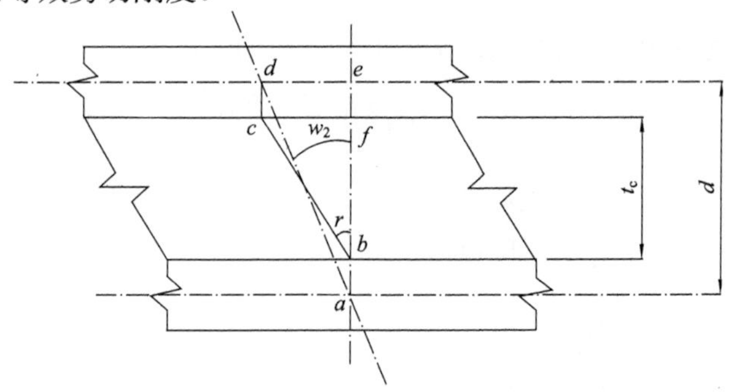

图 4-73　复合材料夹芯梁的剪切变形

两端简支板跨中总的挠度 $\varDelta$：

$$\varDelta=w_1+w_2=\frac{PL^3}{B_1D}+\frac{PL}{B_2AG}$$

$$=\frac{39PL^3}{2048EI}+\frac{3PL}{16AG_c} \tag{4-6}$$

其中，B_1、B_2 为截面系数；w_1 为弯曲引起的变形；w_2 为剪切引起的变形；EI 为夹芯梁的弯曲刚度；G_c 为芯材剪切模量；L 为夹芯梁净跨；A 为芯材截面面积。

4.4.2　侧面受压等效刚度

1. 等效抗弯刚度

1) 无格构木芯梁抗弯刚度

对于无格构木芯梁侧面受压时的抗弯刚度，以试件 1RPAW-E 的截面形式作为理论分析模型，如图 4-74 所示，下标 f、w 和 c 表示面板(facing)、腹板(web)和芯材(core)。

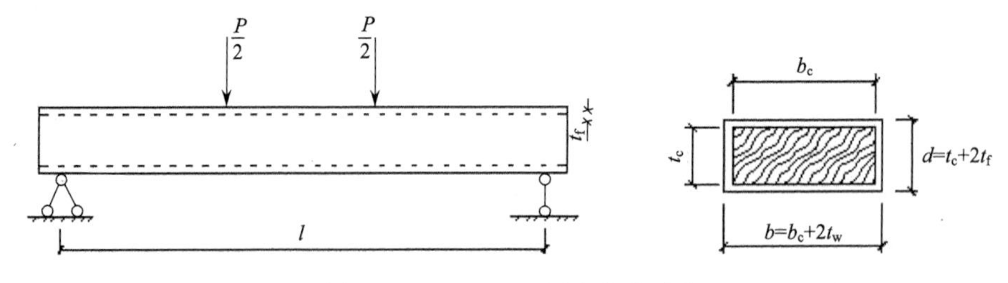

图 4-74　1RPAW-E 四点弯曲试验

根据平截面假定，该无格构木芯梁侧面受压时抗弯刚度等于各部分抗弯刚度之和，即

$$(EI)_{\text{1edge}} = 2(EI)_{\text{f}} + (EI)_{\text{w}} + (EI)_{\text{c}} \tag{4-7}$$

其中，

$$(EI)_{\text{f}} = E_{\text{f}} \frac{bt_{\text{f}}^3}{12} + E_{\text{f}} bt_{\text{f}} \left(\frac{t_{\text{c}} + t_{\text{f}}}{2} \right)^2$$

$$(EI)_{\text{w}} = E_{\text{w}} \frac{t_{\text{w}} t_{\text{c}}^3}{6}$$

$$(EI)_{\text{c}} = E_{\text{c}} \frac{b_{\text{c}} t_{\text{c}}^3}{12}$$

故式(4-7)为

$$(EI)_{\text{1edge}} = E_{\text{f}} \frac{bt_{\text{f}}^3}{6} + E_{\text{f}} \frac{bt_{\text{f}} (t_{\text{c}} + t_{\text{f}})^2}{2} + E_{\text{w}} \frac{t_{\text{w}} t_{\text{c}}^3}{6} + E_{\text{c}} \frac{b_{\text{c}} t_{\text{c}}^3}{12} \tag{4-8}$$

其中，t_{f}为面层厚度；t_{w}为腹板厚度；b 为夹芯结构截面宽度；b_{c}、t_{c}分别为芯材的宽度与厚度。

2) 格构木芯梁抗弯刚度

根据平截面假定，格构木芯梁抗弯刚度等于各面层、腹板、格构腹板、芯材抗弯刚度之和，以试件 2RPAW-E、3RPAW-E 的截面形式作为理论分析模型，如图 4-75 所示。其中 b_{c}、t_{c}分别为试件对应放置的单个芯材宽度与厚度；t_{f}为面层厚度；t_{w}为腹板厚度；t_{g}为格构腹板厚度。

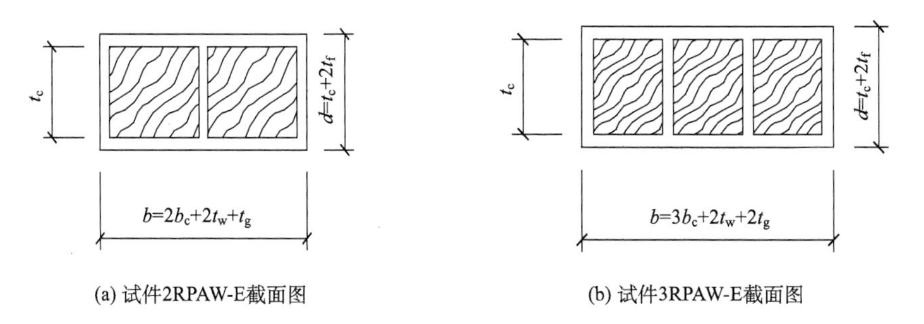

(a) 试件2RPAW-E截面图　(b) 试件3RPAW-E截面图

图 4-75　侧面受压试件截面图

(1) 对于 2RPAW-E 截面。

面层抗弯刚度：

$$(EI)_{\text{2f}} = E_{\text{f}} \frac{bt_{\text{f}}^3}{6} + 2bt_{\text{f}} d_{\text{f}}^2$$

腹板抗弯刚度：

$$(EI)_{2w} = E_w \frac{t_w t_c^3}{6}$$

芯材抗弯刚度：

$$(EI)_{2c} = E_c \frac{b_c t_c^3}{6}$$

格构腹板抗弯刚度：

$$(EI)_{2g} = E_g \frac{t_g t_c^3}{12}$$

侧面受压抗弯刚度为

$$(EI)_{2edge} = E_f \frac{bt_f^3}{6} + 2bt_f d_f^2 + E_w \frac{t_w t_c^3}{6} + E_c \frac{b_c t_c^3}{6} + E_g \frac{t_g t_c^3}{12} \tag{4-9}$$

(2) 对于 3RPAW-E 截面。

面层抗弯刚度：

$$(EI)_{3f} = E_f \frac{bt_f^3}{6} + 2bt_f d_f^2$$

腹板抗弯刚度：

$$(EI)_{3w} = E_w \frac{t_w t_c^3}{6}$$

芯材抗弯刚度：

$$(EI)_{3c} = E_c \frac{b_c t_c^3}{4}$$

格构腹板抗弯刚度：

$$(EI)_{3g} = E_g \frac{t_g t_c^3}{6}$$

侧面受压抗弯刚度为

$$(EI)_{3edge} = (EI)_{3f} + (EI)_{3w} + (EI)_{3c} + (EI)_{3g} \tag{4-10}$$

对于芯材层数为 4、5 层的格构木芯梁，同理可以用以上相同的推导过程，理论抗弯刚度公式为

$$(EI)_{edge} = \frac{nt_c^3}{12}(t_w E_c + b_c E_w) + \frac{n-1}{12} t_g t_c^3 + \left(\frac{bt_f^3}{6} + 2bt_f d_f^2 \right) E_f \tag{4-11}$$

2. 等效剪切刚度

本章所涉及的夹芯结构芯材在空间上呈半连续特性，用数值方法直接求解将会非常烦琐。目前对于这种比较复杂的轻木芯材夹芯结构，大都采用等效的方法进行处理，即将芯材按照一定的原则进行等效，以得到均质连续化的芯材，这样便于运用现有的经典夹芯梁理论进行求解。

1) 无格构木芯梁侧面受压等效剪切刚度

无格构木芯梁侧面受压时的剪切刚度由三部分组成：面层剪切刚度、格构腹板剪切刚度和芯材剪切刚度。根据剪切刚度等效原则，可以将轻木芯材等效为腹板，以试件 1RPAW-E 的截面形式作为理论分析模型，图 4-76 给出了其等效前后的模型对比。其中 t_w、t_c 分别为腹板的宽度与高度，G_w 为腹板的剪切模量，G_c 为芯材的剪切模量，t'_w 为等效后的腹板宽度。

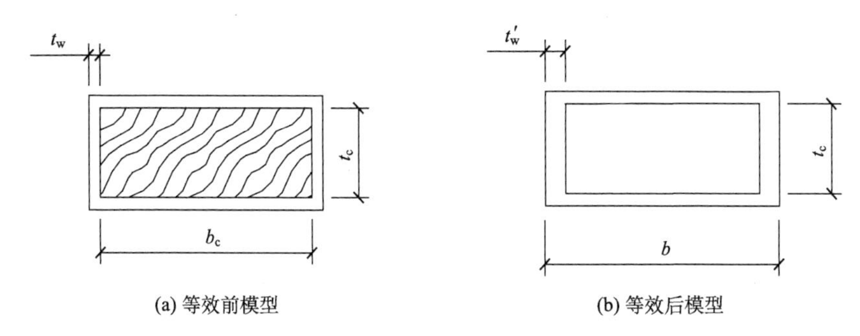

(a) 等效前模型　(b) 等效后模型

图 4-76　试件 1RPAW-E 等效前后模型

由剪切刚度等效原则，可以得到

$$G_c b_c t_c = G_w b' t_c \tag{4-12}$$

$$b' = \frac{G_c b_c t_c}{G_w t_c} = \frac{G_c b_c}{G_w} \tag{4-13}$$

$$t'_w = t_w + b'/2 = t_w + \frac{G_c b_c}{2G_w} \tag{4-14}$$

对等效后的截面进行分析，t'_w 为等效后的腹板宽度，t_c 为腹板的高度，b 为截面的总宽度，b' 为等效宽度，在截面横向剪力作用下，假定剪力流 τ 均匀分布在横截面上，两腹板在截面单元的剪切应变能为

$$w = \iint \frac{T}{2G_w \Delta l} \mathrm{d}x\mathrm{d}z = \frac{T^2 t'_w t_c}{G_w \Delta l} \tag{4-15}$$

其中，dx 表示沿着截面宽度方向的单位长度；dz 表示沿着截面高度方向的单位长度。

连续化后，两腹板的折算剪应力可以表示为

$$\tau = \frac{2Tt'_{\mathrm{w}}}{b\Delta l} \tag{4-16}$$

此时剪切应变能为

$$\overline{w} = \int \frac{\tau}{2G}\mathrm{d}v = 2\frac{T^2 t'^2_{\mathrm{w}} t_{\mathrm{c}}}{G\, b\Delta l} \tag{4-17}$$

由于 $w = \overline{w}$，可以得到

$$G = \frac{2t'_{\mathrm{w}}}{b} G_{\mathrm{w}} \tag{4-18}$$

式(4-18)表示腹板的等效剪切模量实质上是折算单位内的平均模量。因此，无格构木芯梁侧面受压等效剪切刚度为

$$(GA)_{\mathrm{edge}} = \frac{2t'_{\mathrm{w}} b(t_{\mathrm{c}} + t_{\mathrm{f}})}{b} G_{\mathrm{w}} = 2t'_{\mathrm{w}}(t_{\mathrm{c}} + t_{\mathrm{f}}) G_{\mathrm{w}} \tag{4-19}$$

2)格构木芯梁侧面受压等效剪切刚度

同理对于其他格构木芯梁侧面受压形式，可以用类似等效方法。根据剪切刚度等效原则，将轻木芯材部分等效为两边格构腹板，如图 4-77 所示，其中 t_{g} 为腹板宽度，A 为腹板间木芯截面积的一半，两者距离为 Δx，G_{g} 为腹板剪切模量，G_{c} 为木芯剪切模量，t_{m} 为等效后的腹板宽度。

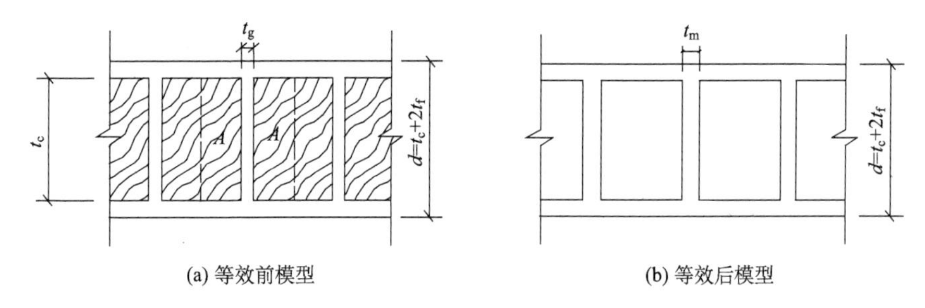

(a) 等效前模型　　(b) 等效后模型

图 4-77　等效前后模型

对等效后的腹板夹芯层取距离为 Δx 的一个单元(图 4-77)进行分析，b_x 为腹板等效宽度，t_{c} 为腹板高度。在截面横向剪力作用下，假定剪力流 τ 均匀分布在横截面上，两格构腹板在截面单元的剪切应变能为

$$w = \iint \frac{T}{2G_{\mathrm{w}}\Delta l}\mathrm{d}x\mathrm{d}z = \frac{T^2 t_{\mathrm{m}} t_{\mathrm{c}}}{2G_{\mathrm{w}}\Delta l} \tag{4-20}$$

连续化后，折算夹芯层的剪应力为

$$\tau = \frac{Tt_{\mathrm{m}}}{\Delta x \Delta l} \tag{4-21}$$

此时剪切应变能为

$$\bar{w}=\int\frac{\tau}{2G}\mathrm{d}v=\frac{T^2t_{\mathrm{m}}^2t_{\mathrm{c}}}{2G\Delta x\Delta l} \tag{4-22}$$

由于 $w=\bar{w}$，可以得到夹芯层等效剪切模量为

$$G=\frac{t_{\mathrm{m}}}{\Delta x}G_{\mathrm{w}} \tag{4-23}$$

可见，夹芯层的等效剪切刚度具有明显的物理意义，它实际上是格构腹板的剪切刚度在折算单元内的平均值。因此，夹芯层的等效剪切刚度为

$$(GA)_{\mathrm{edge}}=\frac{t_{\mathrm{m}}b(t_{\mathrm{c}}+t_{\mathrm{f}})}{\Delta x}G_{\mathrm{w}} \tag{4-24}$$

4.4.3　平面受压等效刚度

1. 等效抗弯刚度

根据平截面假定，格构木芯梁抗弯刚度等于各面层、腹板、格构腹板、芯材抗弯刚度之和，以试件 2RPAW-F、3RPAW-F 的截面形式作为理论分析模型，如图 4-78 所示。其中 b_{c}、t_{c}分别为试件对应放置的单个芯材宽度与厚度；t_{f}为面层厚度；t_{w}为腹板厚度。

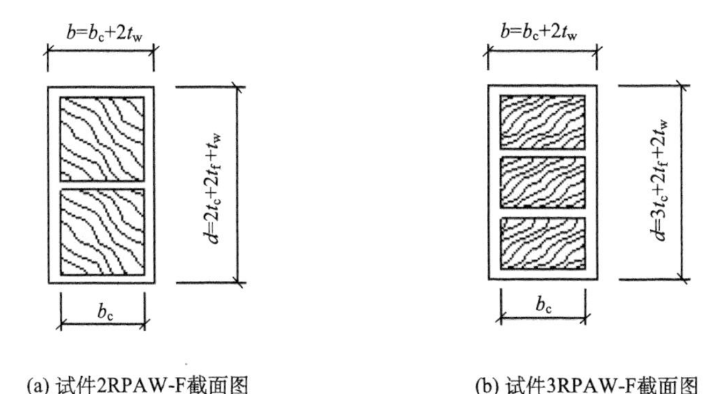

(a) 试件2RPAW-F截面图　　(b) 试件3RPAW-F截面图

图 4-78　平面受压试件截面图

1) 对于 2RPAW-F 截面

面层抗弯刚度：

$$(EI)_{2\mathrm{f}}=E_{\mathrm{f}}\frac{bt_{\mathrm{f}}^3}{6}+2bt_{\mathrm{f}}d_{\mathrm{f}}^2$$

腹板抗弯刚度：

$$(EI)_{2w}=E_w\frac{t_w(2t_c+t_w)^3}{6}$$

芯材抗弯刚度：

$$(EI)_{2c}=E_c\frac{b_ct_c^3}{6}+2b_ct_cd_c^2$$

格构腹板抗弯刚度：

$$(EI)_{2w}=E_g\frac{b_ct_w^3}{12}$$

格构腹板抗弯刚度相对值很小，可以忽略不计，其中，d_f、d_c 分别为试件面层、芯材到试件中性层的距离，故平面受压抗弯刚度为

$$(EI)_{2flat}=E_f\frac{bt_f^3}{6}+2bt_fd_f^2+E_w\frac{t_w(2t_c+t_w)^3}{6}+E_c\frac{b_ct_c^3}{6}+2b_ct_c^2d_c \tag{4-25}$$

2）对于 3RPAW-F 截面

面层抗弯刚度：

$$(EI)_{3f}=E_f\frac{bt_f^3}{6}+2bt_fd_f^2$$

腹板抗弯刚度：

$$(EI)_{3w}=E_w\frac{t_wt_w^3}{6}$$

芯材抗弯刚度：

$$(EI)_{3c}=E_c\frac{b_ct_c^3}{4}+2b_ct_c^2d_c$$

格构腹板抗弯刚度：

$$(EI)_{3w}=E_w\frac{b_ct_w^3}{6}+2b_ct_cd_c^2$$

平面受压抗弯刚度公式为

$$(EI)_{3flat}=(EI)_{3f}+(EI)_{3w}+(EI)_{3c} \tag{4-26}$$

对于芯材层数为 4、5 层的格构木芯梁，同理可以用以上相同的推导过程，理论抗弯刚度公式如下：

$$(EI)_{flat}=\sum_{i=1}^{n}\left[\left(\frac{bt_i^3}{12}+bt_id_i^2\right)\right]E_i+\frac{t_w(2t_c+t_w)^3}{6}E_w \tag{4-27}$$

2. 等效剪切刚度

同理对于平面受压格构木芯梁，忽略面层对构件的剪切影响，只有芯材和腹

板对剪切产生影响，可以用芯材和腹板的剪切刚度叠加，故可以用如下公式：

$$(GA)_{\mathrm{flat}} = \sum_{i=1}^{n} b_{\mathrm{c}} t_i G_{\mathrm{c}} + \sum_{i=1}^{n} b_{\mathrm{w}} t_i G_{\mathrm{w}} \tag{4-28}$$

其中，b_c 为芯材的宽度；b_w 为腹板的宽度；G_w、G_c 为腹板和芯材的剪切模量。

4.4.4　格构增强木芯复合材料梁理论研究

复合材料夹芯结构在力学上的特点是面板为主要承载层，而夹芯材料的作用是把两块面板撑开，和面板牢固地结合在一起并承受剪应力。这与工字梁的概念类似，即面板起着翼板的作用，夹芯材料起着腹板的作用。

复合材料夹芯结构的受力性能与其芯材和面板的基本材性、几何尺寸与布置以及所受外荷载情况等密切相关，本节以平面夹芯梁为基本研究对象，依据文献[5]开展平面、侧面受压方向纤维腹板增强复合材料木夹芯结构的抗弯刚度、跨中挠度理论计算，并与试验结果进行对比分析。

1. 抗弯刚度

根据经典夹芯梁理论，侧面受压形式木夹芯梁结构横截面的整体等效抗弯刚度 D 等于各部分抗弯刚度之和，计算公式见式(4-3)。根据式(4-11)和式(4-27)分别计算侧面受压梁和平面受压梁的抗弯刚度，并与试验值进行比较，见表 4-31。可以看出，试验值与理论值最大误差为 19.71%，可见二者基本吻合。

表 4-31　抗弯刚度理论值与试验值比较

试件编号	EI_{ex} /(kN·m²)	EI_{eq} /(kN·m²)	误差/%	试件编号	EI_{ex} /(kN·m²)	EI_{eq} /(kN·m²)	误差/%
1RPAW-F	61.35	66.35	8.15	1RPAW-E	25.26	30.18	19.48
2RPAW-F	72.87	74.81	2.66	2RPAW-E	26.13	30.40	16.34
3RPAW-F	65.09	70.31	8.02	3RPAW-E	29.70	30.62	3.10
4RPAW-F	62.82	64.88	3.28	4RPAW-E	29.62	30.84	4.12
5RPAW-F	59.08	66.29	12.20	5RPAW-E	26.15	31.07	18.81
1SPAW-F	88.23	92.73	5.10	1SPAW-E	88.23	92.73	5.10
2SPAW-F	92.16	98.51	6.89	2SPAW-E	84.42	93.59	10.86
3SPAW-F	85.17	100.23	17.68	3SPAW-E	83.41	94.44	13.22
4SPAW-F	78.59	85.54	8.84	4SPAW-E	96.99	95.29	−1.75
5SPAW-F	81.65	89.78	9.96	5SPAW-E	92.35	96.14	4.10
1RSOP-F	74.64	80.25	7.52	1RSOP-E	39.04	40.23	3.05
2RSOP-F	88.46	93.73	5.96	2RSOP-E	37.97	40.68	7.14
3RSOP-F	74.47	80.64	8.29	3RSOP-E	39.26	41.12	4.74

续表

试件编号	EI_{ex} /(kN·m²)	EI_{eq} /(kN·m²)	误差/%	试件编号	EI_{ex} /(kN·m²)	EI_{eq} /(kN·m²)	误差/%
4RSOP-F	63.06	68.34	8.37	4RSOP-E	37.09	41.66	12.32
5RSOP-F	64.35	72.87	13.24	5RSOP-E	35.11	42.03	19.71
1SSOP-F	108.46	118.80	9.53	1SSOP-E	108.46	118.80	9.53
2SSOP-F	111.19	123.25	10.85	2SSOP-E	126.90	116.23	–8.41
3SSOP-F	101.40	120.23	18.57	3SSOP-E	124.43	117.54	–5.54
4SSOP-F	126.81	112.56	–11.24	4SSOP-E	100.32	118.32	17.94
5SSOP-F	107.94	118.65	9.92	5SSOP-E	107.01	119.56	11.73

2. 跨中挠度

根据一阶剪切变形理论，夹芯梁四点弯曲试验跨中挠度为

$$\Delta = w_1 + w_2 = \frac{39PL^3}{2048(EI)_{eq}} + \frac{3PL}{16(GA)_{eq}} \tag{4-29}$$

其中，$(EI)_{eq}$、$(GA)_{eq}$ 为试件等效抗弯刚度、等效剪切刚度，公式如下。

1) 平面受压形式：

$$(EI)_{eq} = \sum_{i=1}^{n}\left[\left(\frac{bt_i^3}{12} + bt_i d_i^2\right)\right]E_i + \frac{t_w(2t_c + t_w)^3}{6}E_w \tag{4-30}$$

$$(GA)_{eq} = \sum_{i=1}^{n} b_c t_i G_c + \sum_{i=1}^{n} b_w t_i G_w \tag{4-31}$$

2) 侧面受压形式：

$$(EI)_{eq} = \frac{nt_c^3}{12}(t_w E_c + b_c E_w) + \frac{n-1}{12}t_g t_c^3 + \left(\frac{bt_f^3}{6} + 2bt_f d_f^2\right)E_f \tag{4-32}$$

$$(GA)_{eq} = \frac{t_m b(t_c + t_f)}{\Delta x}G_w \tag{4-33}$$

表 4-32 给出了 P=10kN 时跨中挠度试验值 Δ_s 与一阶剪切变形理论求出的理论值 Δ 的对比结果。可以看出，试验值与理论值最大误差绝对值为 20.04%，可见一阶剪切变形理论求出的理论值 Δ 和试验值 Δ_s 基本吻合。

表 4-32　挠度的理论值与试验值比较

试件编号	Δ_s/mm	Δ/mm	误差%	试件编号	Δ_s/mm	Δ/mm	误差/%
1RPAW-F	5.75	6.23	8.35	1RPAW-E	13.99	14.78	5.65
2RPAW-F	4.35	5.06	16.32	2RPAW-E	12.93	14.08	8.89
3RPAW-F	6.54	7.23	10.55	3RPAW-E	11.73	13.26	13.04
4RPAW-F	5.74	6.56	14.29	4RPAW-E	10.48	12.15	15.94
5RPAW-F	5.58	6.13	9.86	5RPAW-E	12.22	11.23	−8.10
1SPAW-F	3.73	3.36	−9.92	1SPAW-E	3.73	3.36	−9.92
2SPAW-F	3.66	3.81	4.10	2SPAW-E	3.12	3.54	13.46
3SPAW-F	4.12	4.33	5.10	3SPAW-E	4.69	3.75	−20.04
4SPAW-F	3.45	3.75	8.70	4SPAW-E	4.22	4.02	−4.74
5SPAW-F	3.92	4.11	4.85	5SPAW-E	3.85	4.23	9.87
1RSOP-F	3.95	4.23	7.09	1RSOP-E	8.09	7.35	−9.15
2RSOP-F	3.51	3.82	8.83	2RSOP-E	8.33	7.65	−8.16
3RSOP-F	4.08	4.55	11.52	3RSOP-E	7.74	8.02	3.62
4RSOP-F	5.33	4.92	−7.69	4RSOP-E	8.72	8.24	−5.51
5RSOP-F	5.51	5.21	−5.45	5RSOP-E	9.05	8.52	−5.86
1SSOP-F	3.31	3.65	10.27	1SSOP-E	3.31	3.65	10.27
2SSOP-F	2.98	3.26	9.40	2SSOP-E	2.93	3.14	7.17
3SSOP-F	3.22	2.93	−9.01	3SSOP-E	3.02	3.35	10.93
4SSOP-F	2.69	3.05	13.38	4SSOP-E	3.93	3.67	−6.62
5SSOP-F	3.22	2.97	−7.76	5SSOP-E	3.72	4.12	10.75

3. 复合材料夹芯梁承载力分析研究

1) 无腹板复合材料夹芯梁的破坏模式分析

复合材料夹芯梁在弯曲荷载作用下会表现出不同的破坏形态，不同破坏形态的复合材料夹芯梁的极限承载力计算模型与计算公式各不相同。

对于泡沫芯材的夹芯梁，国内外研究较多，该类型夹芯梁由上下面板和泡沫芯材构成，其常见的破坏模式见表 4-33。

表 4-33　常见复合材料夹芯梁的破坏模式

破坏模式	特点	临界条件
面板屈服	上侧受压面板局部受压屈曲	面板内等效应力(正应力)等于面板材料屈服强度，面层内剪应力忽略不计
面板起皱	面板起皱，芯材局部受压	面板所受正应力达到局部失稳应力
芯材剪切	芯材发生剪切破坏	芯材中剪应力等于芯材的剪切强度，且大于正应力
脱层破坏	面板和芯材之间黏结失效	界面剪切应力大于屈服剪切强度

国内外许多学者对不带腹板的传统三明治板材不同破坏形态下的极限承载力进行了理论推导[6,7]，现将结论总结如下。

(1) 面板屈服。

面板产生屈服破坏的荷载为

$$\sigma_{\mathrm{f}}=\sigma_{\mathrm{fy}}=\frac{M_z}{D}E_{\mathrm{f}}=\frac{Pl}{B_3bct} \tag{4-34}$$

当荷载施加于板的跨中时，可以得到

$$P_{\mathrm{fy}}=B_3\sigma_{\mathrm{yf}}bc\frac{t}{l}\quad (B_3=4) \tag{4-35}$$

(2) 面板起皱。

Allen 对该破坏类型进行了分析，得到受压面板的临界应力为

$$\sigma_{\mathrm{cr}}=C_1E_{\mathrm{f}}^{1/3}E_{\mathrm{c}}^{1/3}G_{\mathrm{c}}^{1/3} \tag{4-36}$$

其中，$C_1=3[12(3-\nu_{\mathrm{c}})^2(1+\nu_{\mathrm{c}})^2]^{-1/3}$，$\nu_{\mathrm{c}}$ 为芯材泊松比。

(3) 芯材剪切。

破坏发生在剪应力 τ_{c} 等于剪切过程中芯材的剪切应力 τ_{yc} 处，此时

$$\tau_{\mathrm{c}}=\frac{P}{B_4bc}=\tau_{\mathrm{yc}} \tag{4-37}$$

故发生芯材剪切破坏的极限承载力为

$$P_{\mathrm{cs}}=B_4bc\tau_{\mathrm{yc}} \tag{4-38}$$

(4) 脱层破坏。

关于芯材与面层脱层破坏的影响因素很多，不同的工艺、界面处理形式以及树脂性能均会导致脱层破坏。一般设定在荷载作用下界面剪切应力大于屈服剪切应力，即

$$\tau_{\mathrm{c}}=\frac{V}{bd}\geqslant\tau_{\mathrm{yc}} \tag{4-39}$$

2) 正应力

根据平截面假定，设截面上表面的应变为 ε_{f}，与中和轴的距离为 y，由于截面对称，可以推出中和轴为对称轴，即 $y=\dfrac{d}{2}$，则截面中距离中和轴为 y 的点的应变为

$$\varepsilon(y)=\frac{y}{Y}\varepsilon_{\mathrm{f}}=\frac{2y}{d}\varepsilon_{\mathrm{f}} \tag{4-40}$$

截面的弯矩为

$$M = 2\left[4\int_0^{\frac{t_c}{2}}\left(E_w t_w + E_c b_1\right)\varepsilon(y) y\mathrm{d}y + \int_{\frac{t_c}{2}}^{\frac{d}{2}} E_f \varepsilon(y) b y \mathrm{d}y\right] \tag{4-41}$$

将式(4-40)代入式(4-41)，可得

$$M = \frac{\varepsilon_f}{6d}(4E_c b_c t_c^3 + 3E_f b t_f t_c d + E_f b t_f^3 + 4E_w t_w t_c^3) \tag{4-42}$$

由于应力-应变关系：

$$\sigma = \varepsilon E \tag{4-43}$$

对于试件的截面，夹芯板受弯时由于截面具有对称性，对称轴为中和轴。

$$\sigma = \frac{6MdE_f}{D_1} \tag{4-44}$$

其中，

$$D_1 = 4E_c b_c t_c^3 + 3E_f b t_f t_c d + E_f b t_f^3 + 4E_w t_w t_c^3 \tag{4-45}$$

3) 腹板增强复合材料夹芯梁的承载力分析

本节的研究对象为树脂基玻璃纤维面层、腹板和轻质木质芯材组成的复合材料夹芯梁，从第 2 章试验研究中可以发现，真空导入成型复合材料夹芯梁的破坏模式共有两种：受压面层在加载点处发生受压破坏；两边腹板在加载点处发生剪切破坏，本章主要讨论面板在加载点处发生受压破坏。

由于本章中格构腹板增强复合材料梁的破坏形态为面层的折断，而本章中腹板增强对面层有着一定的支撑作用，需要对上节传统复合材料三明治夹芯板的经典承载力理论进行修正。

复合材料夹芯结构受弯时，其拉、压应力(正应力)主要由面板承担，可由式(4-46)表示：

$$\sigma_f = \frac{MzE_f}{D} \tag{4-46}$$

其中，D 由式(4-3)可以得到；$t_c/2<|z|< t_c/2+ t_f$，上面板发生破坏时，$z = t_c/2+ t_f$ 。

面板的屈服破坏开始于：

$$\sigma_f = \sigma_{fy} = \frac{M\left(\dfrac{t_c}{2} + t_f\right)E_f}{D} \tag{4-47}$$

其中，σ_{fy} 为面板受压屈服强度。

面板的起皱破坏开始于：

$$\sigma_f = \sigma_{cr} \tag{4-48}$$

σ_{cr} 可以通过式(4-36)计算，对于轻木芯材，E_f 由材性试验可得，E_c、G_c 分别为全

部芯材的等效弹性模量和等效剪切模量，可以通过式(4-49)、式(4-18)与式(4-28)计算。

$$E_c = \frac{2E_w I_w + E_c I_c}{I} \tag{4-49}$$

将1RPAW-F、1RPAW-E、1SPAW的尺寸及材性参数代入式(4-46)、式(4-48)和式(4-36)可以得到不同破坏模式下的极限承载力，见表4-34。从表中可以看出，应用面板屈服模式下所求得的极限承载力与试验值的误差(误差=(理论值–试验值)/试验值)较小，均小于10%。而面板起皱模式下求得的极限承载力要远大于面板屈服模式，由式(4-45)可以看出，芯材的性质决定了面板起皱破坏模式的发生与否，当芯材较软时，如低密度的泡沫才可能发生面板起皱现象，而轻木芯材不会发生该破坏形式。表4-35给出了其他格构增强木芯梁发生面板屈服时的极限承载力试验值与理论值对比结果。

表4-34　不同破坏模式下的极限承载力计算

试件编号	试验值/kN	理论值			
		面板屈服/kN	误差/%	面板起皱/kN	误差/%
1RPAW-F	36.83	38.45	4.40	245	—
1RPAW-E	24.59	26.12	6.22	193	—
1SPAW	41.94	44.12	5.20	283	—

表4-35　极限承载力对比

试件编号	极限承载力			试件编号	极限承载力		
	试验值/kN	理论值/kN	误差/%		试验值/kN	理论值/kN	误差/%
1RPAW-F	36.83	38.45	4.40	1RPAW-E	24.59	26.12	6.22
2RPAW-F	35.22	37.56	6.64	2RPAW-E	34.30	30.21	–11.92
3RPAW-F	38.25	40.23	5.18	3RPAW-E	31.65	28.23	–10.81
4RPAW-F	29.80	32.34	8.52	4RPAW-E	29.30	26.74	–8.74
5RPAW-F	34.96	38.76	10.87	5RPAW-E	20.18	22.83	13.13
1SPAW-F	41.94	44.12	5.20	1SPAW-E	41.94	44.12	5.20
2SPAW-F	48.26	51.36	6.42	2SPAW-E	46.61	49.34	5.86
3SPAW-F	47.92	52.33	9.20	3SPAW-E	59.34	52.36	–11.76
4SPAW-F	49.47	54.75	10.67	4SPAW-E	63.54	59.63	–6.15
5SPAW-F	65.03	57.11	–12.18	5SPAW-E	68.10	62.32	–8.49
1RSOP-F	50.82	44.13	–13.16	1RSOP-E	35.38	31.35	–11.39
2RSOP-F	47.18	45.55	–3.46	2RSOP-E	38.01	33.66	–11.44

续表

试件编号	极限承载力			试件编号	极限承载力		
	试验值/kN	理论值/kN	误差/%		试验值/kN	理论值/kN	误差/%
3RSOP-F	45.22	47.65	5.37	3RSOP-E	40.54	34.17	–15.71
4RSOP-F	41.74	47.26	13.22	4RSOP-E	29.68	35.53	19.71
5RSOP-F	52.37	48.75	–6.91	5RSOP-E	33.44	36.38	8.79
1SSOP-F	74.07	69.64	–5.98	1SSOP-E	74.07	69.75	–5.83
2SSOP-F	69.31	71.36	2.96	2SSOP-E	67.27	70.63	4.99
3SSOP-F	64.59	71.63	10.90	3SSOP-E	79.09	72.11	–8.83
4SSOP-F	67.91	72.42	6.64	4SSOP-E	84.85	74.39	–12.33
5SSOP-F	80.48	73.74	–8.38	5SSOP-E	72.65	76.43	5.20

4.5　本 章 小 结

本章进行了格构增强木芯复合材料梁的受弯试验，采用四点弯曲加载方式，比较分析了木梁、无格构木芯梁、格构木芯梁受弯性能的影响，并具体分析了格构腹板对试件极限承载力、初始弯曲刚度、延性的影响。采用能量法和叠加原理，将格构腹板增强轻木芯材等效为均质连续化的芯材，求解出格构腹板增强复合材料木芯梁的等效弯曲刚度和剪切刚度；根据 Timoshenko 原理和一阶剪切变形理论，得出了该梁的跨中挠度，对其极限承载力进行了分析研究，并与试验值进行比较，验证了理论的合理性。本章得出以下结论：

(1) 格构腹板增强 PAW 木芯复合材料梁主要分为面板受压屈服破坏和剪切破坏两类。格构腹板增强 SOP 木芯复合材料梁除屈服破坏和剪切破坏外，还有下面板玻璃纤维布受拉破坏，这说明 SOP 芯材发生剪切破坏后能很好地和玻璃纤维布发挥共同协同作用，更利于发挥 FRP 材料的优势。

(2) 在木梁外部用玻璃纤维布包裹的无格构木芯梁，能提高无格构木芯梁的受压极限承载力和刚度。无格构木芯梁 1RPAW-F、1RPAW-E、1SPAW-F、1RSOP-F、1RSOP-E、1SSOP-F 的极限承载力比木梁 RPAW-F、RPAW-E、SPAW-F、RSOP-F、RSOP-E、SSOP-F 分别提高了 199.19%、164.41%、64.15%、174.41%、163.44%、143.73%。可见在木梁外部用纤维布包裹无格构木芯梁，能显著提高其受弯极限承载力。

(3) 对于 R 型截面 PAW 木芯梁，平面受压试件的极限承载力和刚度比侧面受压形式试件高，且平面受压试件的变形能力比侧面受压试件好。对于平面受压试件，在无格构木芯梁中增加格构腹板对极限承载力的提高效果不明显，但是对试件刚度和构件的延性有一定的提高作用。对于侧面受压试件，在无格构木芯梁中增加格构腹板对试件极限承载力、刚度、延性均有一定的提升作用。

(4) 对于 S 型截面 PAW 木芯梁，侧面受压格构腹板木芯梁的极限承载力总体来说比平面受压格构腹板木芯梁高，其中格构木芯梁 3SPAW-E、4SPAW-E、5SPAW-E 的极限承载力比 3SPAW-F、4SPAW-F、5SPAW-F 分别提高了 23.83%、24.44%、4.72%，但是平面受压试件的变形能力比侧面受压试件好。对于平面受压试件，在无格构木芯梁中增加格构腹板对试件极限承载力、刚度、延性均有一定的提升作用。对于侧面受压试件，在无格构木芯梁中增加格构腹板对试件极限承载力、刚度、延性均有一定的提升作用，且极限承载力随着格构层数的增加而递增。

(5) 对于 R 型截面 SOP 木芯梁，平面受压试件的极限承载力和刚度比侧面受压试件高，且平面受压试件的变形能力比侧面受压试件好。对于平面受压试件，在无格构木芯梁中增加格构腹板对极限承载力的提高效果不明显，但是对试件刚度和构件的延性有一定的提高作用。对于侧面受压试件，在无格构木芯梁中增加格构腹板对试件极限承载力、刚度、延性有一定的提升作用。

(6) 对于 S 型截面 SOP 木芯梁，平面受压形式的 2 层、3 层格构腹板试件的极限承载力比侧面受压形式的 2 层、3 层格构腹板试件高，平面受压试件的变形能力比侧面受压试件好。对于平面受压试件，在无格构木芯梁中增加格构腹板对试件极限承载力、刚度、延性均有一定的提升作用。对于侧面受压试件，在无格构木芯梁中增加格构腹板对试件极限承载力、刚度均有一定的提升作用，但是增加格构腹板对其延性的提升没有明显的作用。

(7) 对于两种不同芯材在同一截面同一布置形式的木夹芯梁，SOP 芯材试件的极限承载力和刚度明显高于 PAW 芯材试件。对于变形能力，总体来说，R 型截面的格构腹板对 SOP 芯材试件变形能力的提升高于格构腹板对 PAW 芯材试件变形能力的提升，S 型截面的格构腹板对 PAW 芯材试件变形能力的提升高于格构腹板对 SOP 芯材试件变形能力的提升。

(8) 本章采用能量法和叠加原理，将格构腹板增强轻木芯材等效为均质连续化的芯材，求解出格构腹板增强复合材料木芯梁的等效弯曲刚度和剪切刚度；根据 Timoshenko 原理和一阶剪切变形理论，得出了该梁的跨中挠度，对其极限承载力进行了分析研究，并与试验值进行比较，验证了理论的合理性。

参考文献

[1] 中华人民共和国国家质量监督检验检疫总局，中国国家标准化管理委员会. 纤维增强塑料拉伸性能试验方法[S](GB/T 1447—2005). 北京：中国标准出版社，2005.

[2] 中华人民共和国国家质量监督检验检疫总局，中国国家标准化管理委员会. 聚合物基复合

材料纵横剪切试验方法[S](GB/T 3355—2014). 北京: 中国标准出版社, 2015.

[3] 王耀先. 复合材料结构设计[M]. 北京: 化学工业出版社, 2001.

[4] Allen H G. Analysis and Design of Structural Sandwich Panels [M]. London: Pergamon Press, 1969.

[5] 方海. 新型复合材料夹层结构受力性能及道面垫板应用研究[D]. 南京: 南京工业大学, 2008.

[6] 孙春方, 薛元德, 胡培. 复合材料泡沫夹层结构力学性能与试验方法[J]. 玻璃钢/复合材料, 2005, (2): 3-6.

[7] Dai J, Thomas H H. Flexural behavior of sandwich beams fabricated by vacuum-assisted resin transfer molding[J]. Composite Structures, 2003, 61(3): 247-253.

第 5 章　格构腹板增强木芯复合材料短柱轴压性能试验研究

5.1　引　　言

轴心受压是格构增强木芯复合柱最基本的受力状态，掌握其工作机理和受力性能可为研究各种结构在复杂受力状态下的工作性能奠定基础。本章首先通过变化外包 FRP 层数、芯材种类、腹板布置等参数，对 18 组构件类型进行轴压试验，其中包括 2 组原木构件作为对照试验，测定轴心受压过程中复合柱的承载力和变形情况，另外对 3 种截面 6 组构件共 18 个单块芯材进行轴压试验，得到其极限承载力和破坏形态等力学性能；其次将总结格构木芯增强复合柱的极限荷载和各试件相对应的位移和应变，做出在不同格构形式、不同面层层数下的荷载-位移、荷载-应变对比图，分析格构形式和面层层数对试件刚度和约束作用的影响，分析不同的格构形式、面层层数和芯材种类下复合柱试验结果的规律，总结哪种格构形式对复合柱的极限承载力和刚度影响大、哪种面层层数对复合柱的整体性能影响大、哪种芯材种类在复合柱的整体性能中贡献较大。

5.2　格构腹板增强木芯复合柱的轴压试验

5.2.1　试件概况

1. 试件设计

本次试验共有 12 组格构增强复合柱试件、4 组无格构增强复合柱试件和 2 组原木对比试件，测定轴心受压过程中复合柱的承载力和变形情况。另外，对 110mm×54mm、110mm×33.5mm、54mm×54mm 三种截面的芯材包裹 2 层–45°/45°纤维布后进行轴压试验，测定其极限承载力。本次试验的主要设计参数包括芯材种类、外包纤维层数和格构类型。

所采用的芯材分别为泡桐木和南方松，所采用的纤维均为玻璃纤维，纤维面层层数分别为 4 层和 6 层。其中 4 层的铺法：先 2 层–45°/45°，再 1 层 0/90°，最后 1 层–45°/45°；6 层的铺法：先 2 层–45°/45°，再 2 层 0/90°，最后 2 层–45°/45°。所采用的格构类型有一字型、二字型和十字型，对应的试件编号和截面见表 5-1。

表 5-1　试件参数

试件类型	试件编号	芯材种类	外包纤维层数	格构类型	芯材尺寸/mm×mm	试件截面
①	PAW	泡桐木	0	无	120×120	
	SOP	南方松	0			
②	1PAW-4	泡桐木	4	无	110×110	
	1PAW-6		6			
	1SOP-4	南方松	4	无	110×110	
	1SOP-6		6			
③	2PAW-4	泡桐木	4	一字型	110×54	
	2PAW-6		6		110×54	
	3PAW-4	泡桐木	4	二字型	110×33.5	
	3PAW-6		6		110×33.5	
	4PAW-4	泡桐木	4	十字型	54×54	
	4PAW-6		6		54×54	
	2SOP-4	南方松	4	一字型	110×54	
	2SOP-6		6		115×57	
	3SOP-4	南方松	4	二字型	110×33.5	
	3SOP-6		6		110×33.5	
	4SOP-4	南方松	4	十字型	54×54	
	4SOP-6		6		54×54	

注：试件的第一个数字代表芯材数目，PAW、SOP 分别代表芯材为泡桐木、南方松，最后一个数字代表外包纤维层数。

本章所有试件高度均为 480mm，两端分别用 8 层 0/90°纤维布各加固 10cm，试件具体尺寸见图 5-1，截面为 120mm×120mm。

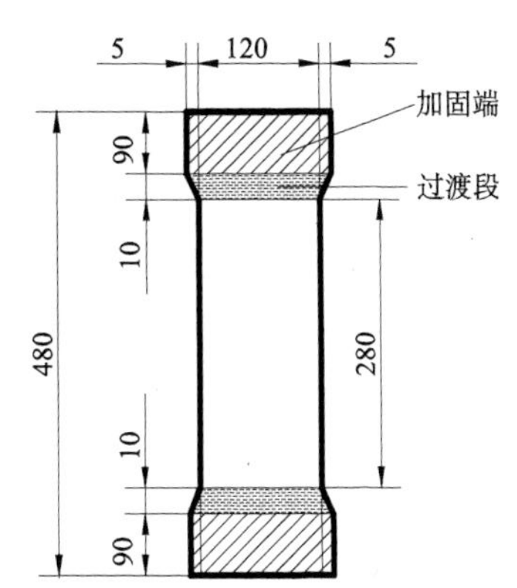

图 5-1　构件示意图(单位：mm)

2. 试件加工制作

格构增强复合材料柱试件制作过程主要有以下步骤(图 5-2)：

(1)木材加工。将泡桐木和南方松置于空旷场地数天，自然晾干。按木材顺纹方向侧面胶合，将胶合后的木材按所需尺寸切割，在板材上开槽并沿厚度方向打孔，进行倒角处理。

(2) 纤维布包裹芯材。

①用 2 层–45°/45°包裹单片芯材；

②按要求将包裹后的单片芯材整合后再包 2 层或 4 层纤维布；

③在两端分别包裹 8 层 0/90°纤维布，端部与芯材对齐，最外层和最内层纤维有 1cm 的过渡。

(3) 试件成型。在钢板操作台上依次铺放模具、脱模布、构件、脱模布、导流管、真空袋，利用真空导入的原理，使用真空袋密封，利用大气压作用将树脂注入真空袋内，使试件一次成型。

(4) 试件加工。待固化 24h 后脱模，然后按要求切割打磨至所需尺寸。

(a) 制备芯材

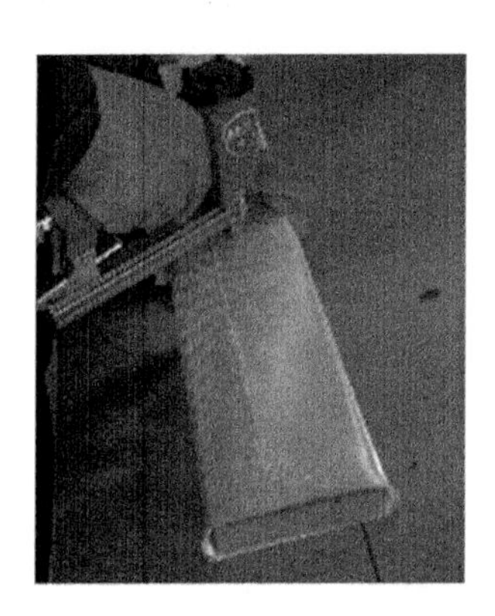

(b) 包裹芯材

(c) 真空导入

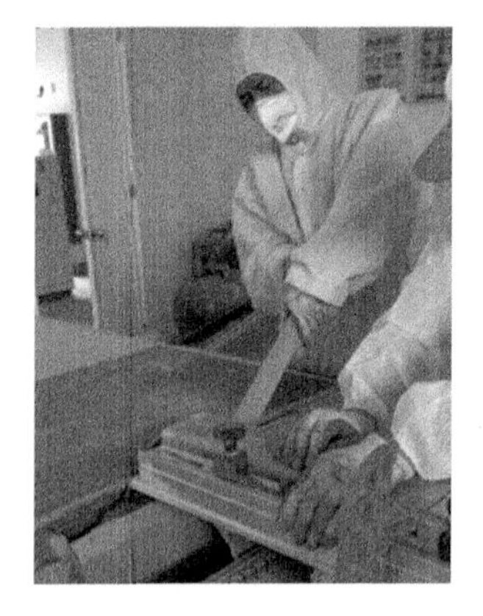

(d) 试件切割

图 5-2　格构增强复合柱制备过程

原木对比试件仅需步骤(1)，无后续加工步骤；单块轴压板材构件无步骤(2)

的②和③，其他步骤一样；无格构增强试件没有包裹单片芯材这一步骤，直接按要求外包 4 层或者 6 层纤维；其他格构增强复合柱试件基本相同。

将木材开槽并打孔是因为这些沟槽为树脂提供了快速流动的通道，且在固化后齿槽内填满树脂，提高了芯材与复合材料面板及腹板的“胶合”作用，进行倒角处理是因为柱截面为矩形，不同于圆形截面，包裹纤维布后在加载过程中会因为角部应力集中使纤维布提前断裂；在包裹纤维布时，应拉紧对齐，保证纤维布与芯材之间、纤维布与纤维布之间平整，不能有褶皱，不得使用有损伤的纤维布，也不得损坏纤维布；最外层和最内层纤维有 1cm 的过渡，防止加固端突然中断造成加固端断面应力集中；构件两端加固，可防止在轴压试验中因端部约束效应使试件在端部破坏；保证纤维布没有损坏且在接触面平整，是为保证试件在导入树脂后不会由于纤维布的褶皱而使试件某个部分产生应力集中。采用真空导入技术，将树脂注入一次成型，腹板将面板和芯材连接形成一个整体，极大地提高了板材和复合材料的协同承载力。

3. 加载方案和测量装置

轴压试验主要考察试件的极限承载力和变形性能等。对于格构增强复合柱试件，本次试验主要测试试件的轴向承载力、试件中部的纵向应变和环向应变及试件的整体纵向变形。在加载之前，在试件 4 面中部分别粘贴环向应变片和纵向应变片，如图 5-3 (a) 所示。在试件的一侧两端分别设置 1 个位移计以测量纵向变形，如图 5-3 (b) 所示。应变片及位移计的数据均由江苏东华测试技术有限公司生产的 DH3816 静态应变测试仪进行采集。

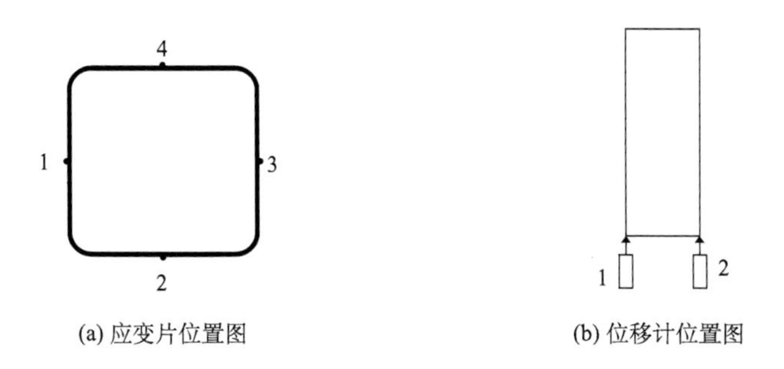

(a) 应变片位置图　　(b) 位移计位置图

图 5-3　应变片及位移计布置方式

所有的泡桐木芯材试件在 600kN 的压力机上进行，所有的南方松芯材试件在 1000kN 的压力机上进行。加载前进行严格对中，试件的上下端各垫一块约 1cm 厚的钢板，加载装置见图 5-4。试验采用位移加载，加载速率为 2mm/min，加载进行至试件破坏。

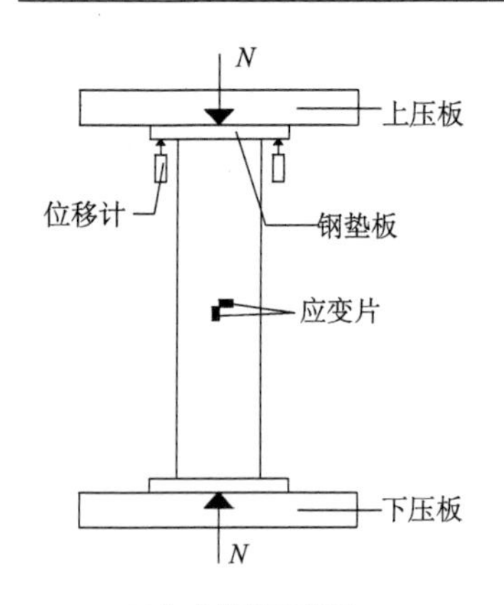

(a) 加载装置示意图

(b) 实际加载装置

图 5-4　加载装置

5.2.2　材性试验

1. 木材材性试验

本章采用泡桐木和南方松两种芯材，木材能为纤维面层和腹板提供支撑，延缓面板的局部屈曲，且承担很大的剪力，由于泡桐木和南方松的力学性能相差较大，对组合试件性能影响较大。本章试件在准备和制作中主要考虑以顺纹抗压，所以对南方松和泡桐木的顺纹抗压性能进行了材性试验。根据《木材顺纹抗压弹性模量测定方法》(GB/T 15777—2017)、《木材顺纹抗压强度试验方法》(GB/T 1935—2009)，试验装置见图 5-5，试验结果见表 5-2，所有材性试验的试件数量均为 5 个。

(a) 木材抗压强度试验

(b) 木材抗压弹性模量试验

图 5-5　木材材性试验装置图

表 5-2　木材顺纹抗压力学性能试验结果

试件	抗压强度/MPa		弹性模量/GPa	
	平均值	标准差	平均值	标准差
南方松	51.5	3.2	7.2	1.3
泡桐木	22.5	2.1	4.4	1.0

2. FRP 材性试验

本章采用真空导入技术，均以纤维增强塑料方向的国家标准为依据，拉伸试验和压缩试验均在万能试验机上进行，用静态信号采集分析系统 DH3816 应变箱进行数据连续采集，试验过程中加载速率均为 2mm/min。FRP 共有 3 种试样，分别为格构 4 层–45°/45°、面层 4 层和面层 6 层，铺层方式依次为 4 层–45°/45°，2 层–45°/45°、1 层 0/90°、1 层–45°/45°，2 层–45°/45°、2 层 0/90°、2 层–45°/45°。

1) 拉伸试验

通过拉伸试验可以测得 GFRP 的抗拉强度。本章采用真空导入技术，根据《纤维增强塑料拉伸性能试验方法》(GB/T 1447—2005) 中规定的尺寸加工片材和相应的试验步骤进行试验，并在两端使用铝材在加持段加固，使试件不在加持段破坏。

本次试验共分 3 组，每组 5 个试件。拉伸试验的试验现象相似，在加载前期无明显现象，继续加载，会听到陆续的树脂基断裂声和纤维撕裂声，临近破坏时，试件发出清脆的响声，试件局部被拉断，端口纤维发白(图 5-6)。说明玻璃纤维是一种脆性材料，发生破坏时位移较小，与延性破坏形式有很大的不同，前者的应力-应变曲线后期为锯齿状，后者的应力-应变曲线较为光滑。拉伸试验结果见表 5-3。

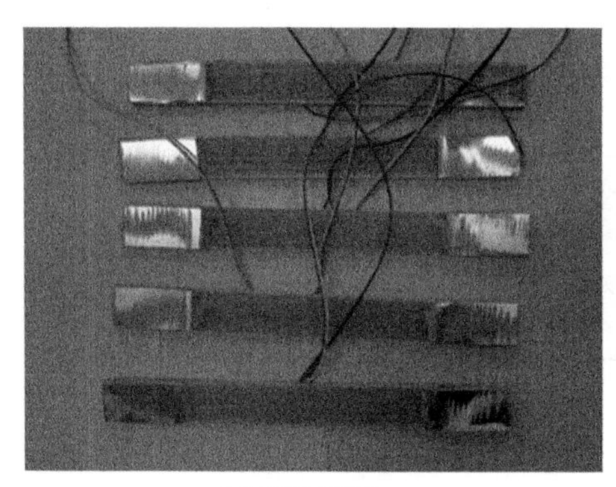

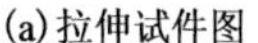

(a) 拉伸试件图

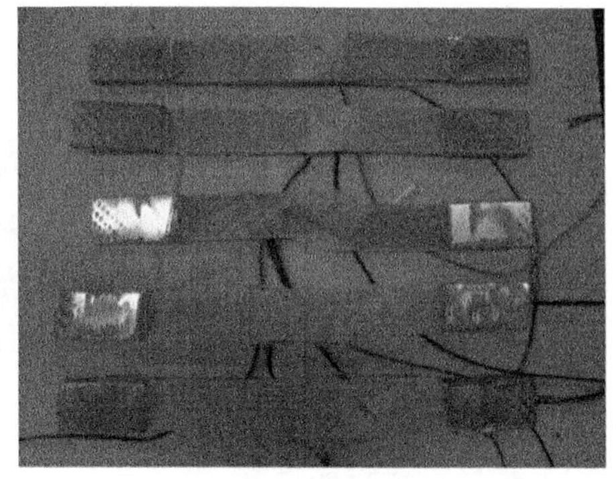

(b) 拉伸试件破坏图

图 5-6　FRP 材性拉伸试验

表 5-3　FRP 材性拉伸试验结果

试件	抗拉强度/MPa	
	平均值	标准差
格构	121.21	7.11
面层 4 层	148.82	2.61
面层 6 层	193.52	11.06

2) 压缩试验

通过压缩试验可以测得 GFRP 的抗压强度和弹性模量。本章采用真空导入技术，根据《纤维增强塑料压缩性能试验方法》(GB/T 1448—2005) 中规定的尺寸加工片材和相应的试验步骤进行试验。本次试验共分三组，每组 5 个试件。试验加载见图 5-7(a)，试件试验期间的现象和破坏模式均相似。在加载前期，试件无明显现象，加载至最大荷载时，试件突然破坏，破坏图见图 5-7(b)，然后荷载突然下降，也属于脆性破坏。试验结果见表 5-4。

(a) FRP 压缩试验图

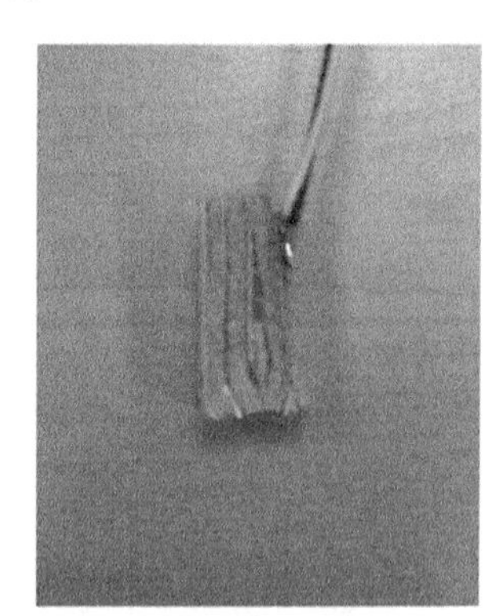

(b) FRP 压缩试件破坏图

图 5-7　FRP 材性压缩试验

表 5-4　FRP 材性压缩试验结果

试件	抗压强度/MPa		弹性模量/MPa	
	平均值	标准差	平均值	标准差
格构	80.31	2.49	17.30	2.36
面层 4 层	88.66	0.95	21.76	2.01
面层 6 层	122.74	2.54	27.30	1.41

5.2.3　板材轴压性能试验

本章为了更深刻地研究复合格构组合柱的性能，分别对包裹了 2 层–45°/45°

纤维布的单片芯材进行轴压试验。南方松和泡桐木分别制作高 300mm，截面尺寸为 110mm×54mm、110mm×33.5mm、54mm×54mm 的构件三个。所有板材在万能试验机上进行，加载速率为 2mm/min。试件试验现象相似，在加载初期无明显现象，接近峰值荷载时试件发出连续声响，观察发现板材有纤维泛白处，加载至最大荷载时试件破坏，荷载降低，试件破坏处向周围发展。板材有三种破坏模式，即端部芯材和面层剥离(图 5-8(a))、接近端部试件面层被压溃(图 5-8(b))和试件中部纤维被压溃(图 5-8(c))。泡桐木和南方松的破坏模式和峰值荷载分别见表 5-5 和表 5-6。

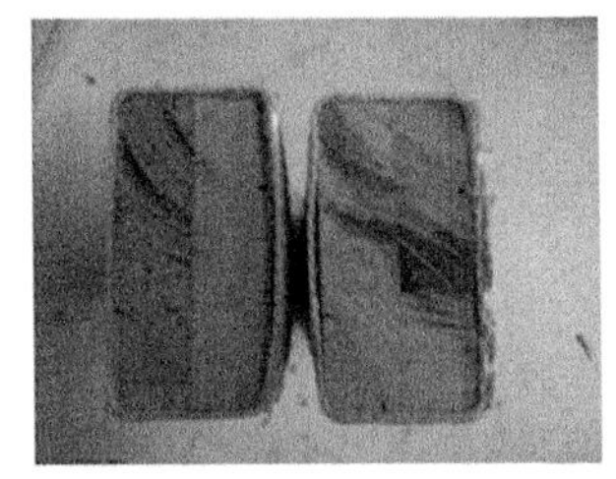
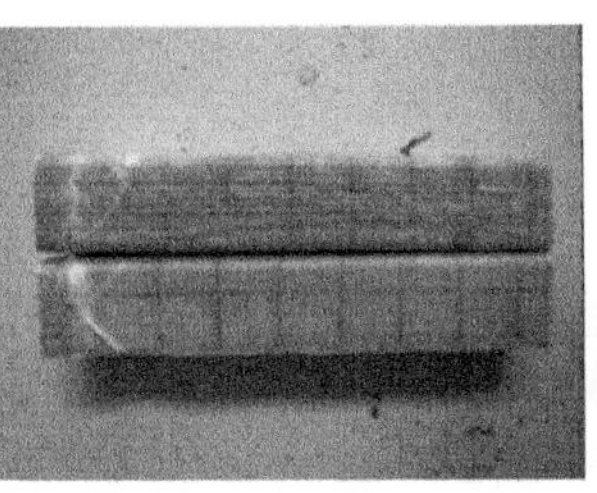
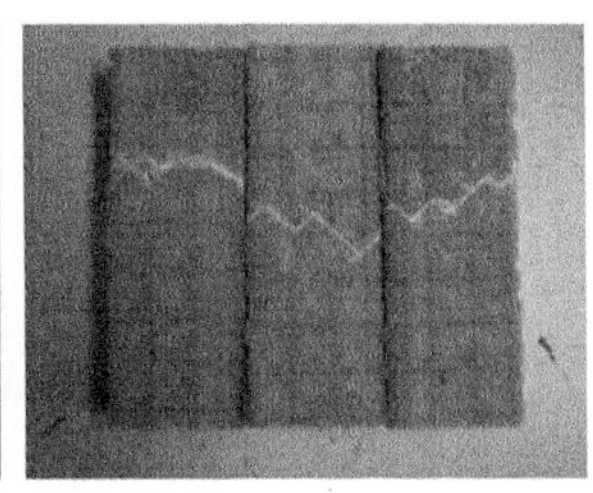

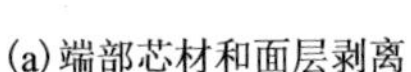

(a)端部芯材和面层剥离　(b)接近端部试件面层被压溃　(c)试件中部纤维被压溃

图 5-8　板材破坏模式

表 5-5　泡桐木板材破坏模式和峰值荷载

板材截面	破坏模式	峰值荷载/kN	平均峰值荷载/kN
110mm×54mm	试件中部破坏	131.4	131.7
	端部芯材与 GFRP 剥离	120.0	
	端部芯材与 GFRP 剥离	143.7	
110mm×33.5mm	试件中部破坏	96.8	95.57
	试件中部破坏	86.5	
	试件中部破坏	100.4	
54mm×54mm	接近端部纤维被压溃	74.2	69.43
	约中部破坏	66.5	
	接近端部和 1/4 处被压溃	67.6	

表 5-6　南方松板材破坏模式和峰值荷载

板材截面	破坏模式	峰值荷载/kN	平均峰值荷载/kN
110mm×54mm	试件下端破坏	332.8	300.9
	约中部破坏	290.7	
	约中部破坏	279.3	

续表

板材截面	破坏模式	峰值荷载/kN	平均峰值荷载/kN
110mm×33.5mm	1/4 处被压溃	202.3	185.3
	约中部和 1/4 处被压溃	176.8	
	端部芯材与 GFRP 剥离	176.8	
54mm×54mm	端部芯材与 GFRP 剥离	140.5	160.2
	约中部和 1/4 处破坏	155.3	
	中部破坏	184.8	

5.2.4 泡桐木芯材试件轴压性能试验

1. 试件 PAW

泡桐木原木柱试件 PAW-a 开始加载后，随着荷载的增大，试件无明显现象。荷载继续增加，当达到峰值荷载 286kN 时，在试件 2/3 处被压溃并伴随轻微声响，随着荷载继续加大，位移迅速增加，压溃地方在横截面内横向扩展并伴随轻微木材压溃声，直至 224.3kN 时卸载(图 5.9(a))。试件 PAW-b 的试验现象与试件 PAW-a 相似，加载前期无明显现象，达到峰值荷载时出现细微声响，在试件 1/8 处被压溃破坏(图 5.9(b))，峰值荷载为 263.72kN。

(a) 试件 PAW-a 破坏形态　　(b) 试件 PAW-b 破坏形态

图 5-9　试件 PAW 破坏形态

2. 试件 1PAW

试件 1PAW-4-a 加载后，木材横向变形小，玻璃纤维面板和腹板所起的约束小，所以加载前期无明显现象。加载至 300kN 时试件出现轻微声响，随着荷载继续增加，仍无肉眼可见现象，在 330kN 时发出连续嘶嘶声，上端加固处泛白，当达到峰值荷载 354.2kN 时发出巨响，在试件 1/3 处被压皱，并且荷载急速下降，随着继续加载，压皱裂缝沿着整个横截面发展，面板向外鼓出压皱，见图 5-10(a)，在 230.5kN 时卸载。第二个试件与第一个试件的试验现象和破坏模式相似，约在构件 1/4 处贯穿压皱破坏，峰值荷载为 297kN，见图 5-10(b)。

(a) 试件 1PAW-4-a 破坏形态

(b) 试件 1PAW-4-b 破坏形态

图 5-10　试件 1PAW-4 破坏形态

试件 1PAW-6-a 加载至 250kN 时发出很轻微声响，经观察无明显现象，继续加载，当加载至 400kN 时试件发出轻微声响，继续加载至峰值荷载 411kN 时试件发出巨响，发现试件 1/4 处四面被压溃(图 5-11(a))，荷载迅速下降，最后在 240kN 附近波动。试件 1PAW-6-b 加载前期无明显现象，当荷载加至 320kN 时，试件发出很轻微的声响，当荷载达到峰值荷载 344.1kN 时，试件发出巨响，观察发现上端加固处两面被压溃(图 5-11(b))，荷载迅速下降至 244.1kN，然后开始回升，当荷载升至 287kN 时，试件又发出巨响，此时试件四面上加固端处被压溃，荷载迅速下降，在 230kN 时卸载。

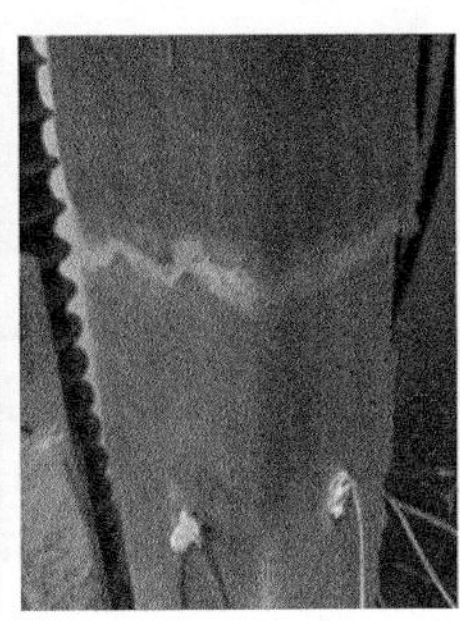
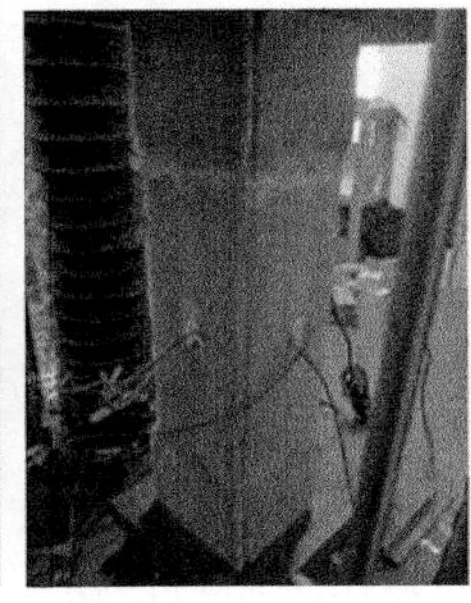

(a) 试件 1PAW-6-a 破坏形态

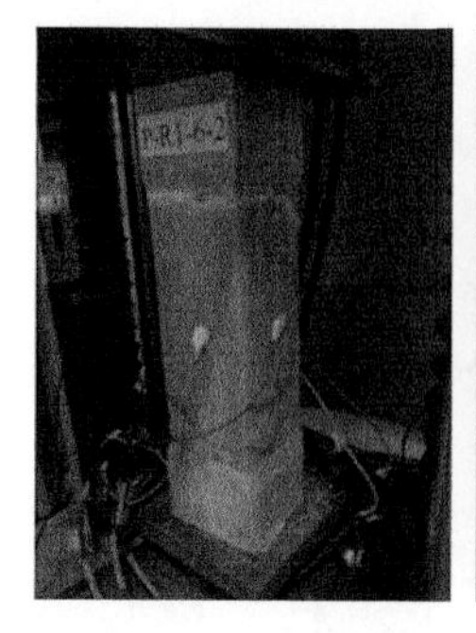

(b) 试件 1PAW-6-b 破坏形态

图 5-11　试件 1PAW-6 破坏形态

3. 试件 2PAW

试件 2PAW-4-a 在加载初期无明显现象，直至荷载加至 340kN，试件发出轻微的嗞嗞声，经观察发现上端加固端纤维出现泛白，荷载继续增加，声响并没有变大，当荷载达到峰值荷载 401.5kN 时试件发出巨响，试件中部被压皱(图 5-12(a))，荷载迅速下降至 302.8kN，中部压皱处向其他面横向扩展，当荷载下降至 296kN 时试件又发出一声巨响，中部被贯穿压溃，在 280kN 时卸载。试件 2PAW-4-b 在加载前发现有偏压，当荷载增加至 180kN 时声响连续，可能是端部纤维被压溃，最终在试件 1/3 处被压皱破坏(图 5-12(b))，峰值荷载为 276kN。

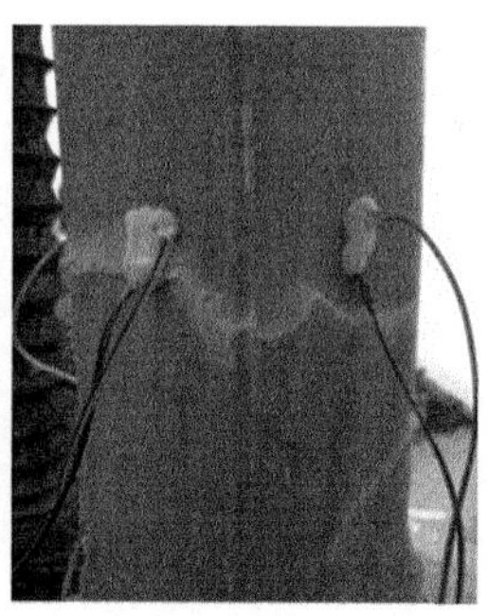

(a) 试件 2PAW-4-a 破坏形态

(b) 试件 2PAW-4-b 破坏形态

图 5-12　试件 2PAW-4 破坏形态

试件 2PAW-6-a 在加载初期无明显现象，当荷载加至 240kN 时，试件发出微弱但连续的嗞嗞声，经观察无明显现象，继续加载，当荷载加至 375kN 时，嗞嗞声变明显且密集，一直加载至荷载达到峰值荷载 429kN，试件发出巨响，试件中部纤维被贯穿压皱翘曲(图 5-12(a))，荷载急剧下降至 260kN，再缓慢下降至 220kN 后稍有回升，在 230kN 时卸载。试件 2PAW-6-b 在达到峰值荷载 358kN 前的试验现象和试件2PAW-6-a一样，最开始仅在靠近下端加固处一面破坏(图5-13)，在横截面沿棱发展纤维褶皱时发出两声巨响，荷载分别为282kN和232kN，在206kN时卸载。

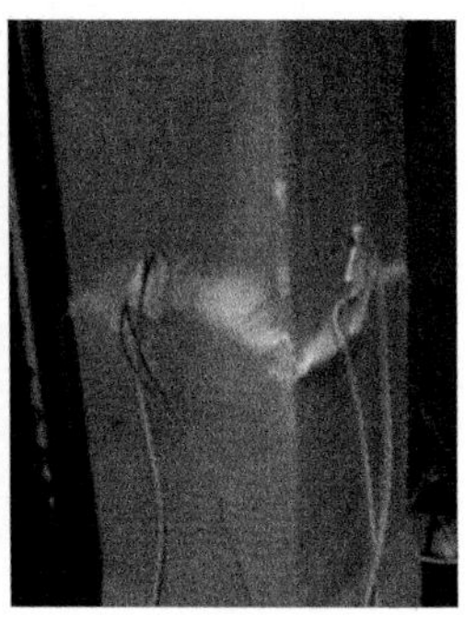
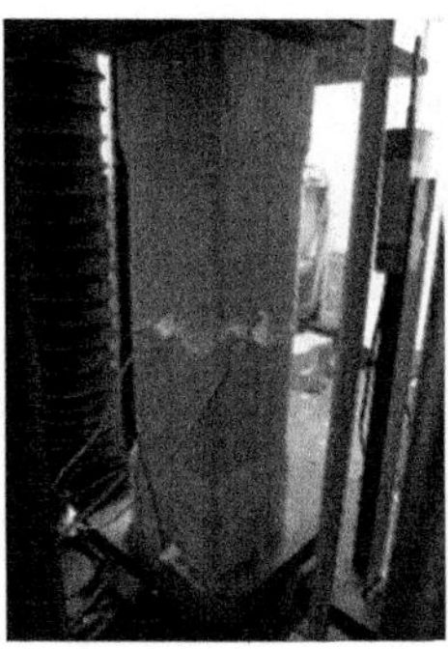
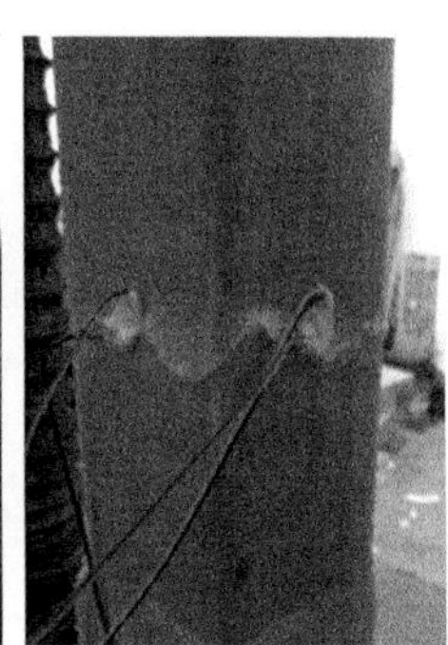

(a) 试件2PAW-6-a破坏形态

(b) 试件2PAW-6-b破坏形态

图5-13　试件2PAW-6破坏形态

4. 试件3PAW

试件3PAW-4-a加载初期无明显现象，当荷载加至326kN时，试件发出连续嗞嗞声，观察发现试件有相邻两面1/3处被压溃，继续加载至峰值荷载345kN时发现试件四面在1/3～1/4处均被压溃但未贯穿，荷载有所降低，继续加载，当荷载为284kN时发现试件一面1/2处被压溃，并向另一相邻面发展，荷载最终在238kN附近波动(图5-14(a))。试件3PAW-4-b在加载前期无明显现象，当加载至390kN时试件发出嘶嘶声，经观察，试件3/4处纤维泛白，继续加载至峰值荷载412kN时，试件一面3/4处纤维被压溃，继续加载，荷载有所下降，3/4处纤维压溃继续发展，当荷载降至350kN时试件约1/2处有3面中部被压溃破坏，两处的纤维压溃破坏致使中间的纤维与木材剥离开(图5-14(b))。

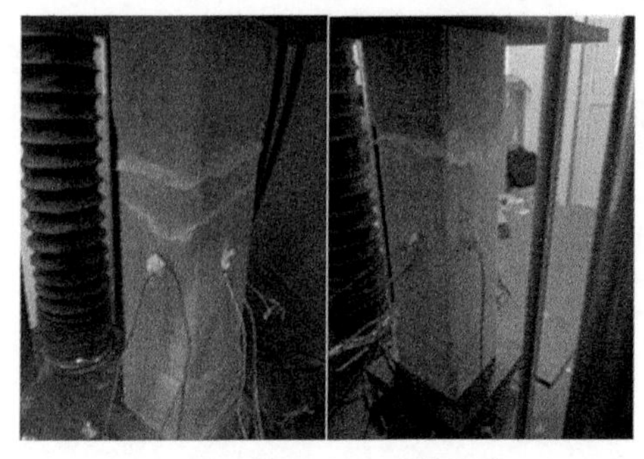

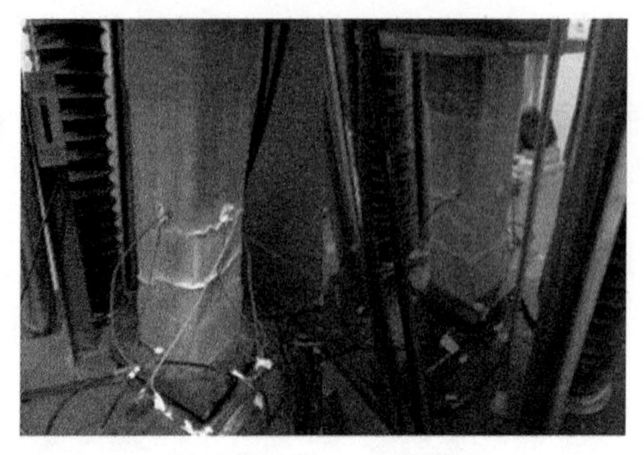

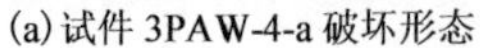

(a) 试件 3PAW-4-a 破坏形态　　　　(b) 试件 3PAW-4-b 破坏形态

图 5-14　试件 3PAW-4 破坏形态

试件 3PAW-6-a 加载初期，无明显现象，当荷载为 285kN 时试件发出很轻微的声响，随着荷载增加至 320kN，嗞嗞声变得连续密集，380kN 时声响变大，继续加载，经观察发现上加固端纤维泛白并伴随声响，当荷载为 425kN 时，上加固端被压陷，试件中部纤维被压皱，达到峰值荷载 440kN 时试件发出巨响，压皱裂缝迅速在横截面扩展，荷载急剧下降至 270kN 时再次发出巨响，继续下降至 250kN 时荷载波动很小，在 245kN 时卸载(图 5-15(a))。试件 3PAW-6-b 的试验现象和破坏模式均与试件 3PAW-6-a 相似(图 5-15(b))，峰值荷载为 412kN。

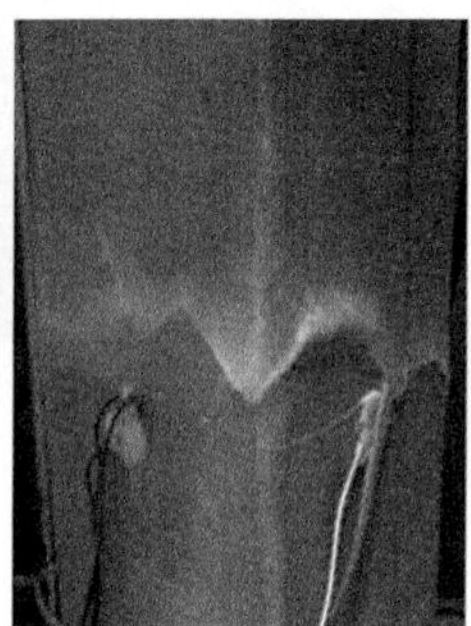

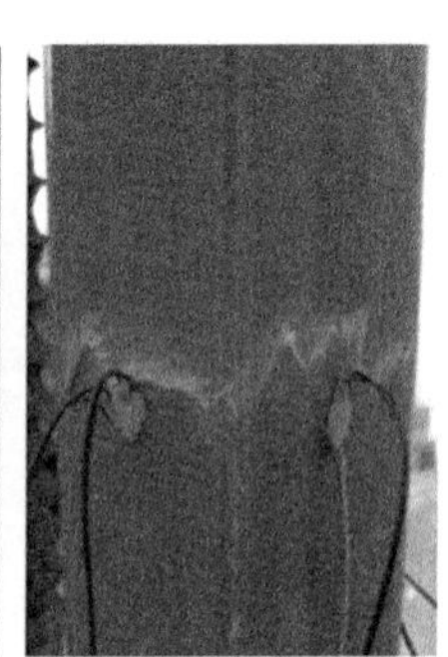

(a) 试件 3PAW-6-a 破坏形态

(b) 试件 3PAW-6-b 破坏形态

图 5-15　试件 3PAW-6 破坏形态

5. 试件 4PAW

试件 4PAW-4-a 加载初期无明显现象，当荷载加至 380kN 时，试件发出轻微嗞嗞声，随着荷载继续增大，当达到峰值荷载 395kN 时发现一面上加固端被压溃，继续加载，荷载有所下降，试件嗞嗞声不断，发现纤维压溃处在横截面内发展，当荷载为 351kN 时发现试件上加固端均被压溃，荷载最终在 260kN 附近波动(图 5-16(a))。试件 4PAW-4-b 开始的试验现象和试件 4PAW-4-a 相似，在试件的 1/3 处被压溃(图 5-16(b))，峰值荷载为 367kN。

(a) 试件 4PAW-4-a 破坏形态

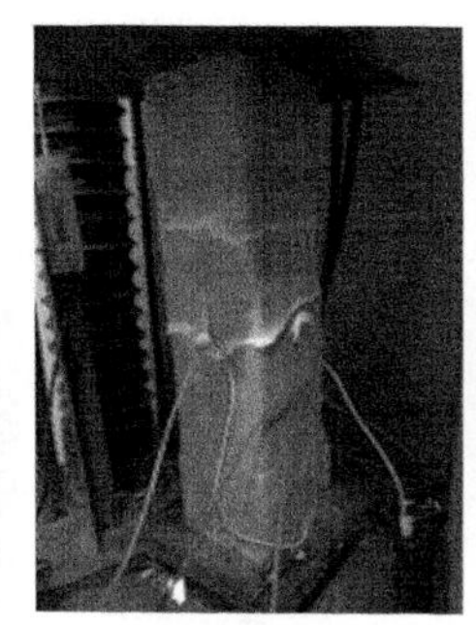
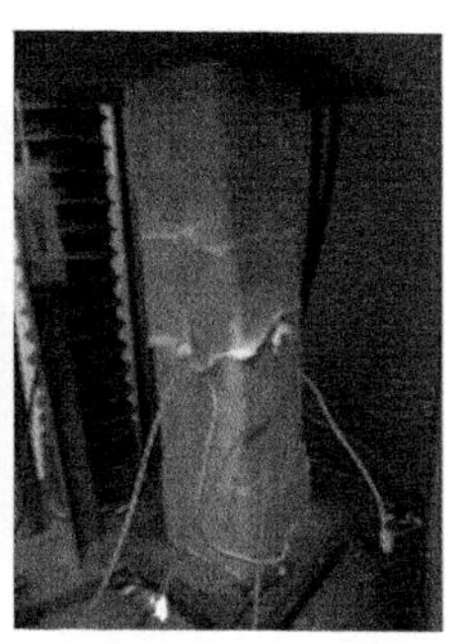

(b) 试件 4PAW-4-b 破坏形态

图 5-16　试件 4PAW-4 破坏形态

试件 4PAW-6-a 在加载前发现明显偏压。在加载后，当荷载加至 106kN 时，试件发出声响，继续加载，当荷载为 169kN 时能听到嗞嗞声，经观察无明显现象，当荷载加载至 316kN 时，试件发出连续嗞嗞声，上加固端纤维泛白，当达到峰值荷载 360kN 时试件发出巨响，连着三面的上加固端纤维被压皱，荷载迅速降至 300kN 然后开始回升，期间嗞嗞声不断，压皱处发展，位移快速增加，当荷载回升至 320kN 时，试件又发出巨响，压皱处发展，当荷载降至 262kN 时试件 1/4 处在平截面发生翘曲，在 245kN 时卸载(图 5-17(a))。试件 4PAW-6-b 在加载初期无明显现象，直至荷载增加至 246kN 时，试件小“砰”一声，继续加载至 401kN 时发出微小的嗞嗞声，继续加载，当荷载为 436kN 时试件嗞嗞声变连续，加载至峰值荷载 461kN 时发出巨响，试件 1/3 处纤维被压皱，荷载迅速降至 304kN，纤维压皱折痕迅速沿棱在横截面向另两面发展(图 5-17(b))，当荷载降至 254kN 时荷载波动较小，在 245kN 时卸载。

(a) 试件 4PAW-6-a 破坏形态

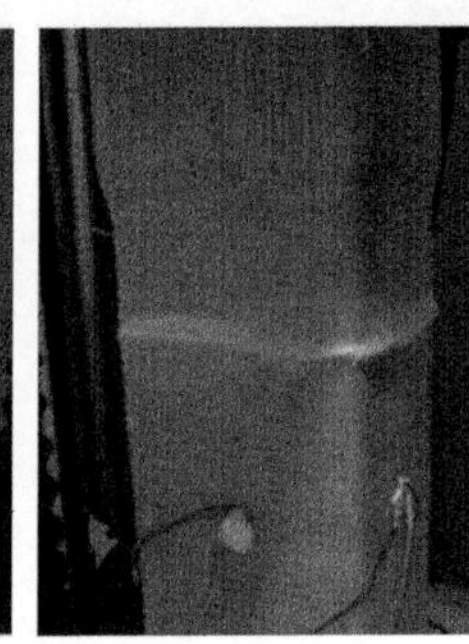

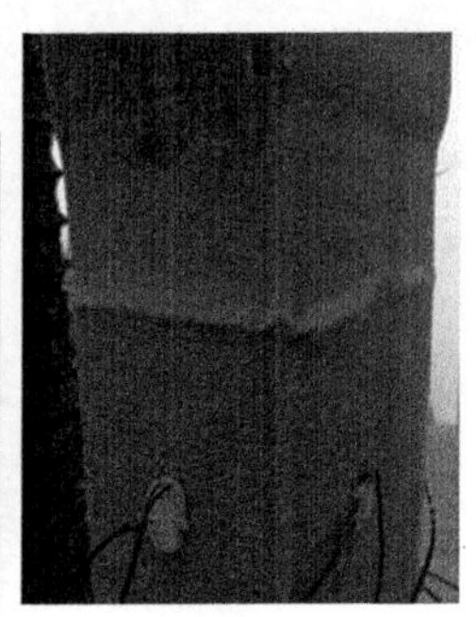

(b) 试件 4PAW-6-b 破坏形态

图 5-17　试件 4PAW-6 破坏形态

5.2.5　南方松芯材试件轴压性能试验

1. 试件 SOP

南方松原木柱试件 SOP-a 在加载前期无明显现象，达到峰值荷载 498kN 时试件发出细微的声响，观察发现试件中部出现斜裂缝，继续加载，肉眼可见试件被压溃(图 5-18(a))。试件 SOP-b 在加载前期无明显现象，当荷载为 447kN 时发现试件 1/3 处被压溃并伴随声响，继续加载至峰值荷载 483kN 时试件发出连续声响，压溃处向周围发展(图 5-18(b))。

2. 试件 1SOP

试件 1SOP-4-a 在加载前期无明显现象，当加载至 335kN 时试件发出连续嘶嘶声，发现试件加固处多次泛白，继续加载，嘶嘶声密集明显，泛白处纤维发生压溃破坏，并在横截面内发展，当加载至峰值荷载 444kN 时发现纤维压皱处沿棱向其他面扩展并发出纤维撕裂声，最终试件多次发生纤维压溃，见图 5-19(a)。

试件 1SOP-4-b 的试验现象和破坏模式与试件 1SOP-4-a 相似(图 5-19(b))，峰值荷载为 568kN。

(a) 试件 SOP-a 破坏形态

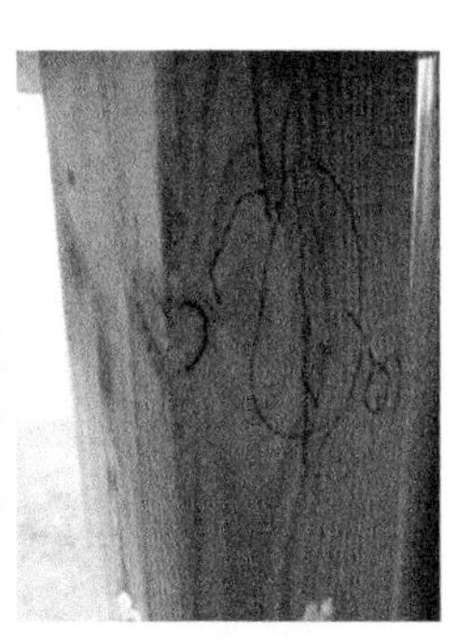

(b) 试件 SOP-b 破坏形态

图 5-18　试件 SOP 破坏形态

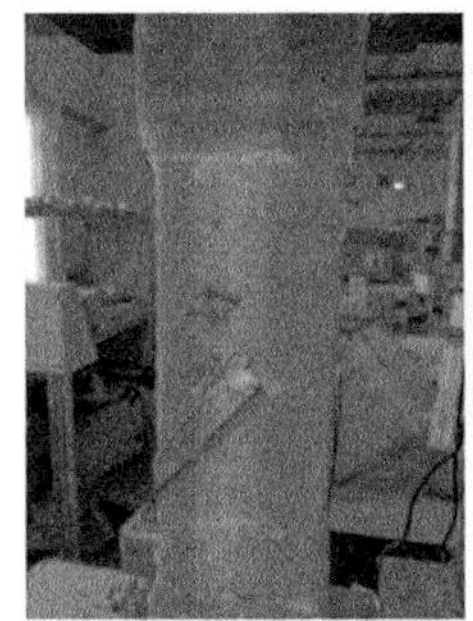

(a) 试件 1SOP-4-a 破坏形态

(b) 试件 1SOP-4-b 破坏形态

图 5-19　试件 1SOP-4 破坏形态

试件 1SOP-6-a 在加载前期无明显现象，当加载至 354kN 时试件发出嘶嘶声，试件一面 1/4 处纤维泛白，继续加载至峰值荷载 622kN 时试件发出“砰”的巨响声，发现试件 2/3 处两面纤维被压皱翘曲，荷载迅速下降但稍有回升，当荷载为 436kN 时发现试件 3/4 处有两面被压皱，继续加载，两处被压皱的纤维裂痕分别在横截面内发展，并伴随纤维压皱的嘶嘶声，当荷载降至 382kN 时，发现试件 2/3 处四面纤维被压皱(图 5-20(a))，在 341kN 时卸载。试件 1SOP-6-b 在加载前期发现有偏压(图 5-20(b))，峰值荷载为 395kN。

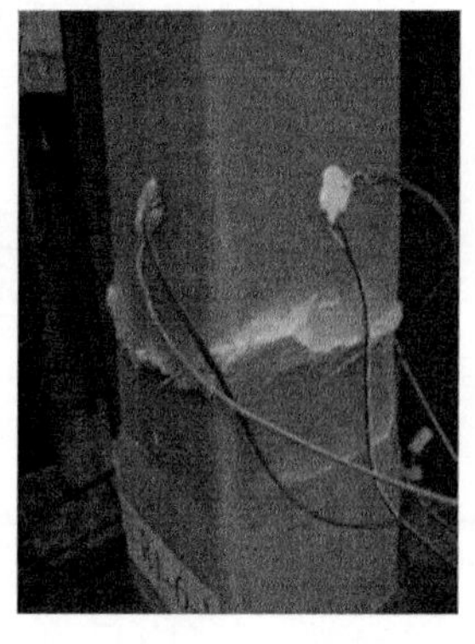

(a) 试件 1SOP-6-a 破坏形态

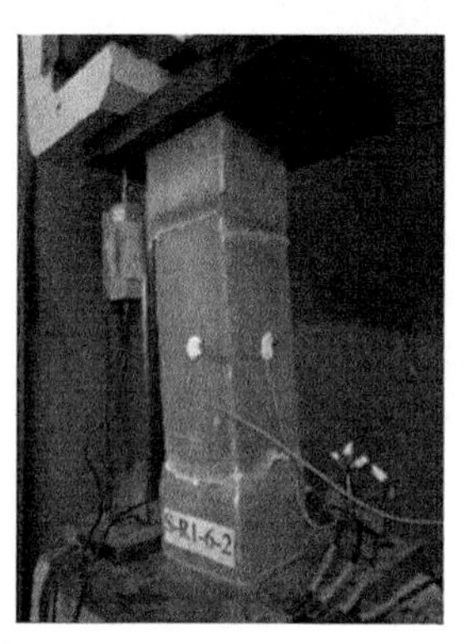

(b) 试件 1SOP-6-b 破坏形态

图 5-20　试件 1SOP-6 破坏形态

3. 试件 2SOP

试件 2SOP-4-a 在加载前期无明显现象，当荷载为 378kN 时发出声响，观察发现试件 1/3 处两相邻面纤维被压溃，继续加载，试件嘶嘶声不断，被压溃的纤维褶皱向另两面发展，当加载至峰值荷载 461kN 时发现试件四面均有纤维被压溃(图 5-21(a))，最终荷载在 405kN 附近浮动，在 400kN 时卸载。试件 2SOP-4-b 的试验现象和破坏模式与试件 2SOP-4-a 相似(图 5-21(b))，峰值荷载为 439kN。

(a) 试件 2SOP-4-a 破坏形态

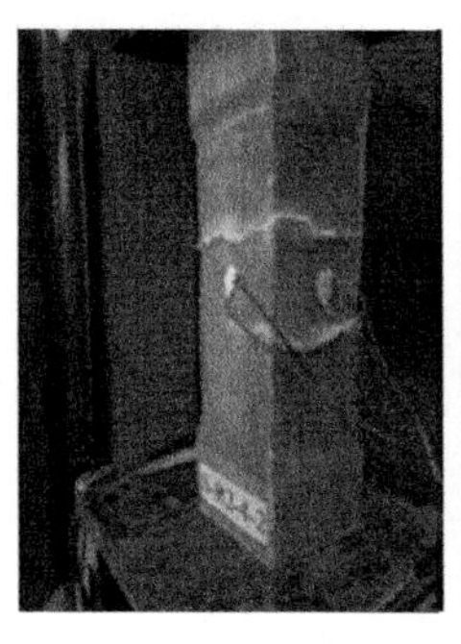

(b) 试件 2SOP-4-b 破坏形态

图 5-21　试件 2SOP-4 破坏形态

试件 2SOP-6-a 在加载前期发现有偏压，当加载至 330kN 时试件发出声响，观察无明显现象，加载至 390kN 时发现试件有一面上加固端纤维被压溃，当荷载达到峰值荷载 466kN 时试件发出巨响，试件两面 1/3 处纤维被压溃，并向其他两面发展(图 5-22(a))，荷载在 390kN 附近浮动。试件 2SOP-6-a 在加载前期无明显现象，当荷载为 470kN 时试件发出嗞嗞声，观察发现试件一面下加固端纤维泛白，继续加载，多处加固端纤维泛白并伴随声响，达到峰值荷载 680kN 时试件 2/3 处四面被压溃并伴随巨响(图 5-22(b))，荷载迅速下降至 423kN，在 390kN 附近浮动。

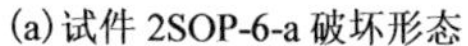
(a) 试件 2SOP-6-a 破坏形态

(b) 试件 2SOP-6-b 破坏形态

图 5-22　试件 2SOP-6 破坏形态

4. 试件 3SOP

试件 3SOP-4-a 在加载前期无明显现象，当达到峰值荷载 536kN 时试件发出很大响声，试件两面 2/3 处被压溃，继续加载，试件嗞嗞声不断，被压溃的纤维褶皱不断发展(图 5-23(a))，试件荷载降落平缓，分别在 490kN 和 450kN 有稳定段。试件 3SOP-4-b 在加载前期发现有偏压，当加载至 250kN 时试件多处加固段纤维被压溃(图 5-23(b))，峰值荷载为 488kN。

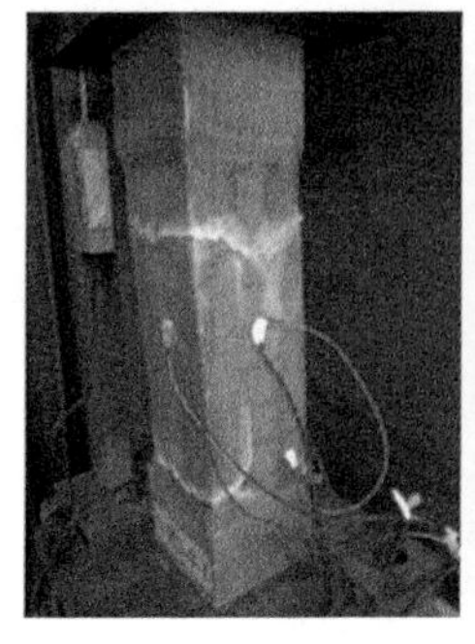

(a) 试件 3SOP-4-a 破坏形态

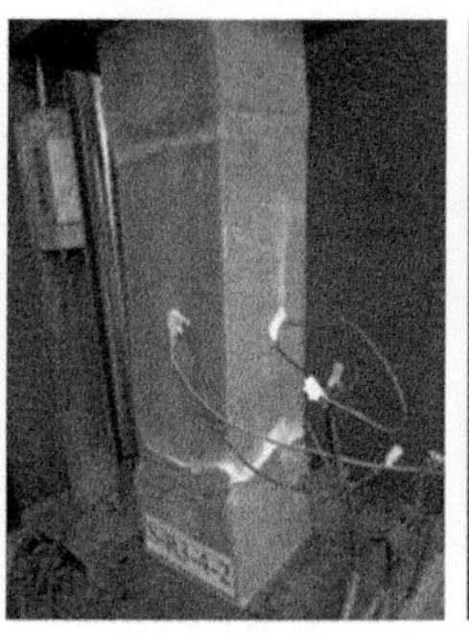

(b) 试件 3SOP-4-b 破坏形态

图 5-23　试件 3SOP-4 破坏形态

试件 3SOP-6-a 在加载前期无明显现象，加载至 565kN 时试件发出连续微小的声响，继续加载至 593kN 时发现试件加固处纤维开始泛白并被压溃，达到峰值荷载 614.7kN 时试件发出"砰"的一声，试件两面 2/3 处和 1/4 处被压溃(图 5-24(a))，荷载迅速下降。继续加载，纤维压溃处在横截面内向其他面扩展。试件 3SOP-6-b 的试验现象和破坏模式与试件 3SOP-6-a 相似(图 5-24(b))，峰值荷载为 665kN。

(a) 试件 3SOP-6-a 破坏形态

(b) 试件 3SOP-6-b 破坏形态

图 5-24　试件 3SOP-6 破坏形态

5. 试件 4SOP

试件 4SOP-4-a 在加载前期无明显现象，当加载至 600kN 时试件发出嗞嗞声，发现上加固端纤维泛白，继续加载，加固端泛白处增多，达到峰值荷载 672kN 时试件发出巨响，发现试件 1/3 处被压溃，荷载有所降低，当荷载为 523kN 时试件 1/2 处被压溃(图 5-25(a))。试件 4SOP-4-b 的试验现象和破坏模式与试件 4SOP-4-a 相似(图 5-25(b))，峰值荷载为 614kN。

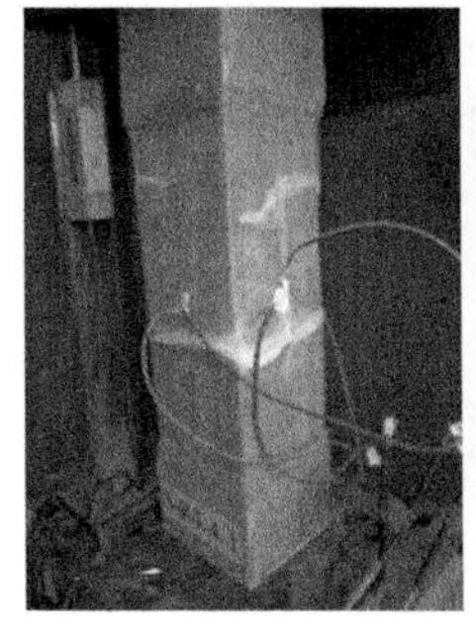

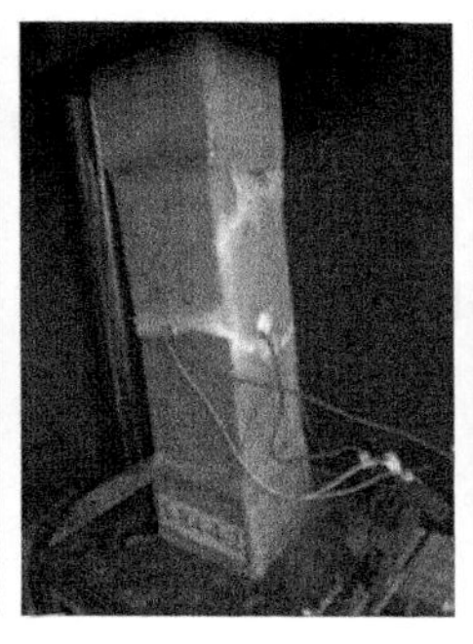

(a)试件 4SOP-4-a 破坏形态　　(b)试件 4SOP-4-b 破坏形态

图 5-25　试件 4SOP-4 破坏形态

试件 4SOP-6-a 在加载前期无明显现象，直至加载至峰值荷载 730kN 时发出巨响，试件三面 1/4 处被压溃，荷载快速下降至 540kN，期间纤维压溃声不断，当荷载为 536kN 时发现试件四面均被压溃(图 5-26(a))，后期在 460kN 附近稳定。试件 4SOP-6-b 的试验现象和破坏模式与试件 4SOP-6-a 相似(图 5-26(b))，峰值荷载为 617kN。

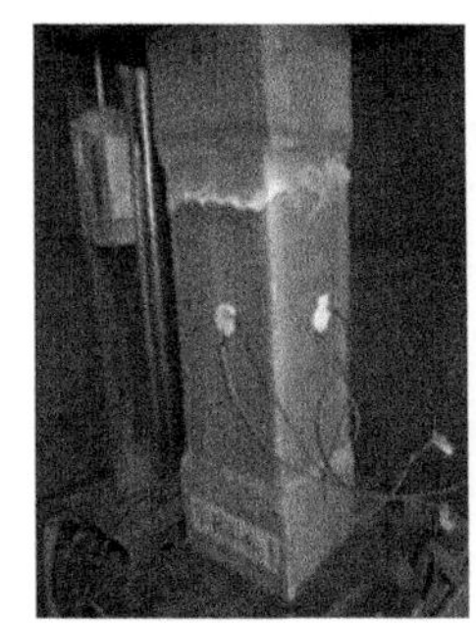

(a) 试件 4SOP-6-a 破坏形态　　(b) 试件 4SOP-6-b 破坏形态

图 5-26　试件 4SOP-6 破坏形态

5.3　格构腹板增强木芯复合柱试验结果与分析

5.3.1　纤维增强泡桐木芯材复合柱试验结果

1. 不同格构形式复合柱试验结果

1) 泡桐木芯材复合柱的荷载-位移曲线

泡桐木芯材复合柱荷载-位移曲线见图 5-27。由图可知，在加载前期，所有泡桐木芯材试件荷载都近似线性增加，将达到极限荷载时，曲线斜率变缓，达到极限荷载后，除原木外，其他复合柱试件荷载均迅速下降，荷载下降至一定值后，GFRP 加强的复合柱发挥延性，使得试件破坏后荷载在一段时间内在 250kN 附近波动，GFRP 加固后的柱子极限荷载比原木有明显增加，且曲线斜率均比原木曲线斜率变陡，说明 GFRP 加固后，试件的刚度均有增加。

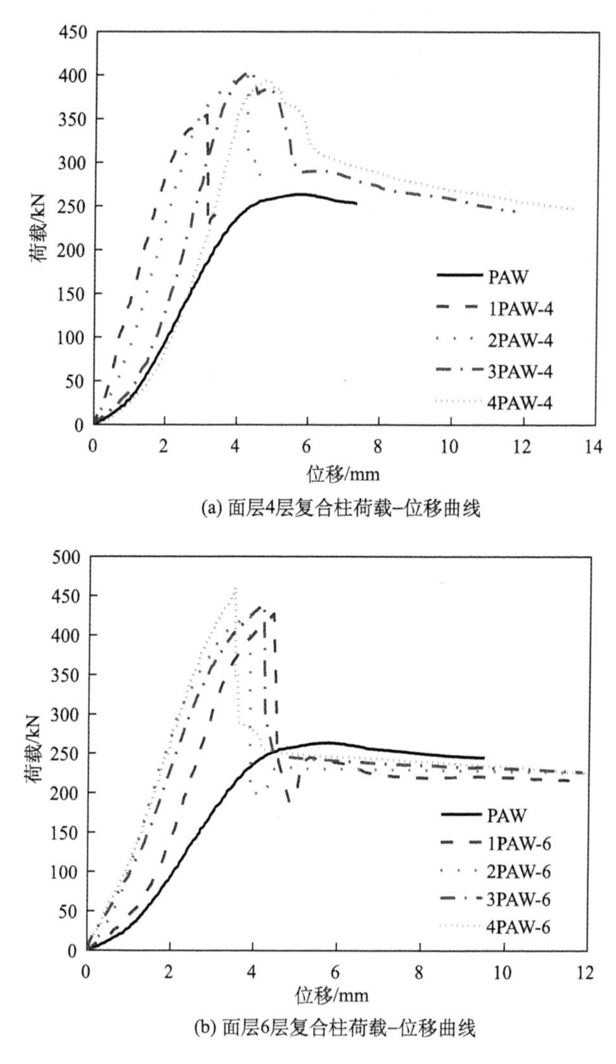

(a) 面层4层复合柱荷载–位移曲线

(b) 面层6层复合柱荷载–位移曲线

图 5-27　泡桐木芯材复合柱荷载-位移曲线

2) 泡桐木芯材复合柱的荷载-应变曲线

图 5-28 给出了泡桐木芯材复合柱荷载-应变曲线，其中应变以受拉为正，受压为负。所有应变均取 4 面应变片的平均值，由于破坏时荷载变化很大，试件的纵向应变和横向应变波动很大，因此图 5-28 给出的最大荷载为试件的极限荷

载，给出的应变仅为试件达到极限荷载时的应变，并非试件可测的最大应变或极限应变。

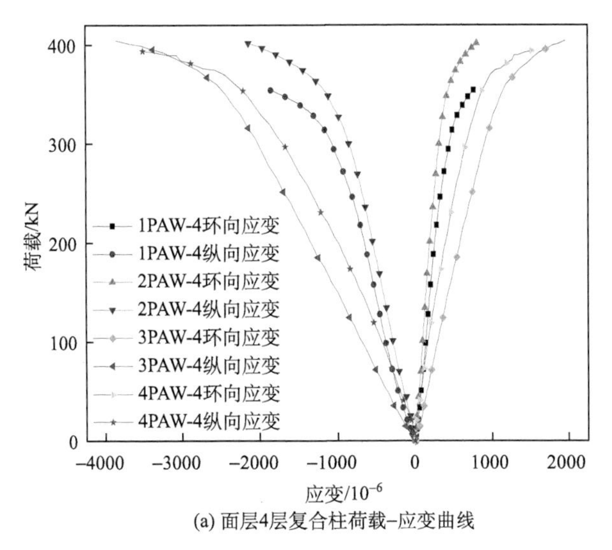

(a) 面层4层复合柱荷载-应变曲线

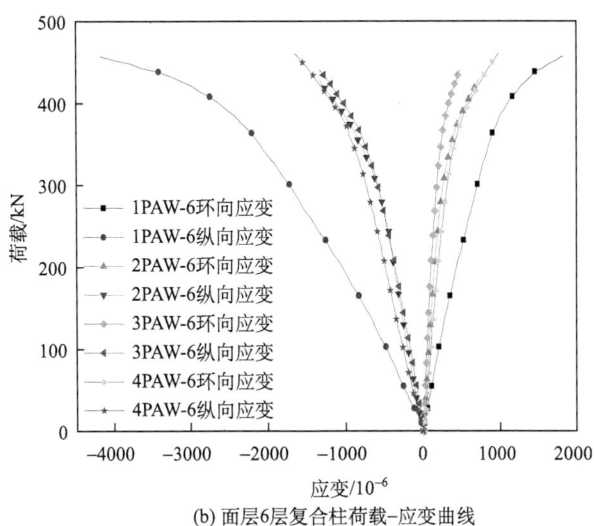

(b) 面层6层复合柱荷载-应变曲线

图 5-28　泡桐木芯材复合柱荷载-应变曲线

从图 5-28 可以看出，所有试件的纵向应变约为环向应变的 2 倍，在荷载将达到极限荷载时，环向应变迅速增加，此时 GFRP 面层充分发挥约束作用，使得试件轴向荷载不断增加。由图 5-28(a)可知，试件 2PAW-4 的约束效果最好，试件 3PAW-4 的约束效果最差，因为当面层层数与芯材强度匹配时，试件 3PAW-4 中约束的单片芯材的回转半径最大。在面层为 4 层时，格构形式与最外层纤维的约束作用没有明显规律。由图 5-28(b)可知，试件 2PAW-6、3PAW-6、4PAW-6 的约束效果近似，试件 1PAW-6 的约束效果明显较差，可见当面层为 6 层时，只需适当增加格构，就能显著提高试件的约束效果，并非随着格构数目线性增加。

2. 不同面层层数复合柱试验结果

1)泡桐木芯材复合柱的荷载-位移曲线

试件 PAW-4 和 PAW-6 的主要区别是面层层数和铺成不一样。试件 PAW-4 的面层为 4 层，铺成从芯材开始依次为 2 层 45°/–45°、1 层 0/90°和 1 层 45°/–45°；试件 PAW-6 的面层为 6 层，铺成从芯材开始依次为 2 层 45°/–45°、2 层 0/90°和 2 层 45°/–45°。两组的面层厚度分别为 2.4mm 和 3.6mm。为对比分析相同格构形式下不同纤维面层对试件极限承载力的影响，图 5-29 给出了不同面层层数的泡桐木芯材复合柱荷载-位移曲线。

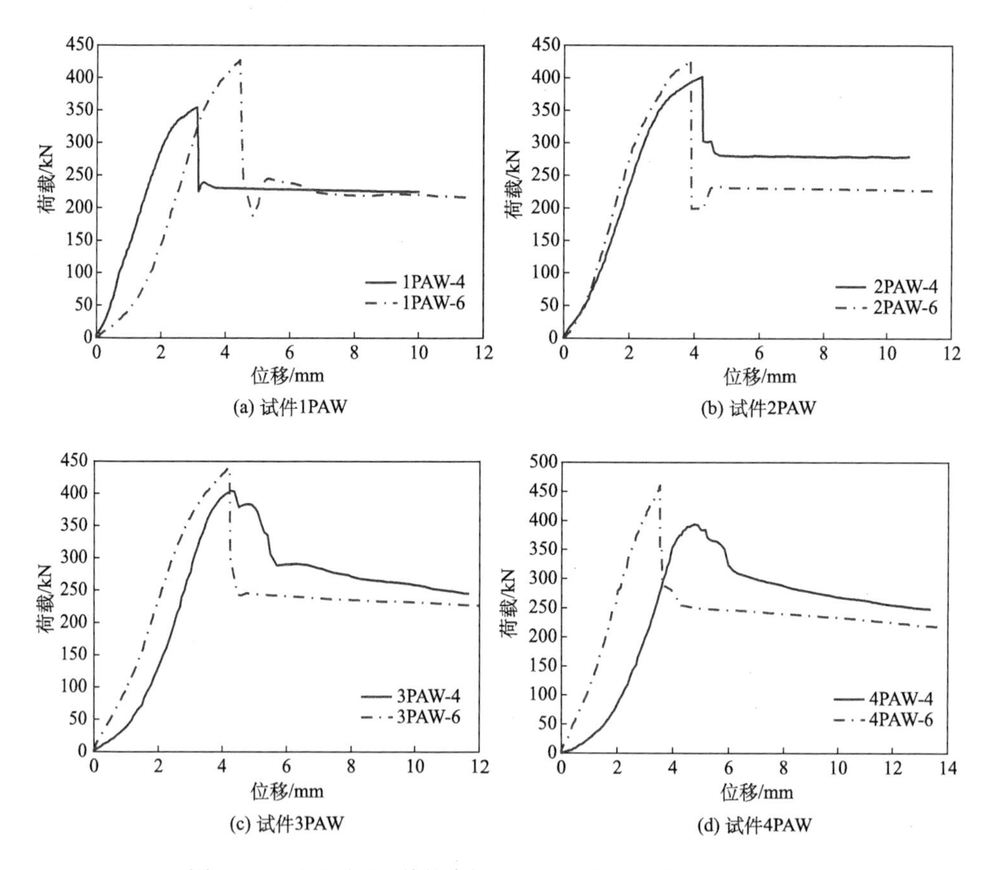

图 5-29　不同面层层数的泡桐木芯材复合柱的荷载-位移曲线

由图 5-29 可知，试件 PAW-6 的极限荷载均比对应格构试件 PAW-4 大，加载至后期稳定时，图中两条曲线的斜率及试件的刚度很相近。而且达到极限荷载后，试件 PAW-6 的荷载均比试件 PAW-4 下降更多，最后稳定时的荷载很相近，说明面层达到 4 层后，对于泡桐木芯材复合柱，继续增加纤维面层层数能适当提高强度，对刚度影响不大。

2) 泡桐木芯材复合柱的荷载-应变曲线

相同格构形式不同面层层数的泡桐木芯材复合柱的荷载-应变曲线见图 5-30，纵坐标为试件的轴压荷载，横坐标为试件的纵向应变，仅用数值大小表示。其中荷载为试验过程中所测的最大荷载，应变为试件 4 面纵向应变的平均值，为试件达到峰值荷载时对应的应变，由于试件达到峰值荷载后，荷载在短时间内迅速下降，试件被破坏，导致应变收集的数据波动较大，所以仅采用试件达到峰值荷载前期的应变，所以图中所示应变并非极限应变或最大应变。

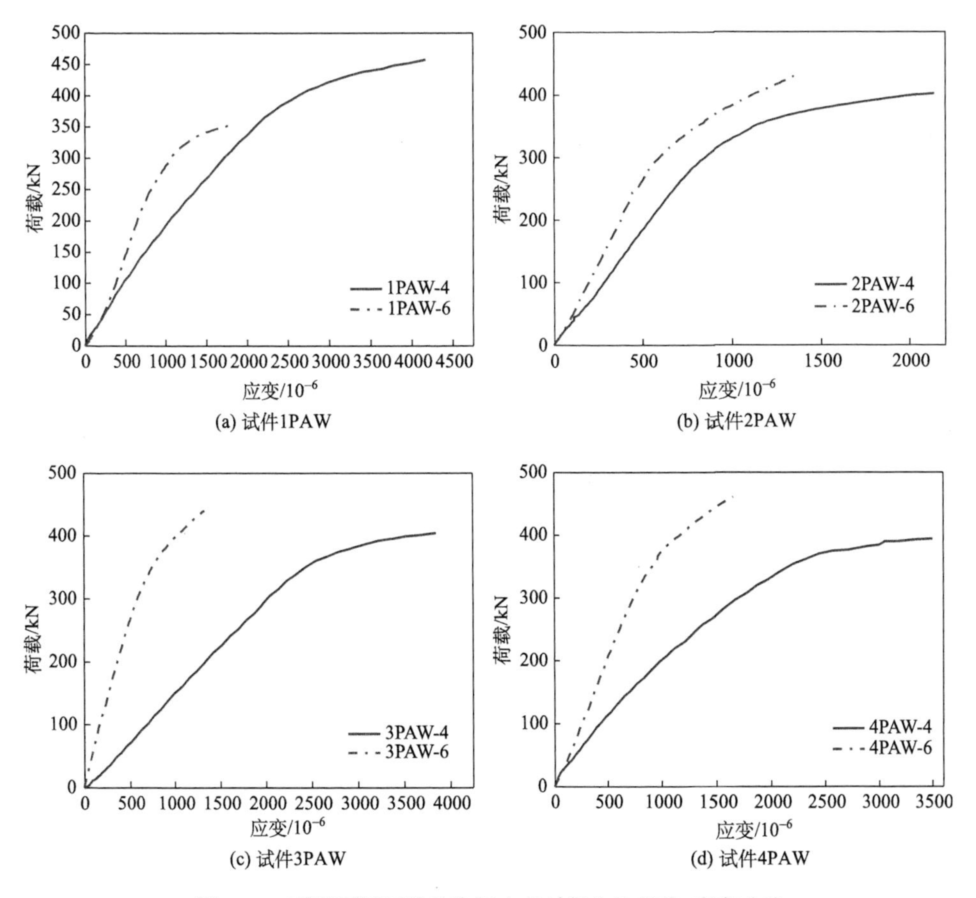

(a) 试件1PAW　(b) 试件2PAW
(c) 试件3PAW　(d) 试件4PAW

图 5-30　不同面层层数的泡桐木芯材复合柱荷载-应变曲线

由图 5-30 可知，试件 2PAW、3PAW 和 4PAW 在面层为 6 层时的约束作用明显比面层为 4 层时的约束作用大，与图 5-29 得到的结果类似，较强的约束效果支撑泡桐木芯材继续承载，因此得到较大的峰值荷载；试件 1PAW 的荷载-应变曲线出现异常，可能是试件 1PAW-4 出现偏压，导致试件中部应变偏大。

5.3.2 不同参数对泡桐木芯材复合柱的影响

1. 不同参数对泡桐木芯材复合柱极限承载力的影响

试件的极限承载力体现了试件各组分协同工作的整体性能。表 5-7 给出了泡桐木芯材极限承载力结果。从表中可以看出，GFRP 加固后的复合柱极限承载力比原木柱有了明显提高。无格构复合柱 1PAW-4 和 1PAW-6 的极限承载力分别比原木柱提高了 34.34%、62.18%，格构复合柱 2PAW-4、3PAW-4、4PAW-4 的极限承载力分别比原木柱提高了 52.30%、53.33%、49.38%，格构复合柱 2PAW-6、3PAW-6、4PAW-6 的极限承载力分别比原木柱提高了 62.74%、66.85%、74.67%。由表可知，当格构形式为一字型和二字型时，极限承载力提高的百分比很相近。

当面层纤维布为 4 层时，极限荷载并不随木块数目的增加而增加；当面层纤维布为 6 层时，GFRP 加固的复合柱极限承载力相近；当格构形式为十字型时，面层为 4 层的极限承载力相较于其他格构形式的复合柱有所降低，面层为 6 层的复合柱的极限承载力有明显提高；当格构形式一样时，面层为 6 层的复合柱的极限承载力比 4 层的复合柱的极限承载力有所提高，说明适当增加外包纤维可以提高复合柱的极限承载力。

表 5-7 泡桐木芯材复合柱轴压极限承载力

类型	木柱	无格构复合柱	格构复合柱		
试件编号	PAW	1PAW-4	2PAW-4	3PAW-4	4PAW-4
极限承载力/kN	263.67	354.21	401.56	404.28	393.88
提高的百分比/%	—	34.34	52.30	53.33	49.38
试件编号	PAW	1PAW-6	2PAW-6	3PAW-6	4PAW-6
极限承载力/kN	263.67	427.63	429.09	439.94	460.55
提高的百分比/%	—	62.18	62.74	66.85	74.67

图 5-31 为在格构形式相同时，不同面层层数试件的极限荷载与叠加极限荷载对比，其中 PAW+、PAW-4、PAW-6 分别表示叠加极限荷载、面层为 4 层试件的极限荷载和面层为 6 层试件的极限荷载。由图可知，面层为 4 层和 6 层试件的极限荷载均比叠加极限荷载高，说明外包纤维有效地发挥了约束作用；面层为 6 层试件的极限荷载均高于对应的面层为 4 层的试件，说明适当增加面层层数，能有

效提高泡桐木芯材复合柱的极限荷载。

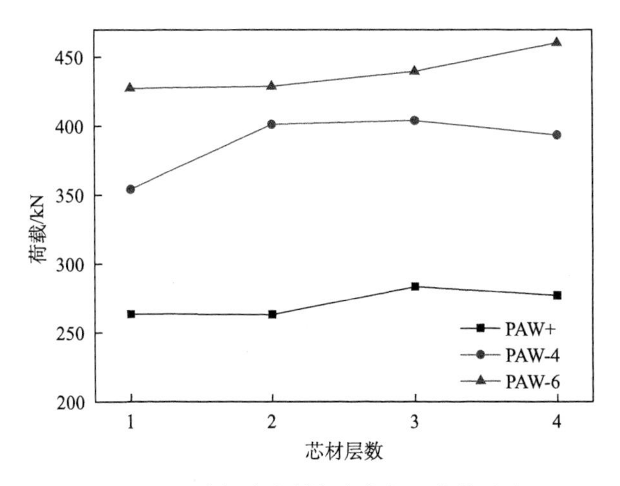

图 5-31　泡桐木芯材复合柱极限荷载对比

2. 不同参数对泡桐木芯材复合柱刚度的影响

根据所测数据进行线性回归，得到各试件的刚度，列于表 5-8。由表可知，无格构复合柱 1PAW-4 和 1PAW-6 的刚度分别比原木柱提高了 93.91%、231.27%，格构复合柱 2PAW-4、3PAW-4、4PAW-4 的刚度分别比原木柱提高了 92.61%、88.28%、80.25%，格构复合柱 2PAW-6、3PAW-6、4PAW-6 的刚度分别比原木柱提高了 104.24%、89.52%、106.15%。利用 GFRP 加固后的 PAW 试件且无格构时刚度增加 90%以上，当增加格构后，试件刚度并没有显著增加，试件 3PAW 和 4PAW-4 刚度甚至有明显降低。且面层为 6 层的试件刚度均高于面层为 4 层的试件，但除试件 4PAW 外，其他试件刚度均不高于 10%，说明面层为 4 层时，GFRP 对于泡桐木的约束已经足够，再增加纤维面层对刚度提高并不显著。

表 5-8　泡桐木芯材复合柱刚度

类型	木柱	无格构复合柱	格构复合柱		
试件编号	PAW	1PAW-4	2PAW-4	3PAW-4	4PAW-4
复合柱刚度/(kN/mm)	77.38	150.05	149.04	145.69	139.48
提高的百分比/%	—	93.91	92.61	88.28	80.25
试件编号	PAW	1PAW-6	2PAW-6	3PAW-6	4PAW-6
复合柱刚度/(kN/mm)	77.38	256.34	158.04	146.65	159.52
提高的百分比/%	—	231.27	104.24	89.52	106.15

3. 不同参数对泡桐木芯材复合柱延性的影响

由图 5-27 荷载-位移曲线可知，虽然复合材料和泡桐木芯材均为脆性材料，但两者组合后，其格构增强木芯复合柱具备了一定的延性，其破坏过程非线性。所呈现的试件延性并非由于材料自身的延性产生，而是由 GFRP 与芯材的压溃破坏引起变形导致的，可称为“伪延性”，采用 μ_Δ 来考察试件伪延性，公式如下：

$$\mu_\Delta = \frac{\Delta_\mu}{\Delta_y} \tag{5-1}$$

式中，Δ_μ 为构件承载力降至极限荷载 70%时对应的位移；Δ_y 为构件在极限荷载下的位移。由图 5-28 可知，不同参数泡桐木芯材试件的延性的影响不大。

5.3.3　纤维增强南方松芯材复合柱试验结果

1. 不同格构形式复合柱试验结果

1) 南方松芯材复合柱的荷载-位移曲线

南方松芯材复合柱荷载-位移曲线见图 5-32。由图可知，在加载前期，所有南方松芯材试件的荷载-位移曲线都近似线性增加，将达到极限荷载时，曲线斜率略微变缓，达到极限荷载后，除原木柱外，其他复合柱试件荷载均迅速下降，当荷载下降至一定值后，GFRP 加强的复合柱发挥延性，使荷载在 400kN 左右保持一段时间，GFRP 加固后的试件极限荷载均有提高，但刚度并不是均有提高，甚至有的比南方松原木柱更小。

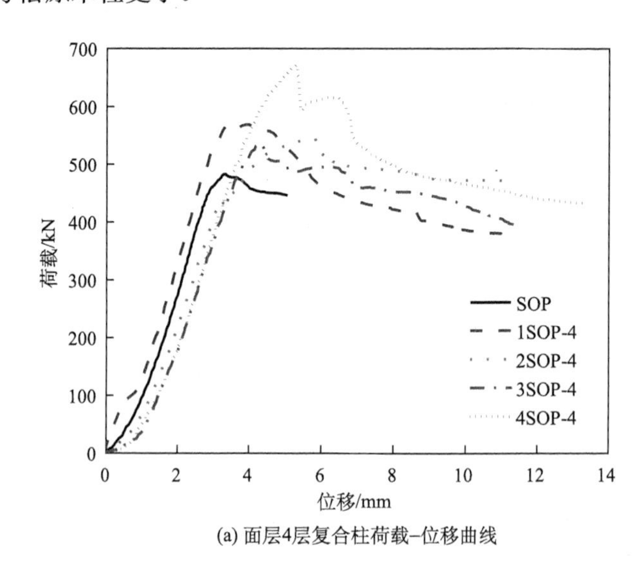

(a) 面层4层复合柱荷载–位移曲线

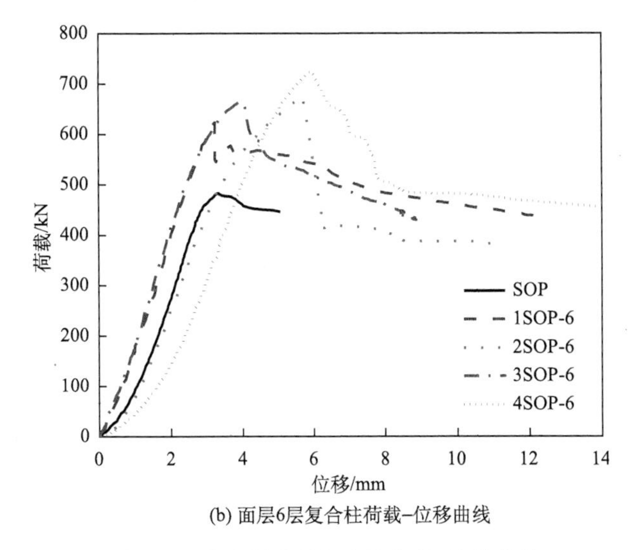

(b) 面层6层复合柱荷载–位移曲线

图 5-32　南方松芯材复合柱荷载-位移曲线

由图 5-32(a)可知，试件 1SOP-4 的强度比原木柱 SOP 有显著提高，试件 1SOP-4、2SOP-4 和 3SOP-4 的极限荷载相近，试件 4SOP-4 的极限荷载提高显著，说明当格构形式对称时，GFRP 能充分发挥作用。仅试件 1SOP-4 的刚度比原木柱刚度大，试件 3SOP-4 和 4SOP-4 的刚度几乎一样且与试件 2SOP-4 相近，说明格构削弱了试件的整体刚度，可能是由于南方松芯材自身刚度较强。图 5-32(b)表明，试件 SOP 与试件 2SOP-6 的刚度相近，试件 1SOP-6 和试件 3SOP-6 的刚度相近。但试件 2SOP-6 和 3SOP-6 的刚度明显高于试件 1SOP-6，但低于试件 4SOP-6，说明当面层为 6 层时，适当增加格构有利于提高试件的极限承载力。

2)南方松芯材复合柱的荷载-应变曲线

图 5-33 给出了南方松芯材复合柱荷载-应变曲线，其中纵坐标为试件的轴向承载力，横坐标为试件的环向和纵向应变，拉应变为正，压应变为负，给出的荷载-应变曲线为试件达到极限荷载时所测的荷载和应变。图 5-33(a)表明，试件 1SOP-4 的约束效果最大，其他试件约束效果相近，说明面层为 4 层时，增加格构不能明显提高其约束作用，且其约束作用与格构形式没有明显关联。图 5-33(b)的荷载-应变曲线明显比图 5-33(a)清晰，与图 5-28(a)相似，说明面层为 6 层时，对南方松芯材复合柱的约束效果达到稳定。试件 3SOP-6 的约束效果最差，试件 3SOP-6 中约束的单片芯材的回旋半径最大，试件 1SOP-6 的约束效果最好，可以预测南方松芯材的面层可继续适当增加，最后做出的荷载-应变曲线形状将与图 5-29(b)相似，试件 2SOP、3SOP 和 4SOP 的约束效果相似，比试件 1SOP 约束效果好。

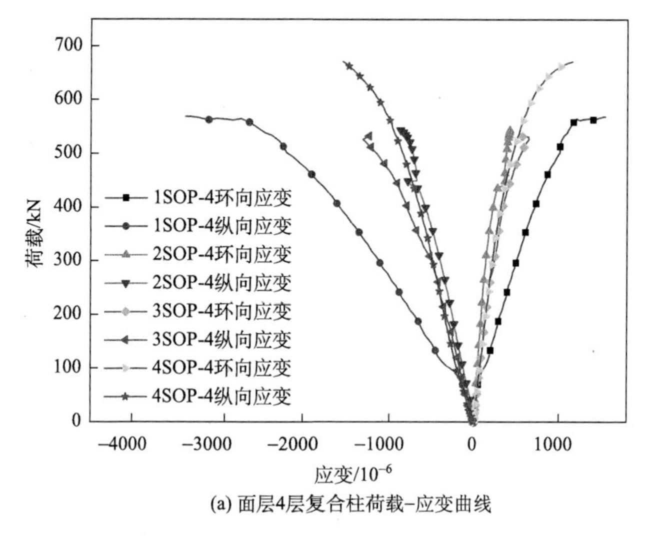

(a) 面层4层复合柱荷载-应变曲线

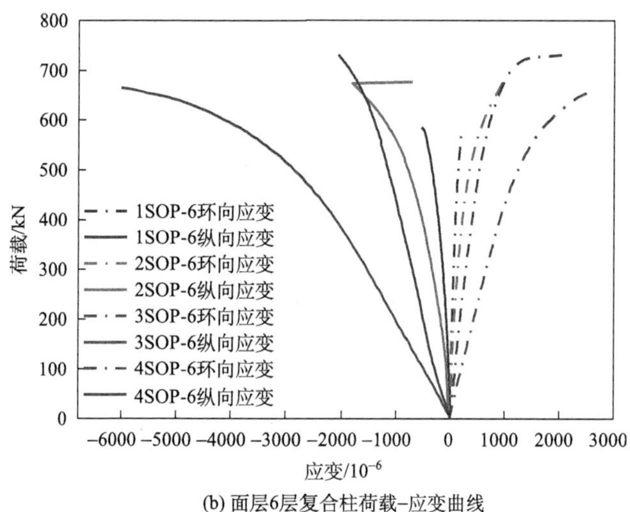

(b) 面层6层复合柱荷载-应变曲线

图 5-33　南方松芯材复合柱荷载-应变曲线

2. 不同面层层数复合柱试验结果

1) 南方松芯材复合柱的荷载-位移曲线

试件 SOP-4 与 SOP-6 的区别在于最外层的纤维面层层数和铺成不一样，与泡桐木芯材复合柱试件 PAW-4 与 PAW-6 类似，为分析面层层数对南方松芯材复合柱试件极限承载力的影响，图 5-34 给出了不同面层层数的南方松芯材复合柱荷载-位移曲线。

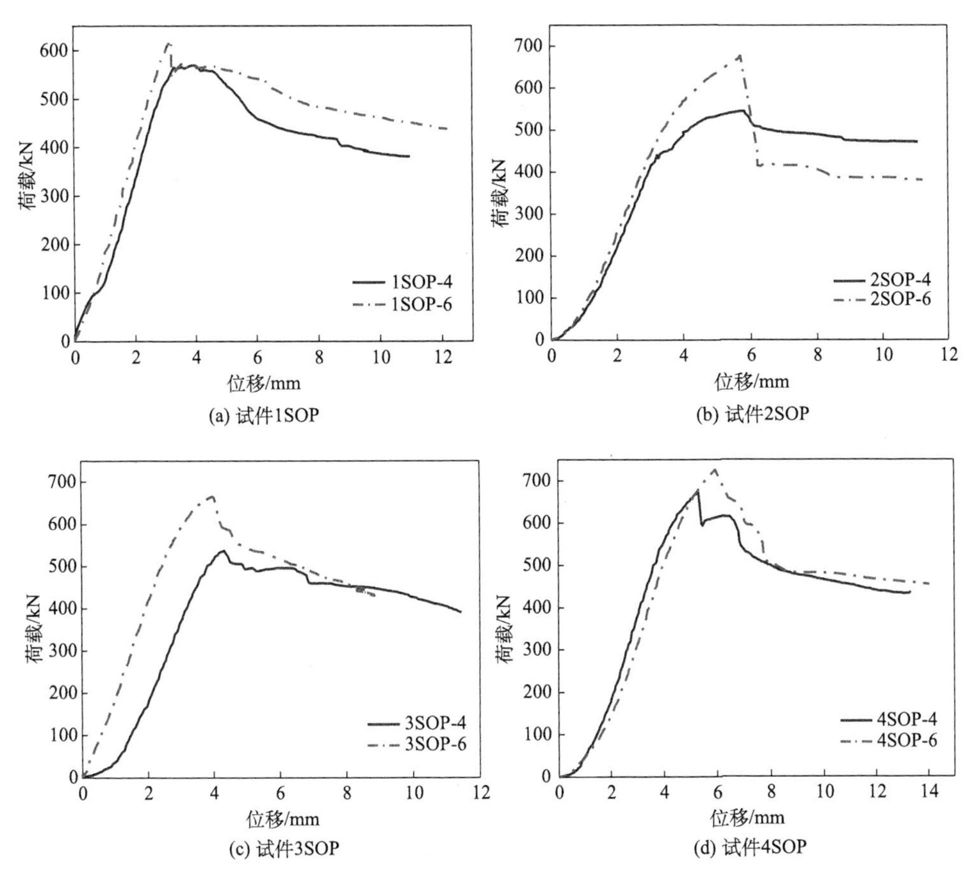

图 5-34　不同面层层数的南方松芯材复合柱荷载–位移曲线

由图 5-34 可知，试件 SOP-6 的极限荷载均比对应格构试件 SOP-4 大，加载稳定至后期，试件 1SOP、3SOP、4SOP 的刚度都很接近，试件 2SOP-4 与 2SOP-6 中后期刚度相差较大，可能是试件 2SOP-4 的格构和面层约束均不够导致的。达到极限荷载后，试件 SOP-4 和 SOP-6 的荷载均下降，试件 SOP-6 比 SOP-4 的荷载降低得更多。由图 5-34(a)和(d)可知，当试件截面正对称时，纤维面层层数对试件延性的影响甚微；由图 5-34(b)和(c)可知，当试件截面非正对称时，纤维面层层数的增加对试件延性的影响可能提高，也可能降低。

2)南方松芯材复合柱的荷载–应变曲线

为对比分析纤维面层层数对南方松试件的约束作用，图 5-35 给出了不同面层层数的南方松芯材复合柱荷载–应变曲线。其中纵坐标为试件的最大荷载，横坐标为试件 4 面的平均压应变，仅取达到峰值荷载之前的测值，并非试件的最大压应变或极限压应变。

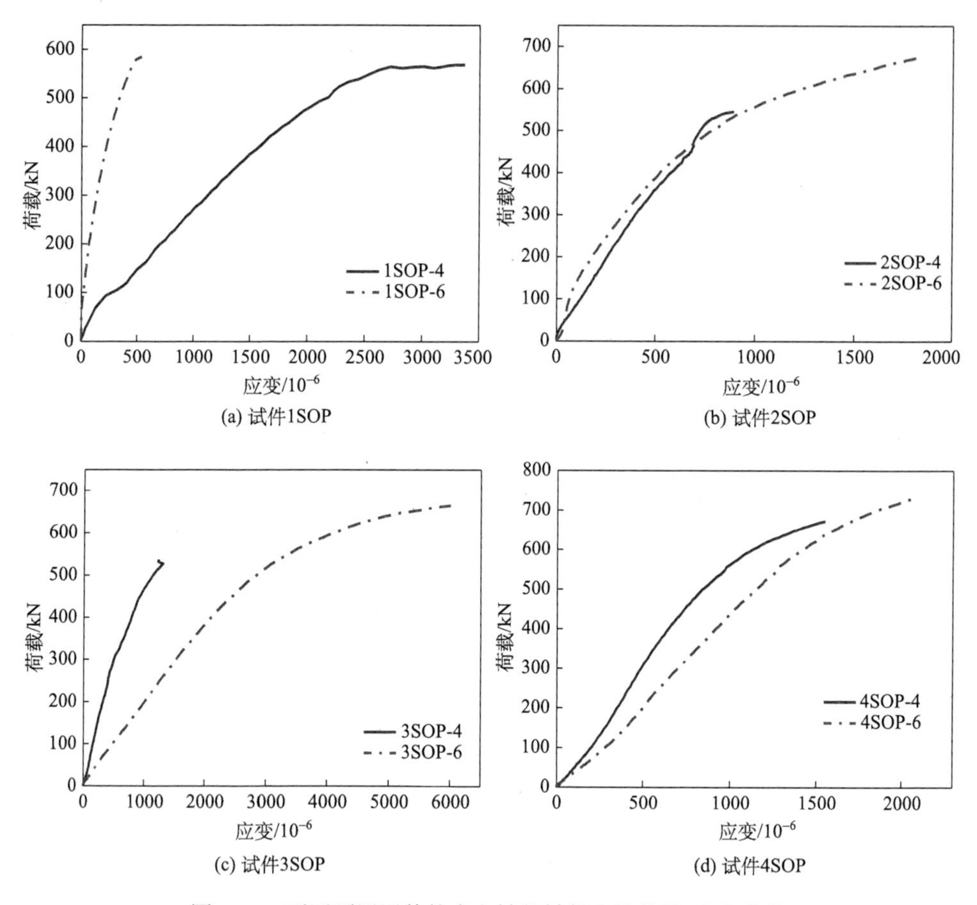

图 5-35　不同面层层数的南方松芯材复合柱荷载-应变曲线

由图 5-35 可知，仅试件 1SOP 和 2SOP 与预测结果一致，面层为 6 层的试件约束作用较大。试件 3SOP 和 4SOP 与预测结果不一致，图中采取的应变是试件中部的应变片采集的，可能由于试件 4SOP 约束不够，在试件非中部区域发生压溃破坏，在破坏的地方应力集中，应变和变形增大，面层 GFRP 未能充分利用导致试件被压溃而破坏。对比图 5-35(a)～(d)可知，试件 SOP-6 的曲线更加光滑，在加载过程中约束作用更加协调。

5.3.4　不同参数对南方松芯材复合柱的影响

1. 不同参数对南方松芯材复合柱极限承载力的影响

南方松芯材复合柱的轴压极限承载力见表 5-9。由表可知，无格构木柱 1SOP-4 和 1SOP-6 的极限承载力比原木柱 SOP 分别提高了 17.80%和 29.01%，格构复合柱 2SOP-4、3SOP-4、4SOP-4 的极限承载力分别比原木柱 SOP 提高了 12.83%、

11.20%、39.19%，格构复合柱 2SOP-6、3SOP-6、4SOP-6 的极限承载力分别比原木柱 SOP 提高了 40.21%、37.85%、50.46%。由表可知，同泡桐木芯材试件一样，当面层层数相同时，一和二字型的格构试件承载力相近；当面层纤维为 4 层时，仅格构形式为十字型的试件承载力明显提高；当格构形式相同时，面层为 6 层的试件承载力明显高于面层为 4 层的复合柱试件。

表 5-9　南方松芯材复合柱轴压极限承载力

类型	木柱	无格构复合柱	格构复合柱		
试件编号	SOP	1SOP-4	2SOP-4	3SOP-4	4SOP-4
极限承载力/kN	482.75	568.68	544.68	536.82	671.94
提高的百分比/%	—	17.80	12.83	11.2	39.19
试件编号	SOP	1SOP-6	2SOP-6	3SOP-6	4SOP-6
极限承载力/kN	482.75	622.8	676.84	665.48	726.34
提高的百分比/%	—	29.01	40.21	37.85	50.46

图 5-36 给出了不同面层层数的南方松芯材试件的极限荷载对比，其中 SOP+、SOP-4、SOP-6 分别表示为叠加极限荷载、面层为 4 层的复合柱极限荷载、面层为 6 层的复合柱极限荷载。由图可知，面层为 4 层的 2SOP-4 和 3SOP-4 试件的极限荷载低于叠加极限荷载，说明外包纤维层数的约束效果不明显；试件 1SOP-4 和 4SOP-4 的极限荷载略高于相对应的叠加极限荷载，可能由于试件截面对称，充分发挥了 GFRP 的约束效果；面层为 6 层的试件极限荷载均比对应的 4 层试件和叠加极限荷载高，说明当芯材强度较大时，适当地提高面层纤维层数才能有效地提高试件的极限荷载。

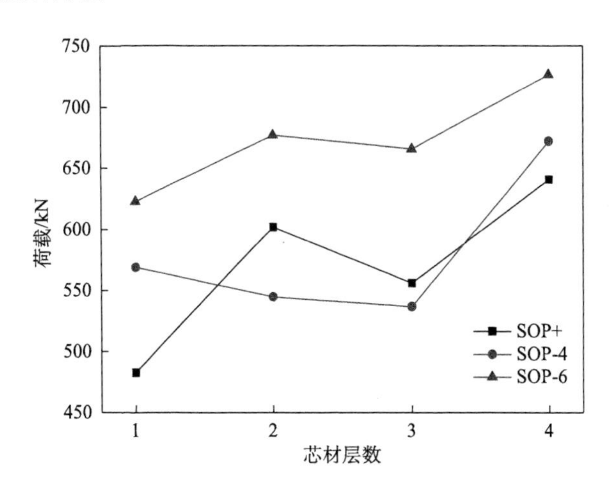

图 5-36　南方松芯材复合柱极限荷载对比

2. 不同参数对南方松芯材复合柱刚度的影响

利用胡克定律，根据

$$k = \frac{F}{\Delta}$$

由于试件所测数据基本呈线性，利用所测数据进行线性回归，得到各试件的刚度，列于表 5-10。由表可知，无格构复合柱 1SOP-4 和 1SOP-6 的刚度分别比原木柱提高了 8.44%、9.48%，格构复合柱 2SOP-4、3SOP-4、4SOP-4 的刚度分别比原木柱提高了–7.57%、–7.57%、–3.95%，格构复合柱 2SOP-6、3SOP-6、4SOP-6 的刚度分别比原木柱提高了–4.47%、3.28%、–4.98%。利用 GFRP 加固后的试件刚度增加不明显，甚至增加格构后试件刚度有所降低，说明利用 GFRP 加固南方松芯材以提高刚度的效果不显著。

表 5-10　南方松芯材复合柱刚度

类型	木柱	无格构复合柱	格构复合柱		
试件编号	SOP	1SOP-4	2SOP-4	3SOP-4	4SOP-4
复合柱刚度/(kN/mm)	193.65	210	179	179	186
提高的百分比/%	—	8.44	–7.57	–7.57	–3.95
试件编号	SOP	1SOP-6	2SOP-6	3SOP-6	4SOP-6
复合柱刚度/(kN/mm)	193.65	212	185	200	184
提高的百分比/%	—	9.48	–4.47	3.28	–4.98

3. 不同参数对南方松芯材复合柱延性的影响

“伪延性”指标是用构件的位移延性系数反映构件的延性，构件的位移延性系数定义为结构极限位移与荷载降至极限荷载 70%时对应的位移之比。公式如下:

$$\mu_\Delta = \frac{\Delta_\mu}{\Delta_y}$$

式中，Δ_μ 为构件荷载降至极限荷载 70%时对应的位移，即极限位移；Δ_y 为构件在极限荷载下对应的位移，即屈服位移。

复合柱的位移延性系数计算值见表 5-11。试件 SOP 延性均有提高。当面层为 4 层时，试件延性提高相近，格构形式对延性的影响较小；当面层为 6 层时，试件 1SOP-6 的延性显著提高。

表 5-11　GFRP 增强南方松芯材复合柱的位移延性系数

类型	无格构木芯梁	格构木芯梁		
试件编号	1SOP-4	2SOP-4	3SOP-4	4SOP-4
极限位移/mm	9.18	>11.0925	11.3825	9.695
屈服位移/mm	4	5.7825	4.335	5.3275
μ_Δ	2.295	>1.918	2.626	1.820
试件编号	1SOP-6	2SOP-6	3SOP-6	4SOP-6
极限位移/mm	12.18	—	7.7972	7.86
屈服位移/mm	4.7325	5.7075	3.985	5.9625
μ_Δ	2.574	—	1.957	1.318

5.4　格构腹板增强木芯复合柱的极限承载力计算方法

5.4.1　纤维增强组合柱极限承载力计算

目前，钢管混凝土柱的应用日益广泛，各国对钢管混凝土的研究也相对成熟，都已制定出不同的设计规范，应用较为普遍的有 LRFD(1994)规程、AIJ(1997)规程、EC4(1996)规程、DL/T5085(1995)规程和 GJB(2001)规程等。混凝土和木材受压时均表现为弹塑性，屈服前有略微差别，混凝土的应力-应变曲线为抛物线，木材的应力-应变曲线为直线，而约束构件到达极限状态时，试件发生很大的轴向压应变，试件进入塑性阶段，应力-应变曲线均为直线。因此，约束木材的计算可以采用约束混凝土类似的方法。

(1) AIJ(1997)规程：采用叠加法计算钢管混凝土柱的承载力，其计算轴压短柱承载力的计算公式为(适用于圆形截面、方形截面或者矩形截面的钢管混凝土柱)

$$N_u = 0.85A_c f_c + A_s f_y \tag{5-2}$$

式中，A_c 为芯材面积；f_c 为芯材抗压强度；A_s 为钢管面积；f_y 为钢管抗压强度。对于钢管混凝土中长柱，计算时偏心距取截面尺寸的 5%，钢管截面按换算长细比，分别计算出混凝土和钢管的承载力进行叠加，从而得出中长柱稳定承载力。

(2) GJB(2001)规程：采用如下方法计算钢管混凝土柱承载力(适用于方钢管或矩形钢管混凝土柱)：

$$N_{cr} = \varphi N_u \tag{5-3}$$

其中，φ 为与长细比等有关的稳定系数；N_u 为承载力，即

$$N_u = A_{sc} f_{scy} \tag{5-4}$$

$$f_{scy} = (1.212 + B_1\xi + C_1\xi^2) f_{ck} \tag{5-5}$$

其中，A_{sc} 为钢管混凝土截面面积；f_{scy} 为钢管混凝土强度指标；ξ 为约束效应系数。

$$B_1 = 0.1759 f_y / 235 + 0.974$$

$$C_1 = -0.1038 f_{ck} / 20 + 0.0216$$

(3) CECS28:29(1992) 规程：引入“套箍指标”来计算钢管混凝土柱承载力(仅适用于圆截面钢管混凝土柱)，计算公式为

$$N_{cr} = \varphi N_u \tag{5-6}$$

$$N_u = f_{ck} A_c (1 + \sqrt{\theta} + \theta) \tag{5-7}$$

其中，φ 为与长细比等有关的稳定系数；N_u 为钢管混凝土轴心受压短柱承载力；θ 为钢管混凝土的“套箍指标”。

1. 力学模型

常见的 GFRP 加固复合柱截面见图 5-37，其中 a、b、c 分别为木质芯材内部半径、GFRP 内表面半径、面板外表面半径。考虑到截面中两种不同材料的相互作用，组合柱的力学性能与截面的几何参数和材料性质相关，因此复合柱最重要的力学特性是复合弹性模量 E_C 和复合材料强度 f_C，它们是关于 a、b、c、E_G、E_W、f_G、f_W 的函数，即

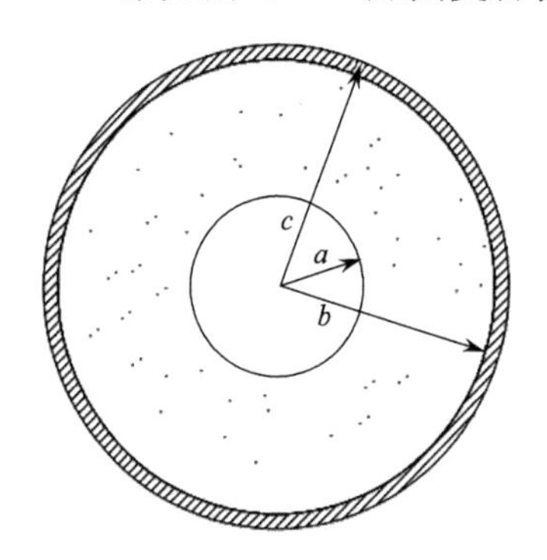

图 5-37　GFRP 加固复合柱截面

$$\{E_C, f_C\} = f(a, b, c, E_G, E_W, f_G, f_W) \tag{5-8}$$

其中，E_G、f_G 分别为 GFRP 面板的弹性模量和屈服强度；E_W、f_W 分别为木质芯材的弹性模量和压缩强度。

2. 圆截面复合柱的弹性分析

为了确定复合柱的强度，用弹性分析法分析组合柱在轴向荷载作用下的变形，轴向荷载视为 GFRP 面板与木质芯材的轴力叠加，对两种材料进行一般平面应变假定，因此复合柱可视为 GFRP 面板和木质芯材的叠加，见图 5-38。

3. 圆截面复合柱的弹性变形

1) 单轴受压状态

假设复合柱受均匀压缩应变 ε_z^C，根据变形协调假设，GFRP 面板的应变 ε_z^G 和

木质芯材的应变 $\varepsilon_z^{\mathrm{W}}$ 是相等的，即

$$\varepsilon_z^{\mathrm{C}} = \varepsilon_z^{\mathrm{G}} = \varepsilon_z^{\mathrm{W}} \tag{5-9}$$

由于 GFRP 与木材为正交异性材料，因此有

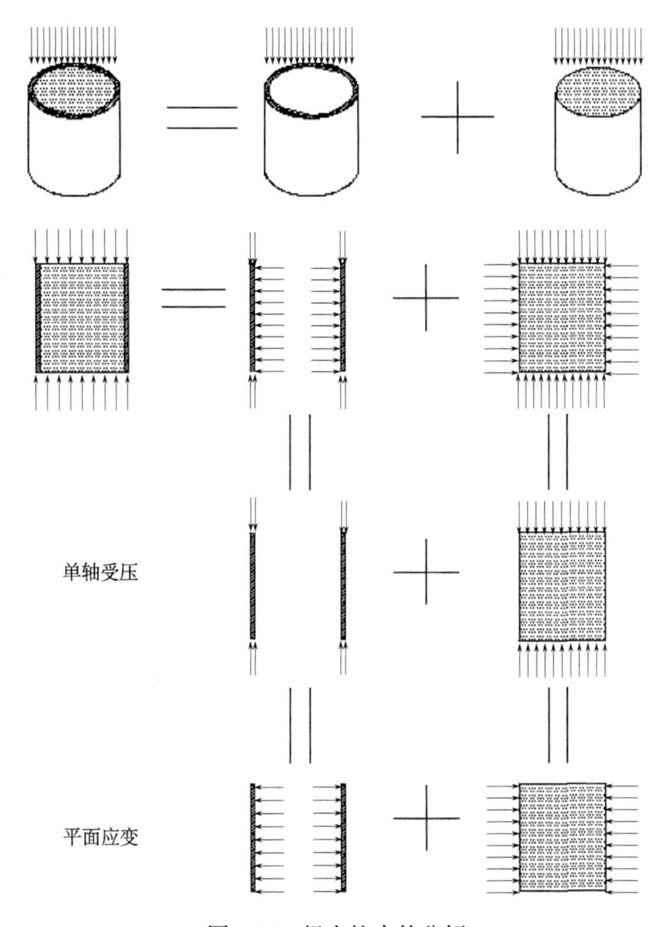

图 5-38　组合柱力的分解

$$\{\varepsilon\}^{\mathrm{C}} = \begin{Bmatrix} \varepsilon_r \\ \varepsilon_\theta \\ \varepsilon_z \\ \gamma_{z\theta} \\ \gamma_{zr} \\ \gamma_{r\theta} \end{Bmatrix}^{\mathrm{C}}, \quad \{\varepsilon\}^{\mathrm{G}} = \begin{Bmatrix} \varepsilon_r \\ \varepsilon_\theta \\ \varepsilon_z \\ \gamma_{z\theta} \\ \gamma_{zr} \\ \gamma_{r\theta} \end{Bmatrix}^{\mathrm{G}}, \quad \{\varepsilon\}^{\mathrm{W}} = \begin{Bmatrix} \varepsilon_r \\ \varepsilon_\theta \\ \varepsilon_z \\ \gamma_{z\theta} \\ \gamma_{zr} \\ \gamma_{r\theta} \end{Bmatrix}^{\mathrm{W}} \tag{5-10}$$

正交各向异性材料应力、应变的关系写成矩阵形式为

$$\begin{Bmatrix} \varepsilon_r \\ \varepsilon_\theta \\ \varepsilon_z \\ \gamma_{\theta z} \\ \gamma_{rz} \\ \gamma_{r\theta} \end{Bmatrix} = \begin{bmatrix} \frac{1}{E_r} & -\frac{\nu_{r\theta}}{E_\theta} & -\frac{\nu_{zr}}{E_z} & 0 & 0 & 0 \\ -\frac{\nu_{r\theta}}{E_r} & \frac{1}{E_\theta} & -\frac{\nu_{\theta z}}{E_z} & 0 & 0 & 0 \\ -\frac{\nu_{zr}}{E_r} & -\frac{\nu_{\theta z}}{E_\theta} & \frac{1}{E_z} & 0 & 0 & 0 \\ 0 & 0 & 0 & \frac{1}{G_{\theta z}} & 0 & 0 \\ 0 & 0 & 0 & 0 & \frac{1}{G_{rz}} & 0 \\ 0 & 0 & 0 & 0 & 0 & \frac{1}{G_{r\theta}} \end{bmatrix} \begin{Bmatrix} \sigma_r \\ \sigma_\theta \\ \sigma_z \\ \tau_{\theta z} \\ \tau_{rz} \\ \tau_{r\theta} \end{Bmatrix} \tag{5-11}$$

即

$$\begin{aligned} \varepsilon_r &= \frac{\sigma_r}{E_r} - \nu_{r\theta}\frac{\sigma_\theta}{E_\theta} - \nu_{zr}\frac{\sigma_z}{E_z} \\ \varepsilon_\theta &= -\nu_{r\theta}\frac{\sigma_r}{E_r} + \frac{\sigma_\theta}{E_\theta} - \nu_{\theta z}\frac{\sigma_z}{E_z} \\ \varepsilon_z &= -\nu_{rz}\frac{\sigma_r}{E_r} - \nu_{\theta z}\frac{\sigma_\theta}{E_\theta} + \frac{\sigma_z}{E_z} \end{aligned} \tag{5-12}$$

$$\gamma_{\theta z} = \frac{\tau_{\theta z}}{G_{\theta z}}, \quad \gamma_{rz} = \frac{\tau_{rz}}{G_{rz}}, \quad \gamma_{r\theta} = \frac{\tau_{r\theta}}{G_{r\theta}}$$

当复合材料柱处于平面应变状态时，有

$$\begin{aligned} &E_z = E_r = E_{\mathrm{W}} && E_z = E_r = E_{\mathrm{G}} \\ &\nu_{r\theta} = \nu_{z\theta} = \nu_{rz} = \nu_{zr} = \nu_{\mathrm{W}} \quad \text{或} && \nu_{r\theta} = \nu_{z\theta} = \nu_{rz} = \nu_{zr} = \nu_{\mathrm{G}} \\ &\nu_{\theta r} = \nu_{r\theta} = \nu_\theta && \nu_{\theta r} = \nu_{r\theta} = \nu_\theta \end{aligned} \tag{5-13}$$

因此，根据广义胡克定律，对芯材和面板分别进行轴对称变换：

$$\varepsilon_r^{\mathrm{W}} = \varepsilon_\theta^{\mathrm{W}} = \frac{\sigma_r}{E_r} - \nu_{r\theta}\frac{\sigma_\theta}{E_\theta} - \nu_{zr}\frac{\sigma_z}{E_z} = -\nu_{r\theta}\frac{\sigma_r}{E_r} + \frac{\sigma_\theta}{E_\theta} - \nu_{z\theta}\frac{\sigma_z}{E_z} = -\nu_{\mathrm{C}}\varepsilon_z^{\mathrm{W}} = -\nu_{\mathrm{C}}\varepsilon_z^{\mathrm{C}} \tag{5-14}$$

$$\varepsilon_r^{\mathrm{G}} = \varepsilon_\theta^{\mathrm{G}} = \frac{\sigma_r}{E_r} - \nu_{r\theta}\frac{\sigma_\theta}{E_\theta} - \nu_{zr}\frac{\sigma_z}{E_z} = -\nu_{r\theta}\frac{\sigma_r}{E_r} + \frac{\sigma_\theta}{E_\theta} - \nu_{z\theta}\frac{\sigma_z}{E_z} = -\nu_{\mathrm{C}}\varepsilon_z^{\mathrm{G}} = -\nu_{\mathrm{G}}\varepsilon_z^{\mathrm{G}} \tag{5-15}$$

其中，r、θ 分别表示径向和环向，此时，即在单轴受压状态时：

$$\begin{aligned} \sigma_{\mathrm{W}}^1 &= E_{\mathrm{W}}\varepsilon_z^{\mathrm{C}} \\ \sigma_{\mathrm{G}}^1 &= E_{\mathrm{G}}\varepsilon_z^{\mathrm{C}} \end{aligned} \tag{5-16}$$

2) 平面应变状态

通过对复合材料组合柱的弹性理论分析，GFRP 柱壳的径向位移 u''_{G} 和木质芯材外表面径向位移 u''_{W} 分别为

$$
\begin{aligned}
u''_{\mathrm{G}} &= \frac{b^2 P}{\dfrac{E}{1-\nu_{\mathrm{G}}^2}(c^2-b^2)}\left[\frac{1+\dfrac{\nu_{\mathrm{G}}}{1-\nu_{\mathrm{G}}}}{b}c^2+\left(1-\frac{\nu_{\mathrm{G}}}{1-\nu_{\mathrm{G}}}\right)b\right] \\
u''_{\mathrm{W}} &= -\frac{b^2 P}{\dfrac{E}{1-\nu_{\mathrm{W}}^2}(b^2-a^2)}\left[\frac{1+\dfrac{\nu_{\mathrm{W}}}{1-\nu_{\mathrm{W}}}}{b}a^2+\left(1-\frac{\nu_{\mathrm{W}}}{1-\nu_{\mathrm{W}}}\right)b\right]
\end{aligned}
\tag{5-17}
$$

假设在 $r=b$ 处，组合柱有一个理想的 GFRP 面板-木质芯材界面，因此有

$$
\begin{aligned}
\sigma''_{\mathrm{W}} &= -\frac{2\nu_{\mathrm{W}}}{b^2-a^2}(b^2 P) \\
\sigma''_{\mathrm{G}} &= \frac{2\nu_{\mathrm{G}}}{c^2-b^2}(b^2 P)
\end{aligned}
\tag{5-18}
$$

当 GFRP 面板与轻木芯材作为一个单元时，在轻木芯材和 GFRP 面板中的纵向应力分别为

$$
\begin{aligned}
\sigma'_{\mathrm{W}} &= \sigma^1_{\mathrm{W}}+\sigma''_{\mathrm{W}} = E_{\mathrm{W}}\varepsilon_z^{\mathrm{C}} - \frac{2\nu_{\mathrm{W}}}{b^2-a^2}(b^2 P) \\
\sigma'_{\mathrm{G}} &= \sigma^1_{\mathrm{G}}+\sigma''_{\mathrm{G}} = E_{\mathrm{G}}\varepsilon_z^{\mathrm{C}} + \frac{2\nu_{\mathrm{G}}}{c^2-b^2}(b^2 P)
\end{aligned}
\tag{5-19}
$$

用等效均匀分布应力 σ_{C} 代替应力:

$$
A_{\mathrm{C}}\sigma_{\mathrm{C}} = A_{\mathrm{W}}\sigma'_{\mathrm{W}} + A_{\mathrm{G}}\sigma'_{\mathrm{G}} \tag{5-20}
$$

因此，有

$$
\begin{aligned}
\sigma_{\mathrm{C}} &= \frac{A_{\mathrm{W}}}{A_{\mathrm{C}}}\sigma'_{\mathrm{W}} + \frac{A_{\mathrm{G}}}{A_{\mathrm{C}}}\sigma'_{\mathrm{G}} = \frac{b^2-a^2}{c^2-a^2}\sigma'_{\mathrm{W}} + \frac{c^2-b^2}{c^2-a^2}\sigma'_{\mathrm{G}} \\
&= \frac{b^2-a^2}{c^2-a^2}\left(E_{\mathrm{W}}\varepsilon_z^{\mathrm{C}} - \frac{2\nu_{\mathrm{W}}}{b^2-a^2}(b^2 P)\right) \\
&\quad + \frac{c^2-b^2}{c^2-a^2}\left(E_{\mathrm{G}}\varepsilon_z^{\mathrm{C}} + \frac{2\nu_{\mathrm{G}}}{c^2-b^2}(b^2 P)\right) \\
&= \frac{b^2-a^2}{c^2-a^2}E_{\mathrm{W}}\varepsilon_z^{\mathrm{C}} + \frac{c^2-b^2}{c^2-a^2}E_{\mathrm{G}}\varepsilon_z^{\mathrm{C}} - \frac{2(\nu_{\mathrm{W}}-\nu_{\mathrm{G}})b^2}{c^2-a^2}P
\end{aligned}
\tag{5-21}
$$

将 P 的表达式

$$P=\frac{-(\nu_{\mathrm{W}}-\nu_{\mathrm{G}})\varepsilon_z^{\mathrm{C}}}{\frac{1}{E_{\mathrm{W}}(b^2-a^2)}\left\{(1+\nu_{\mathrm{W}})\left[(1-\nu_{\mathrm{W}})b^2+a^2\right]\right\}-\frac{1}{E_{\mathrm{G}}(b^2-c^2)}\left\{(1+\nu_{\mathrm{G}})\left[(1-2\nu_{\mathrm{W}})b^2+c^2\right]\right\}} \tag{5-22}$$

代入方程(5-21)可得

$$\sigma_{\mathrm{C}}=\frac{b^2-a^2}{c^2-a^2}\sigma_{\mathrm{W}}+\frac{c^2-b^2}{c^2-a^2}\sigma_{\mathrm{G}}+\frac{2(\nu_{\mathrm{W}}-\nu_{\mathrm{G}})^2b^2}{c^2-a^2}$$
$$\times\frac{1}{\frac{1}{\sigma_{\mathrm{W}}(b^2-a^2)}\left\{(1+\nu_{\mathrm{W}})\left[(1-2\nu_{\mathrm{W}})b^2+a^2\right]\right\}-\frac{1}{\sigma_{\mathrm{G}}(b^2-c^2)}\left\{(1+\nu_{\mathrm{G}})\left[(1-2\nu_{\mathrm{G}})b^2+c^2\right]\right\}} \tag{5-23}$$

其中，$\sigma_{\mathrm{W}}=E_{\mathrm{W}}\varepsilon_z^{\mathrm{C}}$，$\sigma_{\mathrm{G}}=E_{\mathrm{G}}\varepsilon_z^{\mathrm{C}}$。

从方程(5-23)中可以看出，平均应变σ_{C}是a、b、c、σ_{G}和σ_{W}的函数，方程中定义的平均应变σ_{C}是由五个独立变量唯一确定的，可以用β、Ω和ξ_{C}替换a、b和c，形成一组新的独立变量重新定义方程(5-23)，即

$$\sigma_{\mathrm{C}}=f(\beta,\Omega,\xi_{\mathrm{C}},\sigma_{\mathrm{G}},\sigma_{\mathrm{W}}) \tag{5-24}$$

其中，β为组合柱横截面中GFRP的面积占整个截面积的比例：

$$\beta=\frac{A_{\mathrm{G}}}{A_{\mathrm{C}}}=\frac{A_{\mathrm{G}}}{A_{\mathrm{G}}+A_{\mathrm{W}}}=\frac{c^2-b^2}{c^2-a^2} \tag{5-25}$$

$$\Omega=\frac{A_{\mathrm{W}}}{A_{\mathrm{W}}+A_{\mathrm{k}}}=\frac{b^2-a^2}{b^2} \tag{5-26}$$

其中，A_{k}表示截面空心部分的面积。

实心率Ω和空心率ψ之间的关系为：$\Omega=1-\psi$。ξ_{C}是组合柱的一个约束参数：

$$\xi_{\mathrm{C}}=\frac{A_{\mathrm{G}}\sigma_{\mathrm{G}}}{(A_{\mathrm{C}}+A_{\mathrm{k}})\sigma_{\mathrm{W}}}=\frac{c^2-b^2}{b^2}\times\frac{\sigma_{\mathrm{G}}}{\sigma_{\mathrm{W}}} \tag{5-27}$$

将β、Ω、ξ_{C}、σ_{W}和σ_{G}代入方程(5-24)中，方程(5-24)可以重新定义为

$$\sigma_{\mathrm{C}}=\left(1+\frac{2(\nu_{\mathrm{W}}-\nu_{\mathrm{G}})^2\Omega\xi_{\mathrm{C}}}{\left\{(1+\nu_{\mathrm{W}})(1-2\nu_{\mathrm{W}})\xi_{\mathrm{C}}+2(1-{\nu_{\mathrm{G}}}^2)\Omega+\left[\frac{\sigma_{\mathrm{W}}}{\sigma_{\mathrm{G}}}(1+\nu_{\mathrm{G}})-(1+\nu_{\mathrm{W}})\right]\xi_{\mathrm{C}}\Omega\right\}(\xi_{\mathrm{C}}+\Omega)}\right)$$
$$\times[(1-\beta)\sigma_{\mathrm{W}}+\beta\sigma_{\mathrm{G}}] \tag{5-28}$$

引入参数A、B、C和D到方程(5-28)中，因此：

$$\sigma_C = \left\{1 + \frac{\Omega\xi_C}{\left[B\xi_C + A\Omega + \left(\dfrac{\sigma_W}{\sigma_G}C + D\right)\xi_C\Omega\right](\xi_C + \Omega)}\right\} \times [(1-\beta)\sigma_W + \beta\sigma_G] \tag{5-29}$$

在上述分析中，从组合柱的弹性变形中导出了平均纵向应力，为了获得组合柱的屈服强度，假设组合柱在 GFRP 面板和木质芯材都屈服时发生破坏，在方程(5-29)中，$\sigma_G = f_G$，$\sigma_W = f_W$，因此方程(5-29)计算的平均纵向应力σ_C被定义为组合柱的屈服强度f_C：

$$f_C = (1+\eta) \times [(1-\beta)f_W + \beta f_G] \tag{5-30}$$

其中，η为组合效应系数：

$$\eta = \frac{\Omega\xi_C}{\left[A\Omega + B\xi_C + \left(\dfrac{f_W}{f_G}C + D\right)\xi_C\Omega\right](\xi_C + \Omega)} \tag{5-31}$$

其中，$\xi_C = \dfrac{A_G f_G}{(A_W + A_k)f_W}$。

方程(5-31)是组合柱在轴向荷载作用下的屈服强度公式，有四个常数需要确定，对大量试验数据的回归分析，A、B、C、D 四个常数值分别是 2、0.05、0.2 和–0.05。因此，有

$$\eta = \frac{\Omega\xi_C}{\left[2\Omega + 0.05\xi_C + \left(0.2\dfrac{f_W}{f_G} - 0.05\right)\xi_C\Omega\right](\xi_C + \Omega)} \tag{5-32}$$

对于约束系数ξ、实心率Ω和实体约束系数ξ_C，存在

$$\xi_C = \Omega\xi \tag{5-33}$$

将式(5-33)代入式(5-32)，可得

$$\eta = k \times 0.5\frac{\xi}{1+\xi} \tag{5-34}$$

其中，$k = \dfrac{2}{2 + 0.2\alpha_C + 0.05\alpha_C\dfrac{f_G}{f_W}\left(\dfrac{1}{\Omega} - 1\right)}$。

对于实心复合材料组合柱，GFRP 的面积占截面面积的比例α_C在 0.04~0.2，并且 Ω=1，则一个实体圆截面的组合效应系数可近似为

$$\eta_{W,s} = \frac{2}{2 + 0.2\alpha_W} \times 0.5\frac{\xi}{1+\xi} \approx 0.5\frac{\xi}{1+\xi} \tag{5-35}$$

数值模拟表明，k 总是小于 Ω，因此可以通过假设 $k=\Omega$，可将方程(5-35)变为

$$\eta = 0.5\frac{\xi}{1+\xi}\Omega = \Omega\eta_{\mathrm{W,G}} \tag{5-36}$$

因此圆截面复合材料组合柱的强度和承载力分别为

$$f_{\mathrm{C}} = \frac{1+(1+0.5\Omega)\xi}{1+\alpha} f_{\mathrm{W}} \tag{5-37}$$

$$N_0 = f_{\mathrm{C}} A_{\mathrm{C}} = \left(1+0.5\times\frac{\xi}{1+\xi}\Omega\right)(f_{\mathrm{G}} A_{\mathrm{G}} + f_{\mathrm{W}} A_{\mathrm{W}}) \tag{5-38}$$

基于有效面积法，本节提出了一种不同类型截面之间有效约束力的转化关系，见图 5-39。

$$p'' = k_{\mathrm{e}} p = k_{\mathrm{h}} k_{\mathrm{s}} p \tag{5-39}$$

其中，p'' 为有效约束力；p 为 FRP 管提供的约束力；k_{e} 为有效约束系数；k_{h} 为空心截面有效约束系数；k_{s} 为矩形截面约束系数。

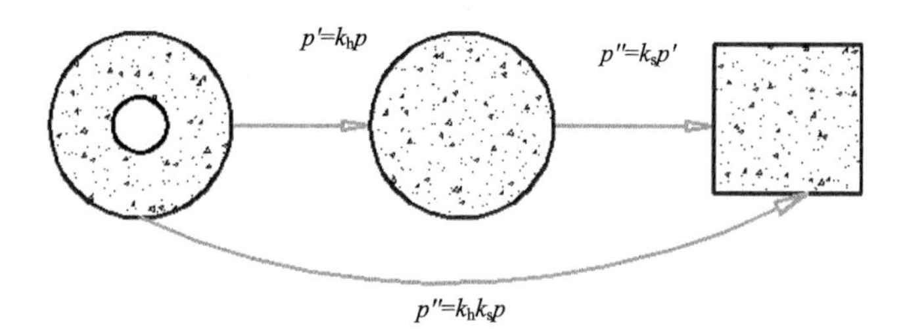

图 5-39　等效空心和多边形截面

经过进一步的试验和数值分析，可以推出普通多边形统一的强度和承载力公式。

$$f_{\mathrm{C}} = \frac{1+(1+0.5k_{\mathrm{e}})\xi}{1+\alpha} f_{\mathrm{W}k} \tag{5-40}$$

$$N_0 = f_{\mathrm{C}} A_{\mathrm{C}} = \left(1+0.5\times\frac{\xi}{1+\xi}k_{\mathrm{e}}\right)(f_{\mathrm{G}} A_{\mathrm{G}} + f_{\mathrm{W}} A_{\mathrm{W}}) \tag{5-41}$$

$$\varphi = 0.5\times\frac{\xi}{1+\xi}k_{\mathrm{e}} \tag{5-42}$$

其中，φ 为组合系数；$\xi = \dfrac{A_{\mathrm{G}} f_{\mathrm{G}}}{A_{\mathrm{W}} f_{\mathrm{W}}}$；$k_{\mathrm{e}} = k_{\mathrm{h}} k_{\mathrm{s}}$，本章 $k_{\mathrm{h}} = 1$，k_{s} 由芯材强度决定，由试验数据线性回归得泡桐木芯材复合柱 $k_{\mathrm{s}}^{\mathrm{P}} = 0.64$，南方松芯材复合柱 $k_{\mathrm{s}}^{\mathrm{S}} = 0.28$，且 $\dfrac{k_{\mathrm{s}}^{\mathrm{P}}}{k_{\mathrm{s}}^{\mathrm{S}}} = \dfrac{f_{\mathrm{C}}^{\mathrm{P}}}{f_{\mathrm{C}}^{\mathrm{S}}}$。

5.4.2 理论计算结果与试验结果对比

根据原木柱的抗压极限荷载，芯材抗压强度应乘以一个折减系数(泡桐木和南方松分别为 0.8 和 0.7)。利用上节计算的组合系数，得出试件的理论承载力 N_c，并与试验所得极限承载力进行对比，发现试件 4SOP-4 计算值与理论值相差最大，其他 GFRP 试件相差均在±10%以内，见表 5-12。

表 5-12　极限承载力理论值与试验值比较

试件编号	芯块截面尺寸/mm×mm	试验值/kN	理论值/kN	误差/%
PAW	120×120	263.67	—	—
1PAW-4	110×110	354.21	354.26	0.01
1PAW-6	110×110	427.63	412.22	–0.30
2PAW-4	110×54	401.56	374.71	–6.69
2PAW-6	110×54	429.09	429.46	0.09
3PAW-4	110×33.5	404.28	390.55	–3.40
3PAW-6	110×33.5	439.94	441.48	0.35
4PAW-4	54×54	393.88	395.35	0.37
4PAW-6	54×54	460.55	446.70	3.01
SOP	120×120	482.75	—	—
1SOP-4	110×110	568.68	572.89	0.74
1SOP-6	110×110	622.40	668.46	7.40
2SOP-4	110×54	544.68	542.10	–0.47
2SOP-6	110×54	676.84	642.90	–5.01
3SOP-4	110×33.5	536.52	538.51	0.37
3SOP-6	110×33.5	665.48	639.31	–3.93
4SOP-4	54×54	671.94	554.51	–7.48
4SOP-6	54×54	716.34	655.31	–8.52

本章组合系数 φ 主要与芯材强度 f_W、面层 GFRP 强度 f_G 和截面面积 A_W、A_G 相关。本章采用的是泡桐木和南方松，其抗压强度分别为 22.5MPa、51.5MPa，如果采用相同的纤维铺成和截面形式，采用其他木材且木材的抗压强度在泡桐木和南方松之间，则此木芯复合柱的组合系数关键参数 ξ 、k_s 可依此得出。其中 PAW-4、PAW-6、SOP-4 和 SOP-6 的 ξ 值分别取值为 0.43、0.91、0.22、0.46，关键参数 ξ 、k_s 均可线性插值取得。

5.5 本章小结

本章主要进行了格构增强木芯复合柱的轴压性能研究，采用试验研究与理论分析对格构增强复合柱的性能进行研究，主要取得以下几方面创新成果：

(1)提出一种新型的格构增强复合柱，由 GFRP 面板、腹板与木质芯材构成，利用真空导入技术制作成型，试件形成有机整体。

(2)对 GFRP 包裹的单片芯材进行轴压试验，试验测得的极限荷载与对应的单片芯材的承载力非常接近，但轴压所测的原木柱极限荷载折减了 70%，说明 GFRP 能有效约束芯材，充分发挥木材的抗压性能。

(3)对于泡桐木芯材复合柱，GFRP 加固后能显著增加试件的极限荷载、刚度和延性，但并非格构数目越多，试件的整体性能提高越明显，需要选择合适的面层层数与格构形式。

(4)对于南方松和泡桐木芯材复合柱，GFRP 能显著提高其极限荷载和延性，但对试件刚度有所削弱，当截面正对称时，GFRP 发挥性能最稳定，具有较高的利用率。

第 6 章 双向纤维腹板增强复合材料夹芯板受弯性能研究

6.1 引 言

为了将上、下复合材料面板与泡沫芯材有机结合，提高面板与芯材的抗剥离能力与协同工作能力，本章将采用双向腹板增强形式提高泡沫芯材的受压、受剪性能。首先，对 FER 以及泡沫芯材进行相关材性试验，得到材料的弹性模量、泊松比等相关参数及破坏特征；其次，对试件分别进行均布加载和集中加载，研究其破坏模式并将不同腹板高度、不同腹板间距及无腹板增强三类试件的结果进行分析比较，阐述双向腹板增强对复合材料夹芯板受弯性能的增强效果；最后，采用 Hoff 理论，将半连续的芯材进行近似连续化等效，同时考虑夹芯层的剪切变形，用拟夹芯板法来分析纤维增强复合材料夹芯板的受弯性能，建立均布荷载作用下双向腹板增强复合材料夹芯板的挠度计算公式，可为工程设计提供参考。

6.2 双向纤维腹板增强复合材料夹芯板受弯试验研究

6.2.1 试件设计与制作

1. 试件设计

试验共设计了 5 块双向腹板增强复合材料夹芯板和 3 块普通聚氨酯泡沫夹芯板，试件总长度和总宽度均为 1000mm。本着对结构可设计的原则，控制腹板高度和间距这两个因素，分别取腹板高度为 50mm、75mm、100mm，腹板间距为 75mm、125mm、175mm，所有的试件详细情况参见表 6-1。

表 6-1 试件参数统计

类型	编号	试件总尺寸			芯材尺寸				面板	
		长度/mm	宽度/mm	芯材高度/mm	长度/mm	宽度/mm	铺层数	铺层方向	铺层数	铺层方向
双向腹板增强夹芯板	SX75-50	1000	1000	50	75	75	2	–45°/45°	2	0/90°
	SX75-75			75	75	75				
	SX75-100			100	75	75				
	SX125-75			75	125	125				
	SX175-75			75	175	175				

续表

类型	编号	试件总尺寸			芯材尺寸				面板	
		长度/mm	宽度/mm	芯材高度/mm	长度/mm	宽度/mm	铺层数	铺层方向	铺层数	铺层方向
无增强夹芯板	FS50	1000	1000	50	—	—	—	—	2	0/90°
	FS75			75	—	—	—	—		
	FS100			100	—	—	—	—		

注：①SX 表示双向腹板增强复合材料夹芯板，其后第一个数字代表腹板间距，第二个数字代表腹板高度；
②FS 表示普通聚氨酯泡沫复合材料夹芯板，其后的数字代表芯材高度；
③树脂固化完成后每层纤维铺层厚度约 0.8mm。

2. 试件制作

本章夹芯板制作主要采用真空导入工艺，利用真空泵产生的负压将树脂从容器中吸入，经进料孔浸满上下面层及聚氨酯之间的玻璃纤维布，形成上下面板和腹板，构成夹芯板的主要受力骨架。利用树脂固化时放热即可满足板材固化黏结要求，这是绿色环保、对外界环境几乎无影响的“低碳”生产工艺。在导入之前，需根据设计将聚氨酯泡沫切割成所需的尺寸，然后用具有较好包扎后平整度的–45°/45°玻璃纤维布包裹，并用玻璃纤维丝捆扎，使玻璃纤维布与泡沫平整地铺设在一起，两者的贴合程度将影响成型后腹板的竖直度及夹芯板的受弯极限承载力，然后在其上下面另外铺设 0/90°玻璃纤维布。具体施工流程见第 2 章所述。

6.2.2 夹芯板各组分材性试验

1. FRP 材性试验

1) 试件设计

通过拉伸试验可以测得纤维增强面层和腹板的拉伸强度、泊松比和弹性模量。按《纤维增强塑料拉伸性能试验方法》(GB/T 1447—2005)[1]中规定的尺寸进行制备，并在两端用玻璃钢材料进行夹持段增强，使试件不致在夹持处发生破坏。具体尺寸设计见图 6-1，同时为了测出试件材料的泊松比，在试件标距中部设置两片相互垂直的应变片，用以测出两个方向的应变。根据现有规范《聚合物基复合材料纵横剪切试验方法》(GB/T 3355—2014)[2]进行腹板纵横向剪切试验，对于正交纤维增强平板纵横向剪切试验，取纤维方向和试验机主拉伸方向成 45°，所以此试验称为 45°偏轴拉伸试验。

2) 试验结果

加载前期试件无明显变化，加载到一定阶段后可听到树脂基体断裂、纤维丝拉断的声音，临近破坏时，局部纤维被拉断，断口发白，且能听到清脆的响声，

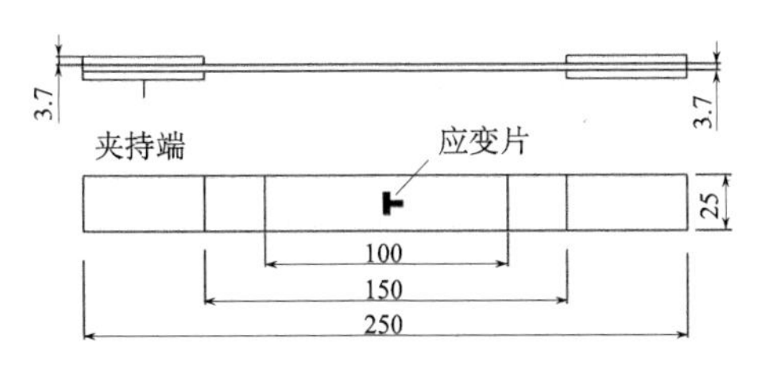

(a) 面板及腹板拉伸试验试件尺寸

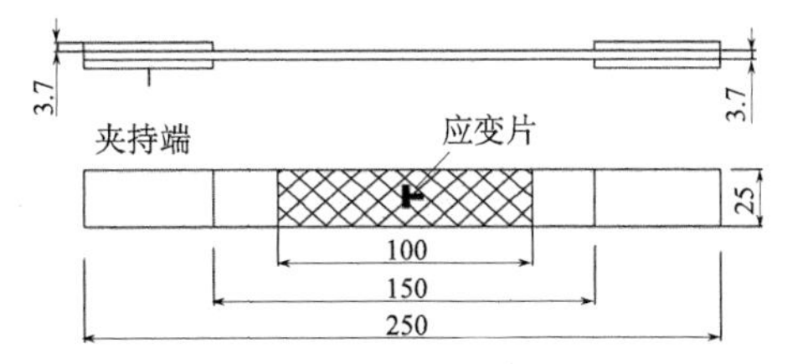

(b) 腹板纵横向剪切试验试件尺寸

图 6-1　拉伸试验试件(单位：mm)

表明玻璃钢是一种脆性材料，发生破坏时的位移较小，这与塑性材料的延性破坏形式有很大的不同。玻璃纤维增强材料的拉伸试验基本上以树脂基体断裂、纤维增强物断裂为主要破坏顺序，在两者之间会发生诸如纤维丝周围覆盖的界面黏结滑移失效、树脂基体与纤维丝完全脱离等现象，因此纤维增强材料的破坏形式及应力-应变曲线与低碳钢的拉伸并不一样，后者应力-应变曲线在弹性阶段较为光滑[3]，而前者往往呈现锯齿状。根据试验情况，将结果列于表 6-2。

表 6-2　面层拉伸试验结果

序号	高度/mm	宽度/mm	抗拉强度			弹性模量			泊松比		
			试验值/MPa	平均值/MPa	变异系数/%	试验值/GPa	平均值/GPa	变异系数/%	试验值	平均值	变异系数/%
1	3.16	24.9	305.2			19.99			0.12		
2	3.06	24.08	290.9			20.28			0.16		
3	3.10	26.04	337.7	322.9	7.6	20.45	20.95	6.4	0.14	0.15	15.2
4	3.18	25.22	351.3			20.74			0.16		
5	3.26	25.02	329.4			23.30			0.18		

腹板拉伸试验参数与面层的拉伸试验基本一致，试验现象与面层拉伸试验相同，试验结果见表 6-3。试件大多断裂于中部，属于标距范围之内，因此试验结果能代表此类铺层下腹板的性能参数。

表 6-3　腹板拉伸试验结果

序号	高度/mm	宽度/mm	抗拉强度			弹性模量			泊松比		
			试验值/MPa	平均值/MPa	变异系数/%	试验值/GPa	平均值/GPa	变异系数/%	试验值	平均值	变异系数/%
1	2.02	24.04	290.4			6.44			0.81		
2	2.06	24.20	289.8			5.39			0.85		
3	2.28	24.26	290.3	296.3	3.1	6.18	6.41	10.6	0.94	0.82	9.5
4	2.08	24.08	300.5			7.02			0.77		
5	2.14	24.04	310.5			7.03			0.74		

腹板的偏轴 45°拉伸试验根据《聚合物基复合材料纵横剪切试验方法》(GB/T 3355—2014)，最终求得五个试件的剪切模量，见表 6-4。由于试验装置及复合材料试件制作质量的离散性问题，上述试验值确定的剪切模量的变异系数较大，但所得的试验数据平均值可以满足本章求解精度的需要。

表 6-4　腹板拉伸剪切试验结果

序号	高度/mm	宽度/mm	剪切模量		
			试验值/GPa	平均值/GPa	变异系数/%
1	2.02	24.02	4.63	5.82	19.7
2	2.06	24.15	6.98		
3	2.28	24.23	4.53		
4	2.08	24.05	6.54		
5	2.14	24.02	6.42		

2. 泡沫芯材材性试验

根据《聚氨酯硬质泡沫塑料力学性能试验方法》(GJB 1585A—2004)[3]对泡沫芯材进行平压试验，从而确定泡沫的压缩弹性模量和泊松比。利用数码切割设备将泡沫切割成 150mm×150mm×150mm 的立方体试块，采用电子万能试验机进行压缩试验，加载端设置一层 2cm 厚的钢板，试验装置见图 6-2，泡沫芯材的应力-应变曲线见图 6-3，弹性模量为 5.534MPa，泊松比为 0.3。

图 6-2　试验装置

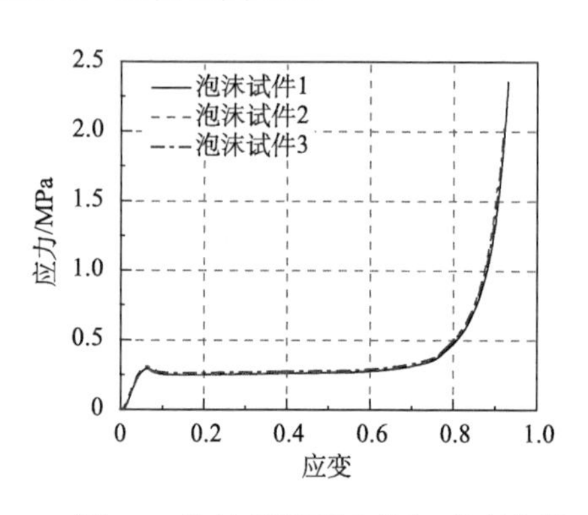

图 6-3　泡沫芯材平压应力-应变曲线

6.2.3　均布加载试验

1. 试验装置

试件采用四边简支，支座采用四根宽 45mm、高 100mm 的槽型钢梁通过焊接组成 1m×1m 的方形槽钢框，见图 6-4。将槽钢框搁置于四个方形钢支墩顶端，形成夹芯板四边简支的刚性支座，见图 6-5。为防止支座处发生剪切破坏，在槽钢框与试件之间垫上一层厚 3mm 的橡胶垫片。

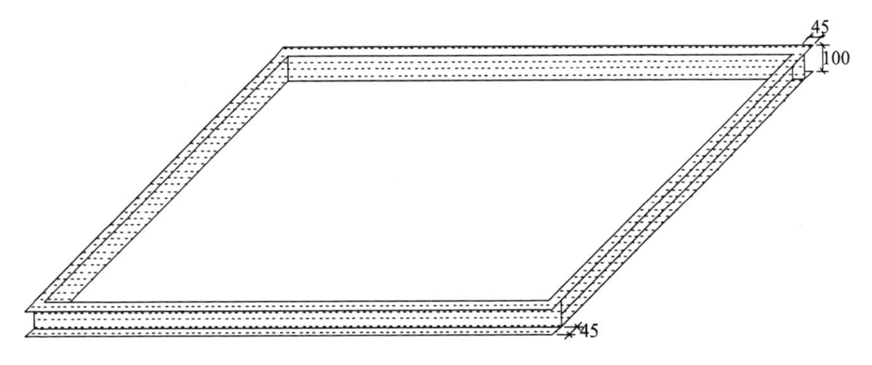

图 6-4　方形槽钢框(单位：mm)

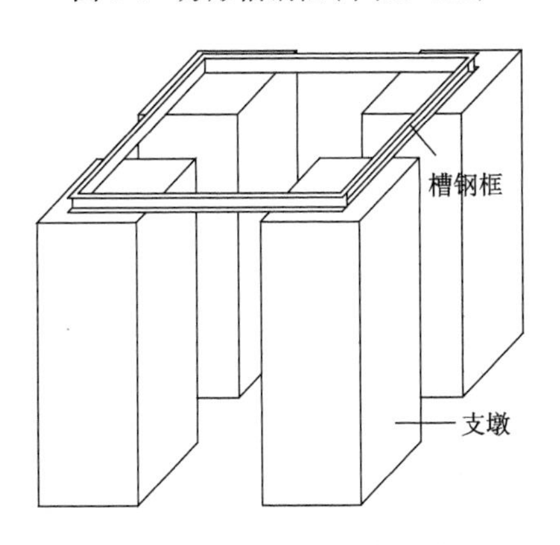

图 6-5　四边简支刚性支座

2. 测点布置与加载制度

本次试验主要研究夹芯板在弹性范围内受到均布荷载作用时板材挠度的变化。由于上面板放置配重砝码，如图 6-6 所示，在下面板若干点处安置位移计。采用配重砝码均布加载，一共分 8 级加载，每级 36 个砝码(3.5kg/个)，合每级 1.26kN/m^2，加载完一级荷载持荷 5min，待变形稳定后，再进行后续加载。试验加载装置见图 6-7。

3. 试验结果分析

本次试验共进行了 8 块复合材料夹芯板的均布荷载受弯试验，整个加载过程无明显现象，试件外观也无明显变化，对试验结果进行处理，得出不同腹板高度和间距的夹芯板具有不同的位移和应力。

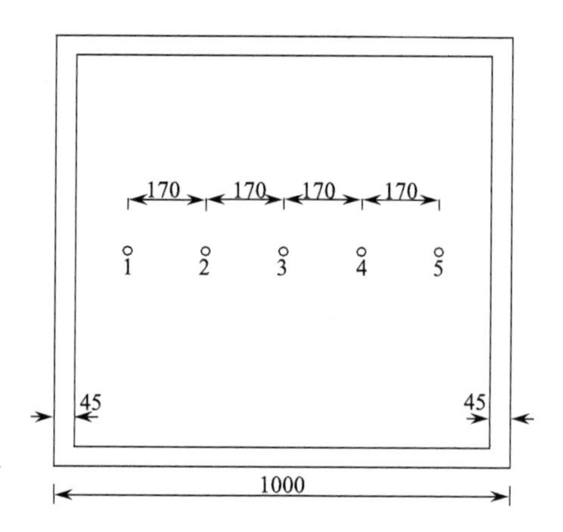

图 6-6　下面板位移计布置(单位：mm)

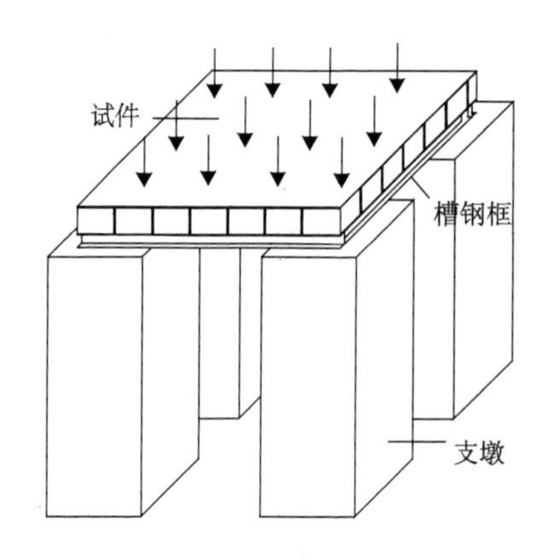

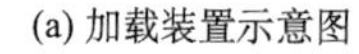
(a) 加载装置示意图

(b) 实际加载装置

图 6-7　均布加载试验加载装置

1) 不同腹板高度试件受弯性能对比

图 6-8 给出了不同腹板高度试件的荷载和跨中位移、应变曲线。从图中可以看出，均布加载过程中，试件处于完全线弹性阶段，图 6-8(a) 各直线斜率为双向腹板增强复合材料夹芯板在均布荷载作用下的总刚度。

各试件刚度差值和应变差值见表 6-5。从表中可以看出，当腹板高度从 50mm 依次增加到 75mm 和 100mm 时，其刚度依次增加 100%和 88.8%，跨中应变依次减小 29.8%和 11.8%，增加腹板高度能显著增强双向腹板增强复合材料夹芯板的刚度，还能在一定程度上减小下面板的拉应力。

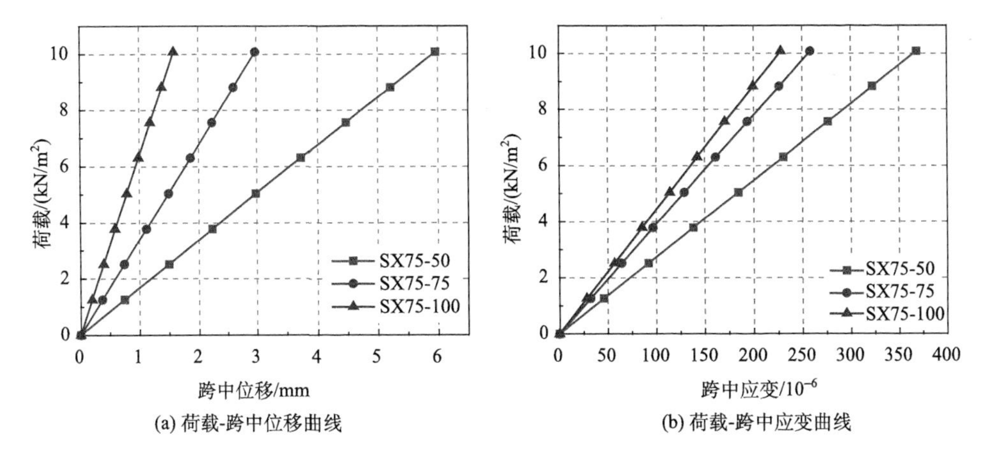

(a) 荷载-跨中位移曲线　(b) 荷载-跨中应变曲线

图 6-8　不同腹板高度试件受弯性能对比

表 6-5　不同腹板高度试件刚度和应变对比

试件	刚度差值/%	跨中应变差值/%
SX75-50、SX75-75	100	–29.8
SX75-75、SX75-100	88.8	–11.8

2) 不同腹板间距试件受弯性能对比

图 6-9 给出了不同腹板间距试件的荷载和跨中位移、应变曲线。从图中可以看出，均布加载过程中，试件处于完全线弹性阶段，图 6-9(a) 各直线斜率为双向腹板增强复合材料夹芯板在均布荷载作用下的总刚度。

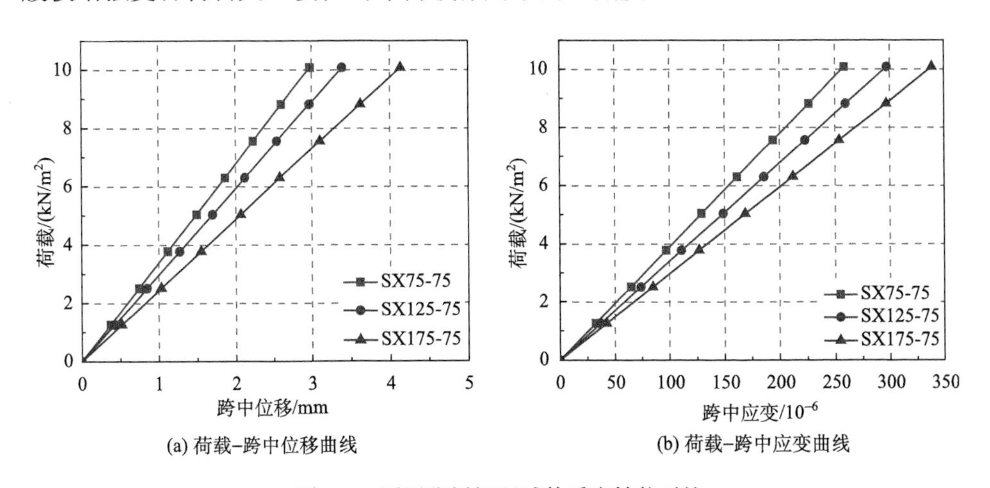

(a) 荷载–跨中位移曲线　(b) 荷载–跨中应变曲线

图 6-9　不同腹板间距试件受弯性能对比

各试件刚度和应变差值见表 6-6。从表中可以看出，当腹板间距从 75mm 依次增加到 125mm 和 175mm 时，其刚度依次减小 12.1%和 18.2%，跨中应变依次增加 15.1%和 13.9%，增加腹板间距会减小双向腹板增强复合材料夹芯板的刚度，但减小的效果并不非常明显。

表 6-6　不同腹板间距试件刚度和应变对比

试件	刚度差值/%	跨中应变差值/%
SX75-75、SX125-75	−12.1	15.1
SX125-75、SX175-75	−18.2	13.9

3)有无腹板增强试件受弯性能对比

表 6-7 给出了有无腹板增强试件刚度和应变对比。从表中可以看出，在普通夹芯板中增加双向腹板，可显著提高夹芯板的刚度，还能减小下面板拉应力，减小程度随腹板高度的增加而减弱。

表 6-7　有无腹板增强试件刚度和应变对比

试件	跨中位移/mm	刚度差值/%	跨中应变/10^{-6}	跨中应变差值/%
SX75-50	5.96	116.7	368.5	−25.0
FS50	12.92		491.5	
SX75-75	2.98	116.8	258.5	−18.1
FS75	6.45		315.6	
SX75-100	1.58	161.5	228.2	−11.7
FS100	4.12		258.4	

6.2.4　集中加载试验

1. 试验装置

试件仍采用四边简支，所用的槽钢框和钢支墩如 6.2.3 节所述，由于以上均布加载试验中，试件仍处于完全线弹性阶段，卸载以后改用千斤顶进行集中加载，加载点选取夹芯板中点，试验通过力传感器量测千斤顶施加的荷载，为避免试件发生局部破坏，在千斤顶和试件之间垫上一块 2cm 厚的钢板和两层 3mm 厚的橡胶垫片，试验装置见图 6-10，构件自重和千斤顶相对于荷载较小，忽略其影响。

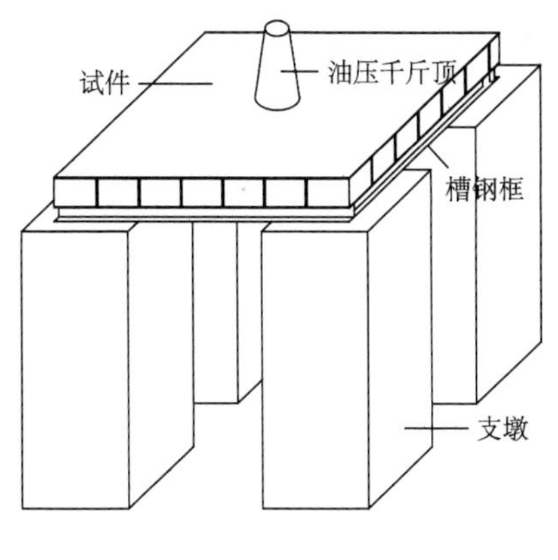

(a) 试验装置示意图

(b) 试验实际装置

图 6-10　集中加载试验装置

2. 测点布置与加载制度

本次试验主要考察双向腹板增强复合材料夹芯板在集中荷载作用下的极限承载能力、荷载-位移曲线以及荷载-应变曲线，这些都是描述此形式夹芯板受弯力学性能的主要指标，测点布置同 6.2.3 节所述。

本章所设计的夹芯板是一种新型结构形式的板材，国内外对其受弯性能的试验研究较少，其受弯极限承载力无具体公式可利用，加载时采用分级加载，结合试件在每级荷载下的受力形态来具体判别。本次试验采用千斤顶对试件进行静态加载，利用 DH3816N 静态应变测试系统进行应变采集，在加载过程中观察夹芯板的变化形态，注意破坏发生时的声响，及时做好每个受力阶段的拍照、记录等工作。

3. 试验现象

为叙述方便，下面将分不同的试件组来描述四边简支双向纤维腹板增强夹芯板在集中力作用下的弯曲试验情况。

1) 不同腹板高度试件组

(1) 试件 SX75-50。

试件在加载初期无明显的现象发生，随着荷载的增加，挠度均匀增加。当荷载增加到 18kN 时，试件听到轻微的树脂基体断裂声，当荷载增加到 36.2kN 时，试件出现较大的纤维局部断裂和树脂开裂的声音，上面板陆续出现若干垂直于加载边的白纹，当荷载增加到 53.2kN 时，试件突然出现巨大的噼啪声，局部纤维发生损伤断裂，上面板在腹板处及腹板之间发生了面层断裂，该试件的破坏形式是加载端周围的上面板发生受压屈曲破坏，破坏荷载为 53.2kN，跨中最大位移为

40.5mm，为跨距的 1/23。图 6-11 为试件破坏示意图，图 6-12 为上面板受压屈曲破坏的裂纹发展示意图。

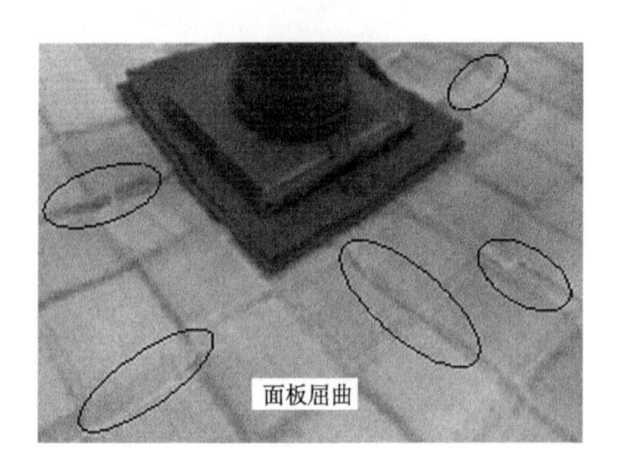

图 6-11　试件 SX75-50 破坏示意图

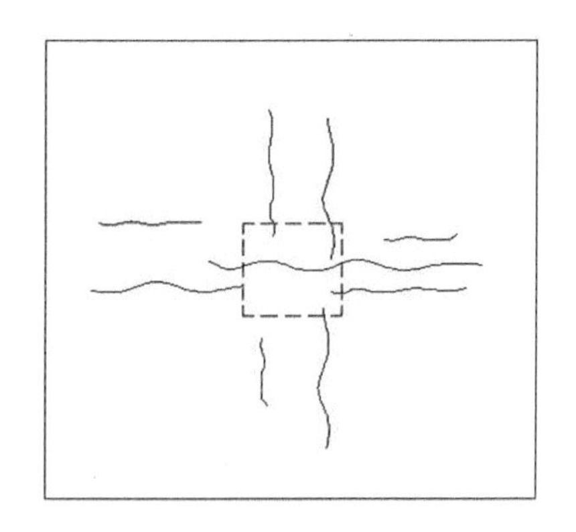

图 6-12　上面板裂纹发展示意图

(2) 试件 SX75-75。

加载前期，试件 SX75-75 和 SX75-50 的试验现象基本相似，当荷载增加到 83.3kN 时，试件发出巨大的噼啪声，发生较大的下挠变形，上面板在加载端周围腹板对应位置和腹板中间出现若干白色裂纹，上面板因泡沫变形过大失去支撑而发生屈曲破坏，见图 6-13。试件破坏荷载为 83.3kN，跨中最大位移为 27.6mm，为跨距的 1/36。

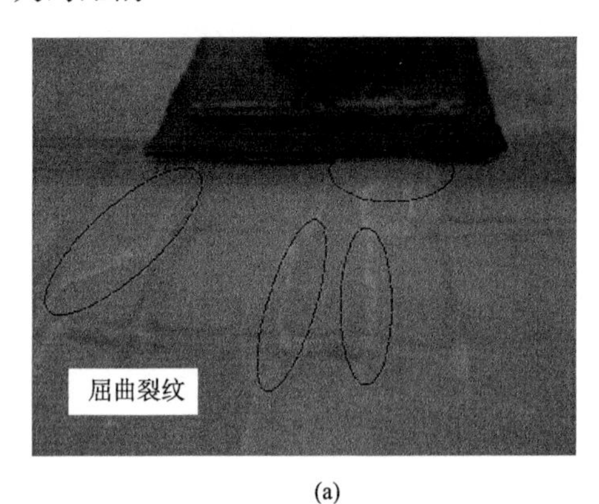

(a)

(b)

图 6-13　试件 SX75-75 破坏示意图

(3) 试件 SX75-100。

试件 SX75-100 和 SX75-75 的试验现象相似，当荷载增加到 108.8kN 时，试件发出巨大的噼啪声，上面板在加载端周围出现若干白色裂纹，上面板发生受压屈曲破坏，同时上面板局部发生剥离现象，见图 6-14。试件破坏荷载为 108.8kN，跨中最大位移为 25.7mm，为跨距的 1/39。

(a)

(b)

图 6-14　试件 SX75-100 破坏示意图

2) 不同腹板间距试件组

(1) 试件 SX75-75。

试件 SX75-75 的试验现象前面已进行了描述。

(2) 试件 SX125-75。

试件 SX125-75 和 SX75-75 的试验现象相似，当荷载增加到 65kN 时，试件发出巨大的噼啪声，发生较大的下挠变形，上面板在加载端周围出现若干白色裂纹，上面板发生受压屈曲破坏，同时上面板在腹板之间发生局部剥离现象，见图 6-15。试件破坏荷载为 65kN，跨中最大位移为 29.1mm，为跨距的 1/35。

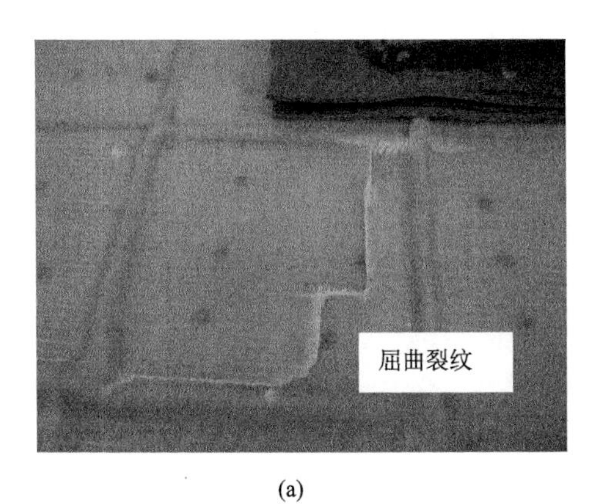

(a)

(b)

图 6-15　试件 SX125-75 破坏示意图

(3) 试件 SX175-75。

加载初期，试件无明显现象。当荷载增加到 22kN 时，听到轻微的树脂基体断裂声，当荷载增加到38.2kN时，上面板发生轻微剥离，同时加载面附近伴有少许白色裂纹，随着荷载增加，面层剥离向边界处发展，最终导致上面板大面积剥离破坏(图6-16)，这与夹芯板无封边形成自由边界有关，腹板间距增大使得自由边界处腹板对面层的约束减小，最终导致上面板面层与芯材剥离。试件破坏荷载为49.8kN，跨中最大位移为31.2mm，为跨距的1/32。

图6-16　试件SX175-75破坏示意图

3) 不同无腹板增强试件组

(1) 试件FS50。

加载初期，试件无明显变化，当荷载增加到11.5kN时，试件发出几声轻微脆响，表明纤维和树脂开始出现细小裂纹，当荷载增加到27.2kN时，试件突然发出巨大脆响，力传感器测得的荷载快速下降，试件表面无明显变化，敲击受压区板面发出清脆的空鼓声，表明受压区面层与芯材发生大面积剥离，试件破坏。破坏无明显征兆，为脆性破坏，跨中最大位移为32.1mm，为跨距的1/31。

(2) 试件FS75。

加载初期，试件无明显变化。当荷载增加到8kN和16.5kN时，试件均发出几声轻微脆响，表明纤维和树脂开始出现细小断裂，当荷载增加到18.3kN时，试件突然发出巨大脆响，同时力传感器测得的荷载快速下降，试件破坏，但面板表面无明显破坏裂纹，敲击受压区板面发出清脆的空鼓声，表明受压区面层与芯材发生大面积剥离。破坏无明显征兆，为脆性破坏，跨中最大位移为16.5mm，为跨距的1/61。

(3) 试件FS100。

加载初期，试件无明显变化。当荷载增加到14.3kN和20kN时，试件均发出几声连续轻微脆响，表明纤维和树脂开始出现细小断裂，当荷载增加到32kN时，试件突然发出一声巨大的噼啪脆响，受压区面层与芯材大面积剥离，同时力传感器测得的荷载快速下降，试件破坏，但面板表面无明显破坏裂纹。破坏无明显征兆，为脆性破坏，跨中最大位移为 20.5mm，为跨距的 1/50。

为了方便比较，现将所有试件的试验结果列于表 6-8~表 6-10。

表 6-8　不同腹板高度试件试验结果

试件编号	初现树脂基体断裂时荷载/kN	破坏荷载/kN	跨中位移/mm	上面板剥离现象
SX75-50	18.0	53.2	40.5	无
SX75-75	54.2	83.3	27.6	无
SX75-100	62.5	108.8	25.7	轻微

表 6-9　不同腹板间距试件试验结果

试件编号	初现树脂基体断裂时荷载/kN	破坏荷载/kN	跨中位移/mm	上面板剥离现象
SX75-75	54.2	83.3	27.6	无
SX125-75	34.4	65.0	29.1	明显
SX175-75	22.0	49.8	31.2	严重

表 6-10　无腹板增强试件试验结果

试件编号	初现树脂基体断裂时荷载/kN	破坏荷载/kN	跨中位移/mm	上面板剥离现象
FS50	11.5	27.2	32.1	完全
FS75	8.0	18.3	16.5	完全
FS100	14.3	32.0	20.5	完全

4. 破坏模式分析

由试验可以观察到，无腹板增强的夹芯板（FS 系列）破坏模式均为受压区面层与芯材剥离破坏，究其原因是夹芯板受弯时，上面板受压极易向面外发生剥离变形，夹芯板通过双向腹板增强后，面层的剥离受到与面层一体成型的腹板约束，约束作用随着腹板间距和高度的增加而减弱。因此，随着腹板间距和高度的增加，面层剥离现象有所凸显。

双向纤维腹板增强复合材料夹芯板（SX 系列）破坏模式主要为上面板的屈曲破坏，主要原因是受压过程中泡沫芯材塑性变形过大，失去了对面层的支撑，导致上面板在加载端附近极易发生屈曲而断裂。

5. 腹板增强效果分析

本章双向腹板增强复合材料夹芯板受弯性能的设计因素为腹板高度和腹板

间距，现通过试验数据探讨不同设计因素对夹芯板极限承载力、跨中位移的影响以及腹板对面层的约束作用。为叙述方便，分不同腹板高度、不同腹板间距和有无腹板增强三部分来阐述双向腹板增强对复合材料夹芯板受弯性能的增强效果。此处采用的位移为跨中位移，应变为下面板跨中应变。

1)不同腹板高度试件受弯性能对比

不同腹板高度试件荷载-位移曲线和荷载-应变曲线见图 6-17 和图 6-18。

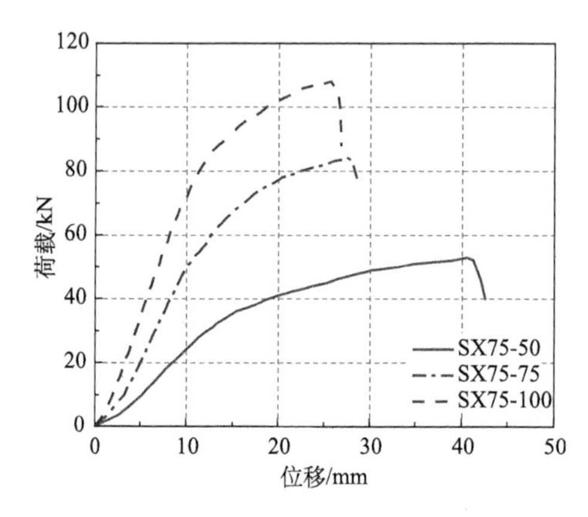

图 6-17 不同腹板高度试件荷载-位移曲线

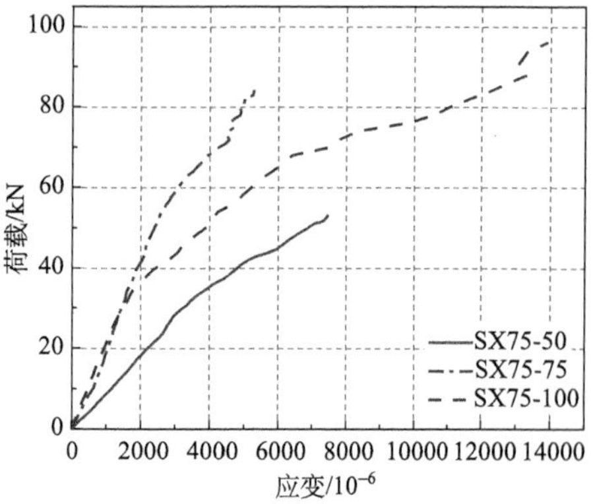

图 6-18 不同腹板高度试件荷载-应变曲线

双向腹板增强夹芯板的位移在开始阶段以弹性发展为主，但随着荷载继续增大，聚氨酯泡沫芯材的变形发展至塑性，荷载-位移曲线的斜率开始降低，芯材塑性变形过大而失去对面层的支撑，最终导致面层屈曲破坏，其荷载-位移曲线出现下降段。

不同腹板高度试件极限承载力差值和跨中位移差值见表 6-11。在保持腹板间距不变的情况下，改变腹板高度，对试件 SX75-50、SX75-75、SX75-100 进行对比分析。试验发现，在腹板间距为 75mm 时，腹板高度从 50mm 依次增加到 75mm 和 100mm，极限承载力依次增加了 56.6%和 30.6%，跨中位移依次减小了 31.8%和 6.9%。可见，增加腹板高度能显著提高极限承载力，提高的效果随腹板高度的增加而减弱，同时增加腹板高度还能减小跨中位移，减小的效果随腹板高度的增加而明显减弱。

表 6-11 不同腹板高度试件极限承载力和跨中位移对比

试件	极限承载力差值/%	跨中位移差值/%
SX75-50、SX75-75	56.6	–31.8
SX75-75、SX75-100	30.6	–6.9

2) 不同腹板间距试件受弯性能对比

不同腹板间距试件荷载-位移曲线和荷载-应变曲线见图 6-19 和图 6-20。

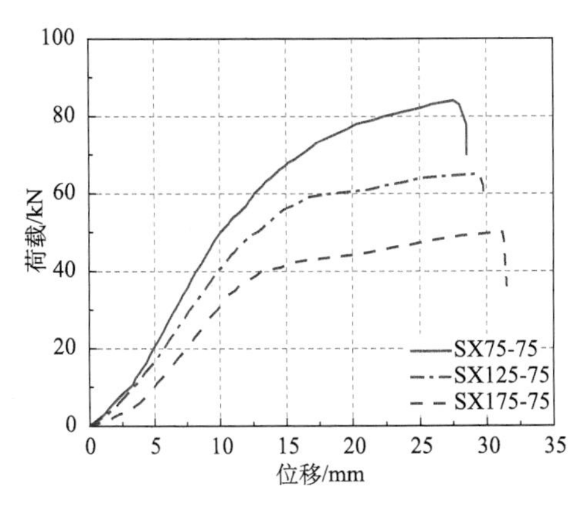

图 6-19　不同腹板间距试件荷载-位移曲线

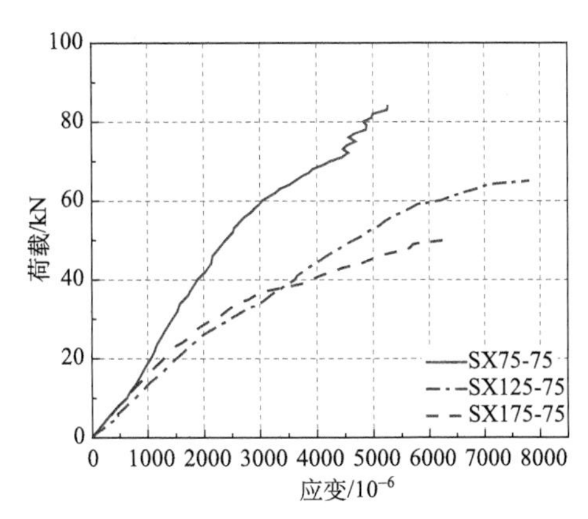

图 6-20　不同腹板间距试件荷载-应变曲线

不同腹板间距试件极限承载力和跨中位移差值见表 6-12。在保持腹板高度不变的情况下，改变腹板间距，对试件 SX75-75、SX125-75、SX175-75 进行对比分析。试验发现，在腹板高度为 75mm 时，腹板间距从 75mm 依次增加到 125mm 和 175mm，极限承载力依次减小了 22%和 23.4%，跨中位移依次增加了 5.4%和 7.6%。可见，增加腹板间距会减小夹芯板极限承载力，减小效果随腹板间距的增加变化并不明显，同时腹板间距变化对跨中位移的影响并不明显。

表 6-12　不同腹板间距试件极限承载力和跨中位移对比

试件	极限承载力差值/%	跨中位移差值/%
SX75-75、SX125-75	–22.0	5.4
SX125-75、SX175-75	–23.4	7.6

3) 有无腹板增强试件受弯性能对比

有无腹板增强试件荷载-位移曲线和荷载-应变曲线见图 6-21 和图 6-22。有无腹板增强试件极限承载力和跨中应变差值见表 6-13。

将两种夹芯板进行受弯试验对比，无腹板增强的夹芯板极限承载力明显降低很多，且破坏具有突然性，从发出轻微响声到试件破坏的过程很短，属于脆性破坏。夹芯板中添加双向腹板能极大地提高夹芯板抗弯极限承载力和抗弯刚度，还能更大地发挥面板纤维丝的受拉变形能力。

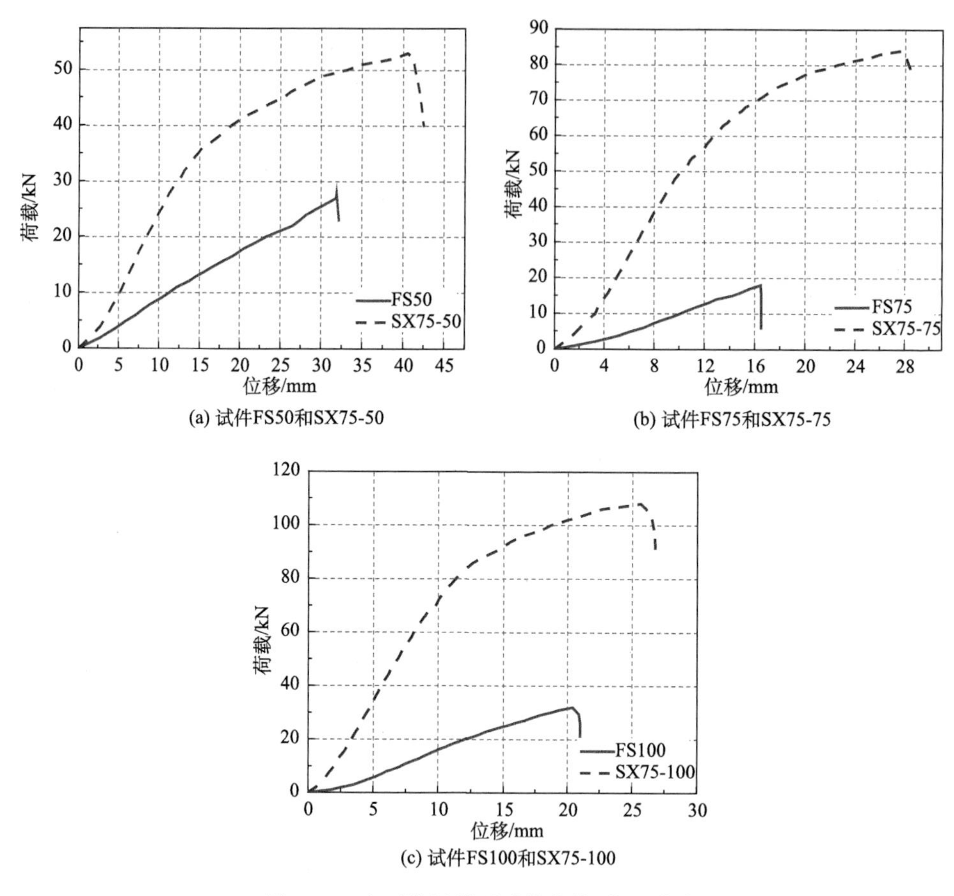

(a) 试件FS50和SX75-50

(b) 试件FS75和SX75-75

(c) 试件FS100和SX75-100

图 6-21　有无腹板增强试件荷载-位移曲线

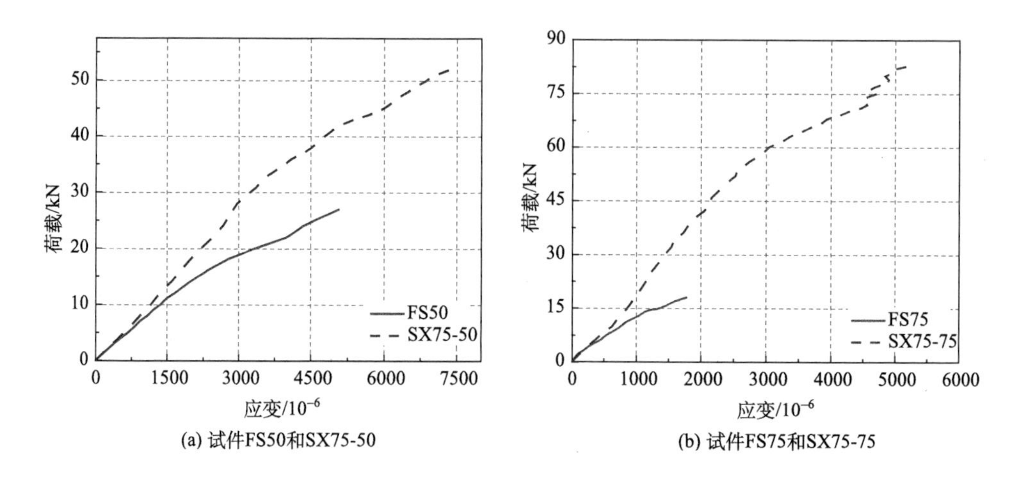

(a) 试件FS50和SX75-50

(b) 试件FS75和SX75-75

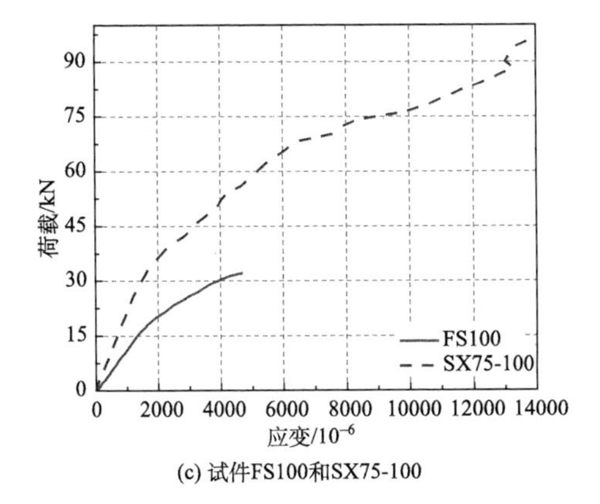

(c) 试件FS100和SX75-100

图 6-22　有无腹板增强试件荷载-应变曲线

表 6-13　有无腹板增强试件极限承载力和应变对比

试件	极限承载力/kN	极限承载力差值/%	跨中应变/10^{-6}	跨中应变差值/%
SX75-50	53.2	95.59	7453	47.13
FS50	27.2		5069	
SX75-75	83.3	355.19	5271	196.96
FS75	18.3		1775	
SX75-100	108.8	240.00	13884	198.07
FS100	32.0		4658	

6.3　双向纤维腹板增强复合材料夹芯板力学模型研究

6.3.1　基本假设及计算模型

本节基于 Hoff 理论，将半连续的芯材进行近似连续化等效，同时考虑夹芯层的剪切变形，采用拟夹芯板法[4,5]来分析双向纤维腹板增强复合材料夹芯板的受弯性能。先将双向纤维腹板增强复合材料夹芯板假设为一含夹芯层的夹芯板[6-8]，其计算模型见图 6-23 和图 6-24，因此我们引入以下连续化的基本假设：

(1) 将上下面层等代为平板，忽略腹板与面层的偏心影响，它们组成夹芯板的上下表层，只能承受层内平面力，不能承受横向剪力。不计上下表层的厚度，其间距等于双向纤维腹板增强复合材料夹芯板面层之间的形心距 H。

(2) 现将纤维腹板和聚氨酯泡沫折算为夹芯层，能承受横向剪力，但不能承受轴向力，夹芯层的高度为 h。

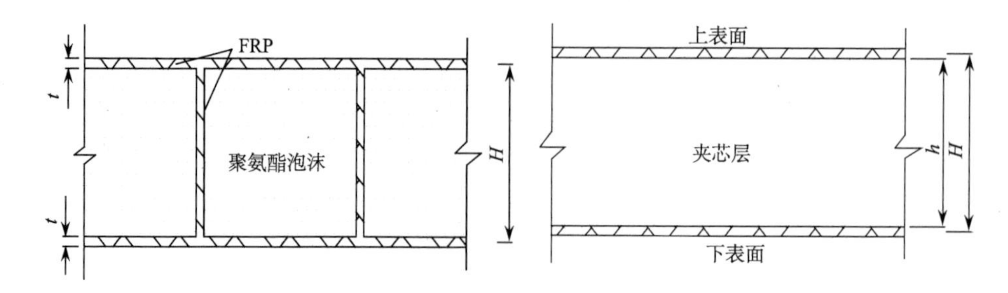

图 6-23　双向纤维腹板增强夹芯板结构图　　　　图 6-24　拟夹芯板计算模型

(3) 夹芯板在变形后，原垂直于中面的直线仍为直线，但不再垂直于中面，而在 xz、yz 平面分别有转角 θ_y、θ_x。

(4) 由于腹板在上部受压、下部受拉，应变呈三角形分布，为简化起见，在此等效成腹板上三分之一的应变为上面板的应变，腹板下三分之一的应变为下面板的应变，中间三分之一的应变为零。

依据上述四条基本假设，便可以采用具有 3 个广义位移、5 个广义内力的非经典平板理论来建立基本方程，分析计算双向纤维腹板增强复合材料夹芯板。

6.3.2　等效刚度的确定

1. 面板的平面刚度

令 σ_x^+、σ_y^+、τ_{xy}^+ 为上表层中的应力分量，σ_x^-、σ_y^-、τ_{xy}^- 为下表层中的应力分量，根据胡克定律，有如下公式：

$$\sigma_x^{\pm}=\frac{E_{\mathrm{f}}}{1-\nu_{\mathrm{f}}^2}\left(\varepsilon_x^{\pm}+\nu_{\mathrm{f}}\varepsilon_y^{\pm}\right) \tag{6-1}$$

$$\sigma_y^{\pm}=\frac{E_{\mathrm{f}}}{1-\nu_{\mathrm{f}}^2}\left(\varepsilon_y^{\pm}+\nu_{\mathrm{f}}\varepsilon_x^{\pm}\right) \tag{6-2}$$

$$\tau_{xy}^{\pm}=\frac{E_{\mathrm{f}}}{2\left(1+\nu_{\mathrm{f}}\right)}\gamma_{xy}^{\pm} \tag{6-3}$$

其中，E_{f} 和 ν_{f} 分别为双向纤维腹板增强夹芯板面层的弹性模量和泊松比；上标+表示上面板，–表示下面板。

将式(6-1)~式(6-3)两边同乘以薄板的厚度 t，即

$$N_x^{\pm}=\sigma_x^{\pm}t=\frac{E_{\mathrm{f}}t}{1-\nu_{\mathrm{f}}^2}\left(\varepsilon_x^{\pm}+\nu_{\mathrm{f}}\varepsilon_y^{\pm}\right) \tag{6-4}$$

$$N_y^{\pm}=\sigma_y^{\pm}t=\frac{E_{\mathrm{f}}t}{1-\nu_{\mathrm{f}}^2}\left(\varepsilon_y^{\pm}+\nu_{\mathrm{f}}\varepsilon_x^{\pm}\right) \tag{6-5}$$

$$N_{xy}^{\pm}=\tau_{xy}^{\pm}t=\frac{E_{\mathrm{f}}t}{2\left(1+\nu_{\mathrm{f}}\right)}\gamma_{xy}^{\pm} \tag{6-6}$$

将式(6-4)~式(6-6)用矩阵表示为

$$\begin{bmatrix} N_x \\ N_y \\ N_{xy} \end{bmatrix}^{\pm}=\begin{bmatrix} \dfrac{E_{\mathrm{f}}t}{1-\nu_{\mathrm{f}}^2} & \dfrac{\nu_{\mathrm{f}}E_{\mathrm{f}}t}{1-\nu_{\mathrm{f}}^2} & 0 \\ \dfrac{\nu_{\mathrm{f}}E_{\mathrm{f}}t}{1-\nu_{\mathrm{f}}^2} & \dfrac{E_{\mathrm{f}}t}{1-\nu_{\mathrm{f}}^2} & 0 \\ 0 & 0 & \dfrac{E_{\mathrm{f}}t}{2\left(1+\nu_{\mathrm{f}}\right)} \end{bmatrix}\begin{bmatrix} \varepsilon_x \\ \varepsilon_y \\ \gamma_{xy} \end{bmatrix}^{\pm} \tag{6-7}$$

令

$$B_{\mathrm{b}}=\begin{bmatrix} \dfrac{E_{\mathrm{f}}t}{1-\nu_{\mathrm{f}}^2} & \dfrac{\nu_{\mathrm{f}}E_{\mathrm{f}}t}{1-\nu_{\mathrm{f}}^2} & 0 \\ \dfrac{\nu_{\mathrm{f}}E_{\mathrm{f}}t}{1-\nu_{\mathrm{f}}^2} & \dfrac{E_{\mathrm{f}}t}{1-\nu_{\mathrm{f}}^2} & 0 \\ 0 & 0 & \dfrac{E_{\mathrm{f}}t}{2\left(1+\nu_{\mathrm{f}}\right)} \end{bmatrix}$$

B_{b}为面板的平面刚度矩阵，下标 b 表示板，则式(6-7)可写成

$$N=B_{\mathrm{b}}\varepsilon \tag{6-8}$$

2. 腹板的平面刚度

复合材料夹芯板中的纤维腹板是双向正交的，见图 6-25，设与 x 轴、y 轴相平行的一组腹板间距分别为Δy、Δx，则腹板的物理方程为

$$N_{ix}=E_{\mathrm{c}}A_{ix}\varepsilon_{ix}=E_{\mathrm{c}}A_{ix}\frac{\partial\mu_{ix}}{\partial x} \tag{6-9}$$

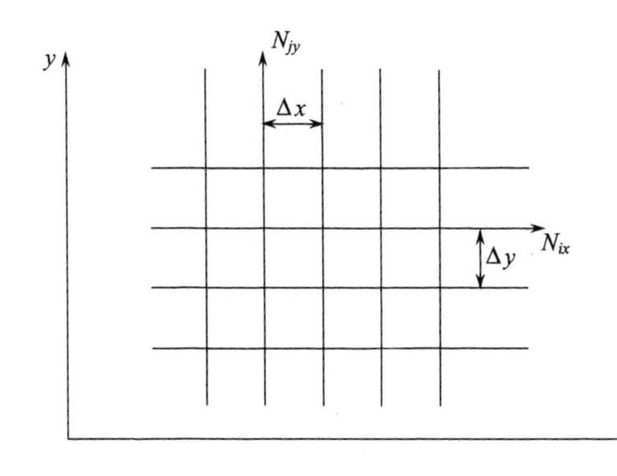

图 6-25　双向正交腹板

$$N_{jy}=E_{\mathrm{c}}A_{jy}\varepsilon_{jy}=E_{\mathrm{c}}A_{jy}\frac{\partial\mu_{jy}}{\partial y} \tag{6-10}$$

式中，μ_{ix}、N_{ix}分别表示与x轴平行的腹板的位移、轴力；μ_{jy}、N_{jy}分别表示与y轴平行的腹板的位移、轴力；E_{c}为腹板的弹性模量。

根据假设，有

$$A_{ix}=A_{jy}=\frac{bh}{3} \tag{6-11}$$

式中，b、h分别为腹板厚度和高度。

平面问题的一组内力N_x、N_y、$N_{xy}=N_{yx}$可用N_{ix}、N_{jy}表示为

$$N_x=\frac{N_{ix}}{\Delta x} \tag{6-12}$$

$$N_y=\frac{N_{jy}}{\Delta y} \tag{6-13}$$

$$N_{xy}=N_{yx}=0 \tag{6-14}$$

考虑到$\mu_{ix}=\mu_x$，$\mu_{jy}=\mu_y$，则有

$$\varepsilon_{ix}=\frac{\partial\mu_{ix}}{\partial x}=\frac{\partial\mu_x}{\partial x}=\varepsilon_x \tag{6-15}$$

$$\varepsilon_{jy}=\frac{\partial\mu_{jy}}{\partial y}=\frac{\partial\mu_y}{\partial y}=\varepsilon_y \tag{6-16}$$

将式(6-9)、式(6-10)、式(6-15)、式(6-16)代入式(6-12)~式(6-14)得

$$N_x=\frac{E_{\mathrm{c}}A_{ix}}{\Delta x}\varepsilon_x \tag{6-17}$$

$$N_y=\frac{E_{\mathrm{c}}A_{jy}}{\Delta y}\varepsilon_y \tag{6-18}$$

$$N_{xy}=N_{yx}=0 \tag{6-19}$$

令$\delta_x=\dfrac{A_{ix}}{\Delta x}$表示腹板$i$沿$x$轴方向的折算厚度，$\delta_y=\dfrac{A_{jy}}{\Delta y}$表示腹板$j$沿$y$轴方向的折算厚度，则式(6-17)~式(6-19)可写为

$$N_x=E_{\mathrm{c}}\delta_x\varepsilon_x \tag{6-20}$$

$$N_y=E_{\mathrm{c}}\delta_y\varepsilon_y \tag{6-21}$$

$$N_{xy}=N_{yx}=0 \tag{6-22}$$

将式(6-20)~式(6-21)写成矩阵形式为

$$\begin{bmatrix}N_x\\N_y\\N_{xy}\end{bmatrix}=\begin{bmatrix}E_{\mathrm{c}}\delta_x&0&0\\0&E_{\mathrm{c}}\delta_y&0\\0&0&0\end{bmatrix}\begin{bmatrix}\varepsilon_x\\\varepsilon_y\\\varepsilon_{xy}\end{bmatrix} \tag{6-23}$$

令

$$B_1 = \begin{bmatrix} E_c\delta_x & 0 & 0 \\ 0 & E_c\delta_y & 0 \\ 0 & 0 & 0 \end{bmatrix}$$

B_1即为腹板等代平面刚度的平面刚度矩阵，这样式(6-8)可以写成

$$N = B_1\varepsilon \tag{6-24}$$

3. 拟夹芯板的平面刚度

整块夹芯板的平面刚度由两部分组成，即面板自身的平面刚度和腹板的平面刚度叠加而成，即可得到

$$B = B_b + B_1 = \begin{bmatrix} \dfrac{E_f t}{1-\nu_f^2} + E_c\delta_x & \dfrac{\nu_f E_f t}{1-\nu_f^2} & 0 \\ \dfrac{\nu_f E_f t}{1-\nu_f^2} & \dfrac{E_f t}{1-\nu_f^2} + E_c\delta_y & 0 \\ 0 & 0 & \dfrac{E_f t}{2(1+\nu_f)} \end{bmatrix} \tag{6-25}$$

夹芯板的抗弯刚度为[9]

$$D = \frac{(h+t)^2}{2}B \tag{6-26}$$

4. 夹芯板的等效剪切刚度

夹芯层的等效剪切刚度由两部分组成：腹板剪切刚度和泡沫剪切刚度。根据剪切刚度等效原则，将泡沫部分等效为腹板，图 6-26 给出了等效前后模型对比，其中 a、b、h 分别为腹板的净距、宽度和高度，A 为腹板间泡沫截面积的一半，G 为腹板剪切模量，G' 为泡沫剪切模量，b_x 为等效后的腹板宽度。

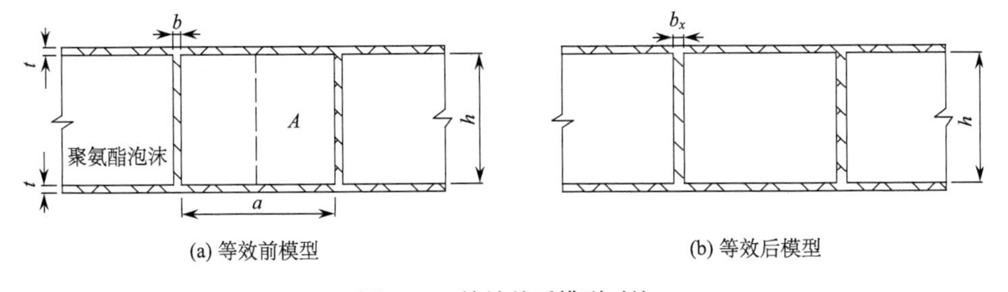

(a) 等效前模型　(b) 等效后模型

图 6-26　等效前后模型对比

根据剪切刚度等效原则，有

$$G'A = Gb'h \tag{6-27}$$

则有

$$b' = \frac{G'A}{Gh} = \frac{G'a}{2G} \tag{6-28}$$

$$b_x = b + 2b' = b + \frac{G'a}{G} \tag{6-29}$$

对等效后的腹板夹芯层取一个单元(图 6-27)进行分析，b_x、b_y 为腹板等效宽度，h 为腹板高度，Δ_x、Δ_y 分别为该单元在 x、y 方向上的长度，在 xz 面横向剪力作用下，假定剪力流 T 均匀分布，腹板在折算单元的剪切应变能为

$$w = \left(\int \frac{T^2}{2G\Delta_x} \mathrm{d}y\right) d_z = \frac{T^2 b_y}{2G\Delta_x} d_z \tag{6-30}$$

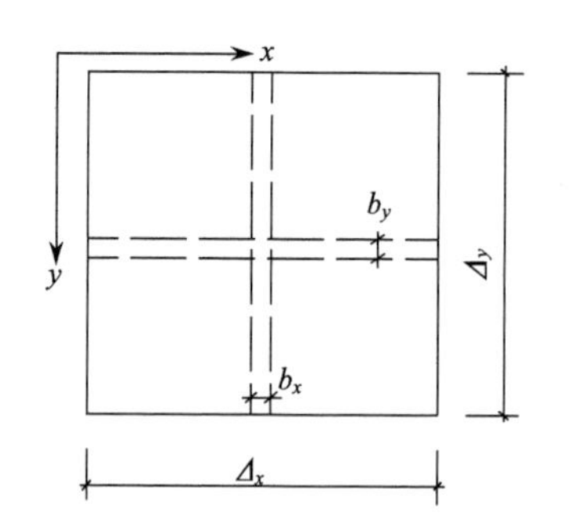

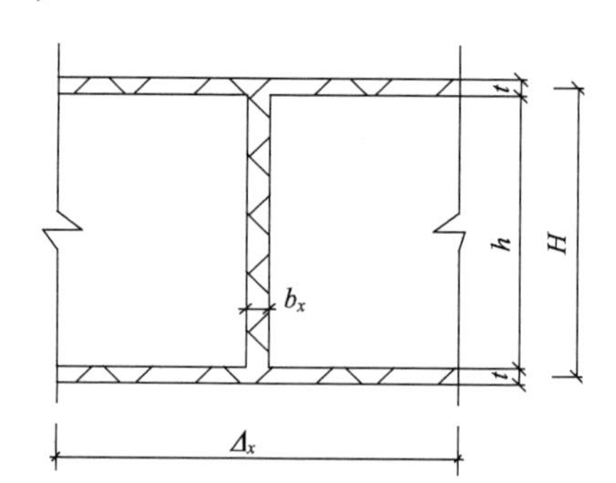

图 6-27　等效腹板夹芯层单元

连续化后，折算夹芯层的剪应力为

$$\tau_{xz} = \frac{Tb_y}{\Delta_x \Delta_y} \tag{6-31}$$

剪切应变能为

$$\overline{w} = \frac{1}{2}\frac{\tau_{xz}^2}{G_x} d_z = \frac{1}{2}\frac{T^2 b_y^2}{G_x \Delta_x^2 \Delta_y^2} d_z \tag{6-32}$$

由 $w = \overline{w}$，可以得到 x 方向夹芯层等效剪切模量为

$$G_x = \frac{b_y}{\Delta_x \Delta_y^2} G \tag{6-33}$$

同理，y 方向夹芯层等效剪切模量为

$$G_y = \frac{b_x}{\Delta_x^2 \Delta_y} G \tag{6-34}$$

可见，夹芯层的等代剪切刚度具有明显的物理意义，它实际上是腹板的剪切刚度在折算单元内的平均值，这是符合实际情况的。

x 方向夹芯层的等效剪切刚度为

$$C_x = G_x \frac{(h+t)^2}{h} \tag{6-35}$$

y 方向夹芯层的等效剪切刚度为

$$C_y = G_y \frac{(h+t)^2}{h} \tag{6-36}$$

6.3.3　基本微分方程的建立

1. 几何方程

根据基本假设 1，上面板在 x、y 方向的位移分别为 $-\frac{h+t}{2}\theta_x$、$-\frac{h+t}{2}\theta_y$，则上面板中各点的位移可表示为

$$u^+ = -\frac{h+t}{2}\theta_x - \left(z - \frac{h+t}{2}\right)\frac{\partial w}{\partial x} \tag{6-37}$$

$$v^+ = -\frac{h+t}{2}\theta_y - \left(z - \frac{h+t}{2}\right)\frac{\partial w}{\partial y} \tag{6-38}$$

同理可以得到下面板中各点的位移：

$$u^- = \frac{h+t}{2}\theta_x - \left(z + \frac{h+t}{2}\right)\frac{\partial w}{\partial x} \tag{6-39}$$

$$v^- = \frac{h+t}{2}\theta_y - \left(z + \frac{h+t}{2}\right)\frac{\partial w}{\partial y} \tag{6-40}$$

$$w^+ = w \tag{6-41}$$

以上两组公式可合并写成

$$\varepsilon_x^\pm = \mp\frac{h+t}{2}\frac{\partial \theta_x}{\partial x} - \left(z \mp \frac{h+t}{2}\right)\frac{\partial w^2}{\partial x^2} \tag{6-42}$$

$$\varepsilon_y^\pm = \mp\frac{h+t}{2}\frac{\partial \theta_y}{\partial y} - \left(z \mp \frac{h+t}{2}\right)\frac{\partial w^2}{\partial y^2} \tag{6-43}$$

$$\varepsilon_{xy}^\pm = \mp\frac{h+t}{2}\left(\frac{\partial \theta_x}{\partial y} + \frac{\partial \theta_y}{\partial x}\right) - 2\left(z \mp \frac{h+t}{2}\right)\frac{\partial w^2}{\partial x \partial y} \tag{6-44}$$

夹芯层中的横向剪切应变为

$$\gamma_{xz}^{\mathrm{c}} = \frac{h+t}{h}\left(\frac{\partial w}{\partial x} - \theta_x\right) \tag{6-45}$$

$$\gamma_{yz}^{\mathrm{c}} = \frac{h+t}{h}\left(\frac{\partial w}{\partial y} - \theta_y\right) \tag{6-46}$$

2. 物理方程

基于 Hoff 夹芯板理论，夹芯板的弯矩分为两部分：一是不考虑面层抗弯刚度时夹芯板的弯矩 M'，二是面层自身的弯矩 M''，总弯矩 M 可表示为

$$M_x = M_x' + M_x'' \tag{6-47}$$

$$M_y = M_y' + M_y'' \tag{6-48}$$

$$M_{xy} = M_{xy}' + M_{xy}'' \tag{6-49}$$

不考虑面层抗弯刚度时，夹芯板的弯矩为

$$M_x' = -D_{11}'\frac{\partial \theta_x}{\partial x} - D_{12}'\frac{\partial \theta_y}{\partial y} \tag{6-50}$$

$$M_y' = -D_{21}'\frac{\partial \theta_x}{\partial x} - D_{22}'\frac{\partial \theta_y}{\partial y} \tag{6-51}$$

$$M_{xy}' = -D_{33}'\left(\frac{\partial \theta_x}{\partial y} + \frac{\partial \theta_y}{\partial x}\right) \tag{6-52}$$

式中，$D_{11}' = \frac{(h+t)^2}{2}B_{11}$，$D_{22}' = \frac{(h+t)^2}{2}B_{22}$，$D_{33}' = \frac{(h+t)^2}{2}B_{33}$，$D_{12}' = D_{21}' = \frac{(h+t)^2}{2}B_{12}$，其中 B_{11}、B_{22}、B_{33}、B_{12} 见式(6-25)。

面层自身的弯矩为

$$M_x'' = -2D_{\mathrm{f}}\left(\frac{\partial^2 w}{\partial x^2} + \nu_{\mathrm{f}}\frac{\partial^2 w}{\partial y^2}\right) \tag{6-53}$$

$$M_y'' = -2D_{\mathrm{f}}\left(\frac{\partial^2 w}{\partial y^2} + \nu_{\mathrm{f}}\frac{\partial^2 w}{\partial x^2}\right) \tag{6-54}$$

$$M_{xy}'' = -2(1-\nu_{\mathrm{f}})D_{\mathrm{f}}\frac{\partial^2 w}{\partial x \partial y} \tag{6-55}$$

其中，$D_{\mathrm{f}} = \frac{E_{\mathrm{f}}t^3}{12(1-\nu_{\mathrm{f}}^2)}$。

夹芯板的剪力 Q 由上下面层的剪力 Q^+、Q^- 和夹心层的剪力 Q_{c} 两部分组成，即

$$Q_x = Q_x^{\mathrm{c}} + Q_x^{+} + Q_x^{-} \tag{6-56}$$

$$Q_y = Q_y^{\mathrm{c}} + Q_y^{+} + Q_y^{-} \tag{6-57}$$

由式(6-45)和式(6-46)得，夹芯层的应力-应变关系可表达为

$$Q_x^{\mathrm{c}} = G_x(h+t)\left(\frac{\partial w}{\partial x} - \theta_x\right) \tag{6-58}$$

$$Q_y^{\mathrm{c}} = G_y(h+t)\left(\frac{\partial w}{\partial y} - \theta_y\right) \tag{6-59}$$

总横向剪力 Q 可由 Q^{c}、M'' 表示如下：

$$Q_x = \frac{h+t}{h}Q_x^{\mathrm{c}} + \frac{\partial M_x''}{\partial x} + \frac{\partial M_{xy}''}{\partial y} \tag{6-60}$$

$$Q_y = \frac{h+t}{h}Q_y^{\mathrm{c}} + \frac{\partial M_y''}{\partial y} + \frac{\partial M_{xy}''}{\partial x} \tag{6-61}$$

由式(6-58)~式(6-61)可得

$$Q_x = G_x\left(\frac{\partial w}{\partial x} - \theta_x\right) - 2D_{\mathrm{f}}\frac{\partial}{\partial x}\left(\frac{\partial^2 w}{\partial x^2} + \frac{\partial^2 w}{\partial y^2}\right) \tag{6-62}$$

$$Q_y = G_y\left(\frac{\partial w}{\partial y} - \theta_y\right) - 2D_{\mathrm{f}}\frac{\partial}{\partial y}\left(\frac{\partial^2 w}{\partial x^2} + \frac{\partial^2 w}{\partial y^2}\right) \tag{6-63}$$

3. 平衡方程

在均布荷载 q 的作用下，夹芯板的平衡方程为

$$\frac{\partial M_x}{\partial x} + \frac{\partial M_{xy}}{\partial y} - Q_x = 0 \tag{6-64}$$

$$\frac{\partial M_y}{\partial y} + \frac{\partial M_{xy}}{\partial x} - Q_y = 0 \tag{6-65}$$

$$\frac{\partial Q_x}{\partial x} + \frac{\partial Q_y}{\partial y} + q = 0 \tag{6-66}$$

将式(6-47)~式(6-49)、式(6-62)、式(6-63)代入式(6-64)~式(6-66)，可得

$$D_{11}'\frac{\partial^2\theta_x}{\partial x^2} + D_{33}'\frac{\partial^2\theta_x}{\partial y^2} + (D_{12}' + D_{33}')\frac{\partial^2\theta_x}{\partial x\partial y} + C_x\left(\frac{\partial w}{\partial x} - \theta_x\right) = 0 \tag{6-67}$$

$$D_{22}'\frac{\partial^2\theta_y}{\partial y^2} + D_{33}'\frac{\partial^2\theta_y}{\partial x^2} + (D_{21}' + D_{33}')\frac{\partial^2\theta_x}{\partial x\partial y} + C_y\left(\frac{\partial w}{\partial y} - \theta_y\right) = 0 \tag{6-68}$$

$$\left(C_x \frac{\partial^2 w}{\partial x^2} + C_y \frac{\partial^2 w}{\partial y^2} - C_x \frac{\partial \theta_x}{\partial x} - C_y \frac{\partial \theta_y}{\partial y}\right) - 2D_{\mathrm{f}}\left(\frac{\partial^4 w}{\partial x^4} + 2\frac{\partial^4 w}{\partial x^2 \partial y^2} + \frac{\partial^4 w}{\partial y^4}\right) + q = 0 \tag{6-69}$$

现引入一个新函数ϕ，使得θ_x、θ_y、w满足如下关系：

$$\theta_x = \left(A_1 \frac{\partial^3}{\partial x \partial y^2} - A_2 \frac{\partial^3}{\partial x^3} + \frac{\partial}{\partial x}\right)\phi \tag{6-70}$$

$$\theta_y = \left(A_3 \frac{\partial^3}{\partial x^2 \partial y} - A_4 \frac{\partial^3}{\partial y^3} + \frac{\partial}{\partial y}\right)\phi \tag{6-71}$$

$$w = \left(H_1 \frac{\partial^4}{\partial x^4} + H_2 \frac{\partial^4}{\partial x^2 \partial y^2} + H_3 \frac{\partial^4}{\partial y^4} - H_4 \frac{\partial^2}{\partial x^2} - H_5 \frac{\partial^2}{\partial y^2} + 1\right)\phi \tag{6-72}$$

其中，

$$A_1 = \frac{D'_{12}C_y + D'_{33}C_y - D'_{22}C_x}{C},\quad A_2 = \frac{D'_{33}}{C_y},\quad A_3 = \frac{D'_{21}C_x + D'_{33}C_x - D'_{11}C_y}{C}$$

$$A_4 = \frac{D'_{33}}{C_x},\quad H_1 = \frac{D'_{11}D'_{33}}{C},\quad H_2 = \frac{D'_{11}D'_{22} - {D'_{12}}^2 - 2D'_{12}D'_{33}}{C}$$

$$H_3 = \frac{D'_{22}D'_{33}}{C},\quad H_4 = \frac{D'_{11}C_y + D'_{33}C_x}{C},\quad H_5 = \frac{D'_{22}C_x + D'_{33}C_y}{C}$$

式中，$C = C_x C_y$，显然式(6-70)和式(6-71)已经满足，式(6-72)变成

$$\begin{aligned}
&\left[2D_{\mathrm{f}}H_1 \frac{\partial^8}{\partial x^8} + 2D_{\mathrm{f}}(2H_1 + H_2)\frac{\partial^8}{\partial x^6 \partial y^2} + 2D_{\mathrm{f}}(H_1 + 2H_2 + H_3)\frac{\partial^8}{\partial x^4 \partial y^4}\right.\\
&+ 2D_{\mathrm{f}}(H_2 + 2H_3)\frac{\partial^8}{\partial x^2 \partial y^6} - (2D_{\mathrm{f}}H_4 + C_x H_1)\frac{\partial^6}{\partial x^6} - (2D_{\mathrm{f}}H_5 + 4D_{\mathrm{f}}H_4\\
&+ C_x H_2 + C_y H_1)\frac{\partial^6}{\partial x^4 \partial y^2} - (2D_{\mathrm{f}}H_5 + C_y H_3)\frac{\partial^6}{\partial y^6} - (4D_{\mathrm{f}}H_5 + 2D_{\mathrm{f}}H_4\\
&+ C_x H_3 + C_y H_2)\frac{\partial^6}{\partial x^2 \partial y^4} + (4D_{\mathrm{f}} + C_x H_5 + C_y H_4 + C_x A_1 + C_y A_3)\frac{\partial^4}{\partial x^2 \partial y^2}\\
&\left.+ 2D_{\mathrm{f}}H_3 \frac{\partial^8}{\partial y^8} + (C_x H_4 + 2D_{\mathrm{f}} - C_x A_2)\frac{\partial^4}{\partial x^4} + (C_y H_5 + 2D_{\mathrm{f}} - C_y A_4)\frac{\partial^4}{\partial y^4}\right]\phi = q
\end{aligned} \tag{6-73}$$

由此，得到一个将腹板增强复合材料夹芯板连续化为普通夹芯板后用一个新的位移函数ϕ表示的八阶偏微分方程，求解该方程需要四个边界条件。

6.3.4　四边简支条件下矩形板的解

对于矩形平面(图 6-28)，四边简支夹芯板的边界条件为

$x=0$ 和 L_x 时，$w=0$，$\theta_y=0$，$\dfrac{\partial\theta_x}{\partial x}=0$，$\dfrac{\partial^2 w}{\partial x^2}=0$。

$y=\pm L_y/2$ 时，$w=0$，$\theta_x=0$，$\dfrac{\partial\theta_y}{\partial y}=0$，$\dfrac{\partial^2 w}{\partial y^2}=0$。

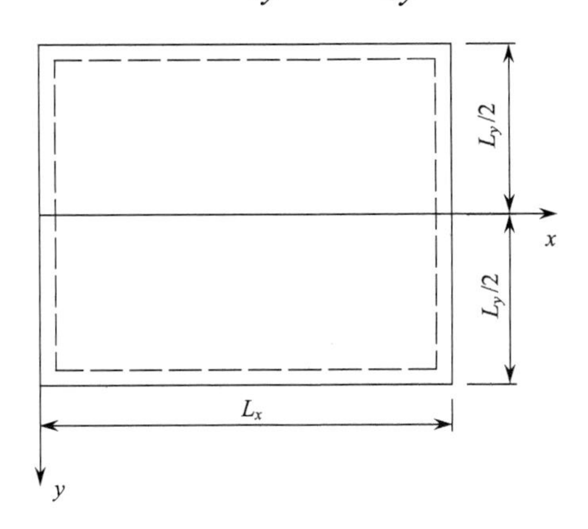

图 6-28　四边简支夹芯板

在板壳理论中，常用傅里叶级数来解决板的弯曲问题，单三角级数即李维解法，适用于对边简支、另两边为任意边界条件的板，而且李维解的收敛速度快，所以本章采用单三角级数对横向均布荷载 q 作用下矩形板的解析解进行推导，首先将 q 和 ϕ 展开成单三角级数，即

$$q=\frac{4q}{\pi}\sum_{m=1,3,5,\cdots}^{\infty}\frac{1}{m}\sin\frac{m\pi}{L_x}x$$

$$\phi=\sum_{m=1,3,5,\cdots}^{\infty}[F_m\cosh(\alpha_m y)+K_m\alpha_m y\sinh(\alpha_m y)+P]\sin(\alpha_m x)$$

式中，$P=\dfrac{4q}{m\pi\left[C_x(A_2\alpha_m^4-H_1\alpha_m^6-H_4\alpha_m^4)-2D_{\mathrm{f}}(H_1\alpha_m^8+H_4\alpha_m^6+\alpha_m^4)\right]}$，$\alpha_m=\dfrac{m\pi}{L_x}$。

显然，ϕ 满足 $x=0$ 和 L_x 的边界条件，由 $y=\pm L_y/2$ 的边界条件可以解得

$$F_m=\frac{P_3P_5}{P_2P_4-P_1P_5},\quad K_m=\frac{-P_4F_m}{P_5}$$

其中，

$$P_1=\cosh\beta_m(H_1\alpha_m^4+H_4\alpha_m^2+1-H_2\alpha_m^4-H_5\alpha_m^2+H_3\alpha_m^4),\quad \beta_m=\alpha_m L_y/2$$

$$P_2 = \cosh\beta_m(4H_3\alpha_m^4 - 2H_2\alpha_m^4 - 2H_5\alpha_m^2) + 0.5L_y \sinh \beta_m(H_1\alpha_m^5 + H_4\alpha_m^3 + \alpha_m - H_2\alpha_m^5 - H_5\alpha_m^3 + H_3\alpha_m^5)$$

$$P_3 = P(H_1\alpha_m^4 + H_4\alpha_m^2 + 1)$$

$$P_4 = \cosh\beta_m(H_1\alpha_m^6 + H_4\alpha_m^4 + \alpha_m^2 - H_2\alpha_m^6 - H_5\alpha_m^4 + H_3\alpha_m^6)$$

$$P_5 = \cosh\beta_m(2H_1\alpha_m^6 + 2H_4\alpha_m^4 + 2\alpha_m^2 - 4H_2\alpha_m^6 - 4H_5\alpha_m^4 + 6H_3\alpha_m^6) + 0.5L_y \sinh\beta_m(H_1\alpha_m^7 + H_4\alpha_m^5 + \alpha_m^3 - H_2\alpha_m^7 - H_5\alpha_m^5 + H_3\alpha_m^7)$$

将ϕ代入式(6-70)~式(6-72)可得转角和挠度分别为

$$\theta_x = \sum_{m=1,3,5,\cdots}^{\infty} [\Delta_m^{\theta_x c}\cosh(\alpha_m y) + \Delta_m^{\theta_x s} y\sinh(\alpha_m y) + \Delta_m^{\theta_x k}]\cos(\alpha_m x)$$

$$\theta_y = \sum_{m=1,3,5,\cdots}^{\infty} [\Delta_m^{\theta_y s}\sinh(\alpha_m y) + \Delta_m^{\theta_y c} y\cosh(\alpha_m y)]\sin(\alpha_m x)$$

$$w = \sum_{m=1,3,5,\cdots}^{\infty} [\Delta_m^{wc}\cosh(\alpha_m y) + \Delta_m^{ws} y\sinh(\alpha_m y) + P_3]\sin(\alpha_m x)$$

其中，$\Delta_m^{\theta_x c}$、$\Delta_m^{\theta_x s}$、$\Delta_m^{\theta_x k}$、$\Delta_m^{\theta_y c}$、$\Delta_m^{\theta_y s}$为转角系数；Δ_m^{wc}、Δ_m^{ws}为挠度系数。

$$\Delta_m^{\theta_x c} = (A_1\alpha_m^3 + A_2\alpha_m^3 + \alpha_m)F_m + 2A_1\alpha_m^3 K_m$$

$$\Delta_m^{\theta_x s} = (A_1\alpha_m^4 + A_2\alpha_m^4 + \alpha_m^2)K_m,\quad \Delta_m^{\theta_x k} = (A_1\alpha_m^3 + \alpha_m)P$$

$$\Delta_m^{\theta_y s} = (\alpha_m - A_3\alpha_m^3 - A_4\alpha_m^3)F_m + (\alpha_m - A_3\alpha_m^3 - 3A_4\alpha_m^3)K_m$$

$$\Delta_m^{\theta_y c} = (\alpha_m^2 - A_3\alpha_m^4 - A_4\alpha_m^4)K_m$$

$$\Delta_m^{ws} = (H_1\alpha_m^5 - H_2\alpha_m^5 + H_3\alpha_m^5 + H_4\alpha_m^3 - H_5\alpha_m^3 + \alpha_m)K_m$$

$$\Delta_m^{wc} = (H_1\alpha_m^4 - H_2\alpha_m^4 + H_3\alpha_m^4 + H_4\alpha_m^2 - H_5\alpha_m^2 + 1)F_m - (2H_2\alpha_m^4 - 4H_3\alpha_m^4 + 2H_5\alpha_m^2)K_m$$

将三个位移θ_x、θ_y、w求得以后，代入物理方程，可得M、Q分别为

$$M_x = \sum_{m=1,3,5,\cdots}^{\infty} \Big\{\big[D_{11}\Delta_m^{\theta_x c}\alpha_m - D_{12}(\Delta_m^{\theta_y s}\alpha_m + \Delta_m^{\theta_y c}) + 2D_f(\Delta_m^{wc}\alpha_m^2 - \nu_f\Delta_m^{wc}\alpha_m^2 - 2\nu_f\Delta_m^{ws}\alpha_m)\big] \cosh(\alpha_m y) + \big[D_{11}\Delta_m^{\theta_x s}\alpha_m - D_{12}\Delta_m^{\theta_y c}\alpha_m + 2D_f(1-\nu_f)\alpha_m^2\Delta_m^{ws}\big] y\sinh(\alpha_m y) + D_{11}\Delta_m^{\theta_x k}\alpha_m + 2D_f P_3\alpha_m^2\Big\}\sin(\alpha_m x)$$

$$M_y = \sum_{m=1,3,5,\cdots}^{\infty} \Big\{\big[D_{21}\Delta_m^{\theta_x c}\alpha_m - D_{22}(\Delta_m^{\theta_y s}\alpha_m + \Delta_m^{\theta_y c}) - 2D_f(\Delta_m^{wc}\alpha_m^2 + 2\Delta_m^{ws}\alpha_m - \nu_f\Delta_m^{wc}\alpha_m^2)\big] \cosh(\alpha_m y) + \big[D_{21}\Delta_m^{\theta_x s}\alpha_m - D_{22}\Delta_m^{\theta_y c}\alpha_m - 2D_f(1-\nu_f)\alpha_m^2\Delta_m^{ws}\big] y\sinh(\alpha_m y) + D_{21}\Delta_m^{\theta_x k}\alpha_m + 2\nu_f D_f P_3\alpha_m^2\Big\}\sin(\alpha_m x)$$

$$M_{xy}=-\sum_{m=1,3,5,\cdots}^{\infty}\left\{\left[D_{33}(\varDelta_m^{\theta_x c}\alpha_m+\varDelta_m^{\theta_y s}\alpha_m+\varDelta_m^{\theta_y s})+2(1-\nu_{\mathrm{f}})D_{\mathrm{f}}(\varDelta_m^{wc}\alpha_m^2+\varDelta_m^{ws}\alpha_m)\right]\right.$$

$$\left.\sinh(\alpha_m y)+\left[D_{33}(\varDelta_m^{\theta_x s}+\varDelta_m^{\theta_y c})\alpha_m+2(1-\nu_{\mathrm{f}})D_{\mathrm{f}}\alpha_m^2\varDelta_m^{ws}\right]y\cosh(\alpha_m y)\right\}\cos(\alpha_m x)$$

$$Q_x=\sum_{m=1,3,5,\cdots}^{\infty}\left\{\left[C_x(\varDelta_m^{wc}\alpha_m-\varDelta_m^{\theta_x c})-4D_{\mathrm{f}}\alpha_m^2\varDelta_m^{ws}\right]\cosh(\alpha_m y)+C_x(\varDelta_m^{ws}\alpha_m-\varDelta_m^{\theta_x s})\right.$$

$$\left.y\sinh(\alpha_m y)+C_x(P_3\alpha_m-\varDelta_m^{\theta_x k})+2D_{\mathrm{f}}P_3\alpha_m^3\right\}\cos(\alpha_m x)$$

$$Q_y=\sum_{m=1,3,5,\cdots}^{\infty}\left\{\left[C_y(\varDelta_m^{wc}\alpha_m+\varDelta_m^{ws}-\varDelta_m^{\theta_y s})-4D_{\mathrm{f}}\alpha_m^2\varDelta_m^{ws}\right]\sinh(\alpha_m y)+C_x(\varDelta_m^{ws}\alpha_m-\varDelta_m^{\theta_y c})\right.$$

$$\left.y\cosh(\alpha_m y)\right\}\sin(\alpha_m x)$$

上述内力表达式都是用单三角级数表达的，可用 MATLAB 软件编写程序进行电算。

6.3.5　最大挠度简化公式

通过拟夹芯板法，将双向纤维腹板增强复合材料夹芯板等效成普通夹芯板。对于双向腹板间距和厚度均相等的夹芯板，基于 Hoff 理论的夹芯板抗弯刚度可简化为

$$D_1=D_2=\frac{(h+t)^2}{2}\left(\frac{E_{\mathrm{f}}t}{1-\nu_{\mathrm{f}}^2}+E_{\mathrm{c}}\frac{bh}{3\varDelta}\right) \tag{6-74}$$

基于 Hoff 理论的夹芯层抗剪刚度可简化为

$$C_1=C_2=\frac{\left(b+\dfrac{G'}{G}a\right)G(h+t)^2}{\Delta h} \tag{6-75}$$

对于普通复合材料夹芯板，当其在简支均布荷载作用下，把 $x=L_x/2, y=0$ 代入 w 表达式，可得夹芯板最大挠度为

$$w_{\max}=\frac{qL_x^4}{D}K_1\left(1+\frac{\pi^2 D}{L_x^2 C}K_2^2\right)=\frac{K_1 qL_x^4}{D}+\frac{K_2^2\pi^2 qL_x{}^2}{C} \tag{6-76}$$

其中，K_1、K_2 是作为 L_x/L_y 的函数而定的常数(图 6-29)。从式(6-76)可以看出，其最大挠度由两部分组成：一部分是根据夹芯板抗弯刚度 D 确定的弯曲变形，另一部分是根据抗剪刚度 C 确定的剪切变形。

实际应用中，对于给定了各项参数(面层厚度、弹性模量，腹板高度、间距、厚度、弹性模量、剪切模量，泡沫剪切模量，夹芯板边长)的双向腹板增强夹芯板，根据式(6-74)、式(6-75)可求出夹芯板的抗弯刚度和抗剪刚度，代入最大挠度简化公式(6-76)，即可求得双向腹板间距和厚度均相等的夹芯板最大挠度。

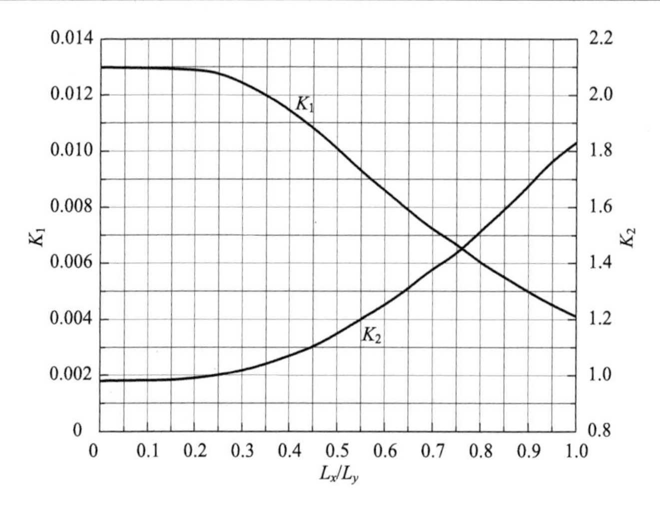

图 6-29 四边简支双向腹板相同夹芯板的挠度系数

基于上面所给的 FRP 面层和腹板以及泡沫芯材的材料性能参数，根据以上理论分析，由式(6-74)、式(6-75)分别求出以上 5 个夹芯板试件的抗弯刚度与抗剪刚度理论值。将抗弯刚度与抗剪刚度理论值代入式(6-76)，求得当布置完第八级砝码时(q=10.08kN/m^2)各试件最大挠度的理论值，并与试验值进行对比，见表 6-14。

表 6-14 夹芯板试件理论值与试验值比较

试件编号	最大挠度试验值/mm	理论值					差异/%
		抗弯刚度/(10^6N·mm^2)	抗剪刚度/(10^3N·mm^2)	弯曲变形/mm	剪切变形/mm	最大挠度/mm	
SX75-50	5.82	51.47	13.97	4.28	1.84	6.12	5.15
SX75-75	2.98	119.84	20.52	1.49	1.32	2.81	–5.70
SX75-100	1.58	222.11	27.08	0.59	0.89	1.48	–6.33
SX125-75	3.39	112.3	12.52	1.62	1.68	3.30	–2.65
SX175-75	4.14	109.05	9.00	1.78	2.18	3.96	–4.35

由表 6-14 可知，对于双向腹板增强夹芯板，当腹板高度较小时，剪切变形占总变形的比例较小，随着腹板高度的增加，剪切变形所占比例逐渐增大。此外，增加腹板间距还会增大弯曲变形和剪切变形，且剪切变形的增长速度大于弯曲变形。

6.4 本章小结

为了解该种新型夹芯板的受弯性能，本章进行了 5 块双向纤维腹板增强复合材料夹芯板和 3 块无腹板增强的普通聚氨酯泡沫夹芯板的受弯性能试验，采用均布加载和集中加载两种方式，分析了腹板高度和腹板间距对夹芯板受弯性能的影响。基于 Hoff 夹芯板理论，运用拟夹芯板法进行了模型的等效分析。主要得到如下结论：

(1) 普通聚氨酯泡沫夹芯板的破坏形式均为受压区面层与芯材的完全剥离，但通过双向纤维腹板增强，可有效改善夹芯板的面层剥离现象，提高不同材料之间协调工作的能力，还可显著提高夹芯板的刚度和受弯极限承载力。

(2) 双向纤维腹板增强复合材料夹芯板的受弯破坏形式主要为上面板受压屈曲断裂。不同腹板高度试件的试验现象基本相似，但腹板高度更高的试件在面板发生断裂后伴随轻微的面层剥离。当腹板间距大幅增大时，面层剥离现象更为凸显。

(3) 运用拟夹芯板法将芯材进行连续化、均质化等效，将原本空间半连续、非均质化的材料等效成正交各向异性连续均质材料，得到了夹芯板的等效抗弯刚度和夹芯层的等效剪切刚度。基于 Hoff 夹芯板理论，得到了其在竖向均布荷载作用下的挠度和内力，与本章试验进行比较，验证了拟夹芯板法的可行性和正确性。

(4) 采用简化挠度计算公式来计算双向腹板间距相同的夹芯板在均布荷载作用下的最大挠度，可为工程设计提供参考。挠度简化公式表明其变形由弯曲变形和剪切变形两部分组成，当跨高比较大时，由剪切引起的变形占总变形的比例较小，但随着跨高比的减小，剪切变形所占比例逐渐增大。增大腹板间距会增大弯曲变形和剪切变形，且剪切变形的增长速度大于弯曲变形。

(5) 当腹板高度小于 70mm 时，增加腹板高度能有效地降低夹芯板的位移，当腹板高度大于 120mm 时，夹芯板位移随腹板高度的增加变化较小，增加腹板高度还能显著提高夹芯板的受弯承载力，且提高效果随腹板高度和腹板间距的增大而减小。

参考文献

[1] 中华人民共和国国家质量监督检验检疫总局, 中国国家标准化管理委员会. 纤维增强塑料拉伸性能试验方法(GB/T 1447—2005)[S]. 北京: 中国标准出版社, 2005.

[2] 中华人民共和国国家质量监督检验检疫总局, 中国国家标准化管理委员会. 聚合物基复合材料纵横剪切试验方法(GB/T 3355—2014)[S]. 北京: 中国标准出版社, 2015.

[3] 国防科学技术工业委员会. 聚氨酯硬质泡沫塑料力学性能试验方法(GJB 1585A—2004)[S].

[4] 王兴业, 杨孚标, 曾竟成, 等. 夹芯结构复合材料设计原理及其应用[M]. 北京: 化学工业出版社, 2007.
[5] 张华刚, 胡岚, 马克俭, 等. 空腹夹芯板的静力性能分析及其实用计算方法[J]. 贵州工业大学学报(自然科学版), 2006, 35(3): 82-87.
[6] 肖建春, 马克俭. 采用剪力键式双向空心大板体系的多、高层建筑结构的有限元分析[J]. 贵州工业大学学报(自然科学版), 1997, 26(4): 42-65.
[7] 卢亚琴, 马克俭, 李莉, 等. 钢筋混凝土空腹夹层网状筒拱和筒壳结构的试验研究[J]. 贵州工业大学学报(自然科学版), 2008, 37(4): 71-74.
[8] 胡建昌. 蜂巢芯钢筋混凝土空心楼盖静力学分析[D]. 上海: 同济大学, 2006.
[9] 植村益次. 纤维增强塑料设计手册[M]. 北京: 中国建筑工业出版社, 1983.

第 7 章　格构增强复合材料夹芯梁疲劳性能

7.1　引　　言

在环境及应力不断作用下，结构及构件在使用过程中往往会产生损伤甚至破坏，疲劳破坏是结构及构件的主要破坏形式之一。通过分析及研究复合材料夹芯结构在土木工程领域的应用发现，用于桥梁结构时，疲劳荷载在此类结构正常使用过程中不可忽略，是造成结构损伤的重要因素。在荷载循环往复作用下，夹芯结构或构件的面板及芯子材料均可能产生不同程度的疲劳损伤，导致其承载能力大大下降，除此之外，面板及芯材界面很容易出现脱黏现象[1, 2]，直接影响结构的耐久性和可靠度。由此可见，对纤维增强树脂基复合材料夹芯结构的疲劳损伤演化、力学特性以及寿命预测进行研究，具有重要的理论和工程实际意义。

目前针对夹芯结构的疲劳寿命预测已有部分研究成果，但大多已有成果通常是从试验的 *S-N* 曲线出发[3-7]，只适合描述某一种特定的结构，很难适用于其他结构，且 *S-N* 寿命模型通常不能揭示结构内部疲劳损伤的演化规律，因此有必要对轻木夹芯复合材料结构的疲劳损伤演化规律进行深入研究。由于复合材料夹芯结构材料的特殊性及加工制作方法的局限性，其疲劳性能试验往往存在较大的局限性，用有限的实测数据分析复合材料夹芯结构的疲劳受力机理特点，建立合适的损伤模型，准确预测其疲劳性能，是复合材料夹芯结构疲劳性能研究的重点。

工程中，真空导入成型的轻木夹芯复合材料结构常作为受弯构件使用，为研究其疲劳性能，本章进行不同跨高比下的普通无格构、单格构、双格构三种类型共 20 根试件的四点弯曲静力试验及 66 根试件的四点弯曲疲劳试验，探讨夹芯梁的弯曲疲劳破坏过程、失效模式、界面剥离行为和疲劳寿命，分析格构设置与跨高比对夹芯梁疲劳性能的影响，建立适用于格构增强夹芯梁的累积损伤模型，并依据模型对其疲劳寿命进行预测。

7.2　格构增强复合材料夹芯梁弯曲疲劳试验

7.2.1　试件设计与试验过程

1. 试件设计

为了研究轻木夹芯复合材料结构的疲劳性能，本节选取玻璃纤维增强复合材料——轻木 GFRP-Balsa 夹芯梁进行弯曲疲劳性能试验，夹芯梁面层为 GFRP，芯材为 Balsa 平板木，面层及芯材的基本力学性能参数见表 7-1、表 7-2。所有试件均基于树脂传递工艺，采用真空导入一次成型，试件加工固化的环境温度为 25℃±5℃，相对湿度为 30%~65%，在标准大气压下进行。如图 7-1 所示，先对 Balsa 木板进行预处理，上下表面 30mm×30mm 正交开槽，槽宽 2mm，槽深 2mm；每个交点处打一个孔，孔径 3mm；切割成所需尺寸。再对试件进行面板和格构腹板纤维铺设，对于无格构试件，面板铺设 0°、(0°，90°)、(±45°) 玻璃纤维布各一层；对于格构增强试件，芯材用一层具有较好包扎平整度的(±45°) 玻璃纤维布包裹，并用玻璃纤维丝捆扎，使玻璃纤维布与板材平整地铺设在一起，然后在其上下面层铺设(0°，90°)、0°玻璃纤维布各一层。通过抽真空的方式使树脂浸透，待固化成型后，切割成所需尺寸。

表 7-1　GFRP 片材基本力学性能参数

性能	测试内容	单位	均值
拉伸	强度	MPa	286.37
	模量	GPa	21.05
压缩	强度	MPa	158.11
	模量	GPa	19.57
剪切	强度	MPa	56.71
	模量	GPa	9.48

表 7-2　Balsa 轻木基本力学性能参数

性能	测试内容	单位	均值
剪切	强度	MPa	1.65
	模量	MPa	149
拉伸(垂直木纤维方向)	强度	MPa	0.8
	模量	MPa	28
平压(平行木纤维方向)	强度	MPa	14.1
	模量	MPa	4376

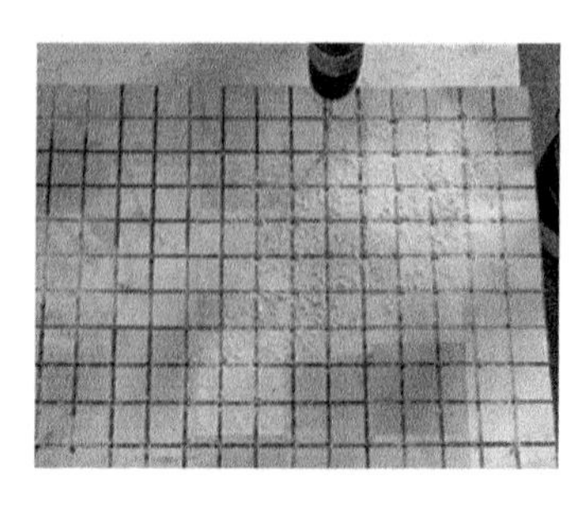

(a) 芯材预处理

(b) (±45°) 玻璃纤维布包裹芯材

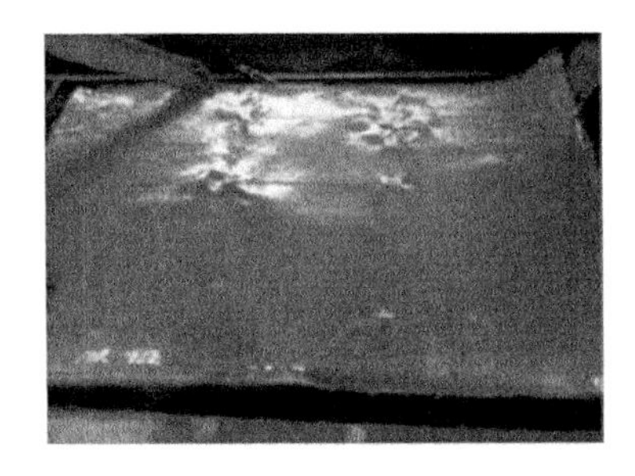

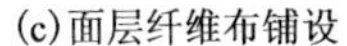

(c) 面层纤维布铺设

(d) 真空辅助导入树脂

图 7-1　GFRP-Balsa 夹芯梁加工流程

本节设计了三种芯材形式的试件，分别为芯材无格构增强、芯材有一道纵向格构增强、芯材有两道纵向格构增强，成型后的无格构和格构增强试件分别见图 7-2(a)、(b)。试件的详细几何参数见表 7-3。

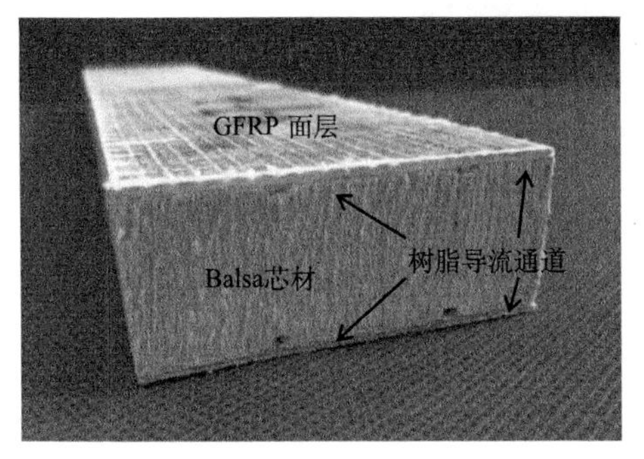

(a) 无格构试件

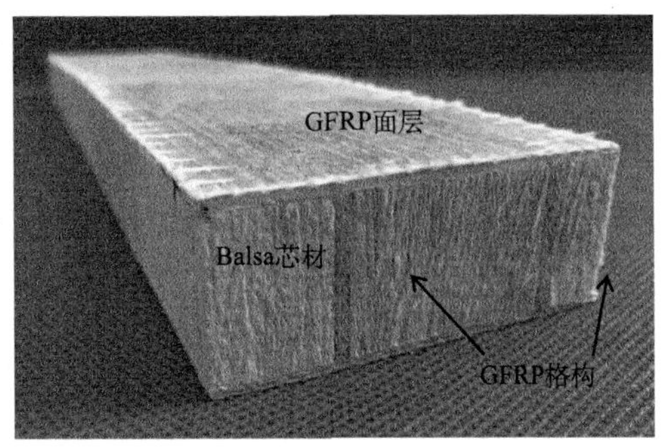

(b) 格构增强试件

图 7-2　夹芯梁试件结构示意图

表 7-3　夹芯梁设计参数

试件编号	截面图	跨高比	芯材厚度/mm	试件尺寸			格构数量
				长/mm	宽/mm	高/mm	
B0		10.1	25.4	340	70	29.6	0
B1		10.1	25.4	340	70	29.6	1
B2		10.1	25.4	340	70	29.6	2
TB0		5.5	50.8	340	70	55	0
TB1		5.5	50.8	340	70	55	1

注：试件编号中，B 表示一般厚度梁，TB 表示较厚梁，数字表示格构数量。

2. 加载方案

在进行疲劳试验前，先对五种类型试件分别进行四点弯曲静力试验，以得到试件的极限承载力。采用 MTS-370 电液伺服疲劳试验机对试样进行加载，并同时完成数据采集任务，加载装置见图 7-3。每种类型梁分别设计 4 个试件，夹芯梁跨度设计为 300mm，两加载点间距 100mm。静力弯曲试验采用位移控制的加载方式，加载速率为 1mm/min，当试件破坏时停止试验，加载过程中记录荷载-跨中位移曲线及试件的破坏形态。

图 7-3　四点弯曲静力及疲劳试验加载装置

由四点弯曲静力试验结果进行疲劳试验的设计。采用 MTS-370 电液伺服疲劳试验机对试件进行加载，并同时完成数据采集任务。疲劳试验采用以力控制的加载方式，正弦波加载，加载过程中记录每个循环中加载点处的峰值和谷值位移。本次试验中应力比 R 取 0.1，荷载等级 r 在 0.5~0.9 取值，从 r=0.9 开始依次试验，每组试验分别取 3 个试件，当试件竖向位移大于 10mm 或循环次数达到 10^6 时，疲劳试验结束。以 0.1 为荷载等级级差，按照试验设置条件依次进行试验。在对试件进行疲劳加载之前，先进行一次单调加载，即力从零加载到疲劳荷载上限值，然后卸载至零，加载过程中记录加载点处的荷载、位移。由于 Balsa 芯材刚度相对较低，试件的变形能力强，加载速率过快时，机器不能很好地控制荷载的变化，经测试试验，对所有试件加载频率取 4Hz。疲劳试件加载方案见表 7-4。

表 7-4　夹芯梁疲劳加载方案

荷载等级						
0.9	试件编号	B0-9-1 B0-9-2 B0-9-3	B1-9-1 B1-9-2 B1-9-3	B2-9-1 B2-9-2 B2-9-3	TB0-9-1 TB0-9-2 TB0-9-3	TB1-9-1 TB1-9-2 TB1-9-3
	P_{max}/kN	6.59	10.61	11.39	10.05	14.46
	P_{min}/kN	0.66	1.06	1.14	1.01	1.45

续表

荷载等级						
0.8	试件编号	B0-8-1 B0-8-2 B0-8-3	B1-8-1 B1-8-2 B1-8-3	B2-8-1 B2-8-2 B2-8-3	TB0-8-1 TB0-8-2 TB0-8-3	TB1-8-1 TB1-8-2 TB1-8-3
	P_{max}/kN	5.86	9.43	10.13	8.94	12.86
	P_{min}/kN	0.59	0.94	1.01	0.89	1.29
0.7	试件编号	B0-7-1 B0-7-2 B0-7-3	B1-7-1 B1-7-2 B1-7-3	B2-7-1 B2-7-2 B2-7-3	TB0-7-1 TB0-7-2 TB0-7-3	TB1-7-1 TB1-7-2 TB1-7-3
	P_{max}/kN	5.12	8.25	8.86	7.82	11.25
	P_{min}/kN	0.51	0.83	0.89	0.78	1.13
0.6	试件编号	B0-6-1 B0-6-2 B0-6-3	B1-6-1 B1-6-2 B1-6-3	B2-6-1 B2-6-2 B2-6-3	TB0-6-1 TB0-6-2 TB0-6-3	TB1-6-1 TB1-6-2 TB1-6-3
	P_{max}/kN	4.39	7.07	7.60	6.70	9.64
	P_{min}/kN	0.44	0.71	0.76	0.67	0.96
0.5	试件编号	—	B1-5-1 B1-5-2 B1-5-3	B2-5-1 B2-5-2 B2-5-3	—	—
	P_{max}/kN	—	5.90	6.33	—	—
	P_{min}/kN		0.59	0.63		

注：B*a*-*b*-*c* 或 TB*a*-*b*-*c* 中，B 表示一般厚度梁，TB 表示较厚梁，*a* 表示格构数量，*b* 表示荷载等级，*c* 为试件加载序号。

3. 加载过程与失效模式

1) 无格构夹芯梁

无格构夹芯梁破坏模式是相同的：弯剪段芯材剪切破坏，随后是面板、芯材界面脱黏。各荷载等级下，夹芯梁的破坏过程相似。加载初期，试件外观无明显的反应，位移小幅度增加；随着加载进行，夹芯梁芯材在弯剪段出现裂纹，裂纹沿木材纹理不断扩展，当扩展至芯材与面板界面时，面板与芯材界面脱黏，并出现相对滑动，见图 7-4(a)；随后，在“滑动”发生有限次数时，芯材迅速折断，并发出清脆的断裂声，见图 7-4(b)。从裂纹肉眼可见至最终破坏的时间相对于试件总寿命来说非常短暂，破坏呈现明显的脆性破坏特征。

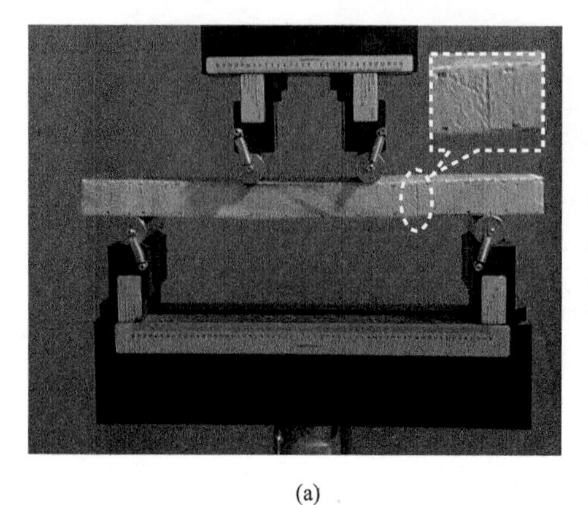
(a)

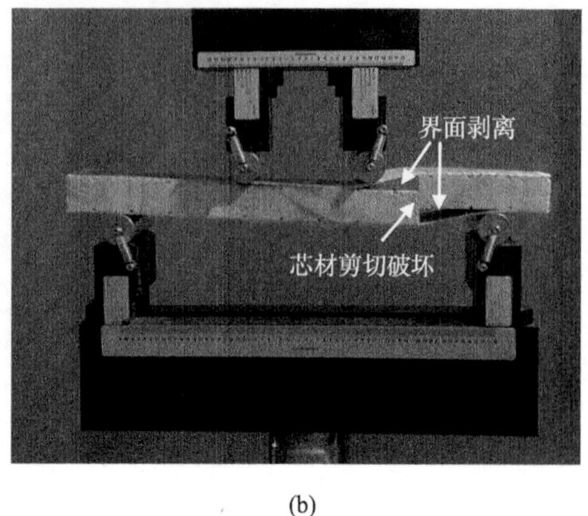

(b)

图 7-4　无格构夹芯梁疲劳失效过程

观察失效后的试件可见，发生界面剥离破坏的试件面板上残存一定量的黄色木屑，而剥离后暴露出的芯材上也可见残存的树脂和少量的纤维丝。黄色木屑表明界面破坏发生于芯材表面，界面处木纤维被拉断，木纤维残留于树脂面板之上；而 GFRP 面板上的微量白色痕迹为面板中露出的纤维，与之对应的泡桐木芯材表面有树脂残留，表明纤维由面板中拔出，界面破坏发生于纤维与树脂黏结层之间。此种剥离破坏方式证明真空导入成型的试件界面黏结力足够，试件最终失效不是简单的纤维-树脂界面破坏或树脂-Balsa 芯材界面破坏。试件 B0 和 TB0 的失效模式见图 7-5。

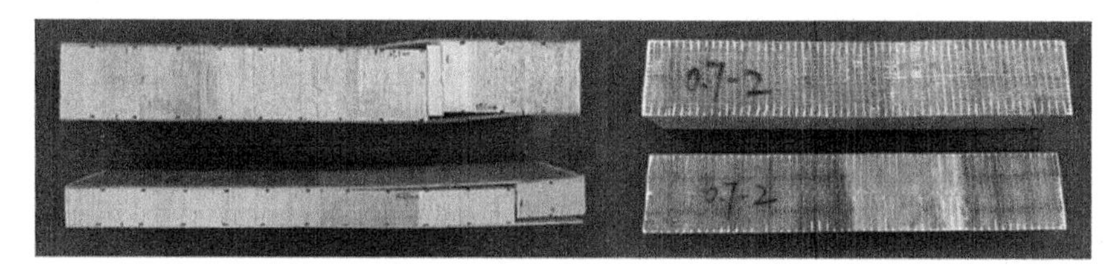
(a)部分失效试件

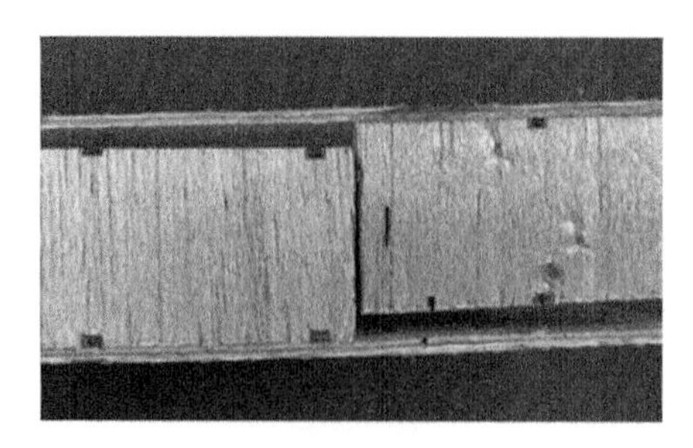
(b)芯材剪切破坏

(c)剪切裂缝

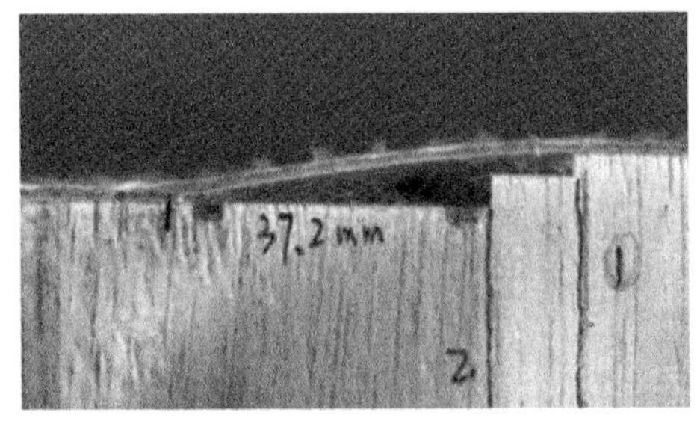

(d)面板-芯材界面脱黏

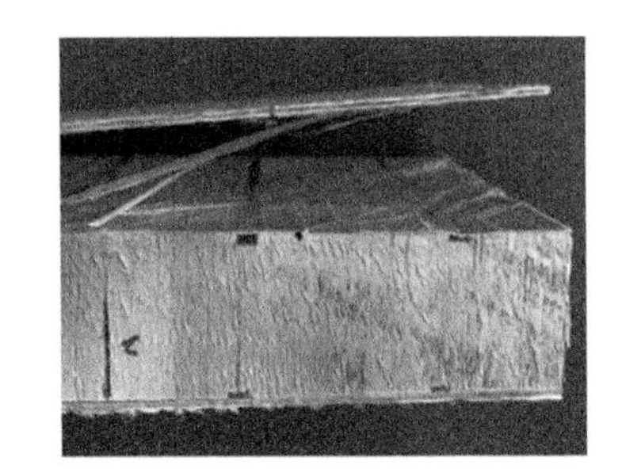

(e)脱黏破坏

图 7-5　无格构夹芯梁疲劳失效模式

2) 格构增强夹芯梁

格构增强夹芯梁试件在弯曲疲劳加载中经历了三个阶段，其中第一、第二阶段是相似的。加载初期，同无格构夹芯梁，试件外观无明显的反应，位移稳定缓慢增长；随着荷载的增加，裂纹在夹芯梁弯剪段的芯材中萌生，并逐渐发展，见图 7-6(a)。随着试件上下往复运动，弯剪段裂纹不断萌生且扩展，当裂纹沿木材纹理扩展至面板-芯材界面附近时，面板与芯材界面处发生局部剥离，见图 7-6(b)，在这一过程中，试验机记录的位移缓慢且稳定增长，但试件整体仍然保持一定的承载能力。随着位移的不断增加，在第三阶段，不同试件的失效过程有着显著差异：①在加载点处上面板被压坏，竖向位移迅速增加，且超过试验设定的极限值，试验停止，见图 7-6(c)，这是因为外加荷载较大，试件的局部承载能力不足；②试件跨中上面板发生屈曲破坏，试件位移迅速增大，试验停止，见图 7-6(d)；③对于其余夹芯梁，随着加载进行，下面板纤维开始断裂，并伴随噼啪声，见图 7-6(e)，试件位移不断增加，直至下面板无法承受循环中最大的弯曲拉应力而崩断，整个试件也因此在纯弯段折断，芯材碎裂，见图 7-6(f)。与试件的疲劳总寿命相比，第三阶段持续的时间相对较短。与静载试验不同，疲劳试验中的试件能连续承受一定的裂纹，在最终破坏前有明显的迹象。与无格构试件不同，格构增强试件从裂纹可见至最终破坏持续的时间较久，试件可带裂缝工作，并在最终破坏前有相对较明显的征兆。

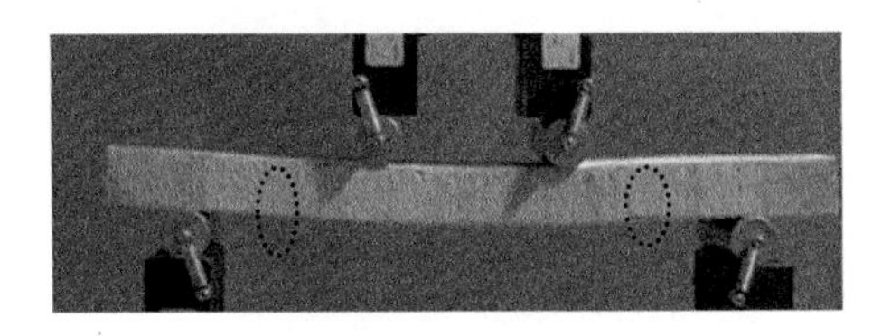

(a)

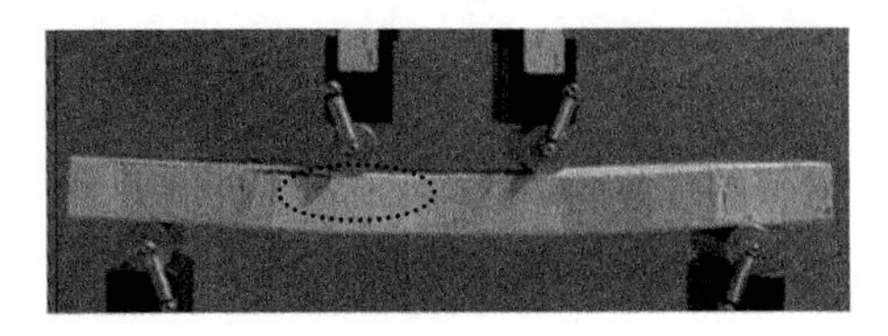

(b)

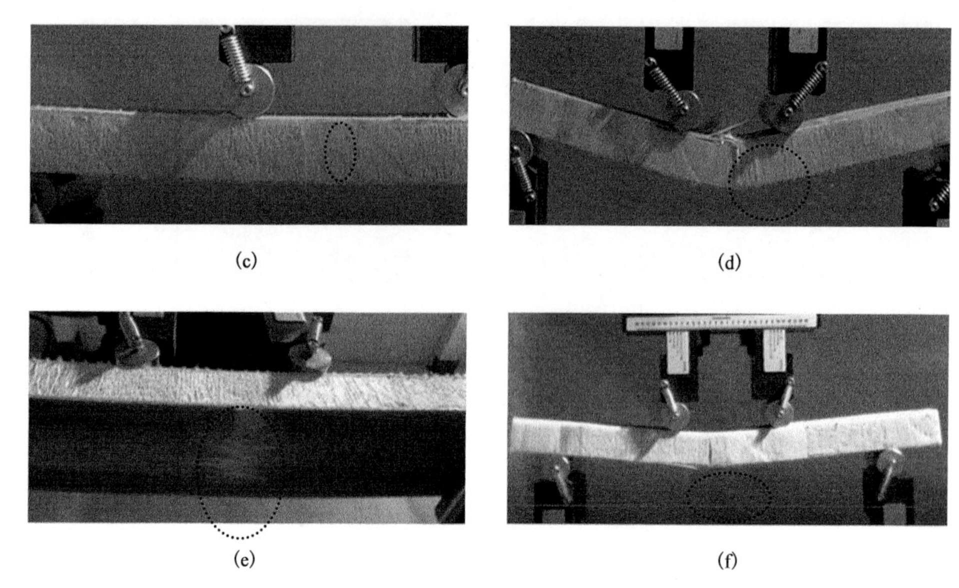

(c)　(d)

(e)　(f)

图 7-6　格构增强夹芯梁疲劳失效过程

格构增强夹芯梁试件在弯曲疲劳荷载作用下的破坏模式与静态弯曲荷载作用下的试件相比有很大差异。单格构增强夹芯梁试件的疲劳失效模式见图 7-7。当荷载等级为 0.9、0.8 时，试件最终破坏模式主要为上面板屈曲或加载点处压坏；当荷载等级为 0.6、0.5 时，主要为下面板拉断；当荷载等级为 0.7 时，出现了不同的破坏模式，试件 B1-7-1 上面板局部压坏、屈曲，试件 B1-7-2 下面板拉断，试件 B1-7-3 上面板局部压坏、面板部分脱层，但未发生大面积剥离。

双格构增强夹芯梁试件的最终破坏模式为下面板拉断或上面板屈曲。如图 7-8 所示，当荷载等级为 0.9 时，试件 B2-9-1 因跨中上面板屈曲而失效；对于其余 14 个试件，导致试件位移过大而最终失效的原因均为纯弯段下面板断裂，且部分试件出现芯材碎裂、崩出的情况。

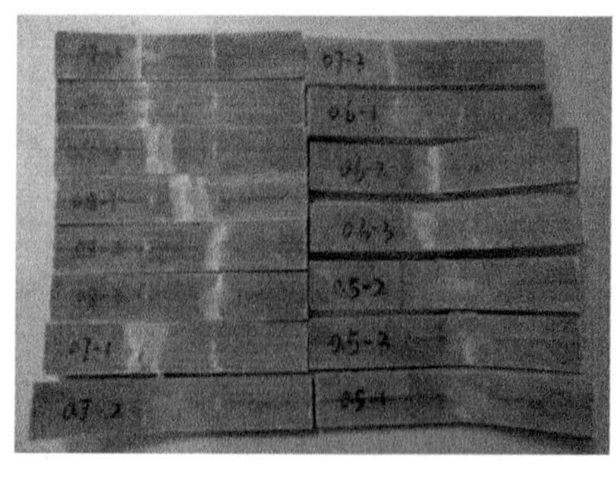

(a)失效试件正面总览

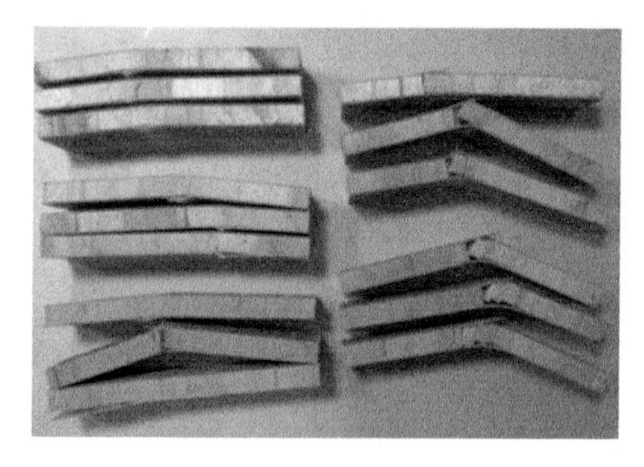

(b)失效试件侧面总览

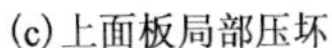

(c) 上面板局部压坏

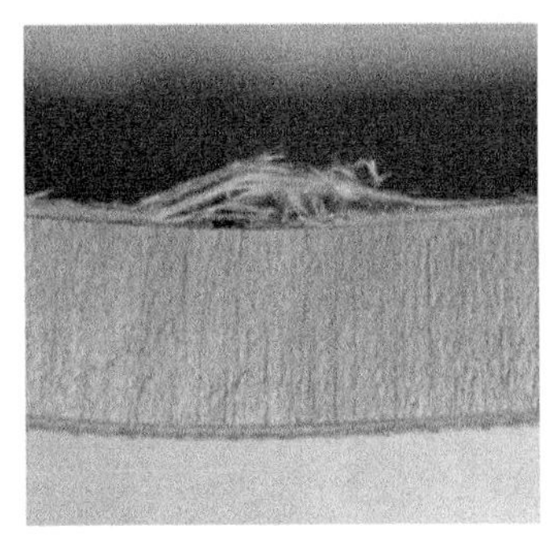

(d) 上面板屈曲

(e) 下面板拉断

图 7-7　单格构增强夹芯梁疲劳失效模式

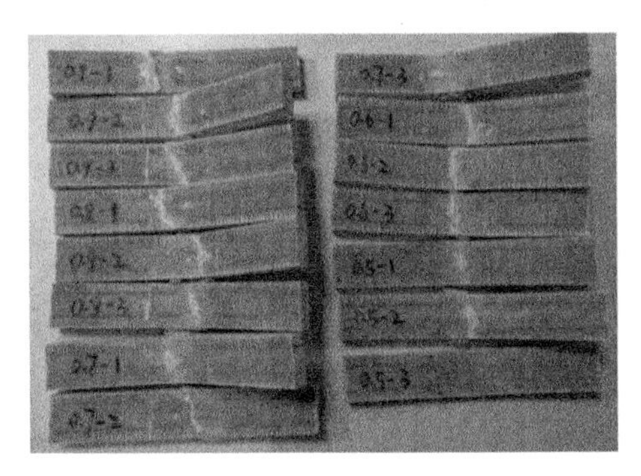

(a) 失效试件正面总览

(b) 失效试件侧面总览

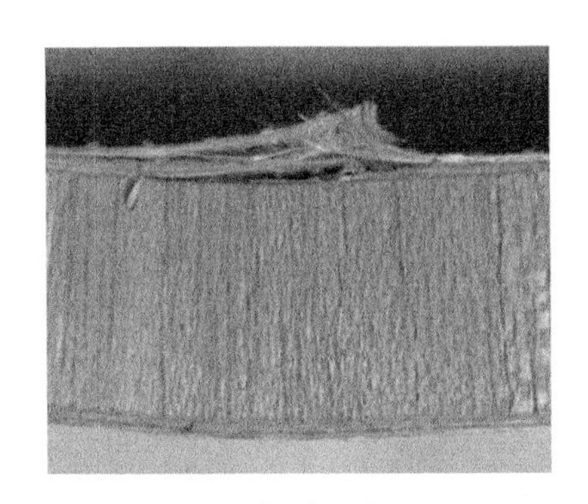

(c) 上面板屈曲

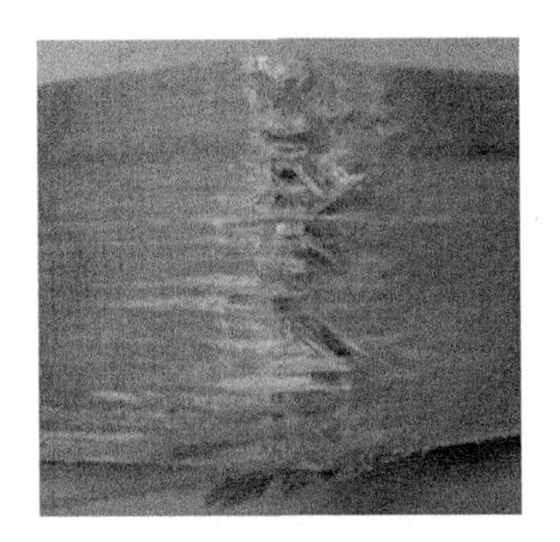

(d) 下面板拉断

图 7-8　双格构增强夹芯梁疲劳失效模式

随着荷载等级的变化，单格构较厚夹芯梁试件也呈现出不同的破坏模式。如图 7-9 所示，在荷载等级为 0.9 或 0.8 时，试件的破坏模式为上面板局部压坏，当荷载等级为 0.7 时，试件因上面板的屈曲而失效，当荷载等级为 0.6 时，试件的最终失效取决于下面板部分纤维断裂。随着荷载等级的降低，导致试件最终失效的损伤位置从上面板转移到下面板。

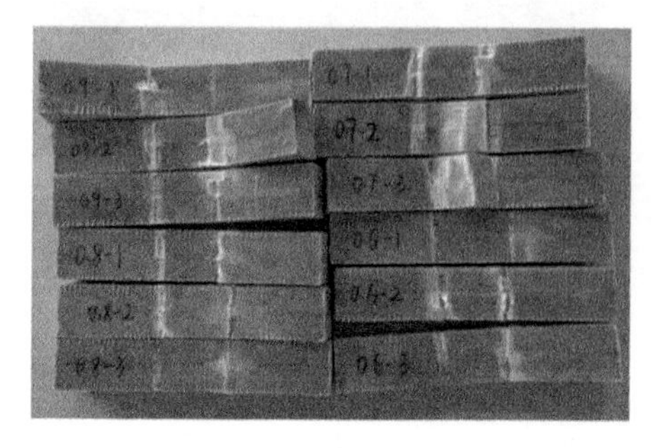

(a)失效试件正面总览

(b)失效试件侧面总览

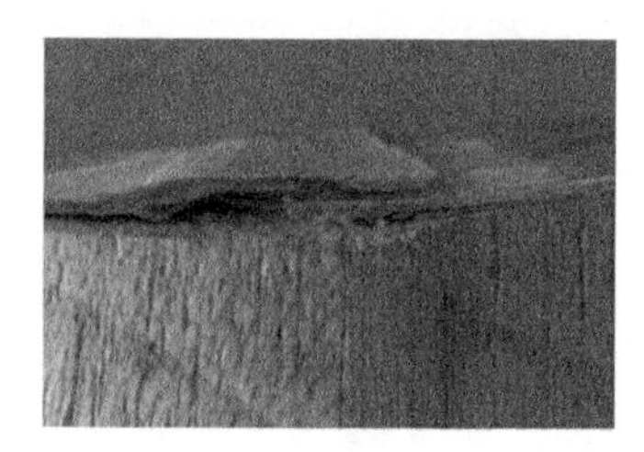

(c)上面板局部压坏

(d)上面板屈曲

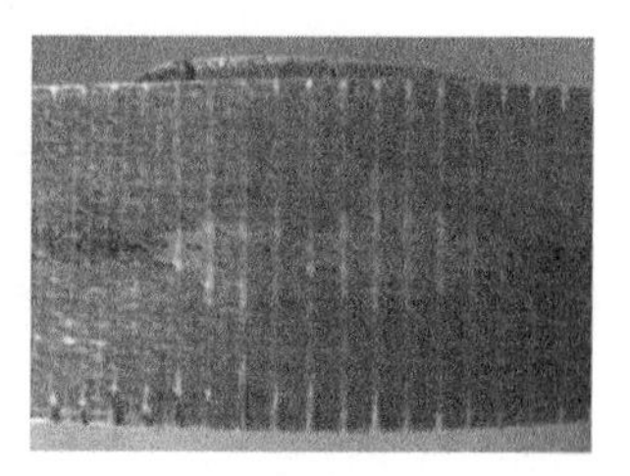

(e)下面板纤维断裂

图 7-9　单格构较厚夹芯梁疲劳失效模式

7.2.2　试验结果分析

1. *疲劳寿命*

疲劳寿命是研究结构疲劳行为的重要目的之一，通过分析结构或构件在已知疲劳荷载等级下的寿命分布，可以预测出结构或构件在未知疲劳荷载等级作用下的寿命，对实际工程进行指导。表 7-5 给出了五种夹芯梁的疲劳寿命值，当荷载等级为 0.6 时，部分试件在循环 10^6 次后未发生疲劳破坏，且外观无明显的变化。

虽然有无格构试件的弯曲极限荷载有较大的差异，但在本章所考察的荷载等级下，各类试件均表现出优异的抗疲劳性能。总体来看，在荷载等级较高时，格构增强试件的疲劳寿命稍高于无格构试件，在荷载等级较低时，无格构试件的疲劳寿命稍高于格构增强试件。在高荷载等级下，一般厚度的夹芯梁疲劳寿命小于较厚夹芯梁，但在荷载等级较低时，两种厚度的夹芯梁疲劳寿命相差不大。在高荷载等级下，各平行试件的寿命离散性稍大，相对于格构增强试件，无格构试件的疲劳寿命离散性偏大。

表 7-5　GFRP-Balsa 夹芯梁四点弯曲疲劳寿命值

荷载等级	试件	疲劳寿命	试件	疲劳寿命	试件	疲劳寿命	试件	疲劳寿命	试件	疲劳寿命
0.9	B0-9-1	1512	B1-9-1	2152	B2-9-1	3041	TB0-9-1	7325	TB1-9-1	5257
	B0-9-2	2007	B1-9-2	469	B2-9-2	8033	TB0-9-2	12864	TB1-9-2	16973
	B0-9-3	1327	B1-9-3	1060	B2-9-3	10880	TB0-9-3	1185	TB1-9-3	15309
0.8	B0-8-1	8162	B1-8-1	6721	B2-8-1	20843	TB0-8-1	16597	TB1-8-1	59600
	B0-8-2	5516	B1-8-2	6709	B2-8-2	19588	TB0-8-2	12966	TB1-8-2	23366
	B0-8-3	8349	B1-8-3	4474	B2-8-3	12271	TB0-8-3	15089	TB1-8-3	36792
0.7	B0-7-1	23473	B1-7-1	46080	B2-7-1	29734	TB0-7-1	18515	TB1-7-1	75276
	B0-7-2	43959	B1-7-2	33778	B2-7-2	27557	TB0-7-2	36434	TB1-7-2	316232
	B0-7-3	50509	B1-7-3	29085	B2-7-3	31080	TB0-7-3	72082	TB1-7-3	273704
0.6	B0-6-1	—	B1-6-1	96895	B2-6-1	84113	TB0-6-1	411371	TB1-6-1	531583
	B0-6-2	—	B1-6-2	100657	B2-6-2	40394	TB0-6-2	448221	TB1-6-2	406820
	B0-6-3	783495	B1-6-3	118053	B2-6-3	82268	TB0-6-3	—	TB1-6-3	923248
0.5	—	—	B1-5-1	283367	B2-5-1	209154	—	—	—	—
			B1-5-2	368850	B2-5-2	185458				
			B1-5-3	321498	B2-5-3	266499				

本节选取简单的双参数模型来拟合夹芯梁的 *S-N* 曲线。将四点弯曲疲劳试验数据置于单对数坐标内进行分析，可知试件寿命在单对数坐标内可以用直线拟合。选择式(7-1)中的指数函数模型，采用最小二乘法拟合，得到无格构夹芯梁、格构增强夹芯梁的指数函数型 *S-N* 曲线分别如图 7-10(a)、(b)所示。

$$e^{\beta r} n_f = C \tag{7-1}$$

式中，e 为自然对数；r 为外加疲劳荷载等级；n_f 为试验所得试件疲劳寿命；β、C 为材料常数，与试验材料、试件结构及加载条件等有关。

由结果可知，GFRP-Balsa 夹芯梁的 *S-N* 曲线符合指数函数型分布规律。在格构设置相同的情况下，跨高比小的较厚梁抗疲劳性能相对较好；格构设置对夹芯梁的疲劳寿命分布规律有显著影响，格构设置越多，*S-N* 曲线越陡。对于普通厚度的 B0、B1、B2 试件，在较高荷载等级下，双格构试件 B2 的耐疲劳性能最好，在较低荷载等级下，无格构试件 B0 的耐疲劳性能最好。

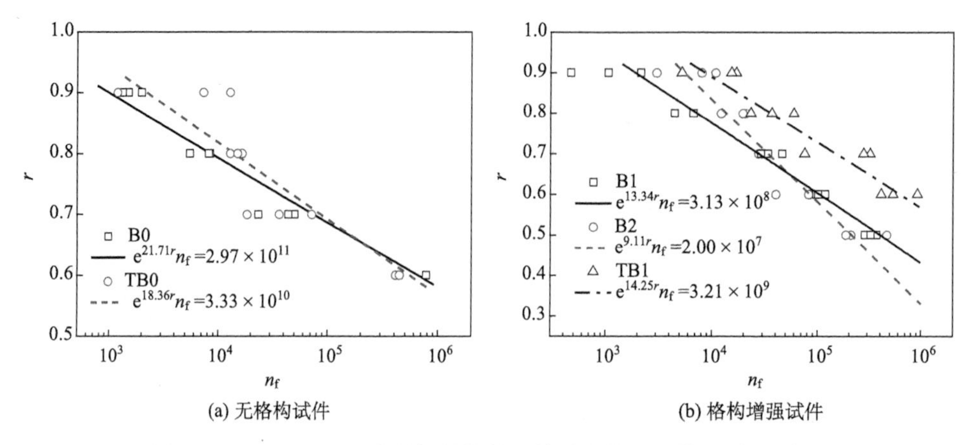

(a) 无格构试件 (b) 格构增强试件

图 7-10 GFRP-Balsa 夹芯梁的指数函数型疲劳荷载等级-寿命曲线

2. 加载点处位移演化规律

在四点弯曲疲劳试验中，实时监控加载点处每个循环中最大和最小竖向位移，随着荷载循环往复进行，夹芯梁的抗弯刚度不断降低，挠度也相应增大。本节选取五类试件在不同荷载等级下的各一个试件为代表，给出试件在不同疲劳荷载等级下的力-位移演化过程，见图 7-11。在不同荷载等级下，取每种类型试件中最接近平均疲劳寿命的试件，描绘其最大、最小竖向位移和疲劳相对寿命(当前循环与总循环之比)的关系，见图 7-12。从图中可以看出，在整个加载过程中，轻木夹芯复合材料梁的加载点处最大、最小位移演化过程具有明显的“三阶段”特征，将整个加载过程分为三个阶段。

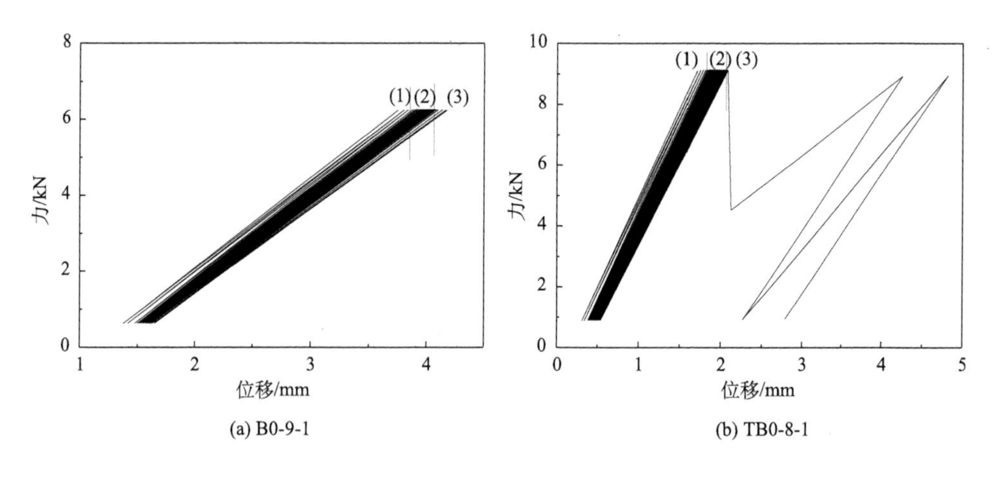

(a) B0-9-1 (b) TB0-8-1

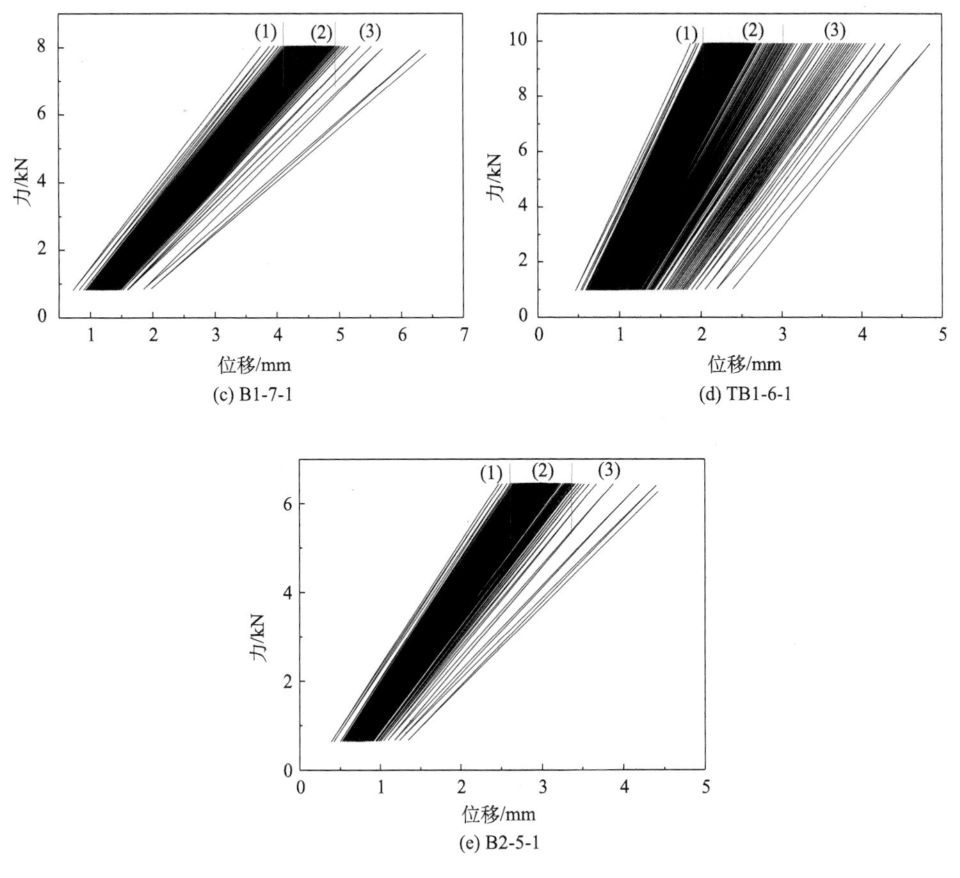

(c) B1-7-1

(d) TB1-6-1

(e) B2-5-1

图 7-11　疲劳试验中夹芯梁的力-位移历程

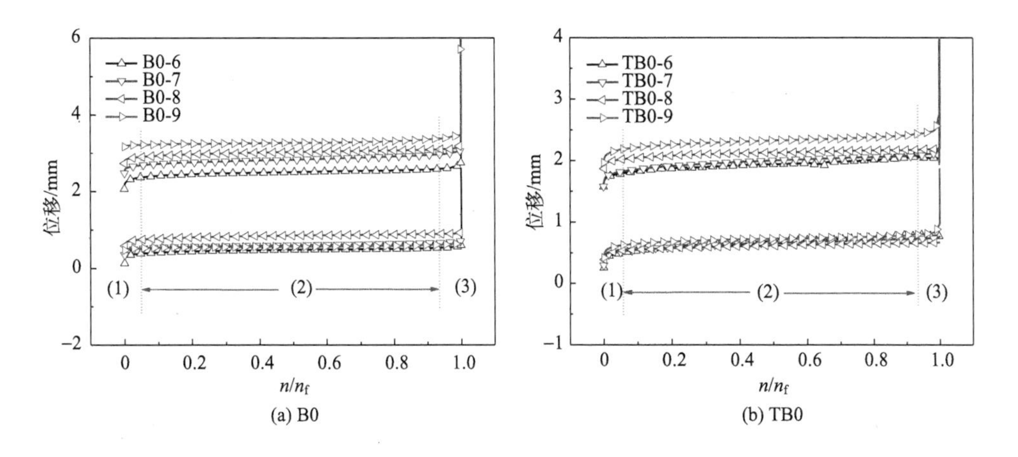

(a) B0

(b) TB0

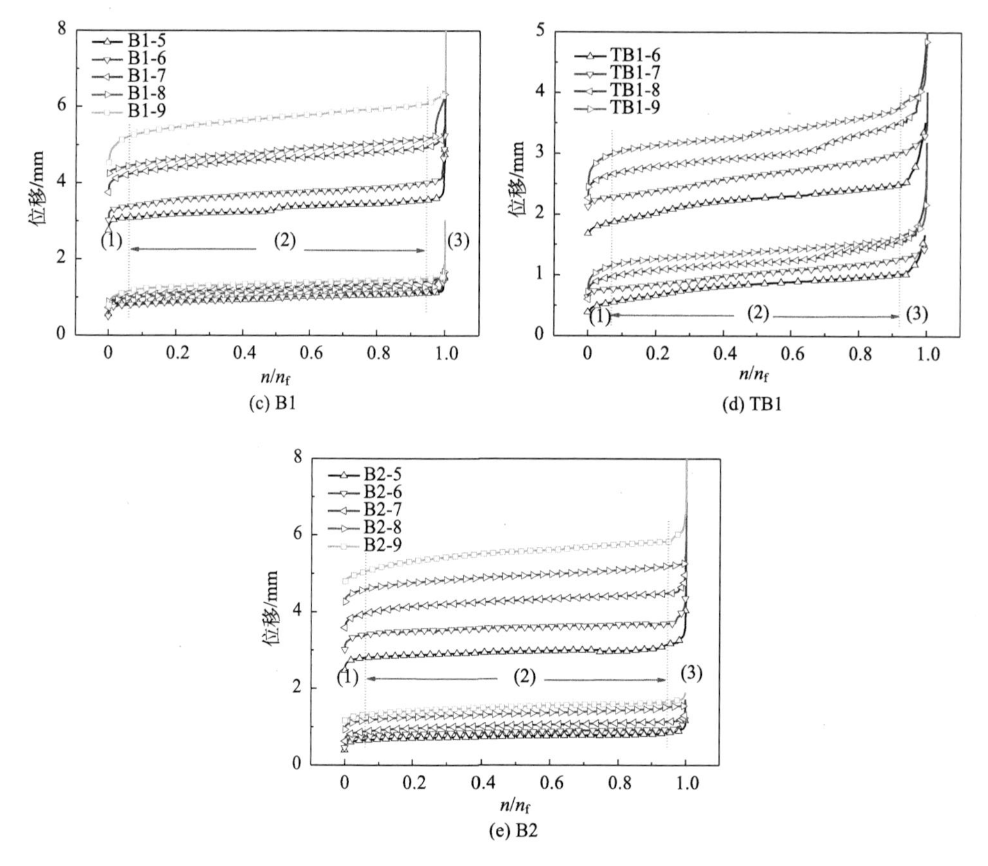

(c) B1　　(d) TB1

(e) B2

图 7-12　五类试件疲劳竖向位移与相对疲劳寿命的关系

(1) 位移瞬降阶段。加载初期，试件在短时间内达到平衡位置，这一阶段的历程相对较短，在各荷载等级下，此阶段需要的时间相差不大，约持续在 200 个循环以内，占疲劳寿命的 5%以内。Balsa 木芯材中存在一定的天然缺陷，试件在制作、切割过程中极易引入初始微裂纹，芯材薄弱部位出现微裂纹。此阶段内，由于木芯材中微裂纹的出现，夹芯梁的剪切变形增大，梁的整体刚度有小幅度降低。

(2) 平稳演化阶段。试件保持稳定承载，最大、最小位移呈非常微小的上升趋势，此阶段会消耗整个循环过程的 90%以上时间。该阶段中，夹芯梁上、下表面的拉、压应力由 GFRP 面板承担，在循环荷载作用下，GFRP 板内疲劳损伤不断累积；芯材中裂纹持续扩展。对于无格构试件，此阶段芯材中微裂纹不断萌生扩展，微裂纹发展到一定程度后汇合形成可见裂纹，可见裂纹在芯材中沿木材纹理迅速扩展，形成一条贯通芯材的主裂纹，此时也意味着第二阶段结束；对于格构增强试件，随着加载的进行，芯材中的主裂纹形成并继续发展，在此阶段内扩展到界面处，与树脂裂纹汇合，界面处出现局部剥离，同时复合材料层合面板中出现纤维脱胶、脱层等。总体来说，此阶段内，夹芯梁的变形不大，梁的整体刚度几乎不变。

(3) 破坏阶段。此阶段夹芯梁的最大、最小位移急剧增长。相对于无格构夹芯梁，格构增强夹芯梁在此阶段的持续时间相对较长，但总体来看，第三阶段的持续时间也很短，占疲劳寿命的 0.5%~5%。对于无格构夹芯梁，此阶段主裂纹扩展到面板-芯材界面，与界面中的树脂裂纹汇合，界面迅速剥离，试件失效；此过程持续时间较短并与荷载等级有关，荷载等级越高，裂纹扩展速率越大；当裂纹扩展至面层、芯材界面时，即发生剥离现象，数次循环作用后，试件即发生破坏。对于格构增强夹芯梁，由于损伤的不断累积，在此阶段内，当上面板达到屈曲临界应力或者下面板受拉纤维达到损伤容限时，发生面板屈曲或纤维断裂，由于面板破坏，夹芯梁的抗弯刚度急剧下降，并在很短的时间内丧失承载能力。

为了研究格构设置对夹芯梁疲劳变形的影响，分别将试件 B0、B1、B2 在较高、较低荷载等级的最大、最小位移值绘于图 7-13 中(因试验设置，试验机直接记录的位移值为负数)。如图所示，三类试件具有相同的第一、第三阶段变化特征，在第二阶段中，相对于格构增强试件，无格构试件位移斜率无明显下降，验证了无格构试件在芯材出现裂纹时会迅速破坏的特征；格构增强试件在芯材中出现裂缝时仍可持续承受疲劳循环荷载的作用，虽然位移斜率相对变化较大，但总体仍然显现平稳演化阶段。

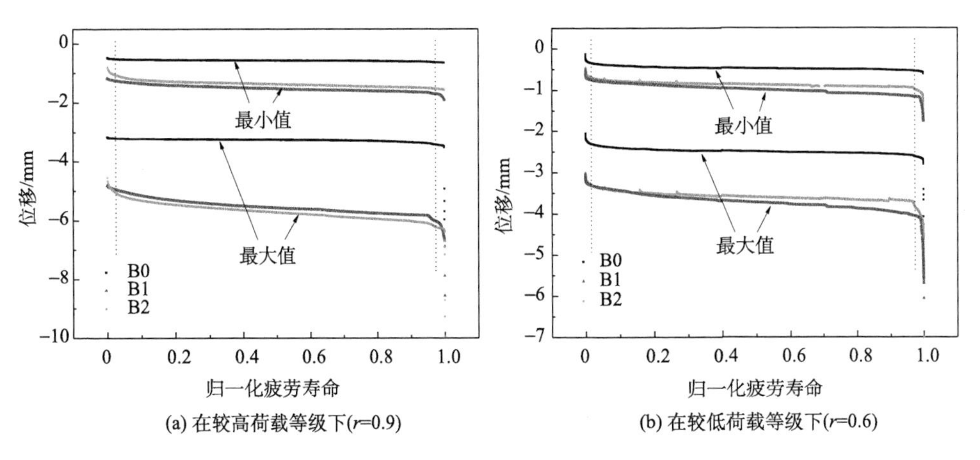

(a) 在较高荷载等级下(r=0.9)　　(b) 在较低荷载等级下(r=0.6)

图 7-13　三类试件位移演化规律对比

7.2.3　疲劳性能影响因素分析

1. 格构设置对破坏模式影响分析

格构增强夹芯梁与无格构增强夹芯梁的弯曲疲劳破坏过程及失效模式进行

对比分析，可以得到以下结论：

(1) 芯材内部剪切斜裂缝的出现仅与轻木的抗剪强度有关，在疲劳加载过程中，所有试件均在轻木中率先出现剪切裂纹。

(2) 无格构增强夹芯梁剪切裂纹出现后，由于没有格构腹板的限制，芯材内剪切裂缝迅速扩展，在上、下面层之间形成贯通裂缝，随即在轻木芯材与面层之间出现界面剥离，且迅速向梁端扩展，整个破坏过程呈现明显的脆性特征。对于格构增强夹芯梁，格构腹板的存在增加了试件整体抗剪强度，腹板一方面阻止了轻木中裂纹的发展，另一方面，初始裂纹出现后因为内力重新分布，原本木芯材承担的剪力部分也由格构腹板承担，夹芯梁的变形能力大大提高，试件的最终失效模式不再是芯材的剪切失效，而转变为上、下面板的失效，格构增强试件从出现芯材可见裂纹至梁最终破坏的持续时间较久，试件可带裂缝工作，失效模式呈现出明显的延性特征。

(3) 格构数量越多，对试件的最终破坏模式影响越大。双格构试件的失效模式大多数为下面板受拉破坏，无格构试件的失效模式统一为芯材剪切和界面剥离破坏，单格构试件的失效模式比较多样化。由此可知，格构设置可有效改变芯材的破坏层次和顺序，格构数量越多，效果越明显。

2. 格构设置对疲劳寿命影响分析

格构设置对夹芯梁的疲劳寿命分布规律有显著影响，总结如下：

(1) 在较高荷载等级作用下，双格构试件的耐疲劳性能最好，在较低荷载等级作用下，无格构试件的耐疲劳性能最好。在高荷载等级作用下，三类试件都相对较早萌生初始裂纹，此时无格构试件在裂纹萌生后迅速破坏，有格构试件则在相对较晚的时间因为面板破坏而最终失效。在低荷载等级作用下，无格构试件的最大荷载比有格构试件小得多，芯材剪切裂纹出现较晚，而有格构试件因其相对较高的最大荷载，芯材中剪切裂纹萌生、扩展较快，也因此更早出现疲劳失效。

(2) 当试件具有相同的跨高比和不同数量的格构腹板时，疲劳寿命有一定的差异。在较高荷载等级作用下，双格构增强试件 B2 比单格构增强试件 B1 具有更好的抗疲劳性能，但在较低荷载等级作用下，双格构增强试件 B2 则表现出相对较差的抗疲劳性能。GFRP 层合面板在疲劳荷载下的破坏过程为：基体开裂、分层、纤维断裂。在较高荷载等级(0.9、0.8 和 0.7)作用下，夹芯梁中的 GFRP 上面板在下面板纤维断裂之前分层，由于试件 B1 的格构腹板数量较少，对面板的支撑能力不足，试件最终因为上面板的屈曲而失效，而试件 B2 在相对较晚的时间里因下面板断裂而失效。在较低荷载等级(0.6 和 0.5)作用下，试件 B1 和 B2 均由于下面板断裂而失效，但试件 B2 较试件 B1 更早失效(疲劳寿命更短)，这是因为在试件 B2 的芯材中更容易产生初始缺陷。在制造过程中，试件 B2 的芯材需要被切割成比试件 B1 更细的木条，在进行循环往复加载时，初始缺陷越多，裂纹萌生、扩展的速率越大。在实际工程中，当研究对象是足尺的桥面、风力发电叶片等时，因加工成型造成的初始损伤将会减少。

3. 跨高比对破坏模式影响分析

跨高比对夹芯梁的疲劳破坏模式影响不是很大，将两种不同厚度的夹芯梁破坏模式进行对比分析，可得如下结论：

(1) 对于无格构夹芯梁，通过改变梁厚度而改变梁的跨高比，对夹芯梁破坏模式无影响，夹芯梁的失效模式均为芯材剪切破坏与界面剥离。

(2) 对于格构增强夹芯梁，改变梁的跨高比对夹芯梁的失效模式有微小的影响。在循环往复加载中，单格构增强普通厚度梁、较厚梁的失效模式随荷载等级的变化规律是相同的。当荷载等级较高时，试件的破坏模式为上面板加载点处局部压坏或屈曲，随着荷载等级的降低，试件失效的损伤位置从上面板转移到下面板。两种不同厚度的夹芯梁失效模式的区别为：随着荷载等级的降低，普通厚度试件失效位置的转移更早，跨高比较大的夹芯梁在荷载等级为 0.7 时即出现了下面板拉断，而跨高比较小的夹芯梁在荷载等级为 0.6 时才出现下面板破坏；跨高比较大的夹芯梁会出现下面板的整体断裂，而跨高比较小的夹芯梁仅在下面板出现部分纤维丝断裂。

4. 跨高比对疲劳寿命影响分析

跨高比对夹芯梁的疲劳寿命有一定的影响，在给定荷载等级下，试件 TB0 的疲劳寿命比试件 B0 略大或相差不大，试件 TB1 的疲劳寿命大于试件 B1。换言之，跨高比较小的夹芯梁具有较好的抗疲劳性能，这是因为普通厚度试件的芯材厚度相对较小，厚度小的芯材相对更容易萌生剪切裂纹。

7.3　格构增强复合材料夹芯梁疲劳寿命预测

7.3.1　无格构夹芯梁累积损伤模型

1. 损伤变量

当材料或结构承受的应力高于疲劳极限时，每一次循环荷载的施加都会给其带来损伤，这种损伤是可以积累的，当损伤积累到材料破坏的临界值时，破坏便会发生。在这种理论下，疲劳过程既可以看成损伤趋于一个临界值的累积过程，也可以看成材料固有寿命的消耗过程[8]。

复合材料夹芯结构在疲劳循环下的行为主要取决于其损伤机制的逐步发展，

如复合材料面层的分层及纤维断裂、芯材剪切裂纹、芯材-面层界面脱黏等。GFRP-Balsa 夹芯梁的应力机理比较复杂，建立和计算一个纯理论模型将会是十分复杂、极具挑战性的。本节将基于试验结果、夹芯结构的基本理论和累积损伤理论，采用半经验半理论的方式，通过对实际工程中具体参量的追踪测量并建立合适的损伤模型，对结构的使用寿命和损伤情况进行评定和预测，从而解决实际问题。

由无格构夹芯梁疲劳损伤机理可知，其疲劳损伤可以认为是芯材中微裂纹和微孔洞不断萌生、导致芯材剪切裂纹出现至贯通的过程。换言之，试样在破坏前所呈现出的疲劳行为是由等效剪切刚度$(GA)_{eq}$的退化导致的[9]。根据损伤力学的均值法，假定试件的承载面积 A 在疲劳加载过程中不发生变化，而试件的剪切模量随加载次数 n 的增加持续衰退，试件在疲劳循环往复作用 n 次后的等效剪切模量 $G(n)$ 为疲劳模量，由试验记录的试件挠度值可计算得到 $G(n)$ 的退化规律。

$$G(n)=\frac{Pl}{6bh(\varDelta-\varDelta_b)} \tag{7-2}$$

如图 7-14 所示，$G(n)$ 的演化过程分两个阶段：在加载前期，$G(n)$ 保持相对平稳的下降；当损伤达到一定程度后，$G(n)$ 即在有限的循环次数中迅速下降，直至剪切裂纹贯通芯材，试件失效。

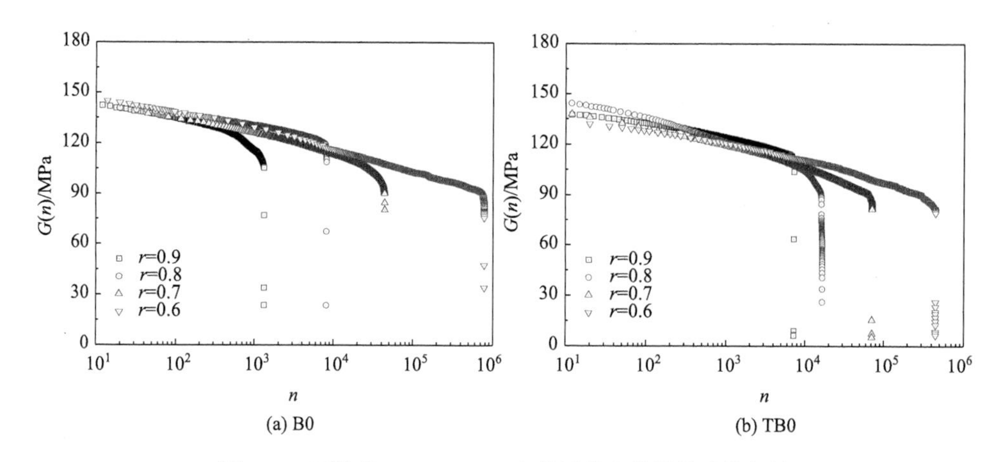

图 7-14　无格构 GFRP-Balsa 夹芯梁的疲劳模量演化规律

2. 累积损伤模型

疲劳模量的退化数值代表某一阶段试件实际损伤程度。基于疲劳模量变化，定义 $D(n)$ 为 GFRP-Balsa 夹芯梁的损伤变量，$D(n)$ 应满足式(7-3)和式(7-4)所示的两个基本条件，以保证损伤模型具有明确的物理意义。损伤变量 $D(n)$ 在初始未损伤状态下的值为 0，在最终失效时的值为 1；疲劳损伤是一个不可逆的单调递增过程。

$$D=\begin{cases}0, & n=0\\ 1, & n=n_{\mathrm{f}}\end{cases} \tag{7-3}$$

$$\frac{\partial D(n)}{\partial n}\geqslant 0 \tag{7-4}$$

其中，n_{f}为疲劳寿命。

基于疲劳模量 $G(n)$ 的变化，本章定义累积损伤模型如下：

$$D(n)=1-\frac{G(n)}{G(0)} \tag{7-5}$$

其中，$D(n)$为夹芯梁的损伤变量；$G(0)$为初始疲劳模量，此处取为 Balsa 木初始剪切模量 G_{c}。通过试验数据计算得到对应的 $D(n)$值，示于图 7-15 中。根据 $D(n)$的分布形态，选取式(7-6)所示的指数型函数，采用最小二乘法拟合，得到了如图 7-15 所示夹芯梁在四点弯曲模式下的损伤曲线。

$$D(n)=a\mathrm{e}^{bN}+c\mathrm{e}^{dN} \tag{7-6}$$

其中，a、b、c、d 为材料参数；N 为试件循环次数 n 的对数值。$a\mathrm{e}^{bN}$ 项反映疲劳加载前期结构损伤的速率与损伤值，与试件初始缺陷、环境温度、加载频率、荷载等级等相关，a、b 的值可由试验结果确定；$c\mathrm{e}^{dN}$ 项表征疲劳失效出现的时间，其中重要参数 d 主要与荷载等级相关。

由拟合结果可知，当荷载等级在 0.6~0.9 变化时，参数 a 和 c 没有明显的变化规律，因此将各级荷载等级下的平均值作为下一步计算的统一度量。同时，通过数值分析发现，对于具有不同跨高比的两种夹芯梁，参数 b 和 d 的值均满足一阶

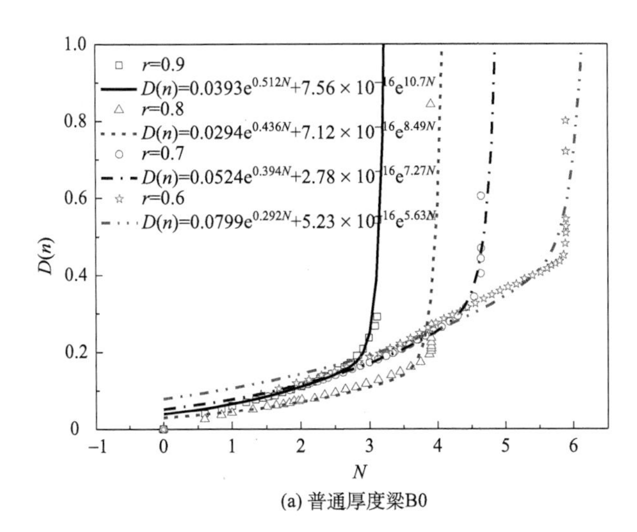

(a) 普通厚度梁B0

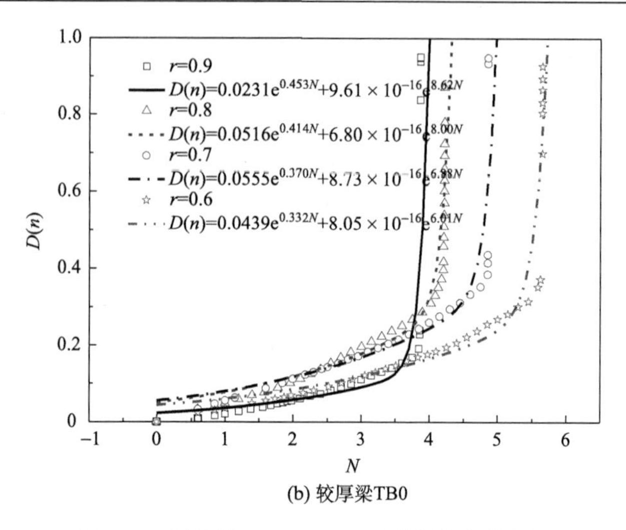

(b) 较厚梁TB0

图 7-15　无格构 GFRP-Balsa 夹芯梁的损伤累积

多项式分布，见图 7-16 和图 7-17。因此，式(7-6)转换为仅与荷载等级及循环次数相关的经验公式，在给定的荷载等级下，普通厚度无格构夹芯梁和较厚无格构夹芯梁的损伤情况分别根据式(7-7)和式(7-8)确定。

$$D(n)=0.0502\mathrm{e}^{(0.649r-0.0826)N}+5.67\times10^{-16}\mathrm{e}^{(14.9r-3.31)N} \tag{7-7}$$

$$D(n)=0.0435\mathrm{e}^{(0.408r+0.0856)N}+8.30\times10^{-16}\mathrm{e}^{(8.93r+0.680)N} \tag{7-8}$$

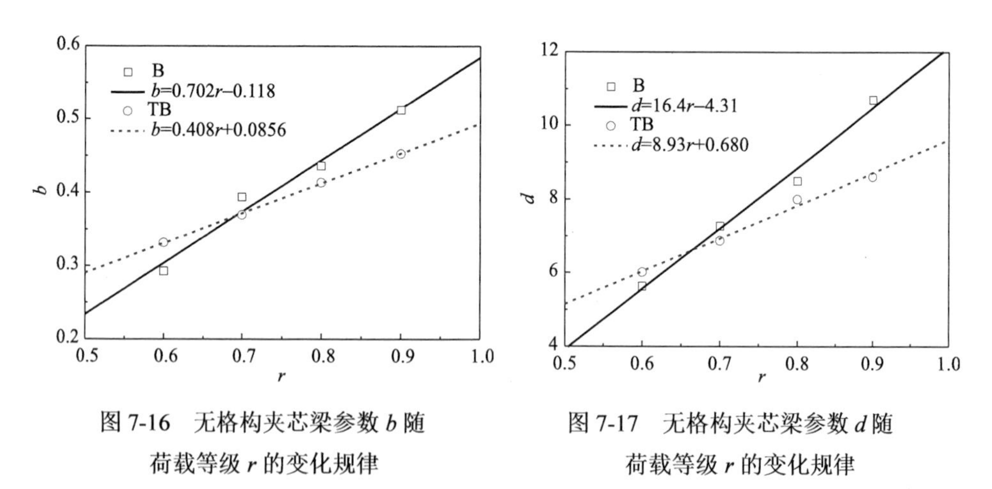

图 7-16　无格构夹芯梁参数 b 随荷载等级 r 的变化规律

图 7-17　无格构夹芯梁参数 d 随荷载等级 r 的变化规律

为了验证模型对损伤过程的描述能力，图 7-18 给出了简化分析模型与试验计算值，式(7-7)和式(7-8)可以近似地模拟不同跨高比试件在不同荷载等级下的疲劳损伤发展趋势，在给定荷载等级时，该模型可以对夹芯梁的疲劳破坏时间给出准确的预测。

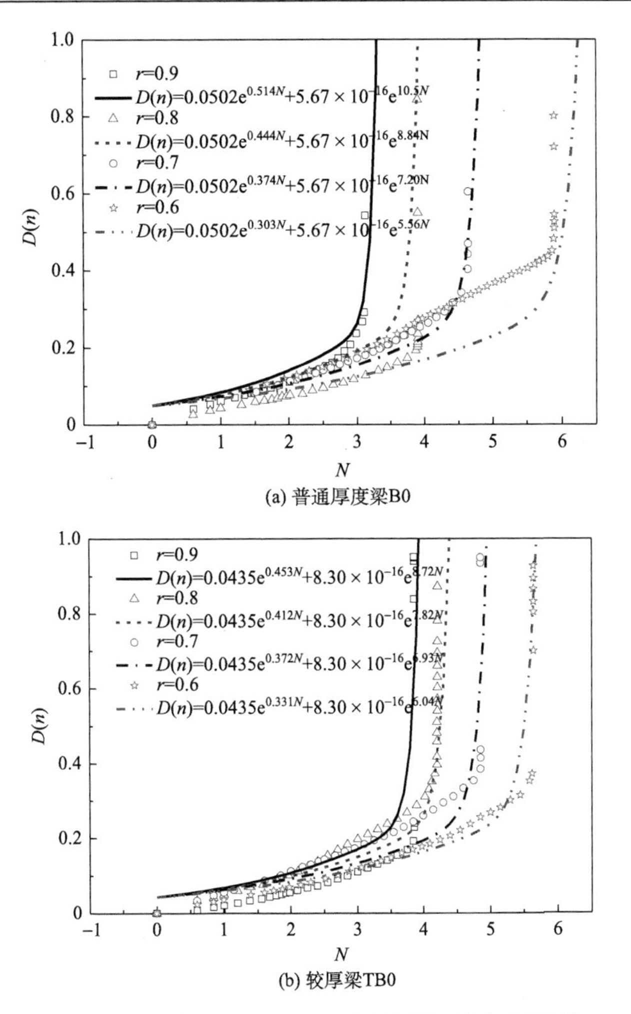

(a) 普通厚度梁B0

(b) 较厚梁TB0

图 7-18　无格构 GFRP-Balsa 夹芯梁的累积损伤模型

损伤变量 $D(n)$ 的演化过程可分为两个阶段：初始稳定发展阶段和快速增长阶段。通过分析本章所提出的指数型模型的两个指数项，发现两个指数项的值分别与两个阶段的损伤变量有关。例如，如图 7-19 所示，在荷载等级为 0.9 时，试件 B0-9 的损伤变量可以近似地描述为

$$D(n)=\begin{cases}D_1(n)=0.0393\mathrm{e}^{0.512N}, & N<2.8\\ D_1(n)+D_2(n)=0.0393\mathrm{e}^{0.512N}+7.56\times10^{-16}\mathrm{e}^{10.7N}, & N\geqslant 2.8\end{cases}\tag{7-9}$$

当荷载等级为 0.6 时，试件 B0-6 的损伤变量可以近似地描述为

$$D(n)=\begin{cases}D_1(n)=0.0799\mathrm{e}^{0.292N}, & N<5.4\\ D_1(n)+D_2(n)=0.0799\mathrm{e}^{0.292N}+5.23\times10^{-16}\mathrm{e}^{5.63N}, & N\geqslant 5.4\end{cases}\tag{7-10}$$

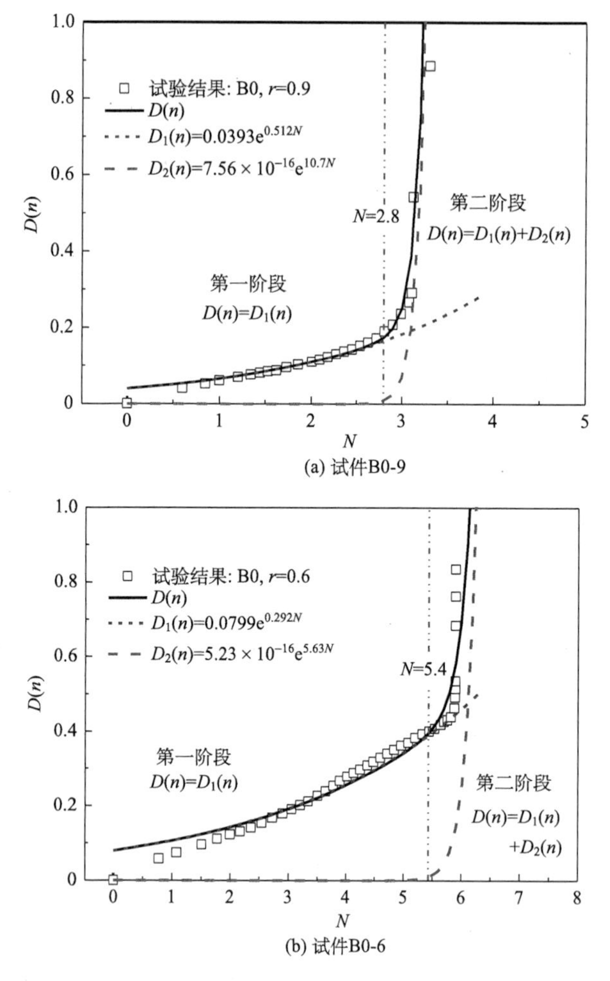

(a) 试件B0-9

(b) 试件B0-6

图 7-19　累积损伤模型的分段式特征

在第一阶段中，试件的损伤变量主要受第一指数项 $D_1(n)$ 的影响，此时 $D_2(n)$ 的值非常小，可以忽略不计；在第二阶段中，试件的损伤变量受两个指数项的影响。从分别代表两个指数项 $D_1(n)$、$D_2(n)$ 的两条虚曲线的形状可以看出，$D_2(n)$ 基本可以决定试件失效的时刻。根据前面描述的试件疲劳破坏模式，所有无格构夹芯梁试件均经历了初期稳定的裂纹萌生及发展阶段，后期木芯中的主裂纹一旦形成，试件便迅速破坏。由此可以得出结论：由微裂纹的萌生和稳定扩展引起的损伤变量可以用第一指数项 $D_1(n)$ 来表示；从主裂纹形成的时刻开始，主裂纹引起的损伤变量可以用第二指数项 $D_2(n)$ 来描述。在主裂纹形成后，试样损伤由两种形式的裂纹造成，即主裂纹和连续微裂纹。当试验条件一定时，参数 a 与试件的初始缺陷(如芯材的生长缺陷及试件加工缺陷)有关；参数 b 与第一阶段的损伤率有关；参数 c 的值很小，代表试件的脆性破坏特征；参数 d 与试件的失效时刻相关。

7.3.2　格构增强夹芯梁累积损伤模型

1. 损伤变量

由格构增强夹芯梁的疲劳试验结果可知，影响格构增强夹芯梁疲劳行为的主要原因是上、下面板的 GFRP 拉伸或压缩疲劳损伤，即试样在失效前的行为可认为是弯曲刚度的退化过程。$(EI)_{\mathrm{eff}}$ 为根据试验结果计算出的试件有效弯曲刚度，则 $(EI)_{\mathrm{eff}}$ 随着循环次数的增加持续下降。定义试件在疲劳循环往复作用 n 次后的有效弯曲刚度 $(EI)_{\mathrm{eff}}(n)$ 为疲劳模量，由试验记录的试件挠度值可计算得到 $(EI)_{\mathrm{eff}}(n)$ 的退化规律。

$$(EI)_{\mathrm{eff}}(n)=\frac{5Pl^3}{324(\varDelta-\varDelta_{\mathrm{s}})} \tag{7-11}$$

2. 累积损伤模型

基于疲劳模量变化，同样定义 $D(n)$ 为格构增强 GFRP-Balsa 夹芯梁的损伤变量，基于疲劳模量 $(EI)_{\mathrm{eff}}(n)$ 的变化，本节定义的累积损伤模型如下[10]：

$$D(n)=\frac{(EI)_{\mathrm{eff}}(0)-(EI)_{\mathrm{eff}}(n)}{(EI)_{\mathrm{eff}}(0)-(EI)_{\mathrm{eff}}(n_{\mathrm{f}})} \tag{7-12}$$

其中，$D(n)$ 为夹芯梁的损伤变量；$(EI)_{\mathrm{eff}}(0)$ 为初始疲劳模量；$(EI)_{\mathrm{eff}}(n_{\mathrm{f}})$ 为试件发生疲劳失效时的残余弯曲刚度。

通过试验数据计算得到对应的 $D(n)$ 值，示于图 7-20 中；根据 $D(n)$ 的分布形态，同样采用式(7-6)所示的指数型函数，得到如图 7-20 所示的格构增强型夹芯梁在四点弯曲模式下的损伤曲线。

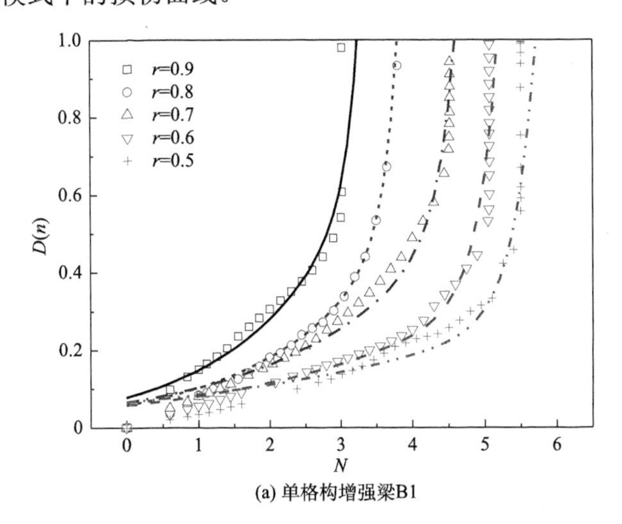

(a) 单格构增强梁B1

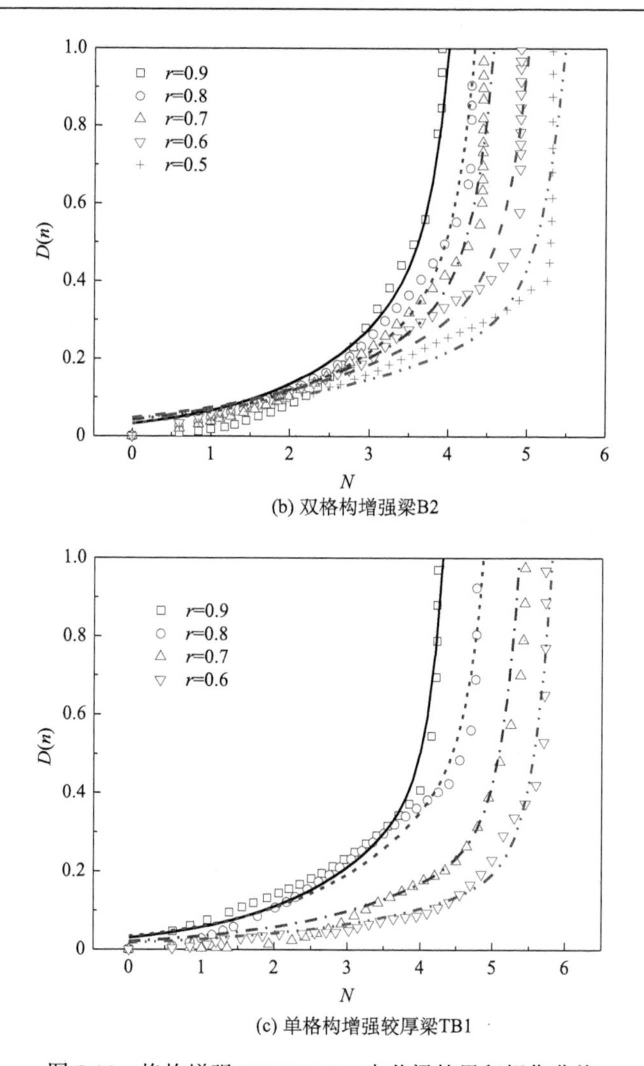

(b) 双格构增强梁B2

(c) 单格构增强较厚梁TB1

图 7-20　格构增强 GFRP-Balsa 夹芯梁的累积损伤曲线

将各类夹芯梁损伤模型参数的拟合结果列于表 7-6 中，由拟合结果可知，与无格构增强夹芯梁累积损伤模型类似，当荷载等级在 0.5~0.9 变化时，参数 a 和 c 没有明显的变化规律，参数 b 和 d 的值满足一阶多项式分布。参数 b、d 随荷载等级的变化规律分别见图 7-21 和图 7-22。

格构增强夹芯梁损伤变量 $D(n)$ 的演化过程同样表现为两个阶段：初始稳定发展阶段和快速增长阶段。与无格构夹芯梁的损伤预测方法类似，两个指数项的值分别与两个阶段的损伤量有关。根据前面描述的试件疲劳破坏模式，格构增强夹芯梁的疲劳过程经历了初期稳定的芯材、界面、面板中裂纹萌生及发展阶段；后期当 GFRP 面板的损伤达到一定水平时，面板分层或纤维断裂出现并持续发展，

表 7-6　格构增强夹芯梁累积损伤模型参数

截面	荷载等级	a	b	c	d
	0.9	0.0761	0.6491	2.80×10^{-9}	5.6915
	0.8	0.0577	0.5702	2.24×10^{-9}	5.0583
	0.7	0.0650	0.4556	1.53×10^{-9}	4.2521
	0.6	0.0573	0.3479	2.04×10^{-9}	3.7766
	0.5	0.0656	0.2583	4.38×10^{-9}	3.3059
	0.9	0.0324	0.7124	3.36×10^{-9}	4.6732
	0.8	0.0329	0.6269	3.36×10^{-9}	4.3477
	0.7	0.0423	0.5197	4.37×10^{-9}	4.0742
	0.6	0.0476	0.4514	3.60×10^{-9}	3.7532
	0.5	0.0464	0.3823	3.76×10^{-9}	3.4525
	0.9	0.0302	0.6463	5.17×10^{-11}	5.3507
	0.8	0.0335	0.5822	3.04×10^{-11}	4.7958
	0.7	0.0204	0.5263	4.48×10^{-11}	4.3682
	0.6	0.0170	0.4535	4.78×10^{-11}	4.0420

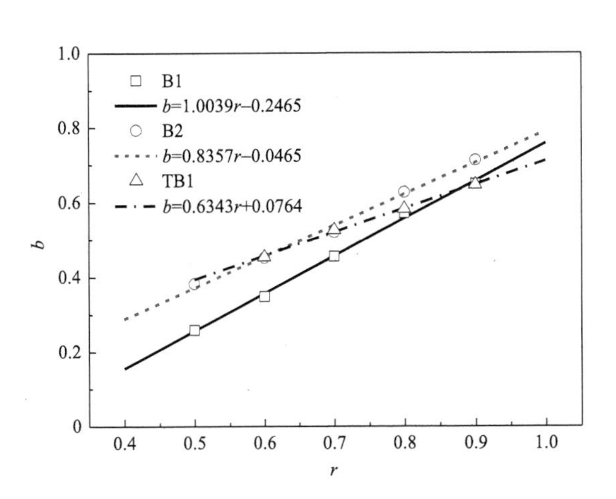

图 7-21　格构增强夹芯梁参数 b 随荷载等级 r 的变化规律

试件因上面板屈曲或下面板拉断而破坏。由此可以得出结论：试件中各部分裂纹的萌生和稳定扩展引起的损伤变量可以用第一指数项 $D_1(n)$ 来表示。面板中纤维断裂或屈曲引起的损伤变量可以用第二指数项 $D_2(n)$ 来描述。当试验条件一定时，参数 a 与试件的初始缺陷(如芯材的生长缺陷及试件加工缺陷)有关；参数 b 与第一阶段的损伤率有关；参数 c 代表试件的脆性破坏特征，其值越小，试件的脆性破坏特征越明显；参数 d 与试件的失效时刻有关。

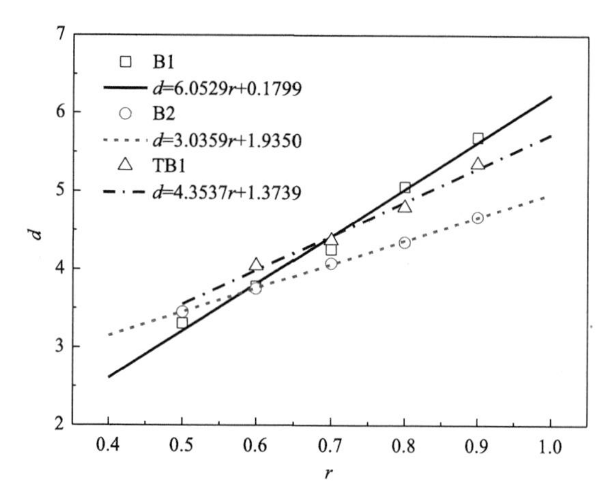

图 7-22　格构增强夹芯梁参数 d 随荷载等级 r 的变化规律

7.3.3　基于疲劳累积损伤模型的夹芯结构寿命预测

基于累积损伤理论，采用本章建立的累积损伤模型，分别预测无格构夹芯梁和格构增强夹芯梁在 0.55~0.95 荷载等级下的疲劳寿命，并将预测结果与试验数据进行对比，见图 7-23。结果表明，无格构试件和格构增强试件指数型疲劳累积损伤模型的寿命预测结果与试验数据吻合较好，说明预测模型在 0.55~0.95 荷载等级下的适用性较好。

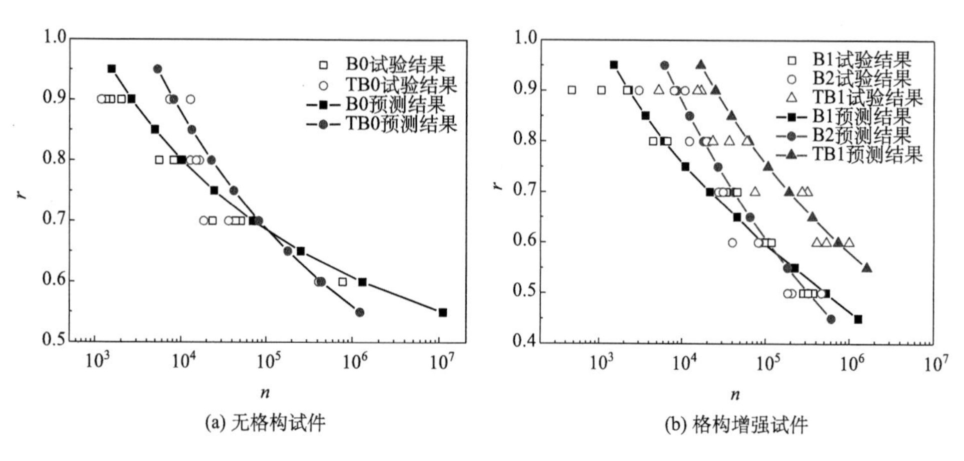

图 7-23　基于疲劳损伤模型的寿命预测结果与试验结果对比

7.4 本章小结

本章完成了66根轻木夹芯复合材料梁试件在不同荷载等级下的四点弯曲疲劳试验，分析了夹芯梁的疲劳破坏过程、失效模式和疲劳寿命，并通过对比给出了格构设置、跨高比对夹芯梁损伤机理、破坏模式的影响，建立了适用于无格构夹芯梁及格构增强夹芯梁的累积损伤模型，并依据模型对夹芯结构的疲劳寿命进行预测。本章的主要结论如下：

(1) 无格构夹芯梁的失效模式统一为芯材剪切、面板脱黏，格构增强夹芯梁的失效模式随格构设置及荷载等级而变化，主要有上面板屈曲或压坏、下面板拉断等。无格构夹芯梁的疲劳试验中，芯材中的剪切裂缝引起了芯材与面板之间的界面剥离；格构增强夹芯梁中格构腹板承担大部分剪力，且能有效地减缓甚至阻止界面裂纹的扩展，格构数量越多，格构增强夹芯梁的抗剥离性能越好。

(2) 在荷载等级较高时，格构增强试件的疲劳寿命稍高于无格构试件，一般厚度的夹芯梁疲劳寿命小于较厚夹芯梁；在荷载等级较低时，无格构试件的疲劳寿命稍高于格构增强试件，两种厚度的夹芯梁疲劳寿命相差不大。在高荷载等级下，疲劳寿命离散性稍大；相对于格构增强试件，无格构试件的疲劳寿命离散性偏大。

(3) 采用半经验半理论的方式，基于一阶剪切变形理论，定义芯材剪切模量为疲劳模量，提出了无格构夹芯梁的指数型疲劳损伤模型，模型中的两个指数项与结构疲劳的两阶段损伤规律相对应。基于一阶剪切变形理论、剩余刚度理论，定义夹芯梁的有效弯曲刚度为弹性模量，建立了格构增强夹芯梁的指数型疲劳损伤模型。

(4) 采用累积损伤模型分别预测了无格构夹芯梁和格构增强夹芯梁在0.55~0.95荷载等级下的疲劳寿命，疲劳累积损伤模型的寿命预测结果与试验数据吻合较好。

参考文献

[1] 史慧媛, 刘伟庆, 方海, 等. GFRP复合材料-轻木夹芯梁弯曲疲劳性能试验[J]. 复合材料学报, 2018, 35(5): 1114-1122.

[2] 张响鹏, 刘伟庆, 万里, 等. 泡桐木夹芯梁的弯曲疲劳试验[J]. 南京工业大学学报(自然科学版), 2014, 36(5): 76-82.

[3] Shipsha A, Burman M, Zenkert D. Interfacial fatigue crack growth in foam core sandwich structures[J]. Fatigue & Fracture of Engineering Materials & Structures, 2010, 22(2): 123-131.

[4] Kulkarni N, Mahfuz H, Jeelani S, et al. Fatigue crack growth and life prediction of foam core

sandwich composites under flexural loading[J]. Composite Structures, 2003, 59(4): 499-505.

[5] Rajaneesh A, Zhao Y, Chai G B, et al. Flexural fatigue life prediction of CFRP-Nomex honeycomb sandwich beams[J]. Composite Structures, 2018, 192: 225-231.

[6] Wu X R, Yu H J, Guo L C. Experimental and numerical investigation of static and fatigue behaviors of composites honeycomb sandwich structure[J]. Composite Structures, 2019, 213: 165-172.

[7] Harte A M, Fleck N A, Ashby M F. The fatigue strength of sandwich beams with an aluminium alloy foam core[J]. International Journal of Fatigue, 2001, 23(6): 499-507.

[8] 徐灏. 疲劳强度[M]. 北京: 高等教育出版社, 1988.

[9] Shi H Y, Liu W Q, Fang H. Damage characteristics analysis of GFRP-Balsa sandwich beams under four-point fatigue bending[J]. Composites Part A: Applied Science and Manufacturing, 2018, 109: 564-577.

[10] Shi H Y, Fang H, Liu W Q, et al. Flexural fatigue behavior and life prediction of web reinforced GFRP-balsa sandwich beams[J]. International Journal of Fatigue, 2020, 136: 105592.

第 8 章　空间格构腹板增强泡沫夹芯复合材料吸能特性研究

8.1　引　　言

本章介绍不同截面形式的空间格构增强泡沫夹芯复合材料试件，开展玻璃纤维增强塑料(GFRP)和泡沫夹芯的材性试验，对试件进行准静态压缩试验。记录试件在试验时的破坏现象，分析试件不同的破坏模式，对比试件荷载-位移曲线并分析其力学性能，引入三个能量吸收指标分析试件的吸能性能。

目前，采用十字等效模型[1]研究矩形蜂窝填充多孔材料夹芯层的等效力学参数,采用 Y 型等效模型[2]研究正六边形蜂窝填充多孔材料夹芯层的等效力学参数。假设胞元模型处于单向受力状态，对受力状态、平衡状态、变形协调状态进行分析和计算，推导出对应单向受力状态的等效力学参数。本章在矩形蜂窝和正六边形蜂窝等效力学参数计算的基础上，对错位矩形蜂窝和梯形蜂窝的等效力学参数进行计算。

运用 ANSYS/LS-DYNA 有限元软件处理结构的非线性变形问题,具有计算精确高效、优化结构设计、降低经济成本等优点。本章基于 ANSYS/LS-DYNA 非线性有限元软件对空间格构增强泡沫夹芯复合材料进行研究，将模拟结果与试验结果、理论结果进行对比，并通过变换参数分析格构腹板、格构高度、泡沫密度等对复合材料试件承载力的影响。

8.2　空间格构腹板增强泡沫夹芯复合材料准静态压缩试验

8.2.1　试件设计与试件制备

1. 试件设计

本章的准静态压缩试验以竖直(vertical)格构腹板试件为对照组，其余五种空间格构腹板试件为试验组展开研究。试件的设计尺寸为 300mm×300mm×150mm，五种空间格构腹板形式为双层正交(double-layer orthogonal)格构腹板、双层错位(double-layer dislocation)格构腹板、三层错位(three-layer dislocation)格构腹板、六边形(hexagon)格构腹板、梯形(trapezoid)格构腹板。同时，为研究组分材料对试件承载和吸能特性的影响，改变试件的泡沫夹芯密度、格构腹板厚度和格构腹板倾斜角度。本节共设计 38 个准静态压缩试件，试件截面形式见图 8-1，试件的尺寸参数见表 8-1。

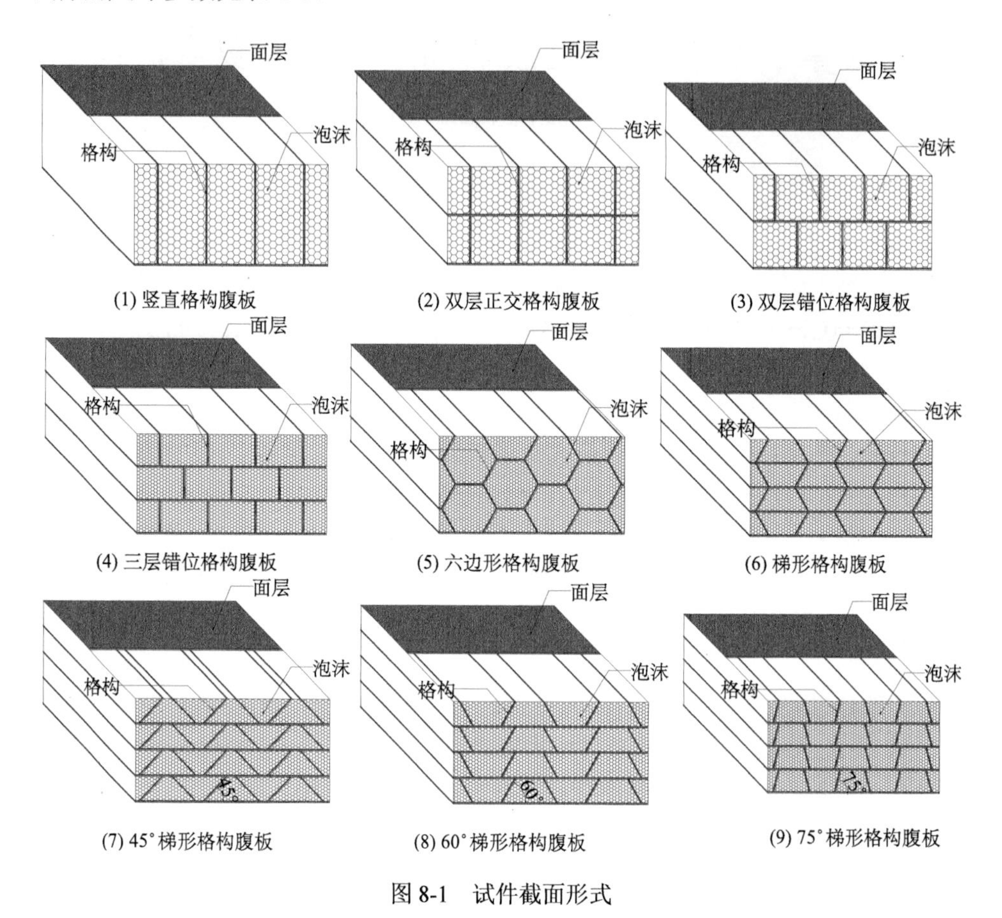

图 8-1　试件截面形式

表 8-1　试件的尺寸参数

试件编号	长/mm	宽/mm	高/mm	面层厚度/mm	格构厚度/mm	格构角度/(°)	泡沫密度/(kg/m^3)
V-F2-D40	300	300	150	2.4	2.4	—	40
DO-F2-D40	300	300	150	2.4	2.4	—	40
DD-F2-D40	300	300	150	2.4	2.4	—	40
TD-F2-D40	300	300	150	2.4	2.4	—	40
H-F2-D40	300	300	150	2.4	2.4	—	40
T-F2-D40	300	300	150	2.4	2.4	—	40
DO-F2-D60	300	300	150	2.4	2.4	—	60
DD-F2-D60	300	300	150	2.4	2.4	—	60
TD-F2-D60	300	300	150	2.4	2.4	—	60

续表

试件编号	长/mm	宽/mm	高/mm	面层厚度/mm	格构厚度/mm	格构角度/(°)	泡沫密度/(kg/m^3)
H-F2-D60	300	300	150	2.4	2.4	—	60
T-F2-D60	300	300	150	2.4	2.4	—	60
DO-F1-D40	300	300	150	1.2	1.2	—	40
DD-F1-D40	300	300	150	1.2	1.2	—	40
TD-F1-D40	300	300	150	1.2	1.2	—	40
H-F1-D40	300	300	150	1.2	1.2	—	40
T-F1-D40	300	300	150	1.2	1.2	—	40
T-F2-D40-A45	300	300	150	2.4	2.4	45	40
T-F2-D40-A60	300	300	150	2.4	2.4	60	40
T-F2-D40-A75	300	300	150	2.4	2.4	75	40

注：V 表示竖直格构；DO 表示双层正交格构；DD 表示双层错位格构；TD 表示三层错位格构；H 表示六边形格构；T 表示梯形格构；F2 表示纤维布层数为 2 层；D40 表示夹芯泡沫密度为 40kg/m^3，A60 表示格构角度为 60°。

2. 试件制备

本节试件的制作采用真空导入工艺，其工艺流程为：密封模具内的试件后，使用真空泵将树脂通过导流管吸入试件中，树脂逐渐自上而下浸满玻璃纤维布后停止真空泵，待树脂固化后形成试件的上下面层和格构腹板。试件的制作材料包括：密度 60kg/m^3 和 40kg/m^3 的聚氨酯泡沫、密度 800kg/m^3 的–45°/45°和 0°/90°玻璃纤维布、不饱和聚酯树脂、1.2%过氧化甲乙酮固化剂。试件制作的流程为：首先按照尺寸要求切割聚氨酯泡沫块并包裹–45°/45°玻璃纤维布；然后将包裹好的聚氨酯泡沫按设计要求紧密放置在铺设 0/90°玻璃纤维布的模具中；接着铺设导流管、脱模布、盖板等装置后使用真空袋密封；最后真空导入树脂与固化剂，待其充分固化后按设计尺寸切割加工。试件的加工过程见图 8-2。

(a) 切割聚氨酯泡沫

(b) 包裹玻璃纤维布

(c) 真空导入布置

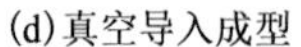
(d)真空导入成型

(e)试件加工成型

图 8-2　试件加工过程

8.2.2　材性试验

本章的材性试验主要包括 GFRP 片材拉伸试验、GFRP 片材压缩试验、聚氨酯泡沫压缩试验。GFRP 材性试验的试件通过玻璃纤维布与不饱和聚酯树脂采用真空导入工艺制作加工，聚氨酯泡沫试件选取同一批原材料按照尺寸要求切割加工，每组材性试验试件各加工 5 个。材性试验采用量程为 200kN 的万能试验机，应变数据采用东华静态应变仪采集。

1. GFRP 材性试验

1)GFRP 片材拉伸试验

依据《纤维增强塑料拉伸性能试验方法》(GB/T 1447—2005)[3]对 GFRP 格构腹板进行拉伸性能试验，试验拉伸速率为 2mm/min。GFRP 拉伸片材尺寸见图 8-3，片材两端使用加强片增强夹持端。GFRP 片材拉伸试验见图 8-4，试验结果见表 8-2。

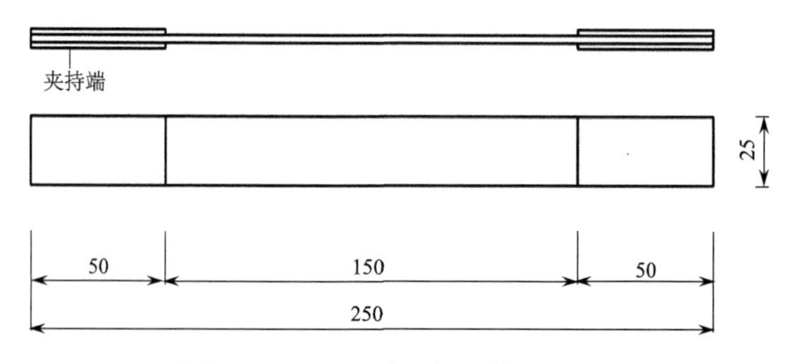

图 8-3　GFRP 片材尺寸图(单位：mm)

图 8-4　GFRP 片材拉伸试验

表 8-2　GFRP 片材拉伸试验结果

序号	长 /mm	宽 /mm	厚 /mm	抗拉强度/MPa		拉伸弹性模量/GPa	
				测试值	平均值	测试值	平均值
1	250.0	25.1	2.4	196.7		18.4	
2	249.8	25.0	2.5	200.3		18.8	
3	249.9	24.9	2.4	217.5	208.0	19.5	19.1
4	250.1	24.9	2.4	213.4		19.4	
5	250.3	25.0	2.4	211.9		19.4	

2) GFRP 片材压缩试验

依据《纤维增强塑料压缩性能试验方法》(GB/T 1448—2005)[4]对 GFRP 试件进行准静态压缩试验，试验压缩速率为 2mm/min，压缩试件的尺寸按规范要求为 10mm×10mm×30mm。压缩过程中，试件发生侧向失稳，因此试件尺寸符合规范要求。压缩试验见图 8-5，试验结果见表 8-3。

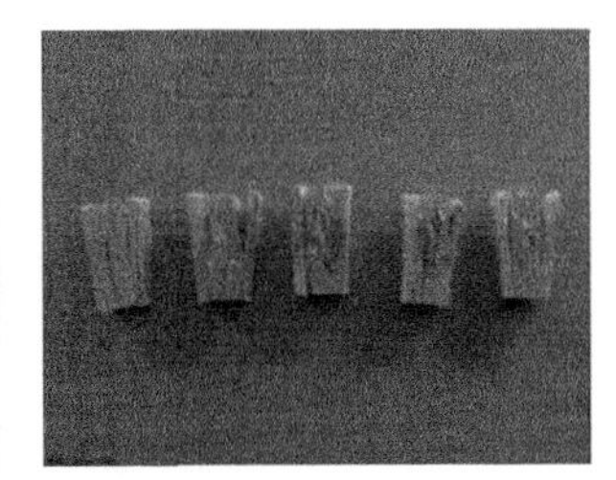

图 8-5　GFRP 片材压缩试验

2. 聚氨酯泡沫压缩试验

依据《硬质泡沫塑料压缩性能的测定》(GB/T 8813—2008)[5]对聚氨酯泡沫进行压缩试验，试验压缩速率为 2mm/min。泡沫密度包括 60kg/m^3 和 40kg/m^3 两种，每种密度制作 5 个压缩试件，试件尺寸按规范要求取 50mm×50mm×50mm。聚氨酯泡沫压缩试验见图 8-6，试验结果见图 8-7、图 8-8 和表 8-4。

表 8-3　GFRP 片材压缩试验结果

序号	长/mm	宽/mm	高/mm	抗压强度/MPa		压缩弹性模量/GPa	
				测试值	平均值	测试值	平均值
1	10	11.8	28.8	83.4		2.8	
2	10	11.9	28.8	93.4		2.6	
3	10	11.9	28.7	88.0	84.7	2.3	2.5
4	10	11.9	28.9	75.2		2.5	
5	10	11.8	28.8	83.7		2.3	

图 8-6　聚氨酯泡沫压缩试验

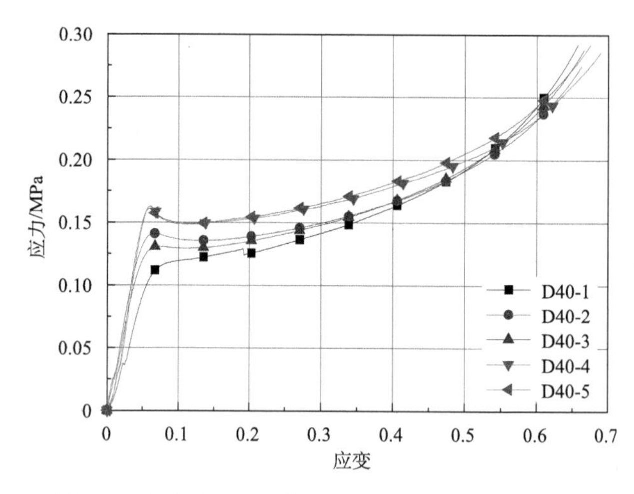

图 8-7　密度为 40kg/m^3 的聚氨酯泡沫应力-应变曲线

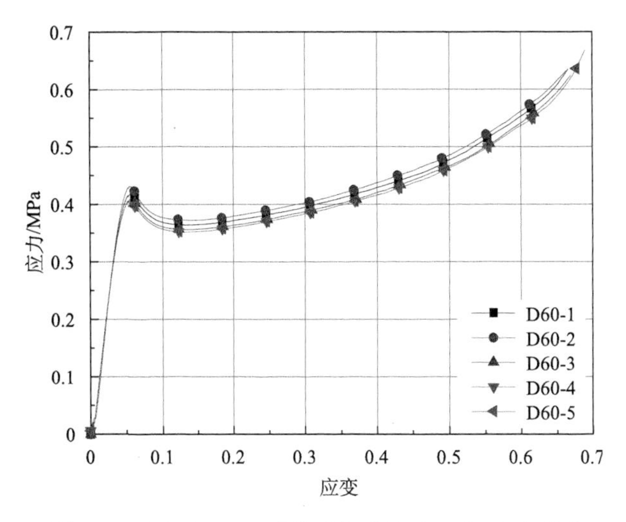

图 8-8　密度为 60kg/m^3 的聚氨酯泡沫应力-应变曲线

表 8-4　聚氨酯泡沫压缩试验结果

序号	长/mm	宽/mm	高/mm	抗压强度/MPa		压缩弹性模量/MPa	
				测试值	平均值	测试值	平均值
D40-1	50.1	50.7	50.1	0.101		1.76	
D40-2	50.1	50.5	50.0	0.141		2.24	
D40-3	50.2	50.7	50.7	0.130	0.139	2.02	2.27
D40-4	49.6	49.6	50.2	0.163		2.63	
D40-5	49.9	50.7	50.6	0.161		2.71	
D60-1	50.3	50.4	50.2	0.412		7.80	
D60-2	50.3	50.4	49.8	0.418		7.56	
D60-3	50.1	49.9	50.2	0.432	0.416	7.86	7.59
D60-4	50.2	50.5	50.0	0.410		7.32	
D60-5	49.8	50.2	50.3	0.406		7.42	

8.2.3　准静态压缩试验研究

1. 试验布置

依据《夹层结构或芯子平压性能试验方法》(GB/T 1453—2005)[6]对空间格构腹板泡沫夹芯复合材料试件进行准静态压缩试验。试验采用量程为 200kN 的电子万能试验机，采用 2mm/min 压缩速率连续加载。准静态压缩试验布置见图 8-9。

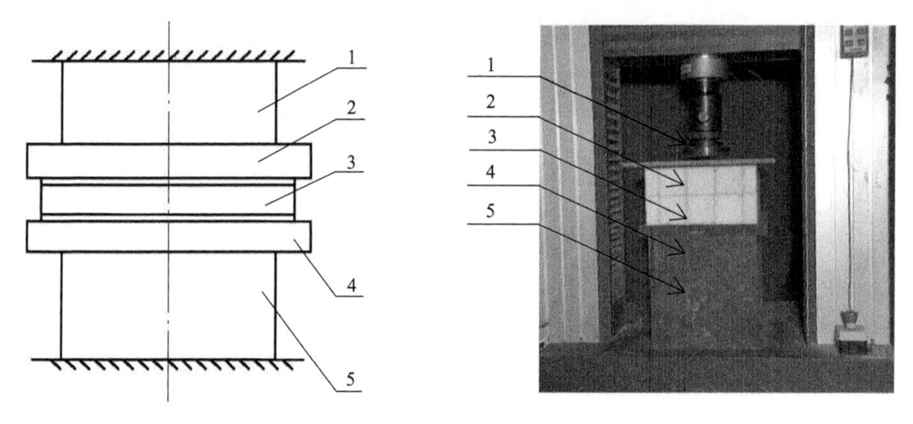

图 8-9　空间格构增强复合材料准静态压缩试验布置

1-上压头；2-上垫块；3-试件；4-下垫块；5-支座

2. 试验结果

此次试验设计的每种试件均加工了 2 个，描述各类型试件压缩试验过程时，均以第 1 个试件进行详细描述。试验结果如下所述。

1) 空间格构腹板对照组

(1) 试件 V-F2-D40。

试件 V-F2-D40 试验加载过程见图 8-10。试件刚开始加载时，承载力线性上升至 116.1kN。当压缩量从 5.4mm 增加至 8.2mm 时，随着一声清脆的响声，中部左侧格构弯曲后与泡沫剥离。伴随着试件受压发出的吱呀响声，右侧竖直格构弯

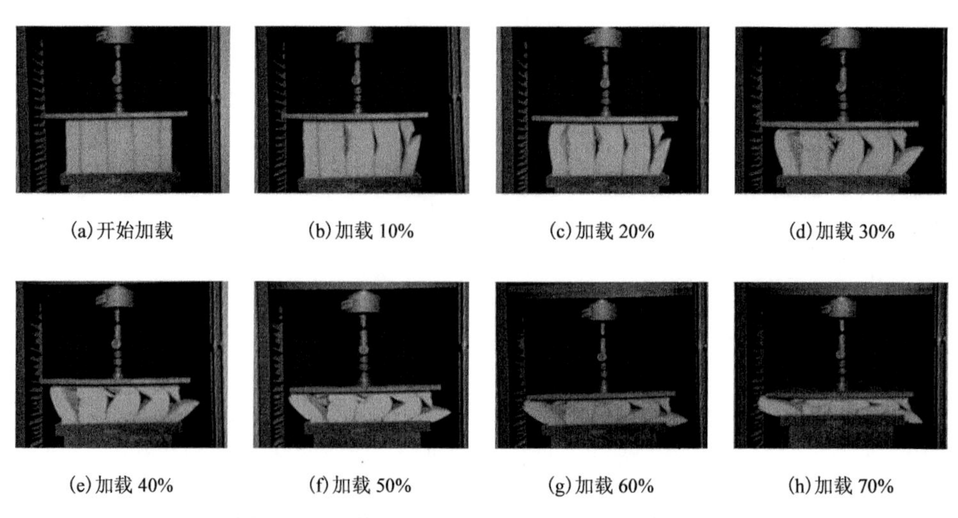

(a) 开始加载　(b) 加载 10%　(c) 加载 20%　(d) 加载 30%

(e) 加载 40%　(f) 加载 50%　(g) 加载 60%　(h) 加载 70%

图 8-10　试件 V-F2-D40 准静态压缩试验加载过程

曲与泡沫完全剥离，形成前后贯穿的剥离裂缝，外侧泡沫撕裂向外鼓出。中部右侧竖直格构弯曲破坏与泡沫剥离。左侧竖直格构向外侧弯曲与泡沫剥离。试件承载力迅速下降至 43.9kN。随着压缩量的增加，试件逐渐被压实，承载力短暂下降后稳定。当压缩量达到 49.1mm 时，下方的竖直格构被逐渐压扁，试件承载力上下波动。最后试件被压实，承载力稳定上升。

(2) 试件 DO-F2-D40。

试件 DO-F2-D40 试验加载过程见图 8-11。在加载初期，试件发出轻微的挤压声，其承载力表现出良好的弹性性能，弹性极限承载力约为 106.8kN。随着挤压声密集，承载力开始下降。当压缩量为 4.5mm 时，试件左侧上部格构与泡沫逐渐剥离，产生一条贯穿的剥离裂缝，承载力下降至 92kN。当压缩量达到 7.6mm 时，试件中部泡沫与纵向竖直格构剥离，承载力下降至 69.5kN。当压缩量为 13.1mm 时，竖直格构与水平格构发生层间剥离，承载力下降至 47.5kN。随着试验继续加载，剥离裂缝持续扩展并贯穿，伴随着左侧格构出现撕裂声，承载力持续下降至 26.5kN。此后试件被逐渐压实，承载力缓慢持续上升，随着右侧下部竖直格构弯曲压缩破坏，其承载力略微下降后持续上升。

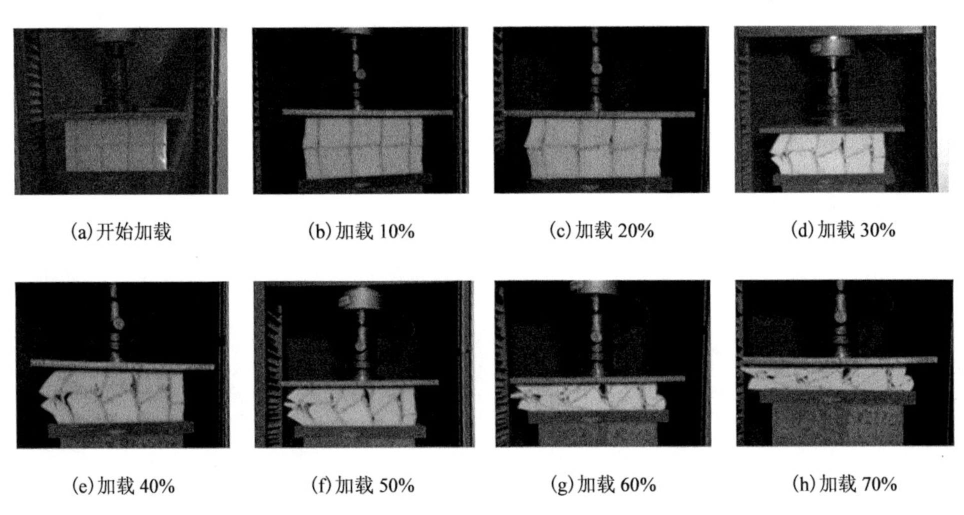

(a) 开始加载　(b) 加载 10%　(c) 加载 20%　(d) 加载 30%

(e) 加载 40%　(f) 加载 50%　(g) 加载 60%　(h) 加载 70%

图 8-11　试件 DO-F2-D40 准静态压缩试验加载过程

(3) 试件 DD-F2-D40。

试件 DD-F2-D40 试验加载过程见图 8-12。在加载初期，试件发出清脆的挤压声，中部水平格构受上下竖直格构挤压缓慢产生弯曲变形，弹性极限承载力约为 50.1kN。随着右侧外部下方竖直格构首先开始弯曲破坏并逐步扩展，水平格构弯曲变形持续增大，承载力轻微下降至 46.2kN。两侧泡沫产生纵向贯穿裂缝后，试件两侧向内挤压，其承载力经历短暂上升。当压缩量从 22.5mm 增加至 33.8mm

时，中部水平格构与竖直格构产生层间剥离，水平格构弯曲变形继续增大，竖直格构受压弯曲，承载力持续下降至 38.8kN。之后随着压缩量的增加，试件承载力逐渐增加。由于试件弯曲变形的竖直格构破坏后再被压实，其承载力出现下降后上升循环交替的复杂情况，承载力曲线上下波动。

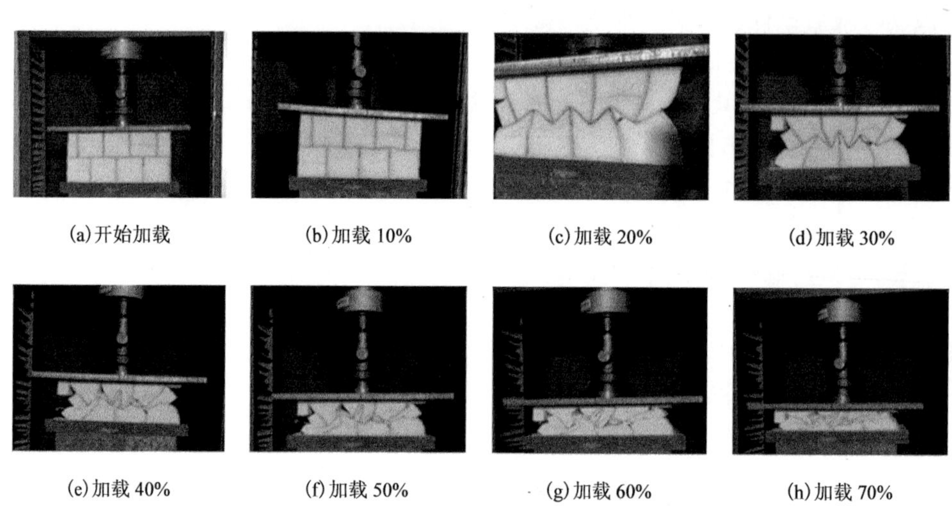

(a)开始加载　(b)加载 10%　(c)加载 20%　(d)加载 30%

(e)加载 40%　(f)加载 50%　(g)加载 60%　(h)加载 70%

图 8-12　试件 DD-F2-D40 准静态压缩试验加载过程

(4)试件 TD-F2-D40。

试件 TD-F2-D40 试验加载过程见图 8-13。在加载初期，试件承载力线性增长。随着中部两层水平格构缓缓弯曲，其弹性极限承载力缓慢增至 42.8kN。当压缩量从 18.6mm 增加至 53.3mm 时，由于竖直格构腹板高宽比较小，不易发生弯曲破

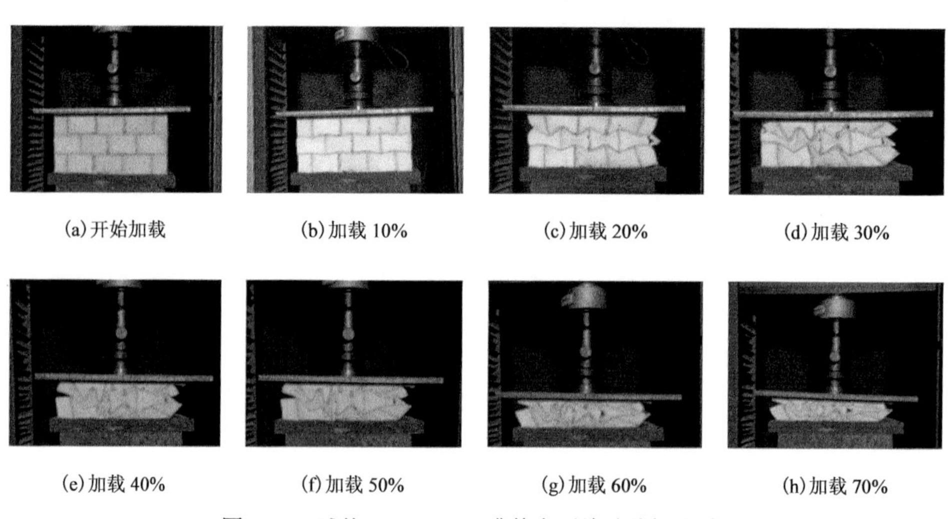

(a)开始加载　(b)加载 10%　(c)加载 20%　(d)加载 30%

(e)加载 40%　(f)加载 50%　(g)加载 60%　(h)加载 70%

图 8-13　试件 TD-F2-D40 准静态压缩试验加载过程

坏，试件承载力逐渐上升至 61.7kN。随着中部两个竖直格构腹板压弯变形破坏，承载力迅速下降至 47.3kN 后持续上升。当压缩量达到 81.2mm 时，中部底层竖直腹板弯曲破坏，试件承载力从 83.8kN 下降至 70.7kN，随后承载力稳定上升。

(5) 试件 H-F2-D40。

试件 H-F2-D40 试验加载过程见图 8-14。在加载初期，试件受压两侧泡沫向外鼓出，其承载力线性增长至 44.4kN。当压缩量达到 6.1mm 时，中部及右侧下部的夹芯泡沫出现竖向的剪切裂缝，承载力下降至 40.3kN。当压缩量达到 7.9mm 时，右侧向外鼓出的泡沫与六边形格构剥离。随着压缩量增加，竖向剪切裂缝逐渐扩大，中部泡沫与格构剥离，左侧泡沫产生竖向裂缝，六边形格构压缩变形逐渐增大，试件承载力缓慢下降后逐渐平稳。当压缩量从 51.1mm 增加至 72.1mm 时，承载力稳定上升至 79.2kN。随后中部下方未破坏的六边形格构被逐渐压扁破坏，承载力下降至 52.4kN。最后试件被逐渐压实，承载力小幅度波动后迅速上升。

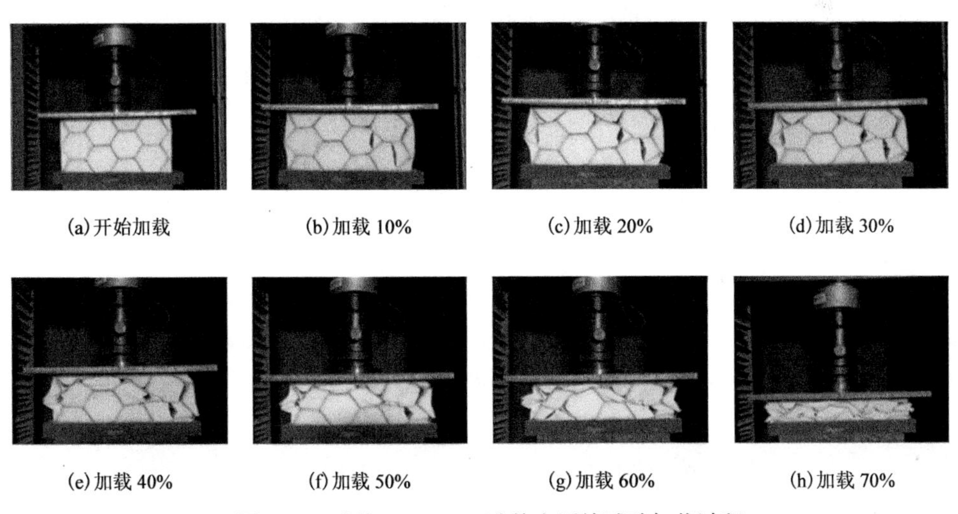

(a) 开始加载　(b) 加载 10%　(c) 加载 20%　(d) 加载 30%

(e) 加载 40%　(f) 加载 50%　(g) 加载 60%　(h) 加载 70%

图 8-14　试件 H-F2-D40 准静态压缩试验加载过程

(6) 试件 T-F2-D40。

试件 T-F2-D40 试验加载过程见图 8-15。在加载初期，试件承载力线性增长至 93.7kN。随后右侧泡沫受压向外鼓出，泡沫与梯形格构剥离，左侧水平格构受压发生错位剪切变形，承载力轻微波动。当压缩量达到 4.6mm 时，右侧外部与中部下方的梯形格构逐渐层间剥离，承载力开始下降。随着压缩量增加，剥离裂缝持续扩展，梯形格构受压破坏，承载力下降至 50.6kN。当压缩量从 17.5mm 增加至 81.5mm 时，已产生的破坏裂缝被逐渐压实，同时还产生新的剥离破坏裂缝，新裂缝扩大后逐渐压实，试件承载力上下波动。随后试件被压实，承载力快速上升。

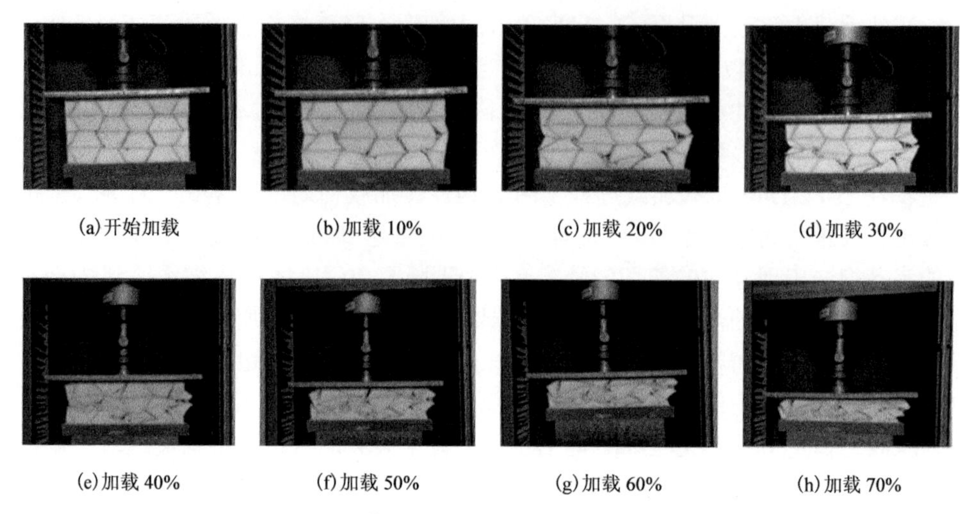

(a) 开始加载　(b) 加载 10%　(c) 加载 20%　(d) 加载 30%

(e) 加载 40%　(f) 加载 50%　(g) 加载 60%　(h) 加载 70%

图 8-15　试件 T-F2-D40 准静态压缩试验加载过程

2) 泡沫夹芯密度对照组

(1) 试件 DO-F2-D60。

试件 DO-F2-D60 试验加载过程见图 8-16。在加载初期，当压缩量达到 5.9mm 时，试件承载力线性增长至 160.9kN。随后，左侧泡沫向外鼓出，上层竖直格构和下层竖直格构层间剥离，水平格构慢慢倾斜，试件承载力迅速下降至 67.9kN。当压缩量从 16.5mm 增加至 62.6mm 时，水平格构逐渐倾斜，竖直格构逐渐弯曲，试件承载力趋于稳定。随着试件逐渐被压实，其承载力逐渐上升，由于中部弯曲的竖直格构先后破坏，试件承载力出现短暂的波动。

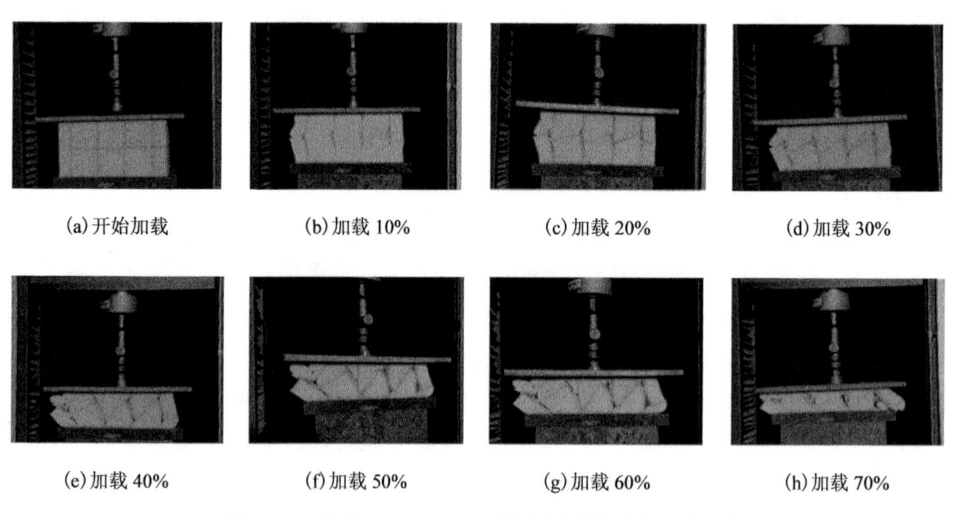

(a) 开始加载　(b) 加载 10%　(c) 加载 20%　(d) 加载 30%

(e) 加载 40%　(f) 加载 50%　(g) 加载 60%　(h) 加载 70%

图 8-16　试件 DO-F2-D60 准静态压缩试验加载过程

(2) 试件 DD-F2-D60。

试件 DD-F2-D60 试验加载过程见图 8-17。在加载初期，水平格构逐渐弯曲变形，当压缩量为 4.9mm 时，承载力线性增长至 55.8kN。随着水平弯曲变形的逐渐增大，竖直格构也开始弯曲变形，试件两侧向内挤压，承载力缓慢增加至 86.4kN。当压缩量达到 22.9mm 时，左侧水平格构弯曲变形过大，导致竖直格构弯曲破坏，承载力进入一段行程较长的下降阶段。之后试件被压实，未压缩变形的竖直格构先后破坏，试件承载力呈现波动上升的趋势。

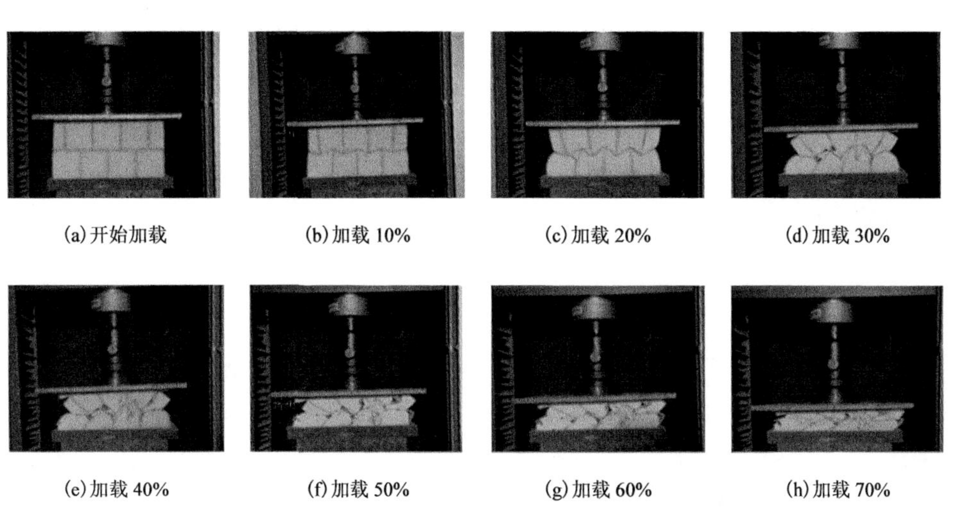

(a) 开始加载　(b) 加载 10%　(c) 加载 20%　(d) 加载 30%

(e) 加载 40%　(f) 加载 50%　(g) 加载 60%　(h) 加载 70%

图 8-17　试件 DD-F2-D60 准静态压缩试验加载过程

(3) 试件 TD-F2-D60。

试件 TD-F2-D60 试验加载过程见图 8-18。在加载初期，中部两层水平格构缓慢弯曲变形，当压缩量达到 5.5mm 时，其承载力线性增长至 46.9kN。由于竖直格构的高厚比较小，且泡沫密度提高，试件承载力进入一段行程较为稳定的阶段。试件两侧向内凹陷破坏明显，两层水平格构弯曲变形逐渐增大。当压缩量达到 83.3mm 时，底层右侧的竖直格构突然弯曲破坏，导致承载力从 147.7kN 迅速下降至 83.3kN。此后试件被逐渐压实，承载力稳定上升。

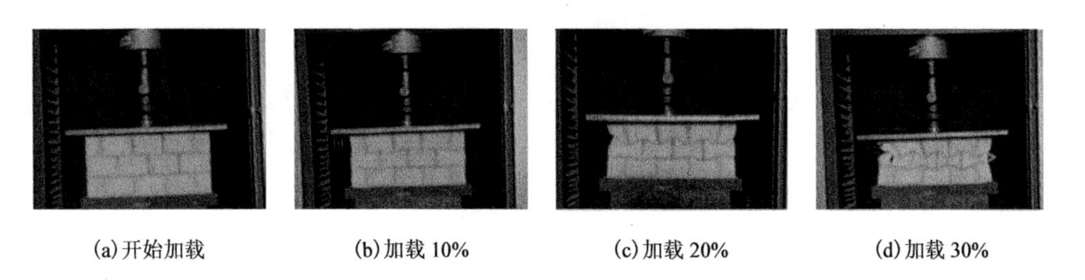

(a) 开始加载　(b) 加载 10%　(c) 加载 20%　(d) 加载 30%

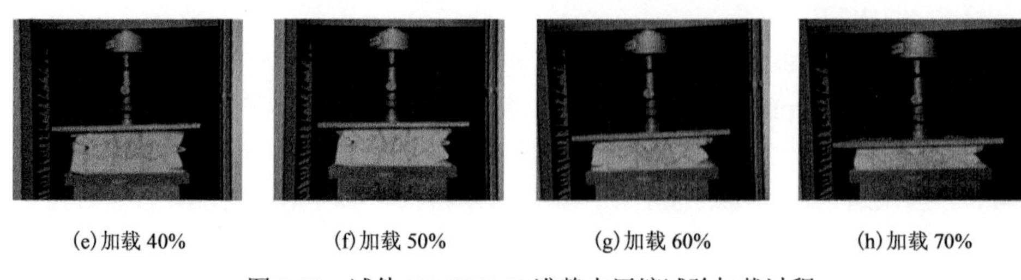

(e) 加载 40%　(f) 加载 50%　(g) 加载 60%　(h) 加载 70%

图 8-18　试件 TD-F2-D60 准静态压缩试验加载过程

(4) 试件 H-F2-D60。

试件 H-F2-D60 试验加载过程见图 8-19。在加载初期，试件承载力线性增长至 65kN。随后中部六边形格构、右侧下部六边形格构、左侧上部梯形格构先后与泡沫剥离破坏，试件承载力下降至 50.2kN。当压缩量从 14.6mm 增加至 67.3mm 时，承载力稳定后逐渐上升至 125.9kN。之后左侧下部六边形格构受压破坏，承载力下降至 103.9kN，短暂波动后继续上升。右侧上部六边形格构、右侧下部梯形格构受压破坏，承载力再次下降后上升。

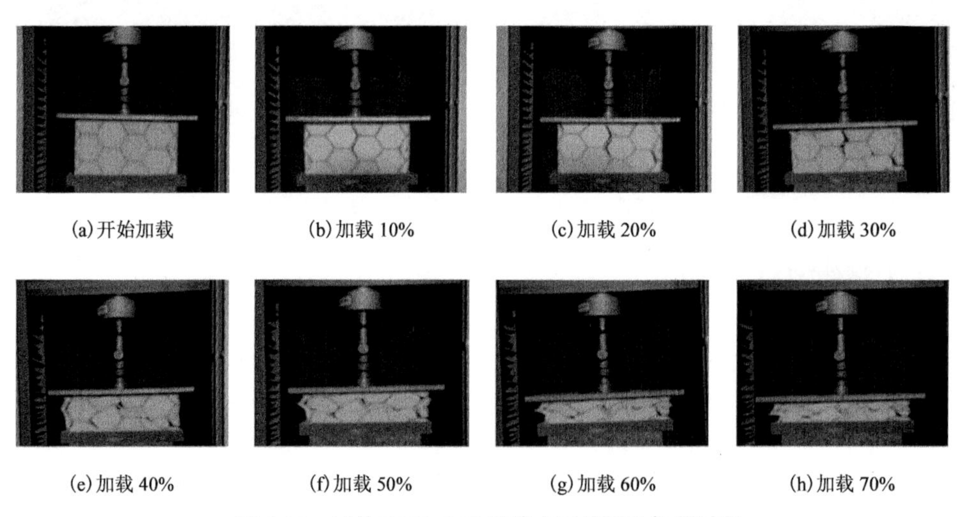

(a) 开始加载　(b) 加载 10%　(c) 加载 20%　(d) 加载 30%

(e) 加载 40%　(f) 加载 50%　(g) 加载 60%　(h) 加载 70%

图 8-19　试件 H-F2-D60 准静态压缩试验加载过程

(5) 试件 T-F2-D60。

试件 T-F2-D60 试验加载过程见图 8-20。在加载初期，当压缩量为 5.8mm 时，承载力线性增长至 70.2kN。之后中间两层梯形格构受压逐渐层间剥离，承载力缓慢下降。随着压缩量增加，中间层被逐渐压实，承载力缓慢上升。当承载力达到 80.9kN 时，底层梯形格构受压逐渐破坏，试件承载力再次缓慢下降后趋于平缓。当压缩量达到 78.9mm 时，上层梯形格构受压破坏，承载力短暂下降后持续上升。

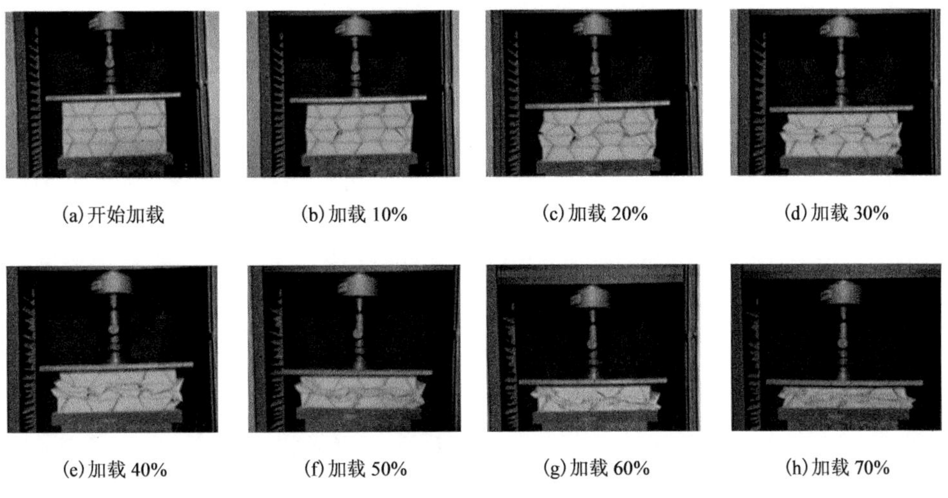

(a) 开始加载　(b) 加载 10%　(c) 加载 20%　(d) 加载 30%

(e) 加载 40%　(f) 加载 50%　(g) 加载 60%　(h) 加载 70%

图 8-20　试件 T-F2-D60 准静态压缩试验加载过程

3) 格构腹板厚度对照组

(1) 试件 DO-F1-D40。

试件 DO-F1-D40 试验加载过程见图 8-21。在加载初期，试件受压发出滋滋响声，其弹性承载力上升至 67.2kN。当压缩量为 3.5mm 时，左侧上部两个竖直格构与泡沫剥离并弯曲破坏，当压缩量达到 3.9mm 时，右侧上部竖直格构与泡沫剥离并弯曲破坏，承载力迅速下降至 51.6kN。随着压缩量增加至 8.6mm，格构弯曲破坏增大，右侧外部竖直格构与水平格构剥离，承载力持续下降至 25.3kN。随后上层弯曲裂缝被逐渐压实，承载力趋于稳定后逐步上升。当压缩量达到 56.7mm

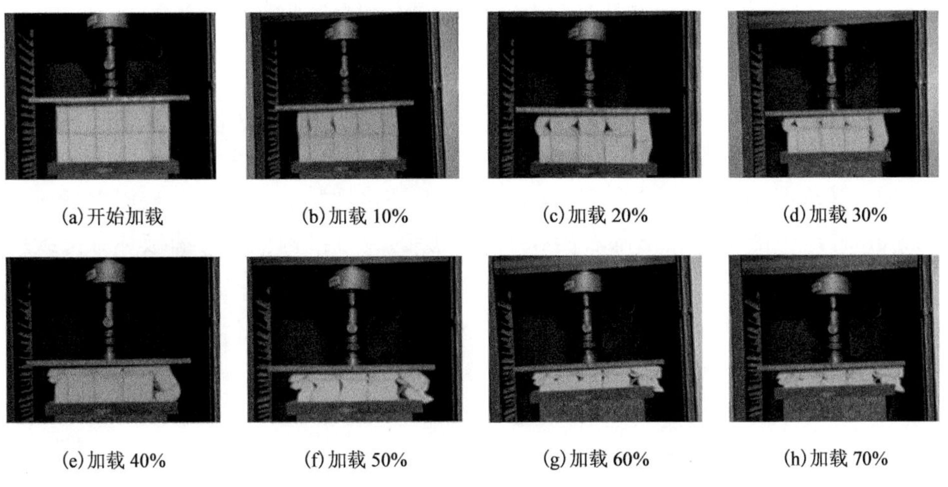

(a) 开始加载　(b) 加载 10%　(c) 加载 20%　(d) 加载 30%

(e) 加载 40%　(f) 加载 50%　(g) 加载 60%　(h) 加载 70%

图 8-21　试件 DO-F1-D40 准静态压缩试验加载过程

时，右侧下部竖直格构剥离裂缝持续增大，承载力略微下降。随后，下层竖直格构压缩弯曲破坏，并逐步被压实，承载力上下波动后上升。

(2) 试件 DD-F1-D40。

试件 DD-F1-D40 试验加载过程见图 8-22。在加载初期，试件承载力线性增长，中部水平格构受压缓慢弯曲变形，承载力增至 28.5kN。当压缩量从 10.6mm 增加至 35mm 时，水平格构弯曲变形持续增大，竖直格构侧向弯曲变形，试件两侧向内挤压，承载力变化平缓。随后下部两个竖直格构先弯曲破坏，承载力下降至 27.3kN，上部左侧竖直格构弯曲破坏，承载力下降至 23.9kN。当压缩量从 42.9mm 增加至 74.4mm 时，承载力波动上升。当上部左侧竖直格构弯曲破坏后，承载力下降至 31.7kN。最后试件被压实，承载力逐渐上升。

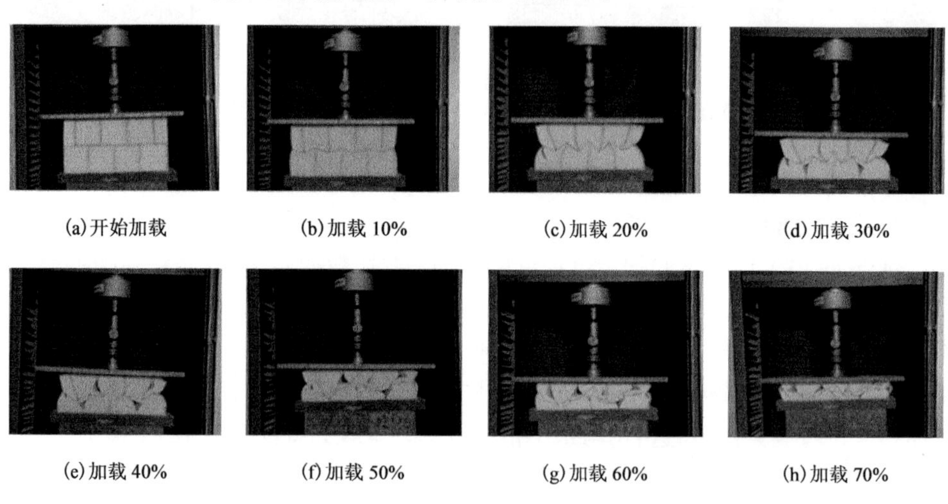

(a) 开始加载　(b) 加载 10%　(c) 加载 20%　(d) 加载 30%

(e) 加载 40%　(f) 加载 50%　(g) 加载 60%　(h) 加载 70%

图 8-22　试件 DD-F1-D40 准静态压缩试验加载过程

(3) 试件 TD-F1-D40。

试件 TD-F1-D40 试验加载过程见图 8-23。在加载初期，试件承载力线性增长至 14kN。当压缩量从 3.7mm 增加至 49.9mm 时，中部两层水平格构弯曲变形逐渐增加，其承载力线性上升至 37.3kN，但上升速度比加载初期慢。当压缩量达到 52.2mm 时，中部下层、下部右侧和中部中层的竖直格构依次弯曲破坏并持续扩展，承载力逐渐下降至 29kN。随后试件逐渐压实，承载力持续上升。

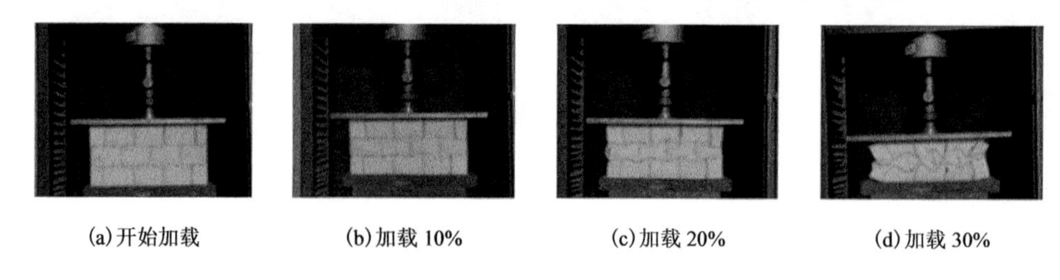

(a) 开始加载　(b) 加载 10%　(c) 加载 20%　(d) 加载 30%

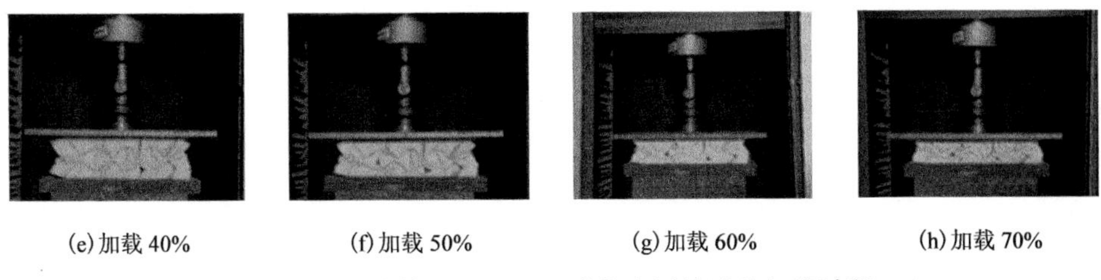

(e) 加载 40%　(f) 加载 50%　(g) 加载 60%　(h) 加载 70%

图 8-23　试件 TD-F1-D40 准静态压缩试验加载过程

(4) 试件 H-F1-D40。

试件 H-F1-D40 试验加载过程见图 8-24。在加载初期，试件承载力线性增长至 23.2kN。当压缩量达到 4.5mm 时，中部右侧六边形角部格构与泡沫剥离。当压缩量达到 8.8mm 时，下部左侧、中侧、上部右侧的六边形格构逐渐与泡沫剥离，试件的承载力逐渐下降。随着压缩量增加，泡沫剥离裂缝持续扩展，六边形格构变形逐渐增加，承载力下降至 18.7kN。当压缩量从 19.8mm 增加至 64.1mm 时，承载力逐渐上升。之后，上部左侧泡沫出现剪切裂缝、中部下方六边形格构压缩弯曲破坏，承载力出现短暂波动后持续上升。

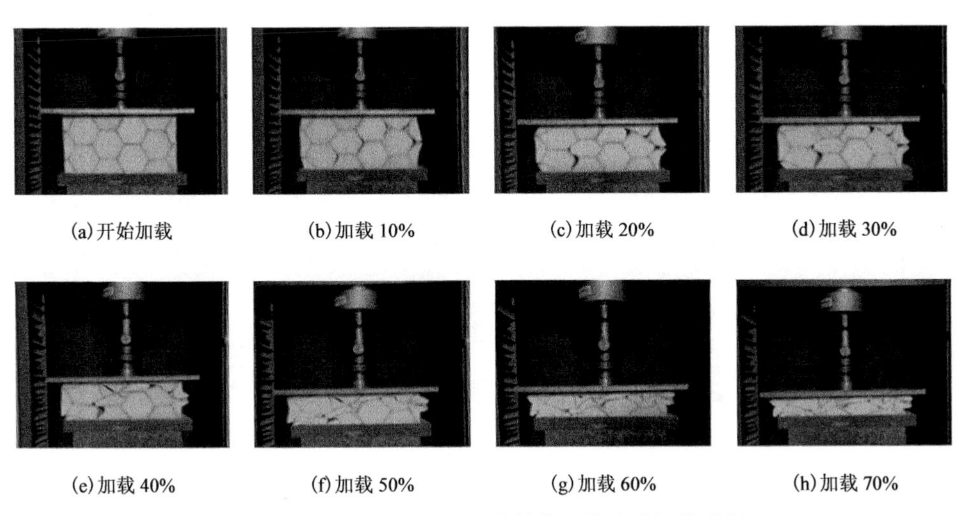

(a) 开始加载　(b) 加载 10%　(c) 加载 20%　(d) 加载 30%

(e) 加载 40%　(f) 加载 50%　(g) 加载 60%　(h) 加载 70%

图 8-24　试件 H-F1-D40 准静态压缩试验加载过程

(5) 试件 T-F1-D40。

试件 T-F1-D40 试验加载过程见图 8-25。在加载初期，试件承载力线性增长至 55.7kN。当压缩量从 3.2mm 增加至 15.1mm 时，左侧上部格构与下部格构层间剥离，外侧泡沫与格构剥离，中部上层格构与下层格构层间剥离，承载力持续下降至 23.3kN。随后剥离裂缝逐渐被压实，承载力逐渐上升。当梯形格构逐渐受压变形持续增大至破坏时，承载力出现多次上下波动，直至试件被压实，承载力才稳定上升。

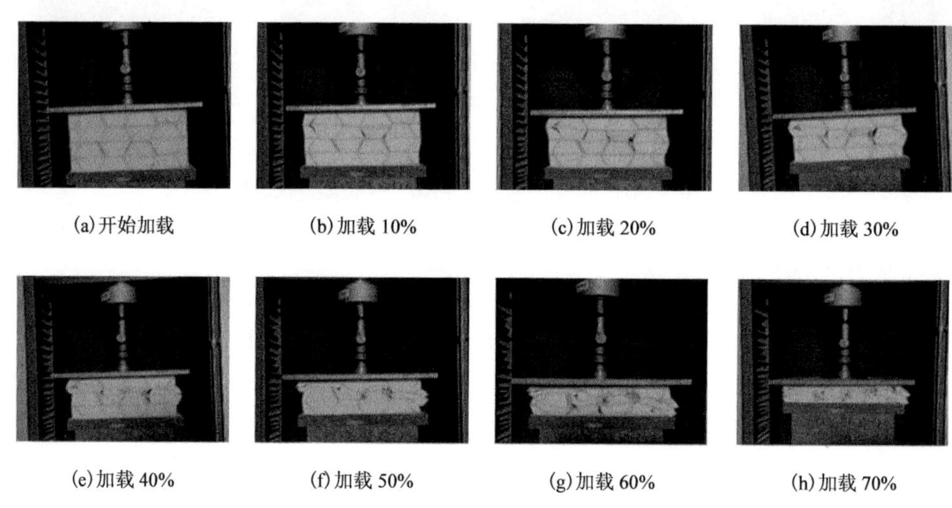

(a) 开始加载　(b) 加载 10%　(c) 加载 20%　(d) 加载 30%

(e) 加载 40%　(f) 加载 50%　(g) 加载 60%　(h) 加载 70%

图 8-25　试件 T-F1-D40 准静态压缩试验加载过程

4) 格构腹板倾斜角度对照组

(1) 试件 T-F2-D40-A45。

试件 T-F2-D40-A45 试验加载过程见图 8-26。试件从初始加载至压缩量为 33.7mm 时，水平格构缓慢弯曲变形，斜向格构与水平格构夹角逐渐减小，试件两侧向内挤压，承载力持续线性上升至 63.7kN。随后最下层格构逐渐与上层格构

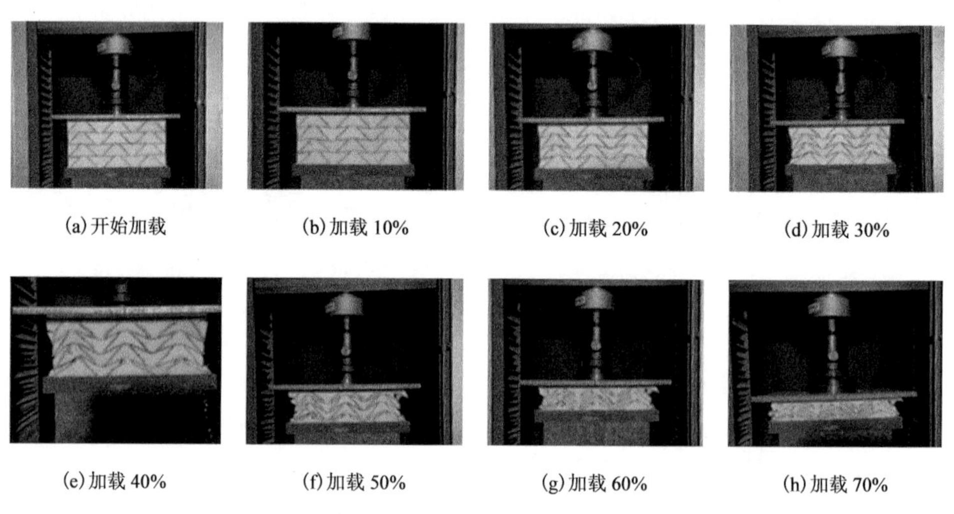

(a) 开始加载　(b) 加载 10%　(c) 加载 20%　(d) 加载 30%

(e) 加载 40%　(f) 加载 50%　(g) 加载 60%　(h) 加载 70%

图 8-26　试件 T-F2-D40-A45 准静态压缩试验加载过程

层间剥离，承载力出现轻微波动。随着压缩量的增加，水平格构弯曲变形逐渐增加但不发生破坏，斜向格构受压逐渐与弯曲的水平格构贴合，梯形格构内泡沫被逐渐压实，试件承载力持续上升。

(2) 试件 T-F2-D40-A60。

试件 T-F2-D40-A60 试验加载过程如图 8-27 所示。试件在加载过程中，梯形的水平格构持续弯曲变形，上下两层的梯形格构受压逐渐靠近，梯形格构无明显脆性破坏。试件两侧向内挤压，两侧的泡沫与格构剥离破坏。在加载后期，少量的斜向格构压缩弯曲变形，未出现明显脆性断裂。试件承载力在整个压缩过程中持续上升，仅出现少量平缓阶段。

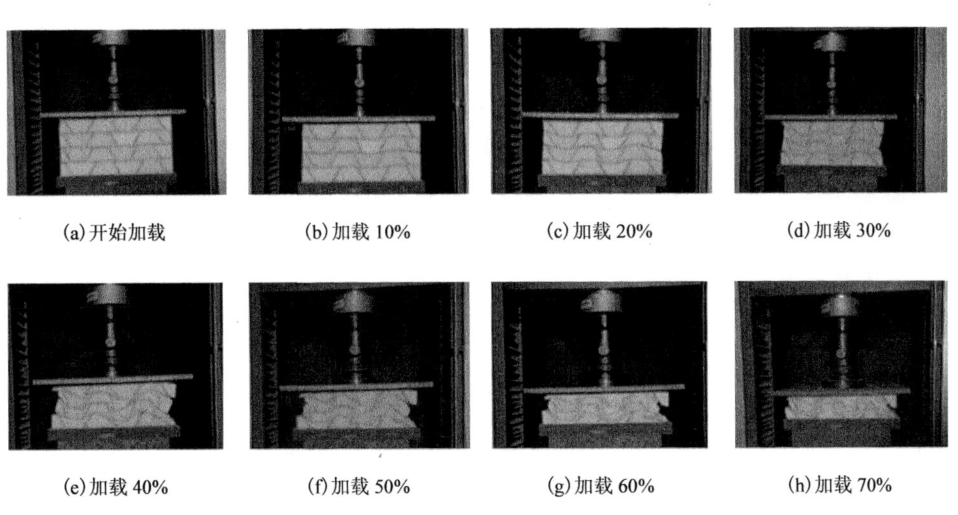

(a) 开始加载　(b) 加载 10%　(c) 加载 20%　(d) 加载 30%

(e) 加载 40%　(f) 加载 50%　(g) 加载 60%　(h) 加载 70%

图 8-27　试件 T-F2-D40-A60 准静态压缩试验加载过程

(3) 试件 T-F2-D40-A75。

试件 T-F2-D40-A75 试验加载过程见图 8-28。在加载初期，当压缩量增至 5.7mm 时，试件承载力线性增长至 56.6kN。当压缩量达到 15mm 时，水平格构弯曲变形逐渐增加，上下梯形格构错位移动。随着压缩进行，右侧上部、左侧下部、中部梯形斜向格构层间剥离，试件承载力上下波动。最后试件被压实阶段，承载力持续上升。

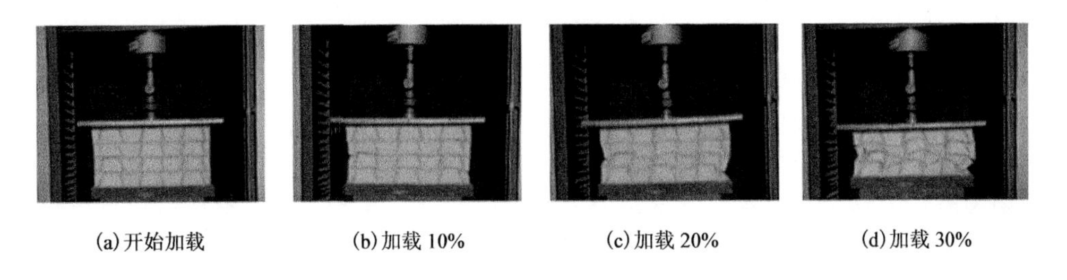

(a) 开始加载　(b) 加载 10%　(c) 加载 20%　(d) 加载 30%

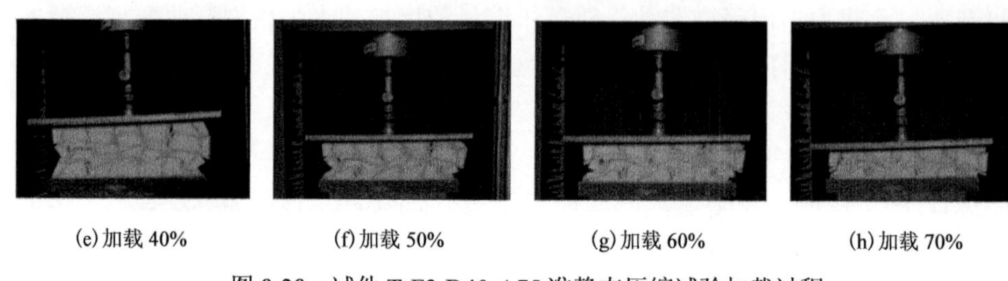

(e) 加载 40%　　(f) 加载 50%　　(g) 加载 60%　　(h) 加载 70%

图 8-28　试件 T-F2-D40-A75 准静态压缩试验加载过程

8.2.4　试验结果分析

1. *破坏模式*

1) 竖直格构腹板

竖直格构腹板试件的破坏模式为竖直格构腹板与泡沫剥离后屈曲破坏。由于竖直格构腹板高厚比较大，格构腹板在竖直平面内受压屈曲失稳破坏，因此在加载初期，试件承载力迅速上升，后随着格构屈曲破坏而迅速下降，见图 8-10(c)。

2) 双层正交格构腹板

双层正交格构腹板试件的破坏模式包括竖直格构腹板的屈曲破坏和格构腹板的层间剥离两种。双层正交格构腹板的格构高度比竖直格构腹板减少一半，当纤维布由 4 层变为 2 层时，腹板厚度也减少一半。因此，试件 DO-F1-D40 格构高厚比与试件 V-F2-D40 相同，其破坏模式也为竖直格构腹板的屈曲失稳破坏，见图 8-21(c)。对于试件 DO-F2-D40、DO-F2-D60，其高厚比减小一半，竖直格构在弯曲破坏前先发生了层间剥离，见图 8-11(c)、图 8-16(b)。产生此现象的原因可能是上下竖直格构未完全对齐，导致试件受压时，上下格构错位形成层间剥离。

3) 双层错位格构腹板

双层错位格构腹板试件的破坏模式为水平格构弯曲变形后竖直格构弯曲破坏。在加载初期，水平格构跨中受竖直格构挤压而逐渐弯曲变形，竖直格构由于水平格构弯曲先产生小角度的倾斜后弯曲破坏，见图 8-12(e)、图 8-17(d)、图 8-22(d)。对于试件 DD-F1-D40，竖直格构厚度偏小，其弯曲破坏发生较快。增大格构厚度后，竖直格构的弯曲变形逐渐增大后才发生弯曲破坏。增大夹芯泡沫密度后，其破坏模式未明显改变，但承载力性能得到提升。

4) 三层错位格构腹板

三层错位格构腹板试件的破坏模式与双层错位格构腹板试件相近，其破坏模式也为水平格构弯曲变形后竖直格构逐渐弯曲破坏。当压缩量增大时，由于竖直格构腹板高度减小，其抗弯性能提升，三层错位竖直格构弯曲变形比双层错位竖直格构增大，然后才发生弯曲破坏，见图 8-13(e)、图 8-18(d)、图 8-23(d)。对于试件 TD-F1-D40，其竖直格构厚度相对偏小，也容易发生弯曲破坏。增大泡沫密度后，承载力性能得到提升，但破坏模式未明显改变。

5)六边形格构腹板

六边形格构腹板试件的破坏模式主要包括泡沫的剪切破坏和泡沫与格构剥离两种。将竖直格构腹板变为斜向格构腹板后，消除了格构受压弯曲破坏导致承载力迅速下降的问题。六边形格构在受压时，角部水平位移持续增大，而泡沫受压水平变形缓慢，因此二者的变形不一致而产生拉应力。当拉应力大于泡沫的剪切强度或者泡沫与格构的黏结强度后，泡沫产生剪切裂缝或者与格构剥离，见图 8-14(e)、图 8-19(d)、图 8-24(d)。增大格构厚度或泡沫密度对破坏模式未产生明显影响，两种破坏模式均在六个试件的压缩破坏过程中产生。

6)梯形格构腹板

梯形格构腹板试件的破坏模式主要为格构的层间剥离，见图 8-15(e)、图 8-20(d)、图 8-25(d)。梯形格构与六边形格构相比，相同之处为斜向格构避免了竖直格构弯曲失稳破坏导致承载力大幅下降的问题，不同之处在于梯形格构形成连续的水平格构。在试件压缩时，上下的水平格构限制了梯形格构角部的水平位移，因此泡沫不产生剪切破坏，也不与格构剥离。但是由于上下两层共四个梯形格构角部相连，连接处在受压时产生应力集中。当应力增大超过梯形格构间的黏结强度后，试件产生格构剥离破坏。增大格构厚度或泡沫密度对破坏模式也未产生明显影响。

7)变角度梯形格构腹板

变角度梯形格构腹板试件的破坏主要包括水平格构弯曲变形和斜向格构层间剥离。45°与 60°梯形格构试件在压缩过程中，由于角度相对较小，梯形格构的上下水平格构长度相差较大，不同层的梯形水平格构搭接的长度较长，使得不同梯形格构在压缩变形时变形协调，不产生格构的层间剥离，其破坏现象为梯形的水平格构被压缩弯曲，两侧斜向格构被逐渐压扁，泡沫被挤压，试件的破坏呈现良好的整体性，见图 8-26(e)、图 8-27(d)。而 75°梯形格构试件随着压缩量的增加，由于上下水平格构长度相差较小，压缩时水平格构弯曲使上下两层斜向格构发生错位移动，随着应力的增加，最终格构发生层间剥离，见图 8-28(e)。

2. 荷载-位移曲线

为了直观地描述试件承载力在加载过程中的变化情况，对比空间格构腹板、泡沫密度、格构厚度对承载力的影响，将其线性阶段的弹性极限承载力 P_u、弹性行程 ΔP_1、初始刚度 K 和下降阶段的荷载下降值 ΔF、下降行程 ΔP_2 进行分析比较，结果见表 8-5。试件 TD-F1-D40 的承载力在加载初期表现为先快速增长后缓慢增长，因此未进行数据对比分析。试件 TD-F2-D40 的承载力经过线弹性阶段后，进入一个稳定的缓慢增长阶段，然后快速上升再下降，与其他试件的承载力直接进入下降阶段略有区别，因此对其下降阶段也不进行分析。45°与 60°的变角度梯形格构试件的承载力未出现明显的下降阶段，而 75°变角度梯形格构试件的承载力波动较大，因此只分析其线弹性阶段的力学性能。另外，试件处于压实阶段时，其承载力基本呈现波动上升的趋势，因此不对其进行对比分析。

表 8-5　不同格构腹板试件试验结果

试件编号	P_u/kN	ΔP_1/mm	K/(kN/mm)	ΔF/kN	ΔP_2/mm	$\bar{P}_u$/kN	$\Delta\bar{P}_1$/mm	$\bar{K}$/(kN/mm)	$\Delta\bar{F}$/kN	$\Delta\bar{P}_2$/mm
V-F2-D40-1	116.1	5.4	21.5	72.2	2.8	114.2	5.2	22.0	76.3	3.4
V-F2-D40-2	112.3	5.0	22.5	80.4	3.9					
DO-F2-D40-1	106.1	4.2	25.3	64.0	12.9	110.6	4.7	23.9	67.7	12.0
DO-F2-D40-2	115.0	5.1	22.5	71.3	11					
DD-F2-D40-1	50.1	8.7	5.8	11.7	17.3	54.5	9.8	5.6	16.3	14.6
DD-F2-D40-2	58.9	10.9	5.4	20.8	11.8					
TD-F2-D40-1	36.7	12.8	2.9	—	—	37.4	12.7	3.0	—	—
TD-F2-D40-2	38.0	12.5	3.0	—	—					
H-F2-D40-1	44.4	6.0	7.4	16.9	13.4	39.0	6.1	6.5	15.3	13.3
H-F2-D40-2	33.6	6.1	5.5	13.6	13.2					
T-F2-D40-1	91.7	4.5	20.4	41.0	13.0	81.6	4.0	20.7	36.1	14.9
T-F2-D40-2	71.5	3.4	21.0	31.2	16.7					
DO-F2-D60-1	160.9	5.9	27.3	93.0	9.9	161.7	5.8	28.2	91.1	9.2
DO-F2-D60-2	162.4	5.6	29.0	89.1	8.5					
DD-F2-D60-1	55.8	4.9	11.4	31.2	29.1	60.2	4.7	13.1	29.7	27.1
DD-F2-D60-2	64.5	4.4	14.7	28.1	25.1					
TD-F2-D60-1	46.9	5.5	8.5	21.2	30.5	48.8	5.5	9.0	25.1	31.4
TD-F2-D60-2	50.7	5.4	9.4	28.9	32.3					
H-F2-D60-1	65.0	7.4	8.8	14.8	7.3	67.9	6.9	10.0	16.3	6.6
H-F2-D60-2	70.8	6.4	11.1	17.7	5.9					
T-F2-D60-1	70.2	5.8	12.2	11.1	12.8	73.6	5.6	13.4	12.8	11.5
T-F2-D60-2	76.9	5.3	14.5	14.5	10.2					
DO-F1-D40-1	67.2	3.5	19.2	42.5	5.5	62.1	3.3	18.8	37.4	5.5
DO-F1-D40-2	57.0	3.1	18.4	32.3	5.4					
DD-F1-D40-1	28.0	9.9	2.8	5.6	32.8	29.1	9.7	3.0	5.8	32.4
DD-F1-D40-2	30.1	9.4	3.2	5.9	32.0					

续表

试件编号	P_u/kN	ΔP_1 /mm	K/(kN/mm)	ΔF /kN	ΔP_2 /mm	$\bar{P}_u$ /kN	$\Delta\bar{P}_1$ /mm	$\bar{K}$ /(kN/mm)	$\Delta\bar{F}$ /kN	$\Delta\bar{P}_2$ /mm
TD-F1-D40-1	—	—	—	—	—	—	—	—	—	—
TD-F1-D40-2	—	—	—	—	—					
H-F1-D40-1	30.6	7.3	4.2	11.6	11.7	29.5	6.4	4.7	10.6	12.7
H-F1-D40-2	28.3	5.5	5.1	9.6	13.6					
T-F1-D40-1	55.7	3.2	17.4	32.4	11.7	51.9	3.4	15.6	24.7	10.5
T-F1-D40-2	48.1	3.5	13.7	17.0	9.3					
T-F2-D40-A45-1	66.7	33.7	2.0	—	—	59.4	32.5	1.9	—	—
T-F2-D40-A45-2	52.0	31.3	1.7	—	—					
T-F2-D40-A60-1	36.9	16.4	2.3	—	—	34.3	15.9	2.2	—	—
T-F2-D40-A60-2	31.7	15.4	2.1	—	—					
T-F2-D40-A75-1	56.7	6.1	9.3	—	—	60.0	6.8	8.9	—	—
T-F2-D40-A75-2	63.3	7.5	8.4	—	—					

1) 空间格构腹板

以第一组空间格构腹板试件压缩荷载-位移曲线为例，见图 8-29。试件 V-F2-D40-1 的弹性极限承载力为 116.1kN，初始刚度为 21.5kN/mm。改变格构腹板的布置后，其弹性极限承载力依次下降约 8.6%、56.8%、68.4%、61.8%、21.0%。对于错位布置的竖直格构腹板，其弹性行程明显增长，试件的初始刚度比其他四种试件相对较低。当试件发生破坏后，试件 V-F2-D40-1 承载力迅速下降约 72.2kN，与其弹性极限承载力相比下降 62.2%。而试件 DO-F2-D40-1、DD-F2-D40-1、H-

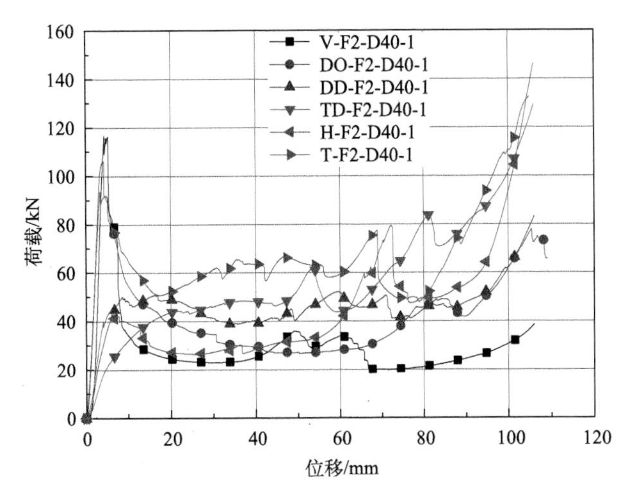

图 8-29　空间格构腹板试件荷载-位移曲线

F2-D40-1、T-F2-D40-1 承载力依次下降 64.0kN、11.7kN、16.9kN、41.0kN，其下降幅度依次为 60.3%、23.4%、38.1%、44.7%。由此可见，改变格构腹板的空间位置后，不仅改变了试件的破坏模式，同时试件承载力性能也有所提升。之后破坏的格构被逐渐压扁，承载力进入平台阶段。由于竖直格构全部被压坏后，试件承载力主要依靠泡沫压实提供，试件荷载缓慢波动上升。对于其他截面形式试件，其承载力在压实阶段迅速上升。

2) 双层正交格构腹板

双层正交格构腹板试件荷载-位移曲线见图 8-30，其荷载-位移曲线可以分为快速上升、快速下降、平台稳定、波动上升四个阶段。对于试件 DO-F1-D40，其弹性极限承载力为 62.1kN，初始刚度为 18.8kN/mm。格构破坏后，承载力迅速下降 37.4kN，相比弹性极限承载力下降了 60.2%。增加格构厚度后，试件 DO-F2-D40 弹性极限承载力上升至 110.6kN，初始刚度为 23.9kN/mm，相比试件 DO-F1-D40 分别上升了 78.1%和 27.1%。格构破坏后承载力下降了 67.7kN，相比弹性极限承载力下降了 61.2%。增加泡沫密度后，试件 DO-F2-D60 弹性极限承载力上升至 161.7kN，初始刚度为 28.2kN/mm，相比试件 DO-F2-D40 分别上升了 46.2%和 18.0%。格构破坏后承载力下降 91.1kN，相比弹性极限承载力下降了 56.3%。由此可见，对于双层正交格构腹板试件，增加格构腹板厚度，试件的初始刚度增大，破坏时，其承载力下降幅度更大。增大泡沫密度对试件承载力性能的影响比增加格构腹板厚度的影响小，其弹性极限承载力、初始刚度涨幅相对均略低。因此，此截面形式下，试件初期承载力性能受格构腹板厚度影响大，受泡沫密度影响小。之后随着竖直格构腹板的弯曲破坏或者层间剥离，三种试件承载力均进入平台阶段，最后随着压缩量增大，试件逐渐被压实，其承载力持续上升。增大泡沫密度后，承载力在上升阶段的上升速度最快。

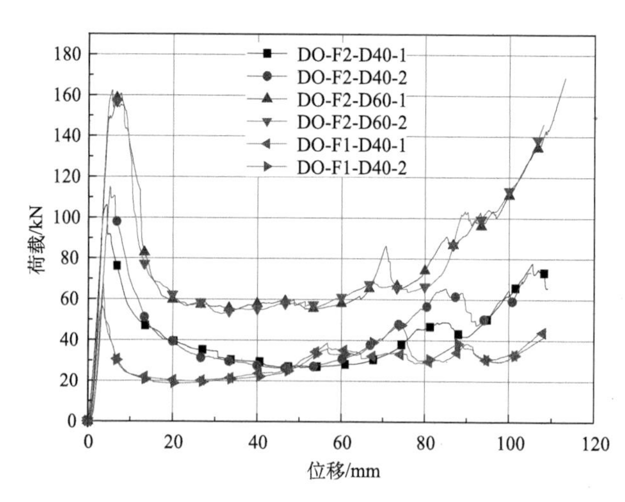

图 8-30　双层正交格构腹板试件荷载-位移曲线

3) 双层错位格构腹板

双层错位格构腹板试件荷载-位移曲线见图 8-31，其荷载-位移曲线可以分为快速上升、非线性上升、缓慢下降、波动上升四个阶段。试件 DD-F1-D40 的弹性极限承载力为 29.1kN，初始刚度为 3.0kN/mm。水平格构逐渐弯曲变形后，承载力缓慢下降 5.8kN，相比弹性极限承载力下降 19.9%。增加格构厚度后，试件 DD-F2-D40 的弹性极限承载力为 54.5kN，初始刚度为 5.6kN/mm。相比试件 DD-F1-D40 分别上升了 87.3%和 86.7%。水平格构弯曲变形后，承载力下降了 16.3kN，相比其弹性极限承载力下降了 29.9%。增加泡沫密度后，试件 DD-F2-D60 的弹性极限承载力为 60.2kN，初始刚度为 13.1kN/mm，相比试件 DD-F2-D40 分别上升 10.5%和 133.9%。承载力在格构弯曲变形后下降了 29.7kN，相比弹性极限承载力下降了 49.3%。由此可见，增加格构厚度后，试件弹性极限承载力显著上升。而增加泡沫密度后，试件刚度显著增大，试件破坏后承载力下降也更多。

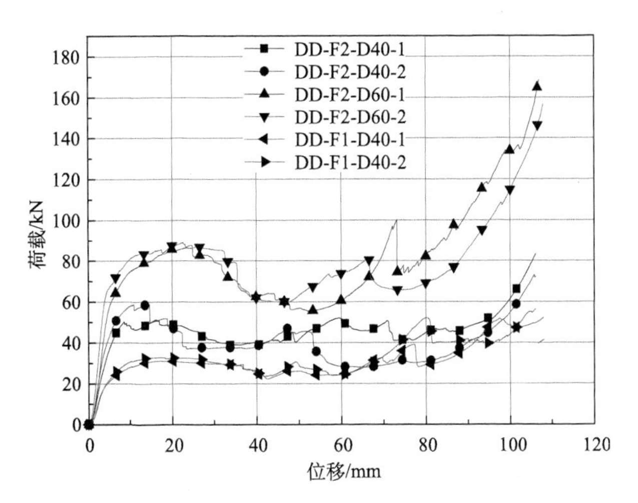

图 8-31　双层错位格构腹板试件荷载-位移曲线

4) 三层错位格构腹板

三层错位格构腹板试件荷载-位移曲线见图 8-32。试件 TD-F1-D40 在准静态压缩过程中，其承载力线性增加至 14kN，随后水平格构弯曲变形增大，其承载力再次线性上升至 37.3kN，但上升斜率比加载初期时小。随着竖直格构的弯曲破坏，承载力逐渐降低，最后压实阶段承载力稳定上升。该试件荷载-位移曲线呈现出快速上升、缓慢线性上升、缓慢下降、稳定上升四个阶段。增大格构厚度后，试件 TD-F2-D40 荷载-位移曲线呈现出快速上升、平台稳定、上下波动、持续上升四个阶段。试件承载力的平台稳定阶段主要是由水平格构和竖直格构持续弯曲变形造成的。而竖直格构的弯曲变形过大，屈服破坏后导致承载力的突降，形成荷载曲线上下波动。增大泡沫密度后，试件 TD-F2-D60 荷载-位移曲线呈现出快速上升、非线性上升、缓慢下降、波动上升四个阶段。水平格构弯曲变形后，由于泡沫相对较硬，其承载力缓慢持续上升。随着试件被压实，竖直格构的弯曲破坏导致承载力突降，荷载-位移曲线呈现出较大的波动性。

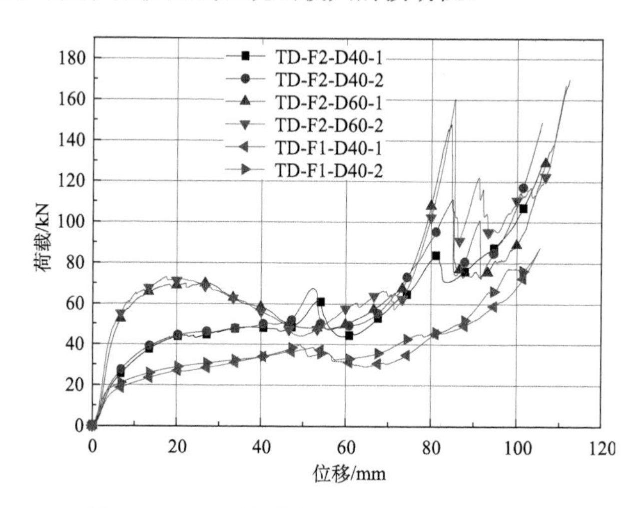

图 8-32　三层错位格构腹板试件荷载-位移曲线

5) 六边形格构腹板

六边形格构腹板试件荷载-位移曲线见图 8-33，其荷载-位移曲线可以分为快速上升、缓慢下降、平台稳定、波动上升四个阶段。试件 H-F1-D40 的弹性极限承载力为 29.5kN，初始刚度为 4.7kN/mm。六边形格构与泡沫剥离后承载力下降了 10.6kN，相比弹性极限承载力下降了 35.9%。增加格构厚度后，试件 H-F2-D40 弹性极限承载力上升至 39.0kN，初始刚度为 6.5kN/mm，相比试件 H-F1-D40 分别上升了 32.2%和 38.3%。泡沫剪切破坏后，承载力下降了 15.3kN，比其弹性极限承载力下降了 39.2%。增加泡沫密度后，试件 H-F2-D60 弹性极限承载力为 67.9kN，初始刚度为 10.0kN/mm，相比试件 H-F2-D40 分别上升了 74.1%和 53.8%。六边形格构与泡沫剥离后，试件承载力下降了 16.3kN，比其弹性极限承载力下降了 24%。由以上数据分析可知，竖直格构腹板变为斜向格构腹板后，改变格构腹板的厚度对试件承载力性能的影响小于泡沫密度对试件承载力性能的影响。

6) 梯形格构腹板

梯形格构腹板试件荷载-位移曲线见图 8-34，其荷载-位移曲线可分为弹性上升、平稳下降、平台波动、压实上升四个阶段。试件 T-F1-D40 的弹性极限承载力为 51.9kN，初始刚度为 15.6kN/mm，格构层间剥离后试件承载力下降了 24.7kN，相比其弹性极限承载力下降了 47.6%。增加格构厚度后，试件 T-F2-D40 弹性极限承载力上升至 81.6kN，初始刚度为 20.7kN/mm。相比试件 T-F1-D40 分别上升了 57.2%和 32.7%。格构剥离后，承载力下降了 36.1kN，相比其弹性极限承载力下降了 44.2%。增加泡沫密度后，试件 T-F2-D60 弹性极限承载力为 73.6kN，初始刚度为 13.4kN/mm，与试件 T-F2-D40 相比分别下降了 9.8%和 35.3%。出现与其他截面形式相反的承载力性能变化的可能原因如下所述：试件 T-F2-D40 质量与试件 T-F2-D60 自身质量相差较小，在试件尺寸、泡沫体积、纤维布包裹误差不大的情况下，导入试件 T-F2-D40 的不饱和树脂过多，导致其质量偏重。加入过多的树脂影响其承载力性能，进而出现不一致的试验规律。在试件破坏后，随着压缩量的增加，荷载-位移曲线先后进入平台波动、压实上升阶段。

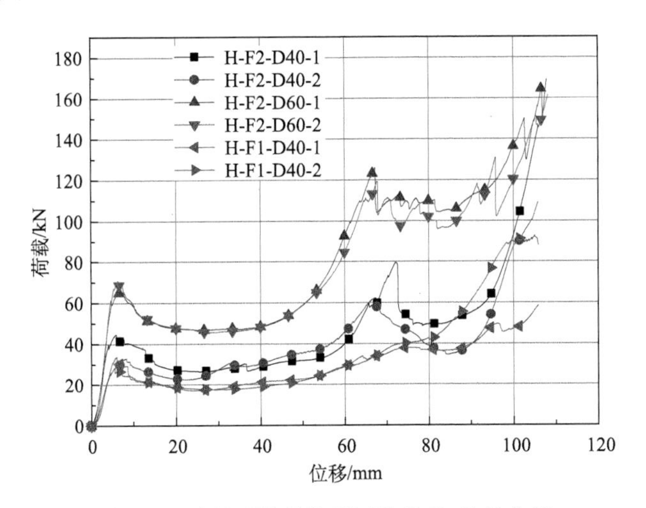

图 8-33　六边形格构腹板试件荷载-位移曲线

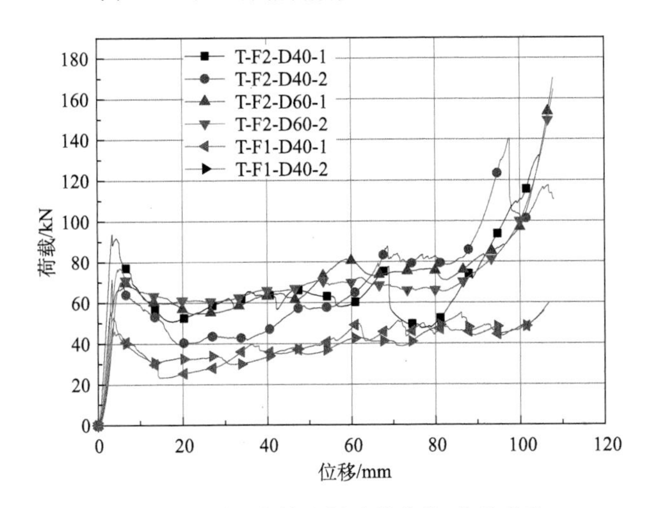

图 8-34　梯形格构腹板试件荷载-位移曲线

7) 变角度梯形格构腹板

变角度梯形格构腹板试件荷载-位移曲线见图 8-35。试件 T-F2-D40-A45 弹性极限承载力为 59.4kN，弹性位移为 32.5mm，初始刚度为 1.9kN/mm。随着压缩量的增加，底层梯形格构逐渐破坏，承载力曲线出现上下波动后平稳上升。试件 T-F2-D40-A60 弹性极限承载力为 34.3kN，弹性位移为 15.9mm，初始刚度为 2.2kN/mm。随着压缩量加增加，上下两层梯形逐渐被压扁，承载力曲线持续上升。试件 T-F2-D40-A75 弹性极限承载力为 60.0kN，弹性位移为 6.8mm，初始刚度为 8.9kN/mm。随着压缩量的增加，梯形格构逐渐层间剥离，导致其荷载-位移曲线出现一段行程较长、波动幅度较大的阶段。

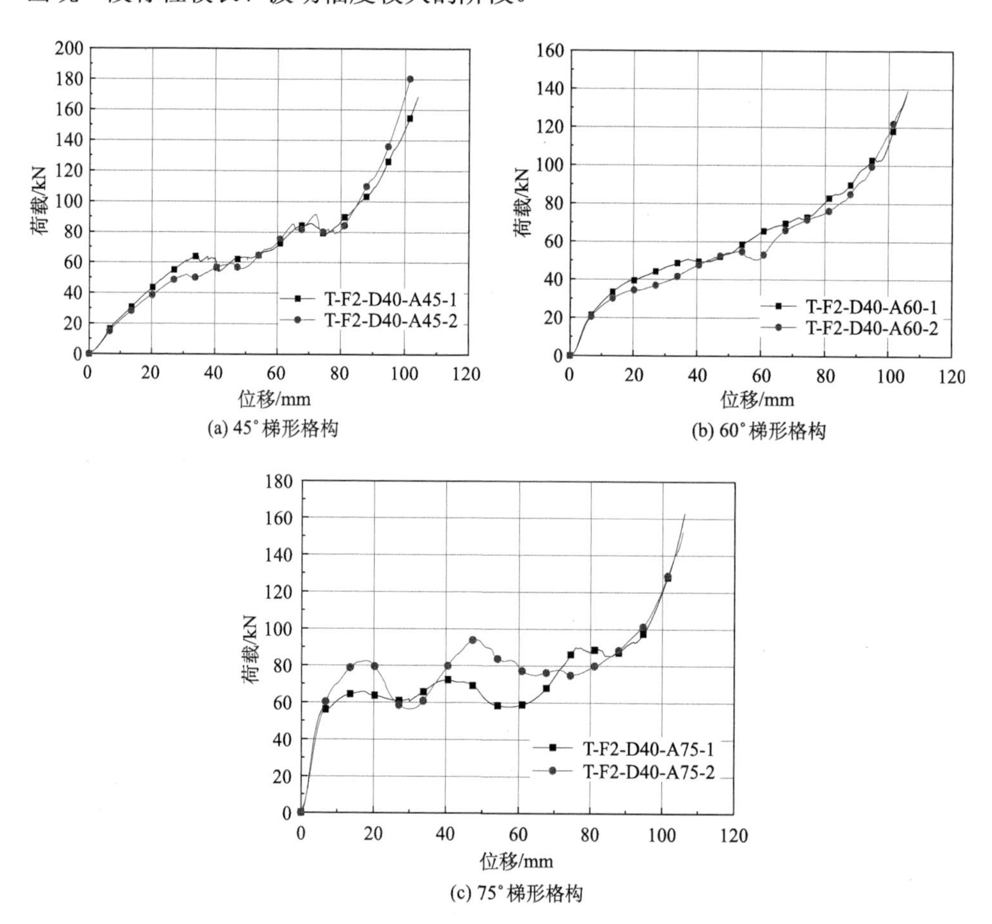

图 8-35　变角度梯形格构腹板试件荷载-位移曲线

3. 能量吸收值 E_a

能量吸收值 E_a 是试件从开始压缩至压缩量为试件高度 70%的过程中所吸收的能量。能量吸收值即荷载-位移曲线与横坐标轴(位移)所围成的面积，是评价试件吸能性能的一个主要指标。其计算式为

$$E_a = \int_0^s F(s)\mathrm{d}s \tag{8-1}$$

式中，s 为试件压缩量，m；$F(s)$ 为压缩量为 s 时对应的荷载，N；E_a 为压缩量为 s 时试件能量吸收值，J。

随着压缩量的增加，试件各阶段的能量吸收值见表 8-6。

表 8-6　试件能量吸收值 E_a　（单位：J）

试件编号	试件压缩比例						
	0.1	0.2	0.3	0.4	0.5	0.6	0.7
V-F2-D40-1	710	1073	1444	1927	2295	2623	3060
V-F2-D40-2	616	891	1241	1711	2057	2395	2760
DO-F2-D40-1	914	1490	1936	2343	2813	3491	4349
DO-F2-D40-2	959	1504	1931	2349	2932	3811	4683
DO-F2-D60-1	1611	2505	3357	4214	5224	6432	8045
DO-F2-D60-2	1543	2454	3278	4151	5130	6266	7901
DO-F1-D40-1	416	723	1064	1540	2041	2512	3017
DO-F1-D40-2	425	713	1038	1488	2074	2590	3076
DD-F2-D40-1	552	1253	1851	2540	3232	3904	4778
DD-F2-D40-2	653	1300	1879	2466	2901	3397	4170
DD-F2-D60-1	848	2104	3118	3980	5108	6419	8309
DD-F2-D60-2	959	2258	3303	4299	5373	6462	8087
DD-F1-D40-1	326	785	1189	1564	2012	2503	3205
DD-F1-D40-2	348	832	1240	1642	2110	2766	3428
TD-F2-D40-1	365	1019	1733	2499	3300	4426	5873
TD-F2-D40-2	391	1060	1791	2602	3467	4795	6325
TD-F2-D60-1	688	1721	2616	3345	4234	5723	7026
TD-F2-D60-2	740	1794	2674	3405	4435	5928	7539
TD-F1-D40-1	252	659	1148	1684	2151	2820	3792
TD-F1-D40-2	293	735	1236	1772	2319	3033	4110
H-F2-D40-1	495	906	1336	1835	2712	3473	4722
H-F2-D40-2	350	708	1161	1724	2515	3093	4128
H-F2-D60-1	708	1420	2142	3142	4775	6390	8295

续表

试件编号	试件压缩比例						
	0.1	0.2	0.3	0.4	0.5	0.6	0.7
H-F2-D60-2	720	1429	2144	3111	4660	6186	7996
H-F1-D40-1	310	584	887	1251	1762	2321	3027
H-F1-D40-2	297	574	851	1208	1723	2427	3540
T-F2-D40-1	957	1778	2710	3651	4573	5446	6999
T-F2-D40-2	774	1412	2095	2965	4115	5348	7013
T-F2-D60-1	786	1632	2551	3618	4742	5870	7309
T-F2-D60-2	850	1767	2730	3767	4796	5817	7244
T-F1-D40-1	516	911	1447	2048	2739	3442	3927
T-F1-D40-2	490	980	1469	2030	2645	3367	4078
T-F2-D40-A45-1	253	962	1865	2835	4046	5428	6797
T-F2-D40-A45-2	233	862	1670	2607	3854	5240	6889
T-F2-D40-A60-1	306	923	1658	2510	3552	4800	6431
T-F2-D40-A60-2	283	808	1482	2270	3231	4411	6051
T-F2-D40-A75-1	725	1667	2697	3628	4671	5989	7671
T-F2-D40-A75-2	802	1863	2936	4249	5392	6621	8329

1) 空间格构腹板

以第一组空间格构腹板试件压缩过程吸能为例，见图 8-36。在试件加载初期，其能量吸收值主要受试件初始刚度的影响。试件 V-F2-D40、DO-F2-D40、T-F2-D40 初始刚度高，当压缩比例达到 0.1 时，能量吸收值比其他截面形式试件大。当压缩比例逐渐增加时，试件 V-F2-D40 的竖直格构腹板已完全屈曲破坏，其承载力上下小幅度波动，试件吸收的能量随着压缩比例的增大而线性增加，且能量吸收值最小，共吸收 2910J。改变格构腹板布置后，当压缩比例从 0.2 增加至 0.4 时，试件的能量吸收值线性增加。随着试件被压实，其承载力快速上升，在相同压缩量下，试件吸收的能量不断增多。

2) 双层正交格构腹板

双层正交格构腹板试件能量吸收过程见图 8-37。在试件加载初期，能量吸收值随初始刚度的增加而增大。增大格构厚度后，当压缩比例从 0.2 增加至 0.5 时，试件 DO-F1-D40 与试件 DO-F2-D40 的能量吸收值曲线几乎平行，表明这两种试件能量吸收速度相差不大。增大泡沫密度后，试件 DO-F2-D60 吸能性能明显优于试件 DO-F2-D40。最终试件 DO-F1-D40 能量吸收值最小，共吸能 3047J。试件 DO-F2-D40、DO-F2-D60 能量吸收值依次提高了 48.2%和 161.7%。

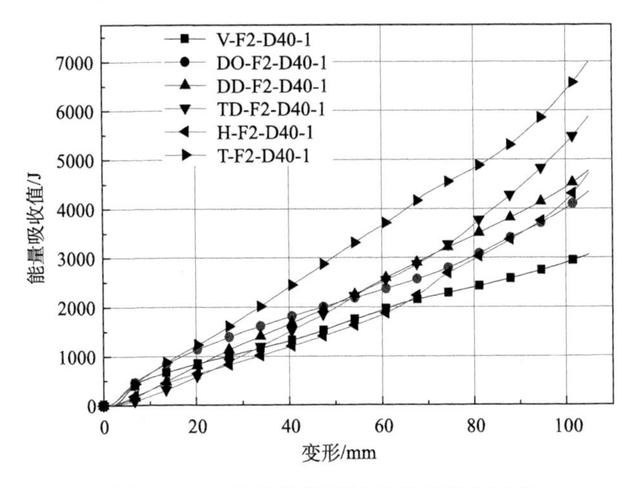

图 8-36　空间格构腹板试件能量吸收过程

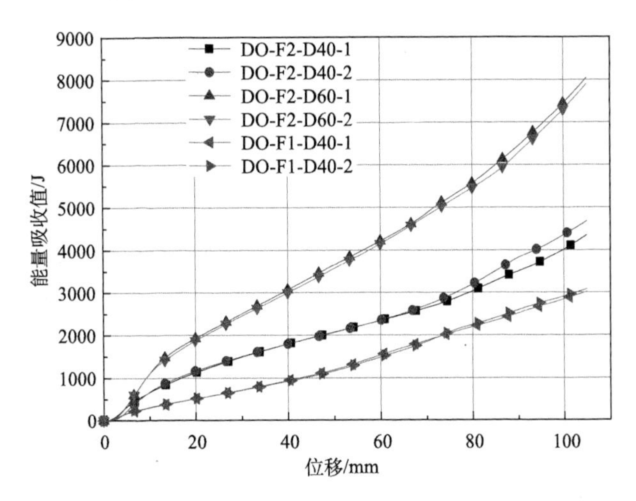

图 8-37　双层正交格构腹板试件能量吸收过程

3) 双层错位格构腹板

双层错位格构腹板试件能量吸收过程见图 8-38。当压缩比例逐渐增加至 0.4 时，试件 DD-F1-D40、DD-F2-D40 承载力上下波动幅度小，其能量吸收值呈线性上升。后期试件承载力强化上升，相同压缩量下能量吸收值提高，其曲线斜率增大。对于试件 DD-F2-D60，其试件荷载-位移曲线在压实阶段波动较大，其能量吸收值呈现折线上升。试件 DD-F1-D40 能量吸收值最小，共吸能 3317J，试件 DD-F2-D40、DD-F2-D60 能量吸收值依次提高了 34.9%和 147.2%。

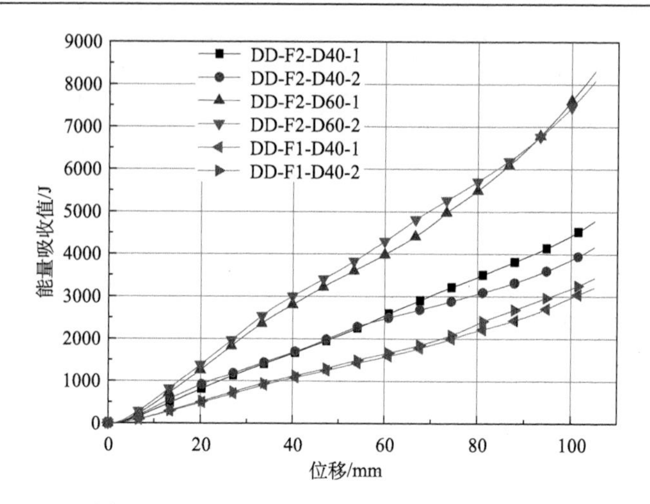

图 8-38　双层错位格构腹板试件能量吸收过程

4) 三层错位格构腹板

三层错位格构腹板试件能量吸收过程见图 8-39。试件 TD-F1-D40 能量吸收值最小，共吸能 3951J，试件 TD-F2-D40、TD-F2-D60 能量吸收值依次提高了 54.4% 和 84.3%。三层错位格构试件与双层错位格构试件相比，增加格构厚度比增加泡沫密度对试件能量吸收值的提升更大。其原因是三层错位试件在压缩过程中水平格构弯曲变形和竖直格构腹板弯曲破坏更多，其塑性变形吸收更多的能量。

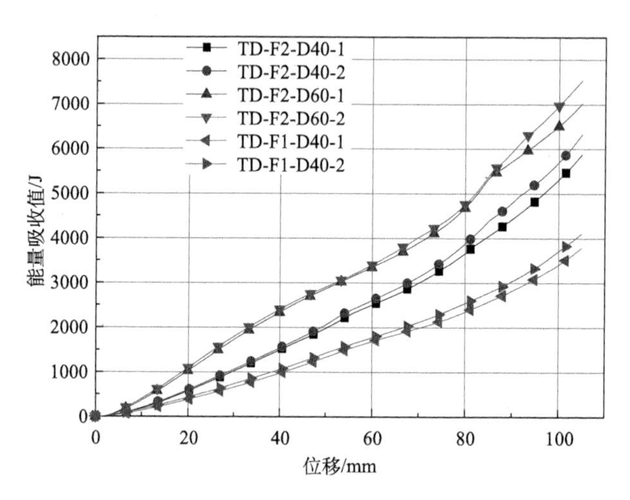

图 8-39　三层错位格构腹板试件能量吸收过程

5) 六边形格构腹板

六边形格构腹板试件能量吸收过程见图 8-40。六边形格构试件在加载初期，格构角部受压向两侧水平位移，其能量吸收主要依靠泡沫受压变形。当压缩比例逐渐增加至 0.4 时，H-F1-D40、H-F2-D40 两种试件吸能性能相差不大，而试件 H-F2-D60 吸能性能最优。当压缩量逐渐增加后，六边形格构变形增大至破坏，因此试件 H-F2-D40 比 H-F1-D40 吸收更多能量。试件 H-F1-D40 能量吸收值最小，共吸能 3284J，试件 H-F2-D40、H-F2-D60 能量吸收值依次提高了 34.7%和 148.1%。

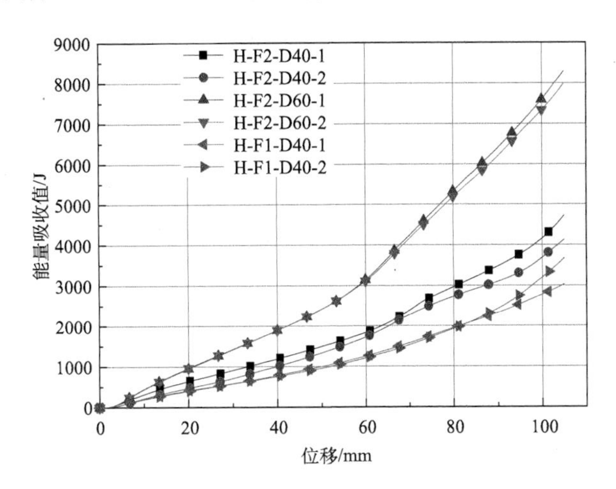

图 8-40　六边形格构腹板试件能量吸收过程

6）梯形格构腹板

梯形格构腹板试件能量吸收过程如上图 8-41 所示。梯形格构试件在加载过程中，其破坏模式为梯形格构层间剥离。因此，其能量吸收主要依靠格构层间剥离破坏和泡沫受压变形。T-F1-D40 试件由于格构厚度小，泡沫密度低，其能量吸收值最小，共吸能 4003J。由于 T-F2-D40 试件制作误差，其能量吸收值相对较高。最终 T-F2-D40 试件吸能 7006J，T-F2-D60 试件吸能 7277J。

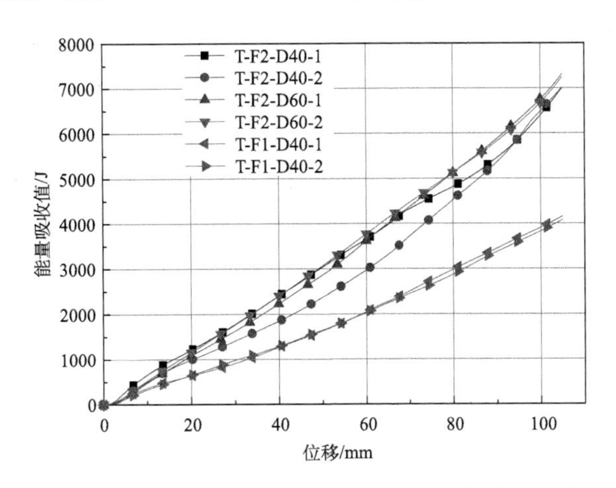

图 8-41　梯形格构腹板试件能量吸收过程

7) 变角度梯形格构腹板

变角度梯形格构腹板试件能量吸收过程见图 8-42。试件 T-F2-D40-A45 与 T-F2-D40-A60 在加载过程中，其荷载-位移曲线呈现稳定上升趋势，且随着压缩量的增加承载力上升加快。因此，这两种形式的能量吸收趋势相近，在加载前中期能量吸收值平稳上升，在加载后期能量吸收值上升加快。试件 T-F2-D40-A75 的荷载-位移曲线在加载中期上下波动幅度大，且两次加载曲线相差明显，其能量吸收值曲线也相差较多。最终试件 T-F2-D40-A75 格构塑性破坏更多，其能量吸收值也最大，为 8000J。试件 T-F2-D40-A60 吸能 6241J，试件 T-F2-D40-A45 吸能 6843J。

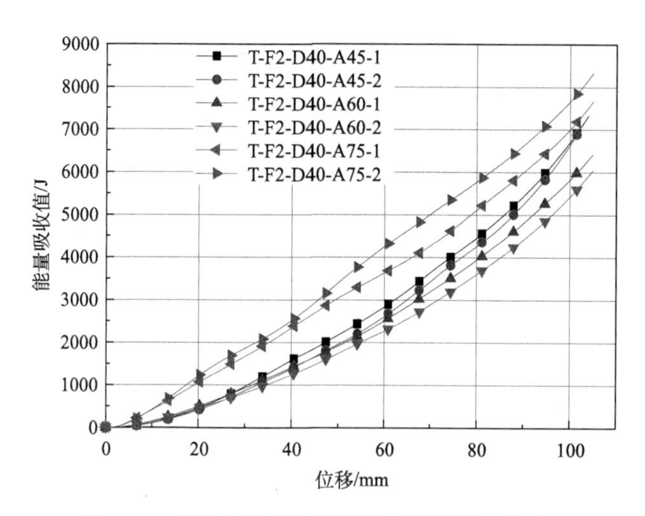

图 8-42　变角度梯形格构腹板试件能量吸收过程

4. 比吸能 E_s

比吸能 E_s 是单位质量试件所吸收的能量，即压缩量 s 之内所吸收的总的能量 E_a 与试件质量 m 之比，是评价试件吸能性能的另一个主要指标。其计算式为

$$E_s = \frac{E_a}{m} \tag{8-2}$$

式中，E_a 为试件能量吸收值；m 为试件的质量。

各试件的比吸能值见表 8-7。由表可知，对于同一种截面形式的试件，增大泡沫密度后，试件的比吸能均得到较大提升。DO、DD、TD、H 和 T 型试件，当泡沫密度从 40kg/m^3 增大至 60kg/m^3 时，其比吸能依次提升 62.3%、75.7%、25.6%、68.3%和 0.9%。对于同一种截面形式的试件，增大格构腹板厚度后，试件的比吸能可能上升也可能下降。DO、DD、H 型试件比吸能依次下降 3.8%、9.7%和 1.7%。

TD、T 型试件的比吸能依次增加 6.2%和 13.8%。由此可见，改变格构厚度对试件的比吸能影响较小，而增大泡沫密度对试件的比吸能影响较大。对于同一格构厚度的不同截面形式的试件，V 型试件的比吸能最小，DD 型试件的比吸能最大。

表 8-7　各试件比吸能值

试件编号	能量吸收值 E_a/J	试件质量 m/kg	比吸能 E_s/(J/kg)	平均比吸能 $\bar{E}_s$/(J/kg)
V-F2-D40-1	3060	2.35	1302.1	1226.1
V-F2-D40-2	2760	2.40	1150.0	
DO-F2-D40-1	4349	2.85	1526.0	1584.6
DO-F2-D40-2	4683	2.85	1643.2	
DO-F2-D60-1	8045	3.10	2595.2	2572.0
DO-F2-D60-2	7901	3.10	2548.7	
DO-F1-D40-1	3017	1.85	1630.8	1646.8
DO-F1-D40-2	3076	1.85	1662.7	
DD-F2-D40-1	4778	2.90	1647.6	1555.4
DD-F2-D40-2	4170	2.85	1463.2	
DD-F2-D60-1	8309	3.00	2769.7	2732.7
DD-F2-D60-2	8087	3.00	2695.7	
DD-F1-D40-1	3205	1.85	1732.4	1723.2
DD-F1-D40-2	3428	2.00	1714.0	
TD-F2-D40-1	5873	3.60	1631.4	1694.2
TD-F2-D40-2	6325	3.60	1756.9	
TD-F2-D60-1	7026	3.45	2036.5	2127.0
TD-F2-D60-2	7539	3.40	2217.4	
TD-F1-D40-1	3792	2.45	1547.8	1595.9
TD-F1-D40-2	4110	2.50	1644.0	
H-F2-D40-1	4722	3.20	1475.6	1372.9
H-F2-D40-2	4128	3.25	1270.2	
H-F2-D60-1	8295	3.55	2336.6	2310.6
H-F2-D60-2	7996	3.50	2284.6	
H-F1-D40-1	3027	2.35	1288.1	1397.3
H-F1-D40-2	3540	2.35	1506.4	
T-F2-D40-1	6999	4.55	1538.2	1584.6
T-F2-D40-2	7013	4.30	1630.9	
T-F2-D60-1	7309	4.55	1606.4	1599.3
T-F2-D60-2	7244	4.55	1592.1	
T-F1-D40-1	3927	2.80	1402.5	1392.5
T-F1-D40-2	4078	2.95	1382.4	
T-F2-D40-A45-1	6797	4.95	1373.1	1382.4
T-F2-D40-A45-2	6889	4.95	1391.7	

续表

试件编号	能量吸收值 E_a/J	试件质量 m/kg	比吸能 E_s / (J/kg)	平均比吸能 $\overline{E}_s$ / (J/kg)
T-F2-D40-A60-1	6431	4.95	1299.2	1273.4
T-F2-D40-A60-2	6051	4.85	1247.6	
T-F2-D40-A75-1	7671	5.40	1420.6	1519.0
T-F2-D40-A75-2	8329	5.15	1617.3	

5. 平均压溃力 F_m

平均压溃力 F_m 是试件在整个准静态压缩过程中的平均承载力，即压缩量 s 之内所吸收的总能量 E_a 与压缩量 s 之比，是量化试件压溃过程的重要参数之一。表达式为

$$F_m = \frac{E_a}{s} \tag{8-3}$$

式中，E_a 为试件能量吸收值；s 为试件的总压缩量。

各试件的平均压溃力见表 8-8。由表可知，对于同一种截面形式的试件，增大泡沫密度后，试件的平均压溃力均得到较大提升。DO、DD、TD、H 和 T 型试件，当泡沫密度从 40kg/m^3 增大至 60kg/m^3 时，其平均压溃力依次提高了 76.5%、83.3%、19.4%、83.9%和 3.7%。对于同一种截面形式的试件，增大格构腹板厚度后，试件的平均压溃力也得到较大提升。DO、DD、TD、H、T 型试件平均压溃力依次提高了 48.3%、34.8%、54.5%、34.8%和 75.3%。对于同一格构厚度的不同截面形式的试件，V 型试件的平均压溃力最小，T-F8-D40-A75 型试件的平均压溃力最大，两者相差 48.5kN。

表 8-8　各试件平均压溃力

试件编号	能量吸收值 E_a/J	压缩量 s/mm	平均压溃力 F_m/kN	平均值 $\overline{F}_m$ /kN
V-F2-D40-1	3060	105	29.1	27.7
V-F2-D40-2	2760	105	26.3	
DO-F2-D40-1	4349	105	41.4	43.0
DO-F2-D40-2	4683	105	44.6	
DO-F2-D60-1	8045	105	76.6	75.9
DO-F2-D60-2	7901	105	75.2	
DO-F1-D40-1	3017	105	28.7	29.0
DO-F1-D40-2	3076	105	29.3	
DD-F2-D40-1	4778	105	45.5	42.6
DD-F2-D40-2	4170	105	39.7	

续表

试件编号	能量吸收值 E_a/J	压缩量 s/mm	平均压溃力 F_m/kN	平均值 $\bar{F}_m$ /kN
DD-F2-D60-1	8309	105	79.1	78.1
DD-F2-D60-2	8087	105	77.0	
DD-F1-D40-1	3205	105	30.5	31.6
DD-F1-D40-2	3428	105	32.6	
TD-F2-D40-1	5873	105	55.9	58.1
TD-F2-D40-2	6325	105	60.2	
TD-F2-D60-1	7026	105	66.9	69.4
TD-F2-D60-2	7539	105	71.8	
TD-F1-D40-1	3792	105	36.1	37.6
TD-F1-D40-2	4110	105	39.1	
H-F2-D40-1	4722	105	45.0	42.2
H-F2-D40-2	4128	105	39.3	
H-F2-D60-1	8295	105	79.0	77.6
H-F2-D60-2	7996	105	76.2	
H-F1-D40-1	3027	105	28.8	31.3
H-F1-D40-2	3540	105	33.7	
T-F2-D40-1	6999	105	66.7	66.8
T-F2-D40-2	7013	105	66.8	
T-F2-D60-1	7309	105	69.6	69.3
T-F2-D60-2	7244	105	69.0	
T-F1-D40-1	3927	105	37.4	38.1
T-F1-D40-2	4078	105	38.8	
T-F2-D40-A45-1	6797	105	64.7	65.2
T-F2-D40-A45-2	6889	105	65.6	
T-F2-D40-A60-1	6431	105	61.2	59.4
T-F2-D40-A60-2	6051	105	57.6	
T-F2-D40-A75-1	7671	105	73.1	76.2
T-F2-D40-A75-2	8329	105	79.3	

8.2.5　结论

本节设计了不同截面形式的空间格构增强泡沫夹芯复合材料，考虑格构腹板的空间布置、格构厚度和夹芯泡沫密度对结构力学性能和吸能性能的影响；介绍了真空导入工艺制作复合材料试件的过程，开展了组分材料的材性试验；对空间格构腹板泡沫夹芯复合材料进行准静态压缩试验，比较分析不同截面形式的空间格构腹板对破坏模式的影响，依据试件的荷载-位移曲线分析其力学性能；引入三个吸能分析指标对试件的吸能性能进行比较分析。得出以下结论：

(1)竖直格构腹板(V 型和 DO 型)试件的破坏模式为竖直格构突然弯曲失稳破坏。将竖直格构腹板变为错位格构(DD 型和 TD 型)后，试件的破坏模式改善为水平格构逐渐弯曲变形，竖直格构先发生一定角度的倾斜再发生弯曲破坏。将竖直格构腹板变为斜向格构(H 型和 T 型)后，试件的破坏模式改变为斜向格构与泡沫的剥离破坏和斜向格构与斜向格构的层间剥离破坏。改变梯形格构角度后，45°与 60°梯形格构试件的破坏模式最为理想，其破坏模式为水平格构弯曲变形，斜向格构逐渐压扁。

(2)由荷载-位移曲线分析，改变格构腹板的空间布置后，能有效地减小试件弹性承载力的突降程度。DO、DD、H、T 型试件的荷载下降值比 V 型试件依次减少了 11.4%、83.8%、76.6%、43.2%，其荷载-位移曲线可分为弹性阶段、下降阶段、平台阶段和强化阶段。改变梯形格构角度后，45°梯形格构试件的荷载-位移曲线最为理想。该试件不仅避免了承载力突降的问题，同时极大地提升了弹性行程，相对于 V 型试件提升约 501.9%。

(3)改变格构腹板的空间布置后，试件能量吸收值显著提升。DO、DD、TD、H、T 型试件的能量吸收值比 V 型试件依次提高了 42.1%、56.1%、91.9%、54.3% 和 128.8%。增加格构厚度和泡沫密度后，试件能量吸收值再次增加。其中，增加泡沫密度对 DO、DD、H 型试件能量吸收值提升的影响大；增加格构厚度对 TD、T 型试件能量吸收值的影响大。

(4)对于同一种截面形式，增大泡沫密度，DO、DD、TD、H 和 T 型试件比吸能依次提高了 62.3%、75.7%、25.6%、68.3%和 6.9%；增大格构腹板厚度，对试件的比吸能影响较小。由此可见，改变格构厚度对试件的比吸能影响较小。而增大泡沫密度和增大格构腹板厚度，试件的平均压溃力均得到较大提升。对于同一格构厚度的不同截面形式，TD 型试件由于水平格构弯曲变形、竖直格构弯曲破坏、泡沫被压密实，其比吸能最大。T-F8-D40-A75 型试件由于能量吸收值最大，在相同的压缩量下，其平均压溃力最大。

8.3　空间格构腹板增强泡沫夹芯复合材料理论研究

8.3.1　矩形蜂窝等效弹性模量

在图 8-43 中横向、竖向两个方向的蜂窝胞壁用实线表示，填充夹芯为阴影部分，通过虚线围成的矩形即为等效十字模型。等效十字模型的基本单元体拥有完整的十字胞壁，填充多孔材料面积与矩形蜂窝中填充材料面积相同。基本单元体中胞壁的压缩弹性模量为 E_s，胞壁厚度为 t，水平胞壁的长度为 a，竖直胞壁的长度为 b，填充多孔材料的弹性模量为 E_p，夹芯长度为 h_c。在分析时，选取一个基本单元体，其矩形填充多孔材料夹心层受到如图 8-44 所示的单向压应力 σ 作用，并选取 m—m 截面对隔离体进行分析，如图 8-45 所示。

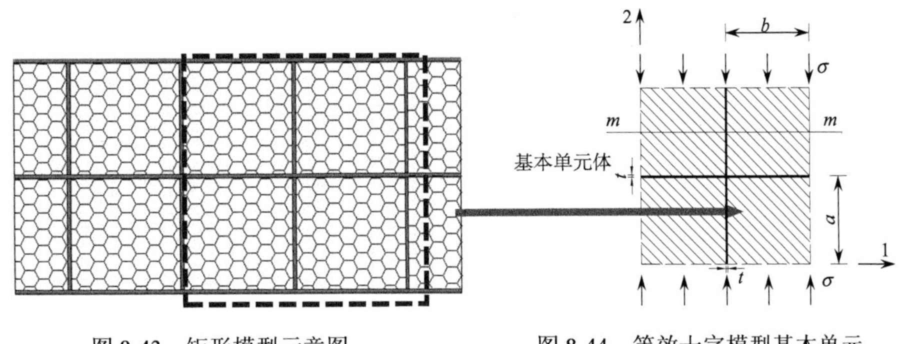

图 8-43　矩形模型示意图

图 8-44　等效十字模型基本单元体单向受力图

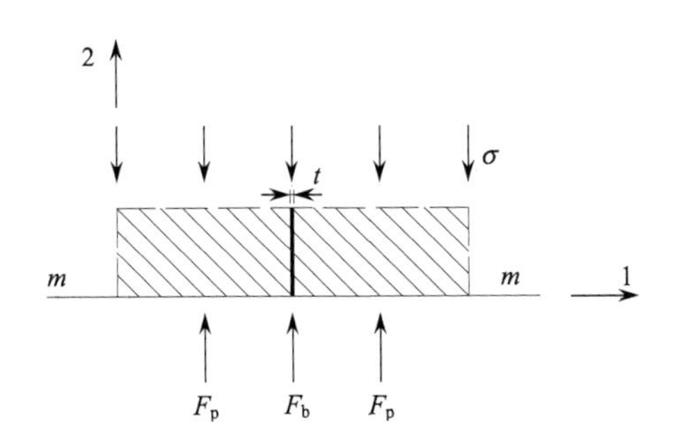

图 8-45　m—m 截面隔离体

在 2 方向上由力的平衡得

$$2F_p + F_b = \sigma(2b + t)h_c \tag{8-4}$$

在图 8-44 所示的 2 方向上，胞壁与填充材料压缩变形量为

$$\delta_p = \frac{F_p}{E_p b h_c} a\text{，}\quad \delta_b = \frac{F_b}{E_s t h_c} a \tag{8-5}$$

将式(8-5)代入变形协调条件 $\delta_p = \delta_b$ 可得

$$F_p = \frac{E_p b}{E_s t} F_b \tag{8-6}$$

进而通过平衡方程得到

$$F_{\mathrm{p}}=\frac{\sigma(2b+t)E_{\mathrm{p}}bh_{\mathrm{c}}}{E_{\mathrm{s}}t+2E_{\mathrm{p}}b},\quad F_{\mathrm{b}}=\frac{\sigma(2b+t)E_{\mathrm{s}}th_{\mathrm{c}}}{E_{\mathrm{s}}t+2E_{\mathrm{p}}b} \tag{8-7}$$

而水平胞壁在 F_{p} 作用下的压缩变形量为

$$\varDelta=\frac{F_{\mathrm{p}}t}{E_{\mathrm{s}}bh_{\mathrm{c}}}=\frac{\sigma(2b+t)(E_{\mathrm{p}}t)}{E_{\mathrm{s}}(E_{\mathrm{s}}t+2E_{\mathrm{p}}b)} \tag{8-8}$$

沿 2 方向的压缩总变形量为

$$\delta=2\delta_{\mathrm{b}}+\varDelta=\frac{\sigma(2b+t)(E_{\mathrm{p}}t+2E_{\mathrm{s}}a)}{E_{\mathrm{s}}(E_{\mathrm{s}}t+2E_{\mathrm{p}}b)} \tag{8-9}$$

沿 2 方向的等效应变为

$$\varepsilon=\frac{\delta}{2a+t}=\frac{\sigma(2b+t)(E_{\mathrm{p}}t+2E_{\mathrm{s}}a)}{(2a+t)E_{\mathrm{s}}(E_{\mathrm{s}}t+2E_{\mathrm{p}}b)} \tag{8-10}$$

沿 2 方向的等效压缩弹性模量为

$$E_{\mathrm{c}}=\frac{\sigma}{\varepsilon}=\frac{(2a+t)E_{\mathrm{s}}(E_{\mathrm{s}}t+2E_{\mathrm{p}}b)}{(2b+t)(E_{\mathrm{p}}t+2E_{\mathrm{s}}a)} \tag{8-11}$$

对于试件 DO-F8-D40，代入试件尺寸参数和材料力学参数，即 $a=b=75\mathrm{mm}$，$t=2.4\mathrm{mm}$，$E_{\mathrm{s}}=2.5\mathrm{GPa}$，$E_{\mathrm{p}}=2.27\mathrm{MPa}$，可得试件的理论等效压缩弹性模量为 42.1MPa。试件的等效压缩模量试验值为 39.2MPa，理论计算值比试验值高 7.4%。

8.3.2　等六边形蜂窝等效弹性模量

图 8-46 为六边形蜂窝夹芯结构，图 8-47 的矩形即为胞元等效 Y 模型，等效 Y 模型的基本单元体拥有完整的独立胞壁，填充多孔材料面积与六边形蜂窝填充材料面积相同。基本单元体中胞壁的拉伸弹性模量为 E_{t}，压缩弹性模量为 E_{s}，胞壁厚度为 t，斜向胞壁的长度为 l，斜向胞壁与竖直方向夹角为 θ，填充多孔材料的弹性模量为 E_{p}，夹芯层长度为 b。在图 8-47 中，选取基本单元体为分析对象，基本单元体受 2 方向单向应力 σ 作用，并对 Y 模型进行受力分析，如图 8-48 所示。

对 Y 形模型，如图 8-46 和图 8-47 所示，由力的平衡方程可以得到

$$F_{\mathrm{p}}+F_{\mathrm{b}}=\sigma b(l+l\sin\theta) \tag{8-12}$$

由于在 A 点处的转角为零，式(8-12)代入 $\theta_{F_{\mathrm{b}}}+\theta_{M}=0$，得到

$$\theta_{F_{\mathrm{b}}}=\frac{F_{\mathrm{b}}(l\sin\theta)^2}{2EI}$$

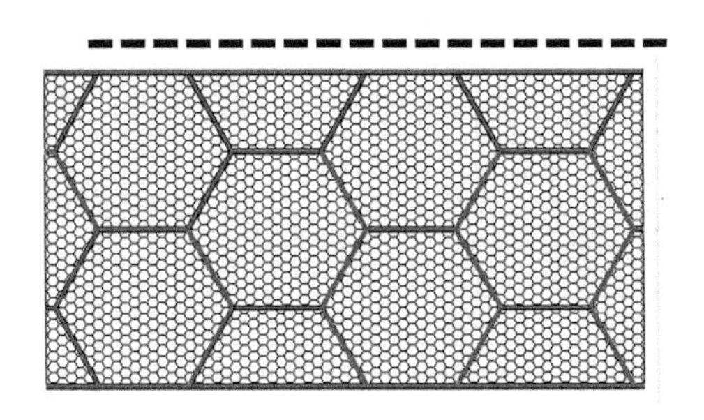

图 8-46 六边形模型示意图

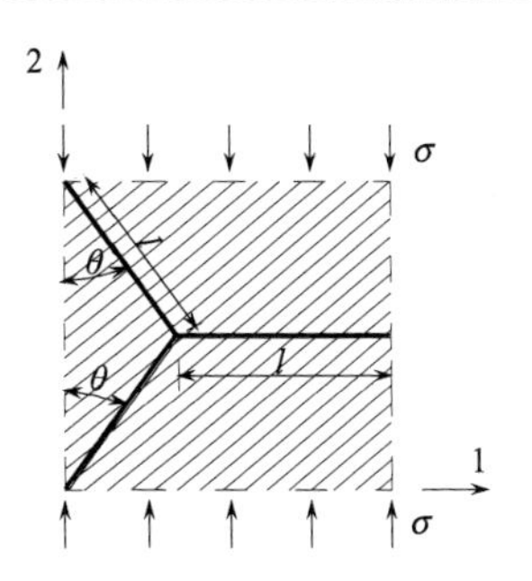

图 8-47 等效 Y 模型基本单元体单向受力图

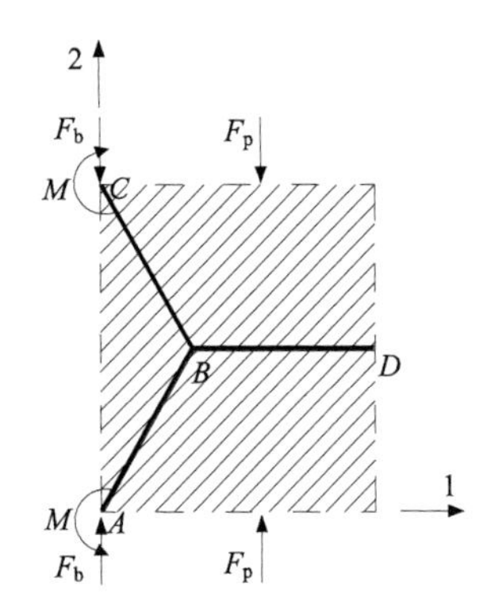

图 8-48 Y 形模型受力分析图

$$\theta_M = -\frac{Ml\sin\theta}{EI}$$

$$M = \frac{F_b}{2} l\sin\theta \tag{8-13}$$

由力 F_b 和弯矩 M 引起的胞壁 AB 在其垂直方向的挠度为

$$\delta_{AB1} = \frac{F_b \sin\theta l^3}{3EI} - \frac{Ml^2}{2EI} = \frac{F_b \sin\theta l^3}{E_t b t^3} \tag{8-14}$$

胞壁 AB 在力 F_b 下的轴向压缩变形量为

$$\delta_{AB2} = \frac{F_b \cos\theta_1}{E_s b t} \tag{8-15}$$

填充材料在 2 方向的压缩变形量为

$$\delta_p = \frac{F_p l\cos\theta}{E_p b(l + l\sin\theta)} \tag{8-16}$$

由填充材料与胞壁 AB 在 2 方向上变形协调可得

$$\delta_{\mathrm{p}} = \delta_{AB1}\sin\theta + \delta_{AB2}\cos\theta \tag{8-17}$$

将式(8-14)~式(8-16)代入式(8-17)得到

$$F_{\mathrm{p}} = \frac{E_{\mathrm{p}}\left(l + l\sin\theta\right)\left(l^2 E_{\mathrm{s}}\sin^2\theta + t^2 E_{\mathrm{t}}\cos^2\theta\right)}{E_{\mathrm{t}}E_{\mathrm{s}}t^3\cos\theta}F_{\mathrm{b}} \tag{8-18}$$

将式(8-18)代入平衡方程(8-12)可得

$$F_{\mathrm{b}} = \frac{\sigma b\left(l + l\sin\theta\right)E_{\mathrm{t}}E_{\mathrm{s}}t^3\cos\theta}{E_{\mathrm{t}}E_{\mathrm{s}}t^3\cos\theta + E} \tag{8-19}$$

$$F_{\mathrm{p}} = \frac{\sigma b\left(l + l\sin\theta\right)E_{\mathrm{p}}\left(l + l\sin\theta\right)\left(l^2 E_{\mathrm{s}}\sin^2\theta + t^2 E_{\mathrm{t}}\cos^2\theta\right)}{E_{\mathrm{t}}E_{\mathrm{s}}t^3\cos\theta + E_{\mathrm{p}}\left(l + l\sin\theta\right)\left(l^2 E_{\mathrm{s}}\sin^2\theta + t^2 E_{\mathrm{t}}\cos^2\theta\right)} \tag{8-20}$$

胞壁 AB 与胞壁 BC 在 2 方向的等效应变为

$$\varepsilon_{AB} = \varepsilon_{BC} = \frac{\delta_{AB1}\sin\theta + \delta_{AB2}\cos\theta}{l\cos\theta} = \frac{F_{\mathrm{b}}l^2 E_{\mathrm{s}}\sin^2\theta + F_{\mathrm{b}}t^2 E_{\mathrm{t}}\cos^2\theta}{E_{\mathrm{t}}E_{\mathrm{s}}bt^3\cos\theta} \tag{8-21}$$

水平胞壁 BD 在 F_{p} 下的压缩应变为

$$\varepsilon_{BD} = \frac{F_{\mathrm{p}}}{E_{\mathrm{s}}b\left(l + l\sin\theta\right)} \tag{8-22}$$

2 方向的等效应变为

$$\varepsilon = \varepsilon_{AB} + \varepsilon_{BC} + \varepsilon_{BD} = \frac{2\left(F_{\mathrm{b}}l^2 E_{\mathrm{s}}\sin^2\theta + F_{\mathrm{b}}t^2 E_{\mathrm{t}}\cos^2\theta\right)\left(l + l\sin\theta\right) + F_{\mathrm{p}}t^3 E_{\mathrm{t}}\cos\theta}{E_{\mathrm{t}}E_{\mathrm{s}}bt^3\cos\theta\left(l + l\sin\theta\right)} \tag{8-23}$$

则可得到 2 方向等效压缩弹性模量为

$$E_{\mathrm{c}} = \frac{\sigma}{\varepsilon} = \frac{E_{\mathrm{s}}\left[E_{\mathrm{t}}E_{\mathrm{s}}t^3\cos\theta + E_{\mathrm{p}}\left(l + l\sin\theta\right)\left(l^2 E_{\mathrm{s}}\sin^2\theta + t^2 E_{\mathrm{t}}\cos^2\theta\right)\right]}{\left(l + l\sin\theta\right)\left(l^2 E_{\mathrm{s}}\sin^2\theta + t^2 E_{\mathrm{t}}\cos^2\theta\right)\left(2E_{\mathrm{s}} + E_{\mathrm{p}}\right)} \tag{8-24}$$

对于试件 H-F8-D40，代入试件尺寸参数和材料力学参数，l=43.3mm，t=2.4mm，E_{t}=12.9GPa，E_{s}=2.5GPa，E_{p}=2.27MPa，θ=30°，可得试件的理论等效压缩弹性模量为 8.7 MPa，其试验值为 10.18MPa，理论值比试验值低 14.5%。

8.3.3 错位矩形蜂窝等效弹性模量

基于矩形蜂窝和等六边形蜂窝等效弹性模量的计算，错位矩形蜂窝等效弹性模量计算方法为：第一步，选取合理的基体单元模型，选取时应使基体单元面积与蜂窝面积相等，且应拥有完整的或独立的胞壁。第二步，选取基体单元后，对其受力状态、平衡状态、变形协调状态进行分析和计算，从而推导出基体单元在单向受力状态的等效力学参数。

如图 8-49 所示截取基体单元，该基体单元模型的面积与矩形蜂窝的面积相同，且拥有完整的胞壁，基本单元体中胞壁的压缩弹性模量为 E_s，拉伸弹性模量为 E_t，胞壁厚度为 t，水平胞壁的长度为 a，竖直胞壁的长度为 b，填充多孔材料的弹性模量为 E_p，夹芯层的长度为 h_c。在分析时，选取一个基本单元体，其矩形填充多孔材料夹芯层受到如图 8-50 所示的单向压应力 σ 作用，并选取 m—m 和 n—n 截面对隔离体进行分析，如图 8-51 所示。

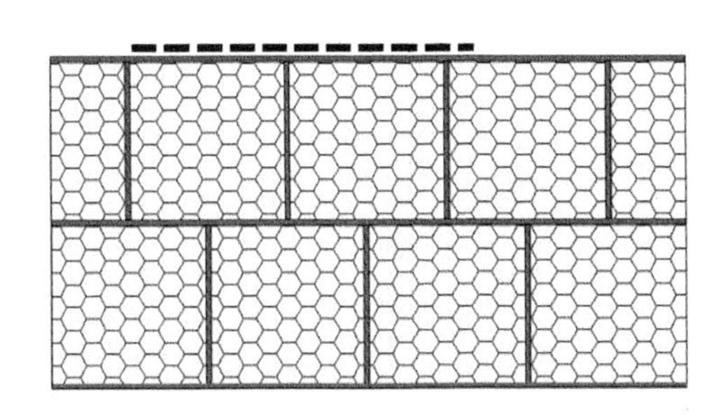

图 8-49　错位矩形模型示意图

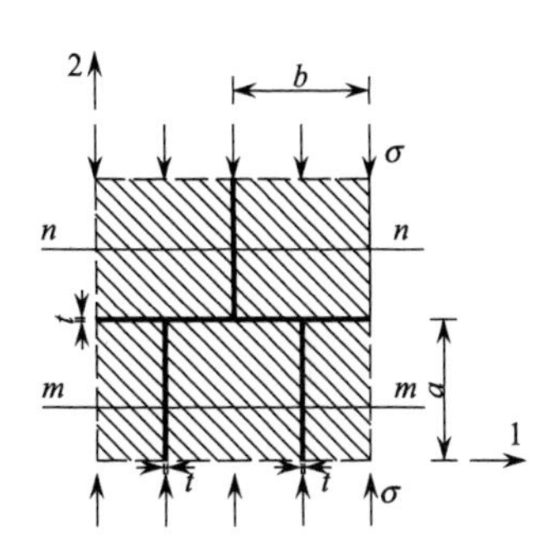

图 8-50　错位矩形基本单元体单向受力图

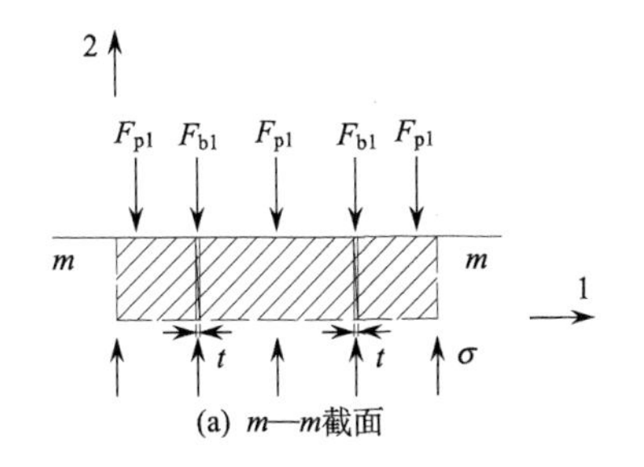

(a) m—m截面

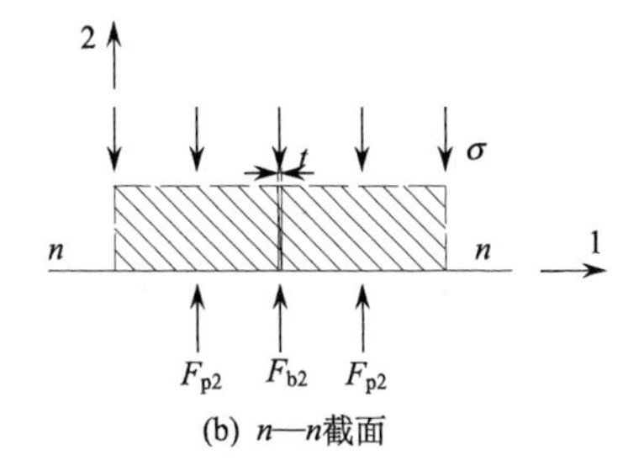

(b) n—n截面

图 8-51　m—m 和 n—n 截面隔离体

如图 8-51 所示，由力的平衡方程可以得到

$$2F_{p1}+2F_{b1}=2F_{p2}+F_{b2}=\sigma\left(2b+t\right)h_c \tag{8-25}$$

在 2 方向上，胞壁与填充材料压缩变形量为

$$\delta_{b1}=\frac{F_{b1}}{E_s t h_c}a,\quad \delta_{p1}=\frac{F_{p1}}{E_p b h_c}a$$

$$\delta_{b2}=\frac{F_{b2}}{E_s t h_c}a,\quad \delta_{p2}=\frac{F_{p2}}{E_p b h_c}a$$

由变形协调条件 $\delta_{b1}=\delta_{p1}$，$\delta_{b2}=\delta_{p2}$ 可得

$$F_{\mathrm{p1}}=\frac{E_{\mathrm{p}}b}{E_{\mathrm{s}}t}F_{\mathrm{b1}},\quad F_{\mathrm{p2}}=\frac{E_{\mathrm{p}}b}{E_{\mathrm{s}}t}F_{\mathrm{b2}}\tag{8-26}$$

代入平衡方程可以得到

$$F_{\mathrm{b1}}=\frac{\sigma(2b+t)E_{\mathrm{s}}th_{\mathrm{c}}}{2E_{\mathrm{s}}t+2E_{\mathrm{p}}b},\quad F_{\mathrm{p1}}=\frac{\sigma(2b+t)E_{\mathrm{p}}th_{\mathrm{c}}}{2E_{\mathrm{s}}t+2E_{\mathrm{p}}b}\tag{8-27}$$

$$F_{\mathrm{b2}}=\frac{\sigma(2b+t)E_{\mathrm{s}}th_{\mathrm{c}}}{E_{\mathrm{s}}t+2E_{\mathrm{p}}b},\quad F_{\mathrm{p2}}=\frac{\sigma(2b+t)E_{\mathrm{p}}bh_{\mathrm{c}}}{E_{\mathrm{s}}t+2E_{\mathrm{p}}b}\tag{8-28}$$

$$\delta_{\mathrm{b1}}=\delta_{\mathrm{p1}}=\frac{\sigma(2b+t)a}{2E_{\mathrm{s}}t+2E_{\mathrm{p}}b},\quad \delta_{\mathrm{b2}}=\delta_{\mathrm{p2}}=\frac{\sigma(2b+t)a}{E_{\mathrm{s}}t+2E_{\mathrm{p}}b}\tag{8-29}$$

水平胞壁在 F_{b2} 作用下的挠度为

$$w_2=\frac{F_{\mathrm{b2}}b^3}{48E_{\mathrm{t}}I}=\frac{\sigma E_{\mathrm{s}}(2b+t)b^3}{4t^2E_{\mathrm{t}}(E_{\mathrm{s}}t+2E_{\mathrm{p}}b)}\tag{8-30}$$

2 方向上压缩总变形量为

$$\delta=\delta_{\mathrm{p1}}+\delta_{\mathrm{p2}}+w_2=\frac{\sigma(2b+t)\left[\left(4at^2E_{\mathrm{t}}+E_{\mathrm{s}}b^3\right)\left(2E_{\mathrm{s}}t+2E_{\mathrm{p}}b\right)+4at^2E_{\mathrm{t}}\left(E_{\mathrm{s}}t+2E_{\mathrm{p}}b\right)\right]}{4t^2E_{\mathrm{t}}\left(2E_{\mathrm{s}}t+2E_{\mathrm{p}}b\right)\left(E_{\mathrm{s}}t+2E_{\mathrm{p}}b\right)}\tag{8-31}$$

2 方向压缩总应变为

$$\varepsilon=\frac{\delta}{2a+t}=\frac{\sigma(2b+t)\left[\left(4at^2E_{\mathrm{t}}+E_{\mathrm{s}}b^3\right)\left(2E_{\mathrm{s}}t+2E_{\mathrm{p}}b\right)+4at^2E_{\mathrm{t}}\left(E_{\mathrm{s}}t+2E_{\mathrm{p}}b\right)\right]}{4t^2E_{\mathrm{t}}(2a+t)\left(2E_{\mathrm{s}}t+2E_{\mathrm{p}}b\right)\left(E_{\mathrm{s}}t+2E_{\mathrm{p}}b\right)}\tag{8-32}$$

2 方向的等效压缩弹性模量为

$$E_{\mathrm{c}}=\frac{\sigma}{\varepsilon}=\frac{4t^2E_{\mathrm{t}}(2a+t)\left(2E_{\mathrm{s}}t+2E_{\mathrm{p}}b\right)\left(E_{\mathrm{s}}t+2E_{\mathrm{p}}b\right)}{(2b+t)\left[\left(4at^2E_{\mathrm{t}}+E_{\mathrm{s}}b^3\right)\left(2E_{\mathrm{s}}t+2E_{\mathrm{p}}b\right)+4at^2E_{\mathrm{t}}\left(E_{\mathrm{s}}t+2E_{\mathrm{p}}b\right)\right]}\tag{8-33}$$

对于试件 DD-F8-D40，代入试件尺寸参数和材料力学参数，$a=b=75\mathrm{mm}$，$t=2.4\mathrm{mm}$，$E_{\mathrm{t}}=12.9\mathrm{GPa}$，$E_{\mathrm{s}}=2.5\mathrm{GPa}$，$E_{\mathrm{p}}=2.27\mathrm{MPa}$，可得试件的理论等效压缩弹性模量为 15.87 MPa，其试验值为 13.28MPa，理论计算值比试验值高 19.5%。

对于试件 TD-F8-D40，代入试件尺寸参数和材料力学参数，$a=37.5\mathrm{mm}$，$b=75\mathrm{mm}$，$t=2.4\mathrm{mm}$，$E_{\mathrm{t}}=12.9\mathrm{GPa}$，$E_{\mathrm{s}}=2.5\mathrm{GPa}$，$E_{\mathrm{p}}=2.27\mathrm{MPa}$，可得试件的理论等效压缩弹性模量为 8.97 MPa，其试验值为 7.21MPa，理论值计算比试验值高 24.4%。

8.3.4 梯形蜂窝等效弹性模量

基于矩形蜂窝、等六边形蜂窝和错位矩形蜂窝的等效弹性模量的计算，如图 8-52 所示截取基体单元，该基体单元模型的面积与矩形蜂窝的面积相同，且拥有独立的胞壁。基本单元体中胞壁的压缩弹性模量为 E_s，拉伸弹性模量为 E_t，胞壁厚度为 t，梯形水平薄壁长度为 a，斜向胞壁长度为 l，胞壁夹角为 θ，夹芯层的厚度为 h_c。在图 8-53 中，选取基本单元体为分析对象，基本单元体遭受 2 方向单向应力 σ 作用，并对梯形模型进行受力分析，如图 8-54 所示。

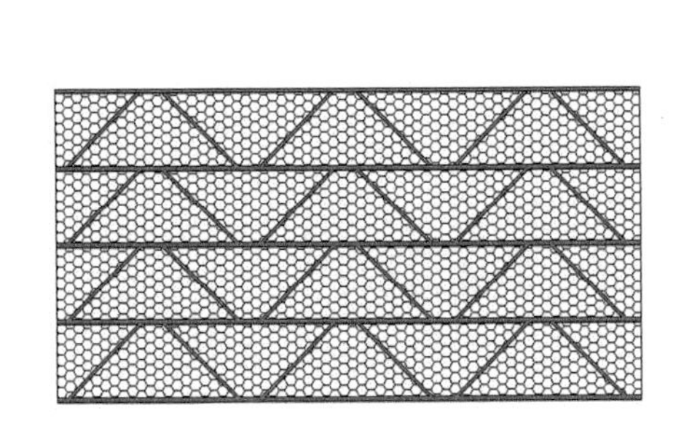
图 8-52　梯形模型示意图

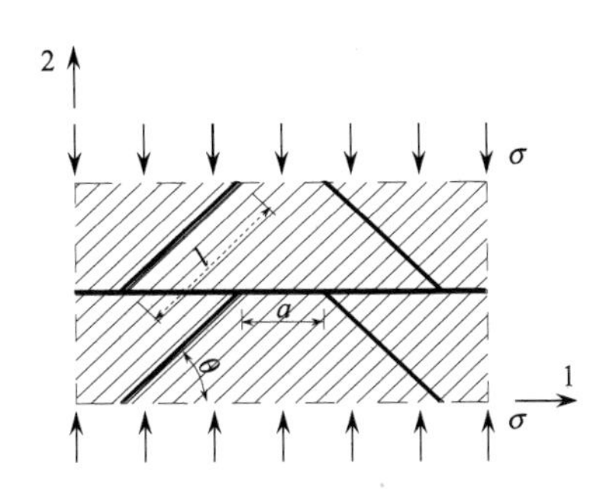

图 8-53　梯形基本单元体单向受力图

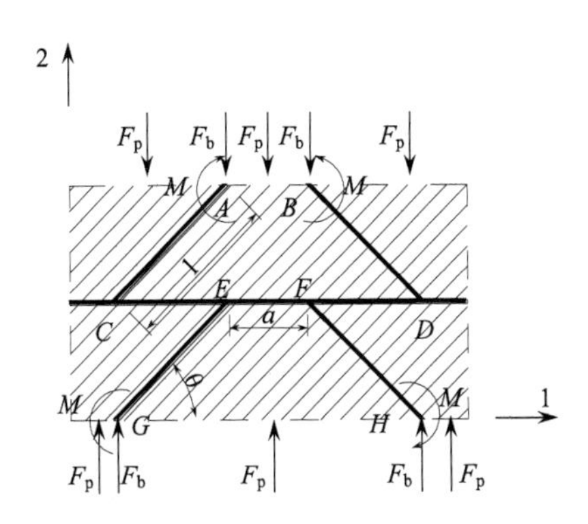

图 8-54　梯形模型受力分析图

对 Y 形模型，如图 8-54 所示，由力的平衡方程可以得到

$$2F_{\mathrm{p}} + 2F_{\mathrm{b}} = \sigma b(2a + 2l\cos\theta) \tag{8-34}$$

由于在 A 点处的转角为零，应有 $\theta_{F_{\mathrm{b}}} + \theta_M = 0$，代入得到

$$\theta_{F_{\mathrm{b}}} = \frac{F_{\mathrm{b}}(l\cos\theta)^2}{2EI}$$

$$\theta_M = -\frac{Ml\cos\theta}{EI} \tag{8-35}$$

$$M = \frac{F_{\mathrm{b}}}{2} l \cos\theta$$

由力 F_{b} 和弯矩 M 引起的胞壁 AC 在其垂直方向的挠度为

$$\delta_{AC1} = \frac{F_{\mathrm{b}} \cos\theta l^3}{3EI} - \frac{Ml^2}{2EI} = \frac{F_{\mathrm{b}} l^3 \cos\theta}{E_{\mathrm{t}} b t^3} \tag{8-36}$$

胞壁 AC 在力 F_{b} 作用下的轴向压缩量为

$$\delta_{AC2} = \frac{F_{\mathrm{b}} l \sin\theta}{E_{\mathrm{s}} b t} \tag{8-37}$$

填充材料在 2 方向的压缩变形量为

$$\delta_{\mathrm{p}} = \frac{E_{\mathrm{p}} l \sin\theta}{E_{\mathrm{p}} b(a + l\cos\theta)} \tag{8-38}$$

由填充材料与胞壁 AB 在 2 方向上变形协调可得

$$\delta_{\mathrm{p}} = \delta_{AC1} \cos\theta + \delta_{AC2} \sin\theta \tag{8-39}$$

将式(8-36)~式(8-38)代入式(8-39)得到

$$F_{\mathrm{p}} = \frac{E_{\mathrm{p}}(a + l\cos\theta)(l^2 E_{\mathrm{s}} \cos^2\theta + t^2 E_{\mathrm{t}} \sin^2\theta)}{E_{\mathrm{t}} E_{\mathrm{s}} t^3 \sin\theta} F_{\mathrm{b}} \tag{8-40}$$

将式(8-40)代入平衡方程(8-34)可得

$$F_{\mathrm{b}} = \frac{\sigma b(a + l\cos\theta) E_{\mathrm{t}} E_{\mathrm{s}} t^3 \sin\theta}{E_{\mathrm{t}} E_{\mathrm{s}} t^3 \sin\theta + E_{\mathrm{p}}(a + l\cos\theta)(l^2 E_{\mathrm{s}} \cos^2\theta + t^2 E_{\mathrm{t}} \sin^2\theta)} \tag{8-41}$$

$$F_{\mathrm{p}} = \frac{\sigma b(a + l\cos\theta)^2 (l^2 E_{\mathrm{s}} \cos^2\theta + t^2 E_{\mathrm{t}} \sin\theta)}{E_{\mathrm{t}} E_{\mathrm{s}} t^3 \sin\theta + E_{\mathrm{p}}(a + l\cos\theta)(l^2 E_{\mathrm{s}} \cos^2\theta + t^2 E_{\mathrm{t}} \sin^2\theta)} \tag{8-42}$$

胞壁 AC 与胞壁 EG 在 2 方向的等效应变为

$$\varepsilon_{AC} = \varepsilon_{EG} = \frac{\delta_{AC1}\cos\theta + \delta_{AC2}\sin\theta}{l\sin\theta} = \frac{F_{\mathrm{b}} l^2 E_{\mathrm{s}} \cos^2\theta + F_{\mathrm{b}} t^2 E_{\mathrm{t}} \sin^2\theta}{E_{\mathrm{t}} E_{\mathrm{s}} b t^3 \sin\theta} \tag{8-43}$$

水平胞壁在斜向胞壁 EG 与胞壁 FH 作用下的挠度为

$$w_{EG} = \frac{F_{\mathrm{b}} bx}{6lEI}(l^2 - b^2 - x^2) = \frac{4F_{\mathrm{b}} \sin^2\theta l^2 \cos^2\theta (a + l\cos\theta)^2}{(a + 2l\cos\theta) E_{\mathrm{t}} b t^3} \tag{8-44}$$

$$w_{FH} = \frac{F_{\mathrm{b}} bx}{6lEI}(l^2 - b^2 - x^2) = \frac{2F_{\mathrm{b}} \sin^2\theta \cdot l\cos\theta (a + l\cos\theta)(a^2 + 4al\cos\theta + 2l^2\cos^2\theta)}{(a + 2l\cos\theta) E_{\mathrm{t}} b t^3} \tag{8-45}$$

2 方向的压缩总变形量为

$$\delta=\delta_{AC}+\delta_{EG}+w_{EG}+w_{FH}$$
$$=\frac{F_{\mathrm{b}}(l^3E_{\mathrm{s}}\cos^2\theta+lt^2E_{\mathrm{t}}\sin^2\theta)(a+2l\cos\theta)+F_{\mathrm{b}}E_{\mathrm{s}}\sin^2\theta\cdot l\cos\theta(a+l\cos\theta)(a^2+8al\cos\theta+6l^2\cos^2\theta)}{(a+2l\cos\theta)E_{\mathrm{t}}E_{\mathrm{s}}bt^3}\tag{8-46}$$

2 方向的压缩应变为

$$\varepsilon=\frac{\delta}{a+2l\cos\theta}=\frac{F_{\mathrm{b}}(l^3E_{\mathrm{s}}\cos^2\theta+lt^2E_{\mathrm{t}}\sin^2\theta)(a+2l\cos\theta)+F_{\mathrm{b}}E_{\mathrm{s}}\sin^2\theta\cdot l\cos\theta(a+l\cos\theta)(a^2+8al\cos\theta+6l^2\cos^2\theta)}{(a+2l\cos\theta)^2E_{\mathrm{t}}E_{\mathrm{s}}bt^3}\tag{8-47}$$

则可得到 2 方向的等效压缩弹性模量为

$$E_{\mathrm{c}}=\frac{\sigma}{\varepsilon}=\frac{(a+2l\cos\theta)^2[E_{\mathrm{t}}E_{\mathrm{s}}t^3\sin\theta+E_{\mathrm{p}}(a+l\cos\theta)(l^2E_{\mathrm{s}}\cos^2\theta+t^2E_{\mathrm{t}}\sin^2\theta)]}{(a+l\cos\theta)[(l^3E_{\mathrm{s}}\cos^2\theta+lt^2E_{\mathrm{t}}\sin^2\theta)(a+2l\cos\theta)+E_{\mathrm{s}}\sin^2\theta\cdot l\cos\theta(a+l\cos\theta)(a^2+8al\cos\theta+6l^2\cos^2\theta)]}\tag{8-48}$$

对于试件 T-F8-D40-A45，代入试件尺寸参数和材料力学参数，a=11.6mm，l=53mm，t=2.4mm，E_{t}=12.9GPa，E_{s}=2.5GPa，E_{p}=2.27MPa，θ=45°，可得试件的理论等效压缩弹性模量为 0.076MPa，其试验值为 0.062MPa，理论计算值比试验值高 22.6%。

8.3.5 结论

空间格构增强泡沫夹芯复合材料由上下面层、泡沫夹芯和格构腹板组成。对不同形式的蜂窝进行等效模型研究，并对等效模型进行分析计算，得出不同蜂窝模型的等效力学参数。本节研究得到以下结论：

(1) 对于矩形蜂窝，运用等效十字模型，计算得出其面内等效弹性模量，理论计算值比试验值高 7.4%；对于等六边形蜂窝，运用等效 Y 模型，计算得出其面内等效弹性模量，理论计算值比试验值低 14.5%。

(2) 基于矩形蜂窝和正六边形蜂窝等效力学参数计算的基础上，选取错位十字模型，计算出双层错位矩形蜂窝和三层错位矩形蜂窝的面内等效弹性模量，双层错位矩形蜂窝的理论计算值比试验值高 19.5%，三层错位矩形蜂窝的理论值计算比试验值高 24.4%。

(3) 基于矩形蜂窝、正六边形蜂窝和错位矩形蜂窝等效力学参数计算的基础上，选取错位梯形模型，计算出梯形蜂窝的面内等效弹性模量，理论计算值比试验值高 22.6%。

8.4　空间格构腹板增强泡沫夹芯复合材料数值模拟

8.4.1　有限元模型的建立

1. 单元类型与材料模型

1) 单元类型

本节对空间格构增强泡沫夹芯复合材料进行有限元数值模拟时，不同截面形式试件的 GFRP 内外面层、竖直与斜向格构腹板采用薄壳单元 Shell 163 模拟，通过设置实常数(real constant)来定义不同 GFRP 的厚度；试件泡沫、试验加载板和垫板采用实体单元 Solid 164 模拟。

2) 材料模型

本节 GFRP 选用复合材料损伤模型*MAT_Composite_Damage(材料编号 22)，此模型可应用于壳单元和三维实体单元模拟。该模型的材料参数主要有：密度 ρ，三个方向的弹性模量、剪切模量、泊松比，材料体积模量 Bulk Modulus，剪切强度 S_c，纵向拉伸强度 X_t，横向拉伸强度 Y_t，横向压缩强度 Y_c，非线性剪切系数 α。材料参数见表 8-9。

表 8-9　GFRP 模型材料参数

参数	ρ/(g/cm^3)	E_X/GPa	E_Y/GPa	E_Z/GPa	G_{XY}/GPa
数值	1.8	12.9	12.9	4.30	2.5
参数	G_{XZ}/GPa	G_{YZ}/GPa	NU_{XY}	NU_{XZ}	NU_{YZ}
数值	1.25	1.25	0.15	0.1	0.1
参数	S_c/MPa	X_t/MPa	Y_t/MPa	Y_c/MPa	α
数值	55.0	322.9	322.9	168.2	0.3

聚氨酯泡沫采用可压碎泡沫模型*MAT_Crushable_Foam(材料编号 63)，材料参数主要有密度 ρ、弹性模量 E、泊松比 ν，将泡沫的应力-应变曲线等效成三折曲线作为泡沫的加载应变曲线。当泡沫的剪切应变达到 0.065 时，单元破坏。

加载板和垫板采用刚体材料模型*MAT_Rigid(材料编号 20)，材料参数主要有密度 ρ、弹性模量 E、泊松比 ν。泡沫模型和刚体模型的材料参数列于表 8-10。

表 8-10　聚氨酯泡沫和刚体模型材料参数

参数	ρ/(g/cm^3)	E/MPa	ν
聚氨酯泡沫	0.04	2.48	0.3
聚氨酯泡沫	0.06	7.59	0.3
刚体	7.8	2.0×10^5	0.27

2. 有限元模型建立

本节通过 ANSYS/LS-DYNA 的 GUI 界面建立几何分析模型，模型尺寸依据试件的设计尺寸。对于 GFRP 面层、格构腹板和聚氨酯泡沫合并节点，不考虑三者之间的黏结滑移。竖直格构试件几何模型的聚氨酯泡沫网格划分采用六面体网格映射划分(Mapped Mesh)，斜向格构试件几何模型的聚氨酯泡沫网格划分采用四面体网格自由划分(Free Mesh)，见图 8-55。有限元模型的边界控制条件与试验加载控制条件一致，垫板采用全约束(All DOF)，约束三个方向的位移与转动。加载板采用函数加载(Specify Loads)方式，控制其匀速加载，加载速率为 2mm/min。加载板与复合材料试件之间采用自接触方式(*CONTACT_AUTOMATIC_SURFACE_TO_SURFACE)，静摩擦系数和动摩擦系数设置为 0.1。将建立完成的有限元输出为关键字文件，运用 LS-Program Manager 计算求解关键字文件，运用 LS-PREPOST 后处理程序可视化后处理有限元计算结果。

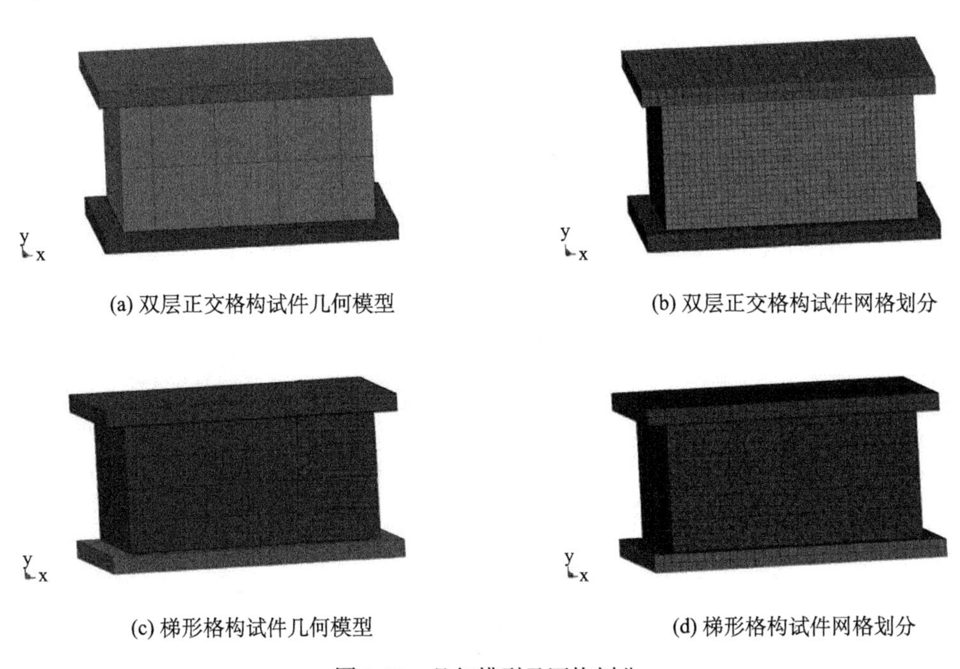

(a) 双层正交格构试件几何模型　(b) 双层正交格构试件网格划分

(c) 梯形格构试件几何模型　(d) 梯形格构试件网格划分

图 8-55　几何模型及网格划分

8.4.2　有限元模拟结果分析

本节利用 LS-DYNA 对空间格构腹板泡沫夹芯复合材料进行有限元数值模拟，将试验结果与数值模拟结果进行对比。

1. 变形与应力

1) 竖直格构腹板

由图 8-56 可知，竖直格构腹板试件的有限元数值模拟所得的变形图与试验压缩变形较为吻合。竖直格构腹板在压缩后朝一侧弯曲破坏，与试验中竖直格构腹板压缩屈曲破坏相同。聚氨酯泡沫在压缩中被逐渐压扁，外侧的泡沫未发生剪切破坏，与试验现象相符。

(a) GFRP

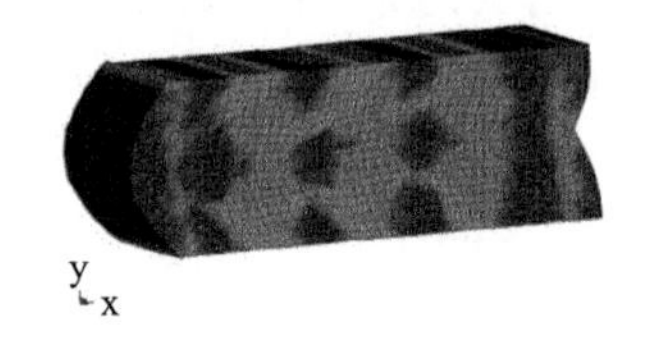

(b) 聚氨酯泡沫

(c) 试验

图 8-56　竖直格构腹板试件变形与应力云图

2) 双层正交格构腹板

由图 8-57 可知，在准静态压缩试验中，双层正交格构腹板试件(DO-F8-D40)的破坏为格构腹板层间剥离，其原因为上下两层竖直格构在加工时未完全对齐。而有限元数值模拟中，上下两层竖直格构腹板由于合并节点，未形成上下竖直格构的微小错位，其破坏模式为竖直格构腹板的弯曲破坏。聚氨酯泡沫在压缩中被逐渐压实，与试验中夹芯泡沫被逐渐压扁的试验现象相符。

(a) GFRP

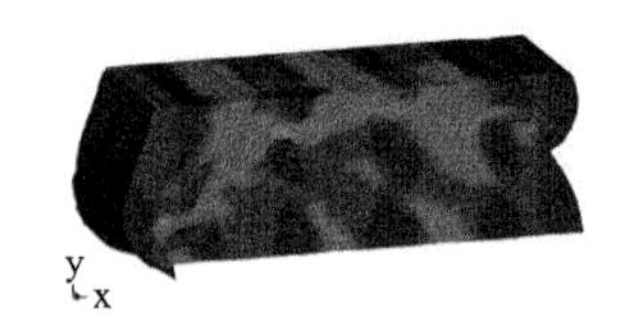

(b) 聚氨酯泡沫

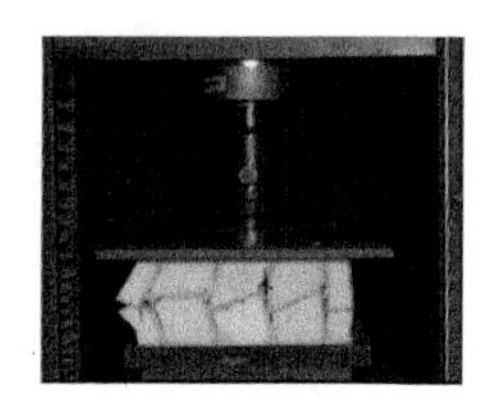

(c) 试验

图 8-57　双层正交格构腹板试件变形与应力云图

3) 双层错位格构腹板

由图 8-58 可知，有限元数值模拟中，双层错位格构腹板试件(DD-F8-D40)的水平格构腹板逐渐水平弯曲变形破坏，竖直格构腹板为弯曲变形，其破坏变形逐渐形成个字型，与试验中格构腹板弯曲破坏较为吻合。试验中外侧聚氨酯泡沫在压缩时产生剪切裂缝，中部泡沫逐渐被压实，而有限元数值模拟中两侧泡沫应力分布小，中部受挤压的泡沫应力最大。

(a) GFRP　(b) 聚氨酯泡沫　(c) 试验

图 8-58　双层错位格构腹板试件变形与应力云图

4) 三层错位格构腹板

由图 8-59 可知，有限元数值模拟中，三层错位格构腹板试件 (TD-F8-D40) 的中间两层水平格构腹板逐渐水平弯曲变形破坏，竖直格构腹板为弯曲变形，与试验中格构腹板弯曲破坏较为吻合。但试验中部分竖直格构腹板先发生弯曲破坏，同时也存在部分竖直格构腹板未发生弯曲变形，与有限元模拟中竖直格构腹板整体弯曲变形相差较大。试验中外侧聚氨酯泡沫在压缩时与水平格构剥离破坏或产生剪切裂缝，中部泡沫逐渐被压实。有限元数值模拟中两侧泡沫应力分布小，中部受挤压的泡沫应力最大。

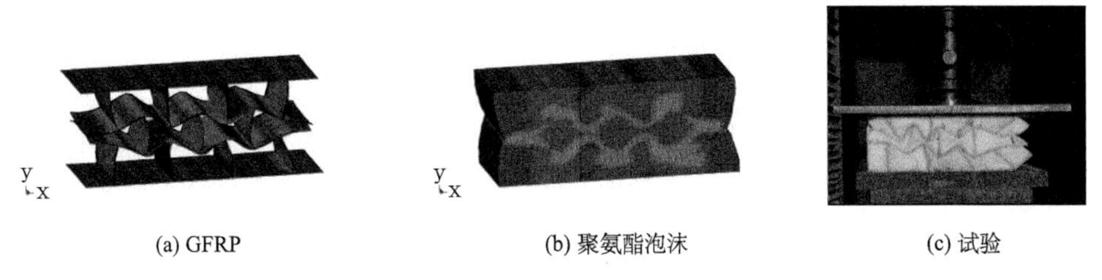

(a) GFRP　(b) 聚氨酯泡沫　(c) 试验

图 8-59　三层错位格构腹板试件变形与应力云图

5) 六边形格构腹板

由图 8-60 可知，有限元数值模拟中，六边形格构腹板试件 (H-F8-D40) 的六边形格构被逐渐压扁，角部水平位移持续增大，两侧聚氨酯泡沫受压向两侧鼓出，内部聚氨酯泡沫被逐渐压实，泡沫应力逐渐增大。试验中泡沫与六边形格构变形不一致产生剥离破坏或泡沫产生剪切裂缝，与有限元数值模拟的结果存在较大的误差。

6) 梯形格构腹板

由图 8-61 可知，试验中梯形格构腹板试件 (T-F8-D40) 上下两层梯形格构产生格构剥离破坏，且剥离裂缝逐渐扩展。有限元数值模拟中梯形格构被逐渐压实，未能有效地模拟出格构层间剥离破坏，其数值模拟结果误差较大。

7) 变角度梯形格构腹板

由图 8-62 可知，试验中 45°与 60°梯形格构试件压缩时水平格构压缩弯曲，斜向格构逐渐压扁，泡沫逐渐压实。而有限元数值模拟中，45°与 60°梯形试件的水平格构被逐渐压弯，斜向格构被逐渐压缩靠拢，泡沫被压缩密实，与试验现象较为吻合。试验中 75°梯形格构试件压缩时上下两层斜向格构层间剥离，而有限元数值模拟中，75°梯形试件的水平格构被逐渐弯曲，与斜向格构层间剥离的破坏现象相差较大。

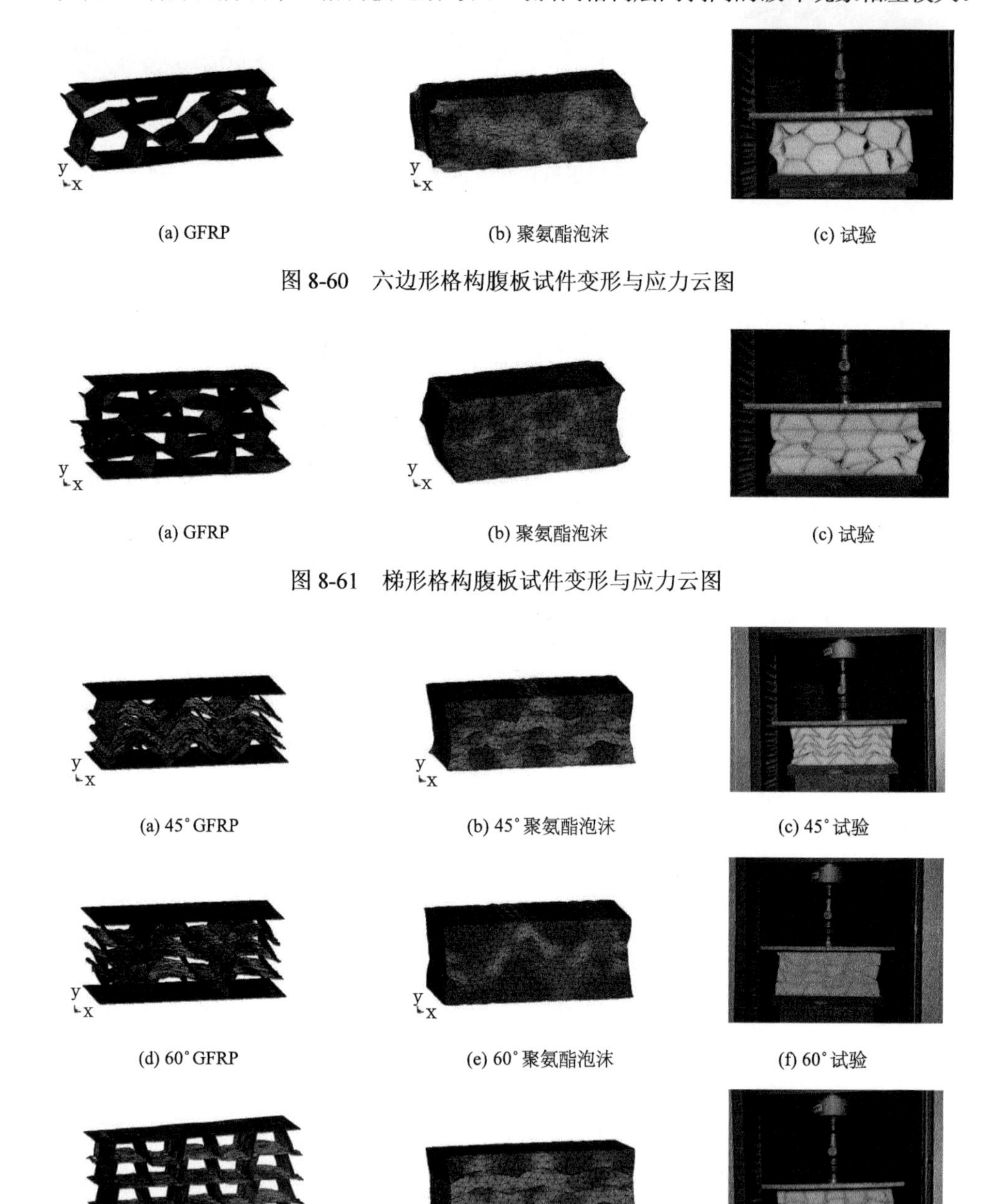

(a) GFRP　　(b) 聚氨酯泡沫　　(c) 试验

图 8-60　六边形格构腹板试件变形与应力云图

(a) GFRP　　(b) 聚氨酯泡沫　　(c) 试验

图 8-61　梯形格构腹板试件变形与应力云图

(a) 45° GFRP　　(b) 45° 聚氨酯泡沫　　(c) 45° 试验

(d) 60° GFRP　　(e) 60° 聚氨酯泡沫　　(f) 60° 试验

(g) 75° GFRP　　(h) 75° 聚氨酯泡沫　　(i) 75° 试验

图 8-62　变角度梯形格构腹板试件变形与应力云图

2. 荷载-位移曲线

空间格构腹板试件准静态压缩的荷载-位移曲线试验值与有限元模拟值对比见图 8-63，试件的弹性极限承载力、弹性位移和初始刚度见表 8-11。

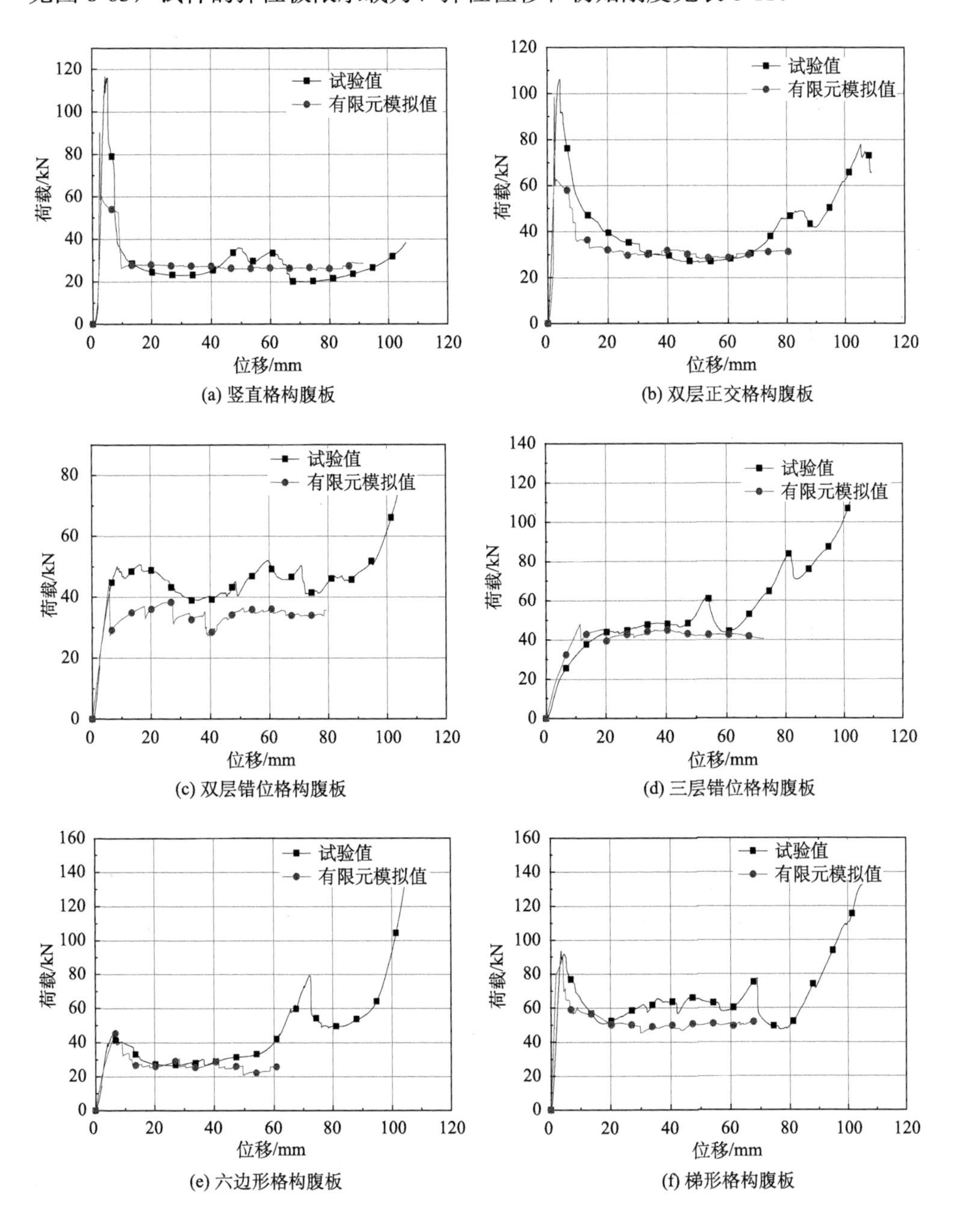

(a) 竖直格构腹板

(b) 双层正交格构腹板

(c) 双层错位格构腹板

(d) 三层错位格构腹板

(e) 六边形格构腹板

(f) 梯形格构腹板

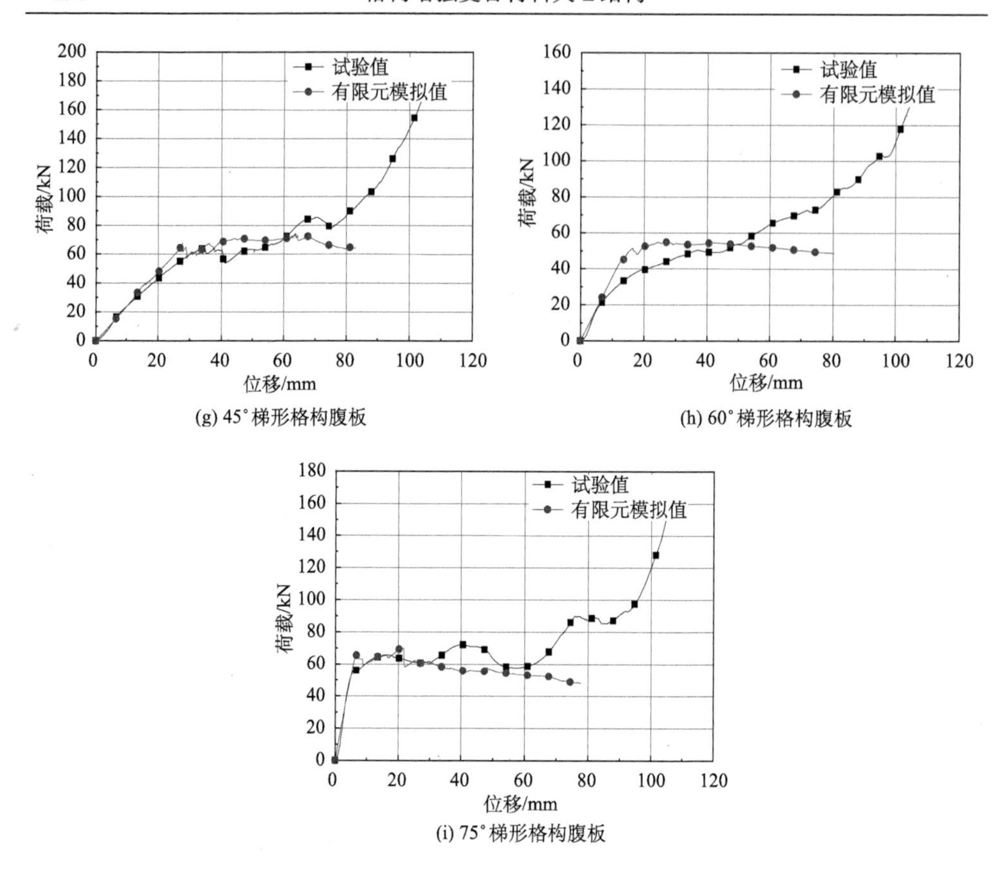

图 8-63　空间格构腹板试件荷载-位移曲线对比

表 8-11　空间格构腹板试件试验值与有限元模拟值对比

试件编号	弹性极限承载力			弹性位移			初始刚度		
	试验值/kN	有限元模拟值/kN	误差/%	试验值/mm	有限元模拟值/mm	误差/%	试验值/(kN/mm)	有限元模拟值/(kN/mm)	误差/%
V-F2-D40	114.2	90.4	−20.8	5.2	3.6	−30.7	22.0	25.1	14.1
DO-F2-D40	110.6	98.5	−10.9	4.7	3.8	−19.1	23.9	25.9	8.4
DD-F2-D40	54.5	46.2	−15.2	9.8	6.7	−31.6	5.6	6.9	23.2
TD-F2-D40	37.4	45.6	21.9	12.7	17.6	38.6	3.0	2.6	−13.3
H-F2-D40	39.0	45.7	17.2	6.1	6.8	11.5	6.5	6.7	3.1
T-F2-D40	81.6	89.9	10.1	4.0	4.1	2.5	20.7	22.5	8.7
T-F2-D40-A45	59.4	68.7	15.7	32.5	27.9	−14.2	1.9	2.5	31.6
T-F2-D40-A60	34.3	41.1	19.8	15.9	13.8	−13.2	2.2	2.9	31.8
T-F2-D40-A75	60.0	65.8	9.7	6.8	7.3	7.4	8.9	9.0	1.1

由图 8-63 可知，空间格构腹板试件的有限元模拟曲线与试验加载曲线吻合较好。在弹性压缩阶段，有限元模拟值与试验值较为接近。在平台阶段和压实阶段，由于有限元模拟中可压碎泡沫模型*MAT_Crushable_Foam 添加破坏准则，当其受到的压应力过大或达到剪切破坏时，删除破坏单元，因此有限元模拟曲线略低于试验加载曲线，其承载力未表现出明显的强化上升阶段。

由表 8-11 可知，空间格构腹板试件的初始刚度有限元模拟值略大于试验值，且存在较大的波动。误差产生的原因首先是试件制作时格构腹板的外侧交界处不可避免地产生凸起褶皱，试验压缩时先完全压缩褶皱，其承载力偏低，导致其初始刚度偏低。其次，斜向的空间格构腹板在真空导入一次成型时，包裹纤维布的夹芯泡沫由两侧向内受压沿斜边方向产生不可忽略的滑动，导致建立的有限元模型与实际加工的试件存在不可避免的误差，其初始刚度也会存在较大的波动。最后，有限元模拟中无法有效模拟出格构腹板与泡沫夹芯的剥离破坏及格构腹板与格构腹板的层间剥离破坏，导致有限元模拟值略高于试验值。

8.4.3　有限元参数分析

本节基于最优的空间格构布置类型，即 T-F2-D40-A45 截面形式，展开有限元参数分析，这里主要考虑泡沫密度和格构厚度的影响。

1. 泡沫密度的影响

保持斜向梯形格构腹板的厚度不变，泡沫密度取 20kg/m^3、40kg/m^3 和 60kg/m^3，得到试件 T-F2-D20-A45、T-F2-D40-A45 和 T-F2-D60-A45 荷载-位移曲线，见图 8-64，分析泡沫密度对其承载力性能的影响，计算试件的弹性极限承载力、弹性位移和初始刚度，见表 8-12。

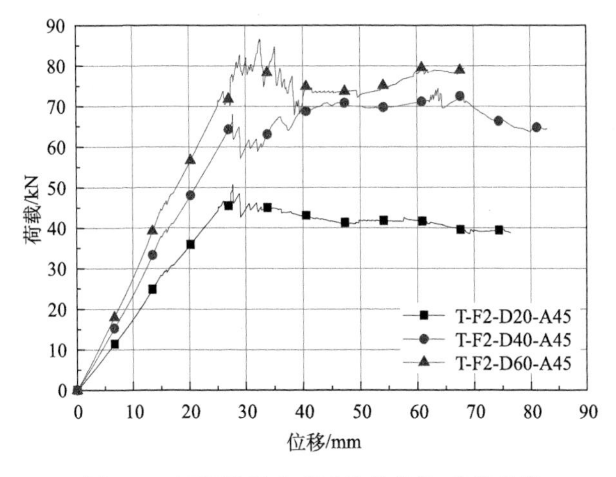

图 8-64　不同泡沫密度试件的荷载-位移曲线

表 8-12　不同泡沫密度试件的弹性极限承载力、弹性位移和初始刚度

试件编号	弹性极限承载力/kN	弹性位移/mm	初始刚度/(kN/mm)
T-F2-D20-A45	53.2	28.3	1.88
T-F2-D40-A45	68.7	27.9	2.46
T-F2-D60-A45	79.8	26.5	3.01

由图 8-64 和表 8-12 可知，保持格构厚度不变，改变泡沫密度，试件的弹性极限承载力分别提高 29.1%和 50%，但是其对应的弹性位移变化不大，试件的初始刚度明显增加，分别提高 30.9%和 60.1%。

2. 格构厚度的影响

保持夹芯泡沫的密度不变，斜向梯形格构腹板的厚度依次取 1.2mm、2.4mm 和 3.6mm，得到试件 T-F1-D40-A45、T-F2-D40-A45 和 T-F3-D40-A45 的荷载-位移曲线见图 8-65，分析格构腹板厚度对其承载力性能的影响，计算试件的弹性极限承载力、弹性位移和初始刚度，见表 8-13。

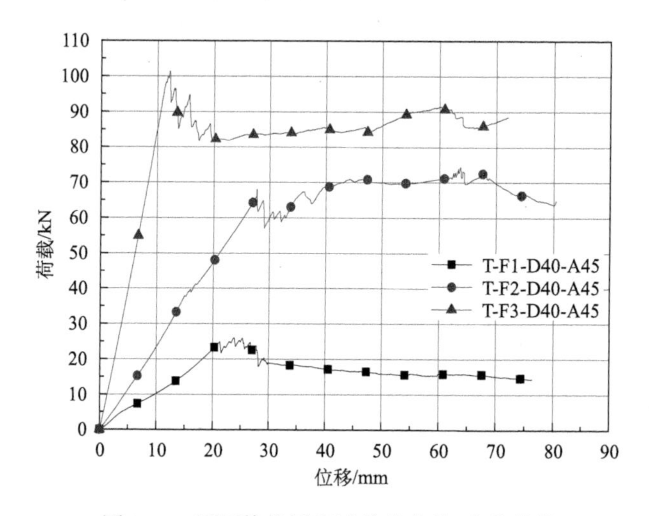

图 8-65　不同格构厚度试件的荷载-位移曲线

表 8-13　不同格构厚度试件的弹性极限承载力、弹性位移和初始刚度

试件编号	弹性极限承载力/kN	弹性位移/mm	初始刚度/(kN/mm)
T-F1-D40-A45	24.8	21.3	1.16
T-F2-D40-A45	68.7	27.9	2.46
T-F3-D40-A45	101.4	12.2	8.30

由图 8-65 和表 8-13 可知，保持夹芯泡沫的密度不变，改变梯形格构腹板的厚度，试件的弹性极限承载力得到极大的提升，分别提高了 177%和 308.9%；试件的弹性位移可能会变大，也可能会变小；其初始刚度明显增加，分别提高了 112.1%和 615.5%。

8.4.4　结论

本节利用 ANSYS/LS-DYNA 有限元软件对空间格构增强泡沫夹芯复合材料进行准静态压缩有限元模拟，对加载变形和承载力性能进行了分析，与试验值进行了对比。对 T-F2-D40-A45 试件展开有限元参数分析，主要考虑泡沫密度和格构厚度的影响。研究表明：

(1) 准静态压缩试验与有限元模拟的破坏模式吻合较好。有限元模拟中格构腹板的弯曲变形与屈曲破坏和夹芯泡沫的挤压与试验现象比较相符。有限元模拟中格构腹板与泡沫的剥离、格构腹板与格构腹板的剥离破坏不如压缩试验中明显。

(2) 利用 LS-DYNA 有限元软件对空间格构腹板复合材料试件进行准静态模拟，其荷载-位移曲线在弹性阶段与试验曲线吻合较好。试件初始刚度的有限元模拟值略高于试验值。

(3) 利用 LS-DYNA 有限元软件对 45°梯形格构腹板试件进行参数分析，增加泡沫密度和梯形格构腹板的厚度，试件的弹性极限承载力和初始刚度均得到显著提升，其中增加格构腹板厚度对其承载力性能提升最大，弹性极限承载力分别提高了 177%和 308.9%，初始刚度分别提高了 112.1%和 615.5%。

参 考 文 献

[1] 赵金森. 铝蜂窝夹芯板的力学性能等效模型研究[D]. 南京：南京航空航天大学, 2006.

[2] 金晖. 矩形填充多孔材料夹芯结构的力学性能等效模型研究[D]. 南京：南京航空航天大学, 2009.

[3] 中华人民共和国国家质量监督检验检疫总局, 中国国家标准化管理委员会. 纤维增强塑料拉伸性能试验方法(GB/T 1447—2005)[S]. 北京：中国标准出版社, 2005.

[4] 中华人民共和国国家质量监督检验检疫总局, 中国国家标准化管理委员会. 纤维增强塑料压缩性能试验方法(GB/T 1448—2005)[S]. 北京：中国标准出版社, 2005.

[5] 中华人民共和国国家质量监督检验检疫总局, 中国国家标准化管理委员会. 硬质泡沫塑料压缩性能的测定(GB/T 8813—2008)[S]. 北京：中国标准出版社, 2008.

[6] 中华人民共和国国家质量监督检验检疫总局, 中国国家标准化管理委员会. 夹层结构或芯子平压性能试验方法(GB/T 1453—2005)[S]. 北京：中国标准出版社, 2005.

第 9 章　格构增强泡沫夹芯复合材料圆筒结构侧压吸能研究

9.1　引　　言

本章以试验为基础，对格构增强泡沫夹芯复合材料圆筒在侧向准静态压缩作用下的力学性能和耗能特性进行研究。首先，采用两平板对压的方法对复合材料圆筒试件进行准静态压缩试验并分析其在压缩过程中的破坏模式以及引入能量吸收值、比吸能等参数对试件耗能的影响；其次，基于能量法与层合理论，运用等效十字模型将格构腹板和泡沫芯材等效为均质材料，得到其面内等效弹性模量与侧向压缩下试件荷载和位移的关系；最后，利用有限元分析软件对格构增强泡沫夹芯复合材料圆筒侧向压缩试验进行数值模拟，验证有限元结果的准确性。

9.2　格构增强泡沫夹芯复合材料圆筒结构侧压吸能试验研究

9.2.1　试件设计与制备

1. 试件设计

本章设计的格构增强泡沫夹芯复合材料圆筒试件外径为 500mm，内径为 300mm，内外面层、纵向格构腹板和横向格构腹板壁厚度均为 2.4mm，长度为 500mm。本章研究格构增强复合材料泡沫夹芯圆筒结构在侧向压缩下的力学行为和耗能特性，设计了 8 个筒形试件，共 2 组，一组在内筒内部填充密度级别为 500 级的陶粒，另一组不填充陶粒，试件尺寸参数见表 9-1 和图 9-1。

表 9-1　试件尺寸

试件编号	外径/mm	内径/mm	高度/mm	纵向格构			横向格构			面层厚度/mm	有无陶粒
				数量	间距/mm	厚度/mm	数量	间距/mm	厚度/mm		
D500-N	500	300	500	—	—	—	—	—	—	2.4	无
D500-L8-T3	500	300	500	8	196	2.4	3	200	2.4	2.4	无
D500-L12-T4	500	300	500	12	131	2.4	4	133	2.4	2.4	无
D500-L16-T5	500	300	500	16	98	2.4	5	100	2.4	2.4	无
D500-N-C	500	300	500	—	—	—	—	—	—	2.4	有

续表

试件编号	外径/mm	内径/mm	高度/mm	纵向格构			横向格构			面层厚度/mm	有无陶粒
				数量	间距/mm	厚度/mm	数量	间距/mm	厚度/mm		
D500-L8-T3-C	500	300	500	8	196	2.4	3	200	2.4	2.4	有
D500-L12-T4-C	500	300	500	12	131	2.4	4	133	2.4	2.4	有
D500-L16-T5-C	500	300	500	16	98	2.4	5	100	2.4	2.4	有

注：D500 表示试件外径为 500mm，N 表示无格构腹板，C 表示填充陶粒，L8 表示纵向格构腹板数量为 8 个，T3 表示横向格构腹板数量为 3 个。

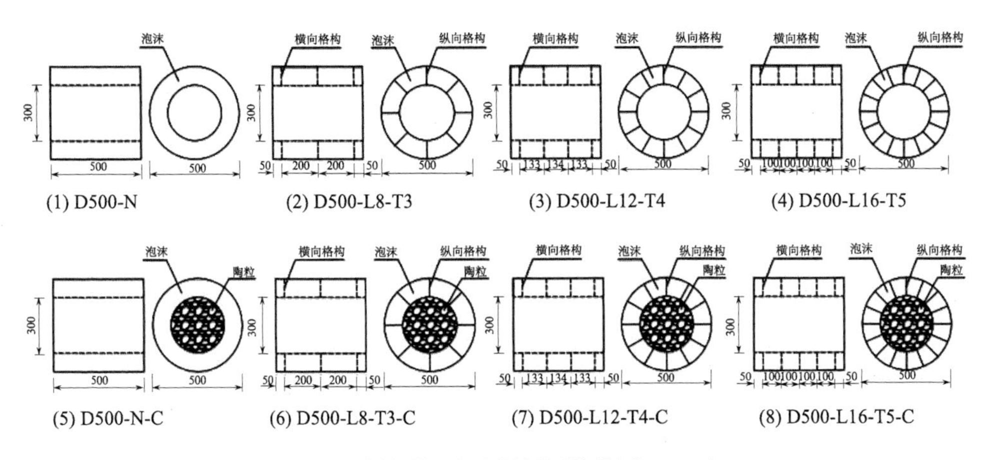

图 9-1　格构增强复合材料圆筒(单位：mm)

2. 试件制备

本章试验试件的制作方法采用真空导入工艺，该工艺的工作原理如下：先将导流管进行封堵，利用真空泵抽出铺设在试件外部真空袋中的空气，将导流管解封并放入装有树脂的容器中，树脂在大气压的作用下自动流入真空袋中，并通过导流布浸湿玻璃纤维布，树脂固化后形成试件的内外面层和格构腹板。具体的制备过程见第 2 章。

9.2.2　材性试验

1. GFRP 材性试验

GFRP 材性试验片材由[0/90°]和[–45°/45°]无碱玻璃纤维布与 HS-2101-G100 型不饱和聚酯树脂通过真空导入工艺制备而成。单层纤维布密度为 800g/m^2，固化后单层厚度约为 0.6mm，试验片材玻璃纤维布铺层方式与试验试件相同。GFRP

片材拉伸与压缩试验采用万能试验机，试验机量程为300kN，精度为0.01kN，选用连续加载，试验数据采用东华静态应变仪DH-3816采集系统采集。对于拉伸和压缩试验，分别制作5个片材试件。

1) GFRP片材拉伸试验

本章GFRP片材拉伸试验参照《纤维增强塑料拉伸性能试验方法》(GB/T 1447—2005) [1]进行，具体的试验过程可参见第2章。试验所得具体参数见表9-2。

表9-2　GFRP材料拉伸性能试验表

序号	宽度/mm	厚度/mm	抗拉强度			拉伸弹性模量		
			试验值/MPa	平均值/MPa	变异系数/%	试验值/GPa	平均值/GPa	变异系数/%
1	25.00	2.46	305.2			19.35		
2	25.30	2.50	310.9			19.78		
3	25.06	2.44	337.7	322.9	4.3	20.50	20.08	2.5
4	24.82	2.58	331.3			20.38		
5	25.50	2.46	329.4			20.39		

2) GFRP片材压缩试验

本章GFRP片材压缩试验参照《纤维增强塑料压缩性能试验方法》(GB/T 1448—2005) [2]进行，GFRP压缩试件尺寸取10mm×10mm×30mm，切割试件时需保证试件两端平整。GFRP压缩试验采用MTS万能试验机，试验机量程为300kN，压缩试验加载速率为2mm/min。试验加载布置见图9-2，试验所得具体参数见表9-3。GFRP试件的应力-应变关系在压缩初期呈现线弹性特征，应变率达到约0.025s^{-1}时出现极限荷载，树脂基体开裂，承载力迅速下降，压缩试件端部张开，有较多断裂的树脂粉末。

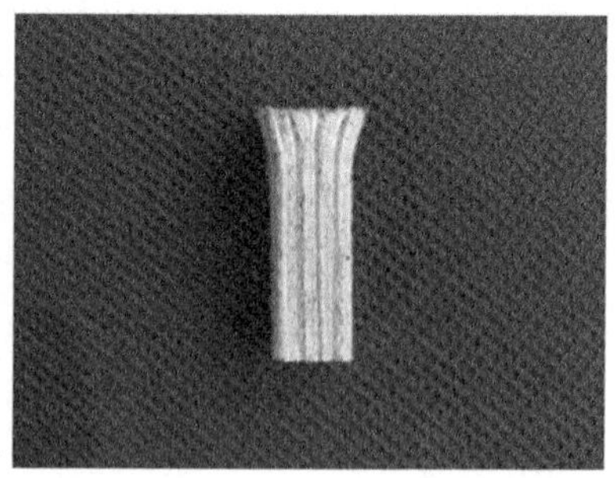

图9-2　GFRP压缩试验加载

表 9-3　GFRP 材料压缩性能试验表

序号	宽度/mm	厚度/mm	高度/mm	抗压强度			压缩弹性模量		
				试验值/MPa	平均值/MPa	变异系数/%	试验值/GPa	平均值/GPa	变异系数/%
1	9.96	9.06	30.70	179.3			19.82		
2	10.10	9.18	30.52	177.2			19.67		
3	10.08	9.34	30.72	164.4	168.2	5.6	19.02	19.18	2.9
4	9.72	9.04	30.76	158.2			18.88		
5	10.08	9.12	30.56	161.9			18.51		

2. 聚氨酯泡沫材性试验

本章聚氨酯泡沫芯材压缩性能试验参照《硬质泡沫塑料压缩性能的测定》(GB/T 8813—2008)[3]进行，泡沫压缩试件尺寸为 50mm×50mm×50mm 的立方体试块，制作 5 个压缩试件。聚氨酯泡沫压缩试验采用 MTS 万能试验机，试验机量程为 300kN，压缩试验加载速率为 2mm/min，试验加载布置见图 9-3，试验所得应力-应变曲线见图 9-4，试验所得具体参数见表 9-4。

图 9-3　聚氨酯泡沫压缩试验加载

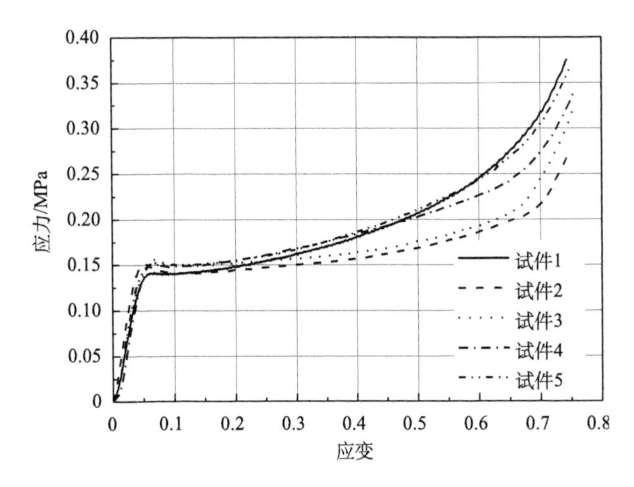

图 9-4　聚氨酯泡沫压缩试验应力-应变曲线

表 9-4　聚氨酯泡沫材性试验表

序号	长度/mm	宽度/mm	高度/mm	抗压强度			压缩弹性模量		
				试验值/MPa	平均值/MPa	变异系数/%	试验值/MPa	平均值/MPa	变异系数/%
1	51.08	50.68	51.10	0.140	0.151	4.21	2.50	2.48	14.44
2	51.10	50.50	51.00	0.152			3.03		
3	50.60	50.74	50.70	0.157			2.54		
4	49.42	49.62	51.24	0.153			2.13		
5	49.94	50.70	50.64	0.151			2.19		

聚氨酯泡沫试件的应力-应变曲线在压缩初期呈现线弹性特征，当应变介于0.05~0.07时达到线弹性的峰值应力(压缩强度)，约为0.15MPa；随着继续加载，应力稍有下降，接着应力进入平台阶段，并稍有上升；当应变达到0.6左右时，泡沫进入压实阶段，随着泡沫不断被压实，应力上升加快。泡沫在压缩过程中，侧面略有外凸和褶皱现象。

3. 陶粒筒压试验

陶粒属于一种粗集料，可运用承压筒法来测定其平均相对强度。试验采用粗集料标准承压筒，承压筒由圆柱形筒体、冲压模和导向筒三部分组成。试验过程参照《轻集料及其试验方法　第2部分：轻集料试验方法》(GB/T 17431.2—2010)[4]进行，以300~500N/s的速度匀速加载，当冲压模达到20mm时，记下压力值。筒压强度按式(9-1)计算：

$$f_a = \frac{p}{F} \tag{9-1}$$

式中，f_a为陶粒的筒压强度，MPa；p为压入深度为20mm时的压力值，N；F为承压面积(即冲压模面积)，F=10000mm^2。

陶粒筒压试验荷载-位移曲线见图9-5，试验所得具体参数见表9-5。

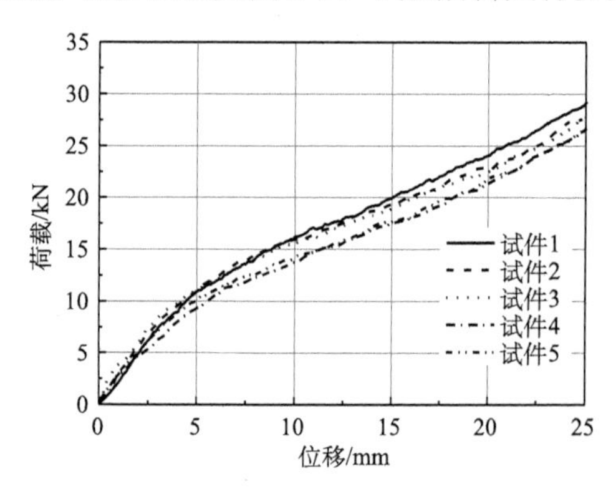

图 9-5　陶粒筒压试验荷载-位移曲线

表 9-5　陶粒筒压试验表

序号	20mm 压力值 p/kN	筒压强度试验值 f_a/MPa	筒压强度平均值/MPa	变异系数/%
1	24.05	2.41		
2	22.66	2.27		
3	22.53	2.25	2.25	4.54
4	21.40	2.14		
5	21.86	2.19		

9.2.3　准静态侧压吸能试验

1. 试验方案

试验加载采用微机控制电子万能试验机，最大试验力为 1000kN，试验机测力精度等级为 0.5 级，位移分辨率为 0.01mm，位移测量准确度为±0.5%，变形测量准确度为±0.5%。试验加载速率控制在 2mm/min，加载方式采用连续加载，试验加载方向为侧向加载，加载板长度与试件等高，设置两个量程为 25cm 的 YHD 型位移计辅助采集加载位移，位移参数和应变值通过东华静态应变仪 DH-3816 采集系统采集，试件内、外面层中部每间隔 45°布置一组纵向、环向应变片，每个试件共 32 个应变片。试验过程中记录试验现象，根据试验数据绘制试件的荷载-位移曲线。试验布置及示意图如图 9-6 所示。

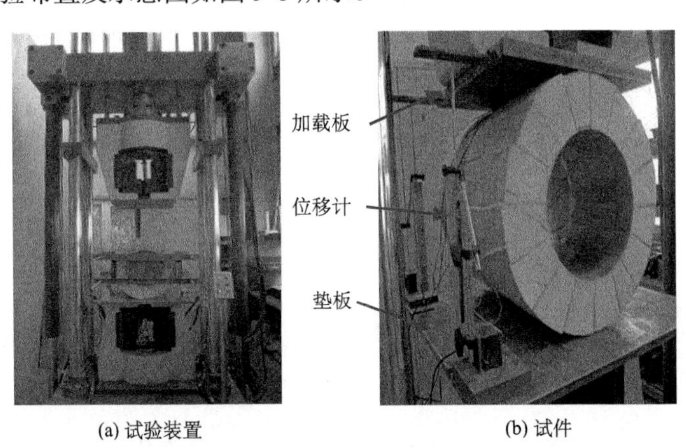

(a) 试验装置　　(b) 试件

图 9-6　格构增强复合材料防撞装置侧向压缩性能试验布置图

2. 试验结果

1) 无陶粒试验组

(1) 试件 D500-N。

试件 D500-N 的荷载-位移曲线见图 9-7，其加载过程见图 9-8。在匀速加载至

16.3mm 时呈现出良好的弹性阶段，之后开始发出轻微响声，并不断增大增快，承载力斜率略有下降；压缩量加至 21.8mm 时，120°外面层与泡沫之间的截面轻微剥离；当压缩量达到 28.5mm 时，试件的承载力达到弹性阶段的最大值 15.04kN，280°外面层至 330°内面层迅速发展出一条宽度为 1.1cm 的斜裂缝，承载力也突降至 11.3kN；随后承载力继续上升，当压缩量升至 44.1mm 时，170°内面层至 130°外面层泡沫芯材产生第二条斜裂缝，最宽处 1cm，并与外面层和泡沫剥离截面相连，承载力由 14.04kN 降至 9.38kN；之后，试件的承载力进入平台阶段，两条斜裂缝不断发展，当压缩量为 104.3mm 时，第一条斜裂缝长 22cm、宽 4cm，第二条斜裂缝长 16.5cm、宽 4.7cm（图 9-8（b）），0°和 180°内面板向内弯折，泡沫挤压褶皱；当压缩量在 118.1~213.7mm 时，内外面层逐渐压平，泡沫不断挤压密实，试件的承载力不断上升；当试件承载力上升至 15.94kN 时，随着一声巨响，第二

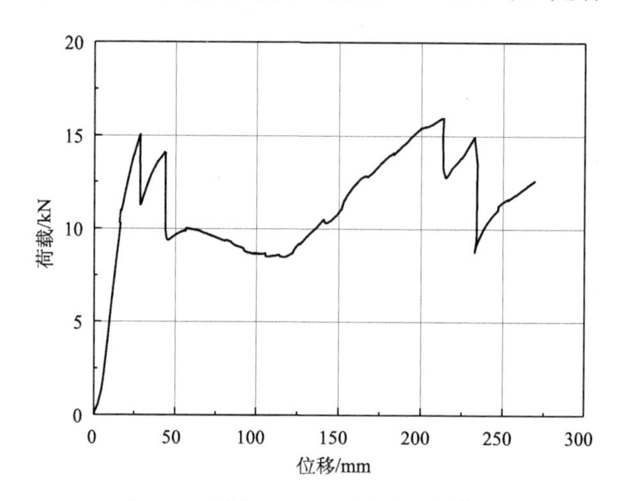

图 9-7　试件 D500-N 荷载-位移曲线

(a)

(b)

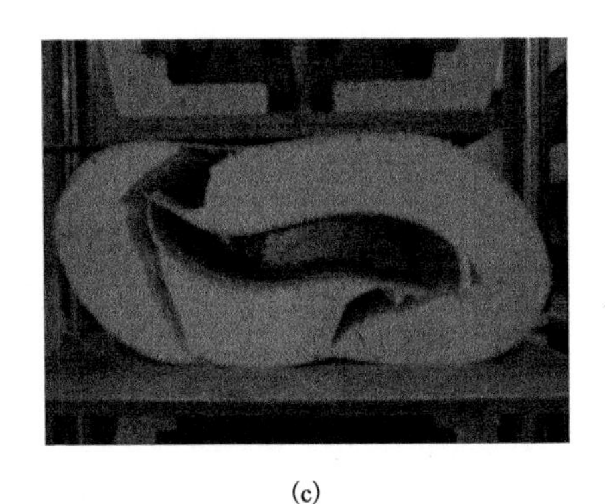

(c)

(d)

图 9-8　试件 D500-N 加载过程

条斜裂缝向下发展延伸至外面板 225°(图 9-8(c))，承载力突降至 12.76kN；随后，承载力再次上升，压缩量达到 232.6mm 时，又随着一声巨响，第一条斜裂缝向上扩展至 70°外面板(图 9-8(d))，承载力从 14.94kN 降至 8.76kN；最终试件变形明显，泡沫裂缝发展充分，0°和 180°泡沫挤压褶皱。

(2) 试件 D500-L8-T3。

试件 D500-L8-T3 的荷载-位移曲线见图 9-9，其加载过程见图 9-10。试件在准静态荷载下同样先进入弹性阶段，加载至 44.30kN 后开始发出挤压声，加载至 55.50kN 时发出连续清脆声响，压缩量为 11.4mm 时，承载力达到极大值 91.84kN，此时 270°内面层发生层间剥离，承载力迅速下降；压缩量为 15.4mm 时，承载力降至 68.12kN，90°内面层与泡沫发生剥离；之后随着压缩量的增大，试件的承载力不断下降，并且下降速度逐渐放缓，90°和 270°内面板层间剥离不断扩展、纵向格构发生剥离，0°外面板受拉泛白、内面板受压起皱和错位，135°内面板受压

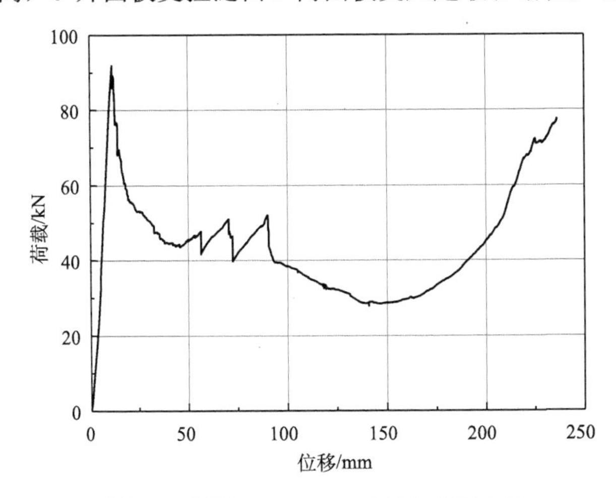

图 9-9　试件 D500-L8-T3 荷载-位移曲线

起皱；当压缩量介于 46.1~90mm 时，试件因 135°内面板发生层间剥离、90°纵向格构完全撕裂(图 9-10(b))和内面层层间撕裂向 180°处扩展，承载力先后三次上升后突降；随着加载端的继续施压，试件 90°和 270°纵向格构完全剥离(图 9-10(c))，0°和 180°内面板折叠起皱甚至断裂，泡沫产生剪切裂缝、挤压变形严重，压缩量为 146.6mm 时达到最小承载力 28.5kN，但试件两侧外面板并未出现因受拉而撕裂的现象；随着继续加载，泡沫受到挤压不断密实，部分纵向格构因受压发生屈曲，试件的承载力继续上升，试件变形明显(图 9-10(d))。

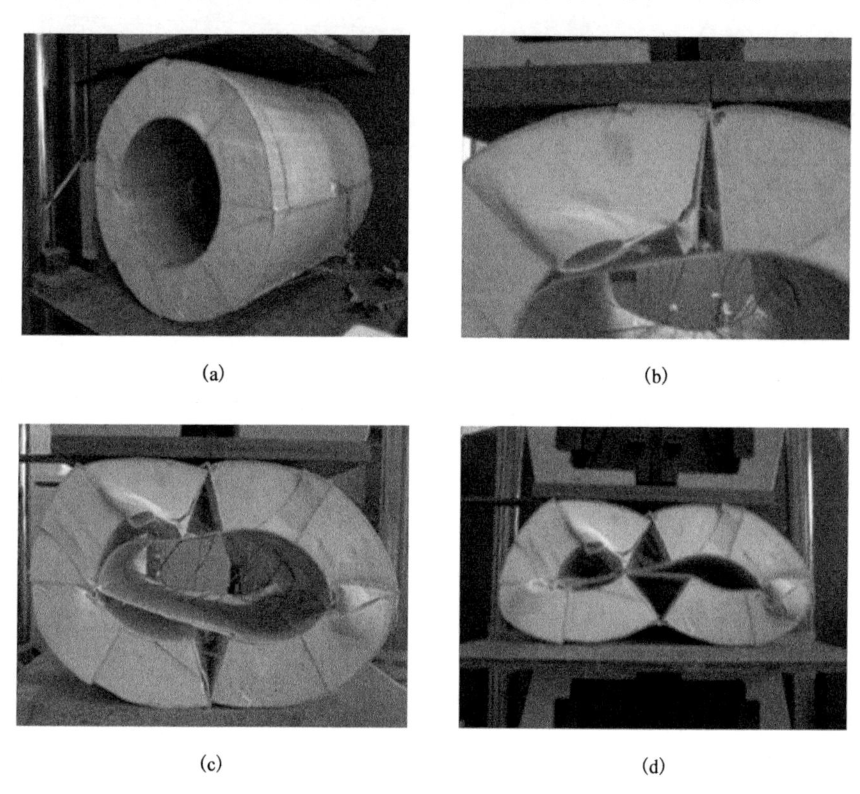

(a)　(b)

(c)　(d)

图 9-10　试件 D500-L8-T3 加载过程

(3) 试件 D500-L12-T4。

试件 D500-L12-T4 的荷载-位移曲线见图 9-11，其加载过程见图 9-12。试件在准静态荷载下先进入弹性阶段，加载至 62kN 时发出连续清脆声响，90°和 270°外面层分别于 83kN 和 101kN 时与泡沫产生剥离，剥离缝隙宽度约 1mm，试件呈现出良好的弹性受力状态，随着压缩量的增加，承载力最终达到极限值 107.56kN，此时压缩量为 8.1mm；之后 270°处内面层层间发生撕裂剥离，并伴随较大的纤维撕裂声响，承载力迅速下降至 85.44kN；当压缩量加至 9.1mm，荷载升至 91.98kN

后，试件的承载力因 90°内面层发生层间剥离突降至 72.56kN；当压缩量介于 14.1~32.5mm 时，承载力波动不大，保持在 60~70kN，试件内面层层间剥离继续发展，90°和 270°处纵向格构层间撕裂不断扩大，两侧外面板因受拉开始泛白并纵向延伸；当压缩量为 38.3mm 时，150°外面层纤维布发生脆性撕裂，撕裂长度约 5cm，内面层大面积层间剥离，从 15°延伸至 120°、240°、330°(图 9-12(b))，内面层两侧受压褶皱，泡沫受到挤压变形；当压缩量为 70.8mm 时，承载力持续下降至 43.58kN，330°外面层纤维布受拉撕裂约 7cm，180°外面层纤维布受拉撕裂约 25cm；当压缩量为 83.2mm 时，180°外面层纤维布突然撕裂完全贯穿；之后，试件承受的压缩量不断增大，但 0°外面层纤维布受拉并未撕裂，90°、180°和 270°处纵向格构完全层间撕裂(图 9-12(c))，泡沫受到挤压不断密实，部分纵向格构因受压发生屈曲，90°和 270°外面层内凹脱空，由邻侧的格构承担压力，试件的承载力在 20~30kN 波动，具有较好的吸能效果；直至加载结束，内面层剥离非常明显，180°外面层断裂，90°、180°和 270°处纵向格构完全撕裂剥离，泡沫受到一定挤压变形，部分纵向格构发生屈曲，试件变形明显(图 9-12(d))。

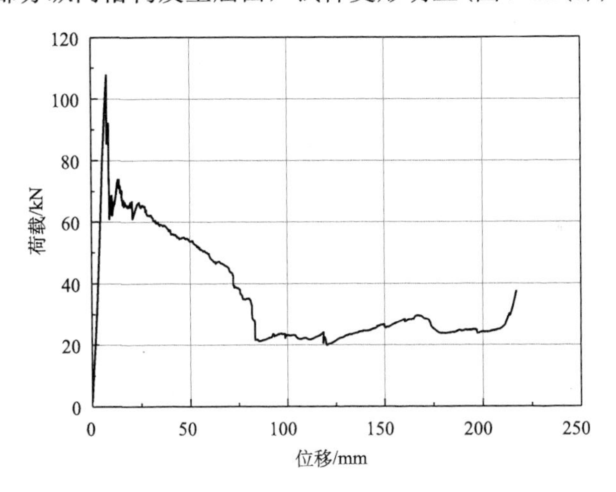

图 9-11　试件 D500-L12-T4 荷载-位移曲线

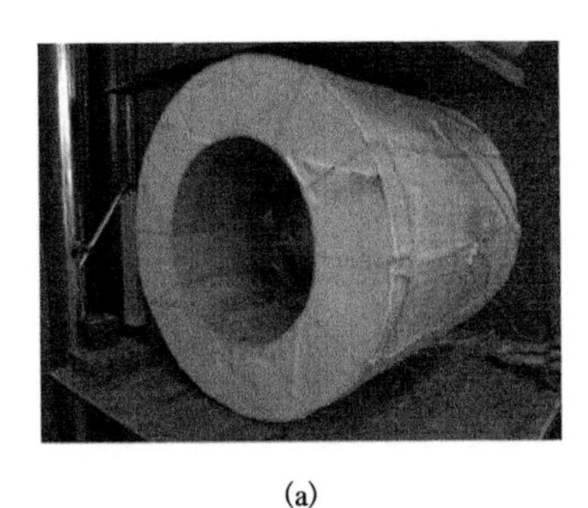

(a)

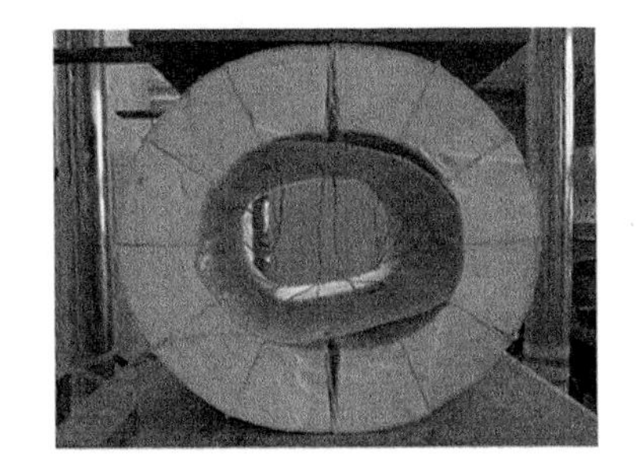

(b)

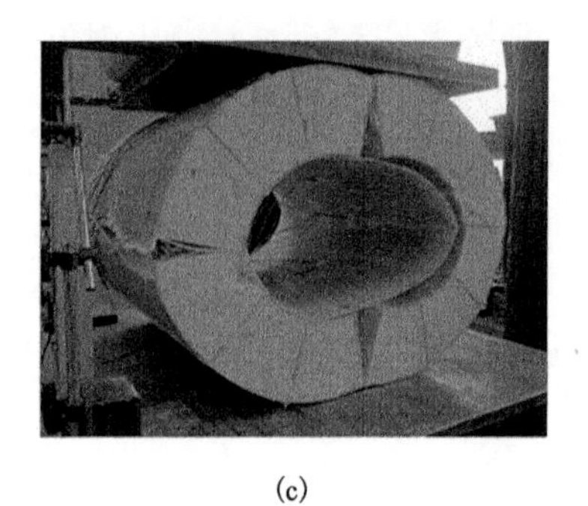
(c)

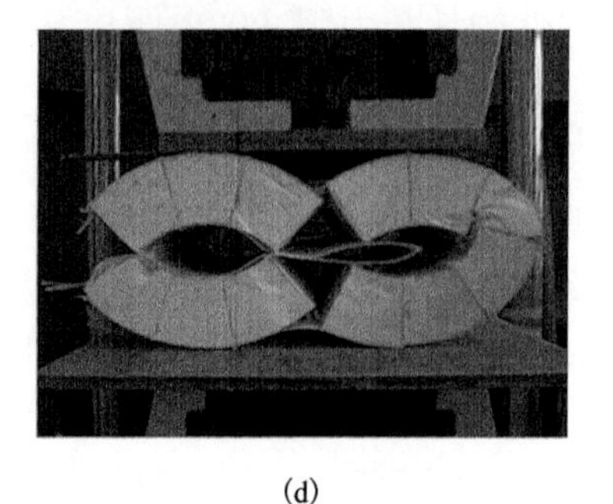
(d)

图 9-12　试件 D500-L12-T4 加载过程

(4) 试件 D500-L16-T5。

试件 D500-L16-T5 的荷载-位移曲线见图 9-13，其加载过程见图 9-14。试件在准静态荷载下先进入弹性阶段，加载至 55kN 后，加载板处纵向格构因受压开始发出连续清脆声响，直至压缩量为 8mm 时，承载力为 129.94 kN，试件呈现出良好的弹性受力状态；随着压缩量的增加，试件达到极限承载力 154.56kN，此时压缩量为 11.2mm，270°和 90°内面层层间发生撕裂剥离，并伴随较大的纤维撕裂声，承载力迅速下降至 89.4kN；随后进入第一个平台阶段，压缩量为 13.9mm 时，270°处纵向格构发生层间撕裂，内面层剥离不断扩展，90°处和 270°处分别向 45°处和 235°处扩展；当压缩量为 23.2mm 时，90°处和 270°处纵向格构与泡沫芯材发生脱离；当压缩量为 26.3mm 时，承载力为 54.68 kN，90°处和 270°处纵向格构剥离明显，内面层剥离扩展至 0°处和 180°处(图 9-14(b))；随后试件的承载力进

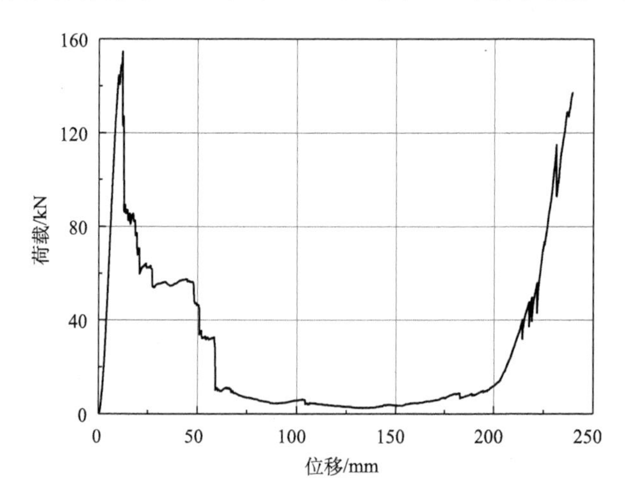

图 9-13　试件 D500-L16-T5 荷载-位移曲线

入一段平台阶段，内面层层间剥离扩展，泡沫受到挤压，两侧外面层纤维受拉扩展，逐渐撕裂；当压缩量为 50mm 时，承载力从 43.82kN 突降至 33.68kN，202.5°外面层纤维布撕裂完全贯穿；当压缩量为 57.5mm 时，承载力从 32.6kN 突降至 10.26kN，22.5°外面层纤维布撕裂完全贯穿，试件承载力进入一段很长的平台阶段；随着压缩量的增加，内面层剥离非常明显，22.5°和 202.5°外面层断裂，22.5°、90°、202.5°和 270°处纵向格构完全撕裂剥离(图 9-14(c))；当压缩量超过 200mm 以后，上下内面层开始接触挤压，试件进入密实阶段，承载力不断上升，22.5°和 202.5°内面层不断向内折叠直至断裂，试件破坏严重(图 9-14(d))。

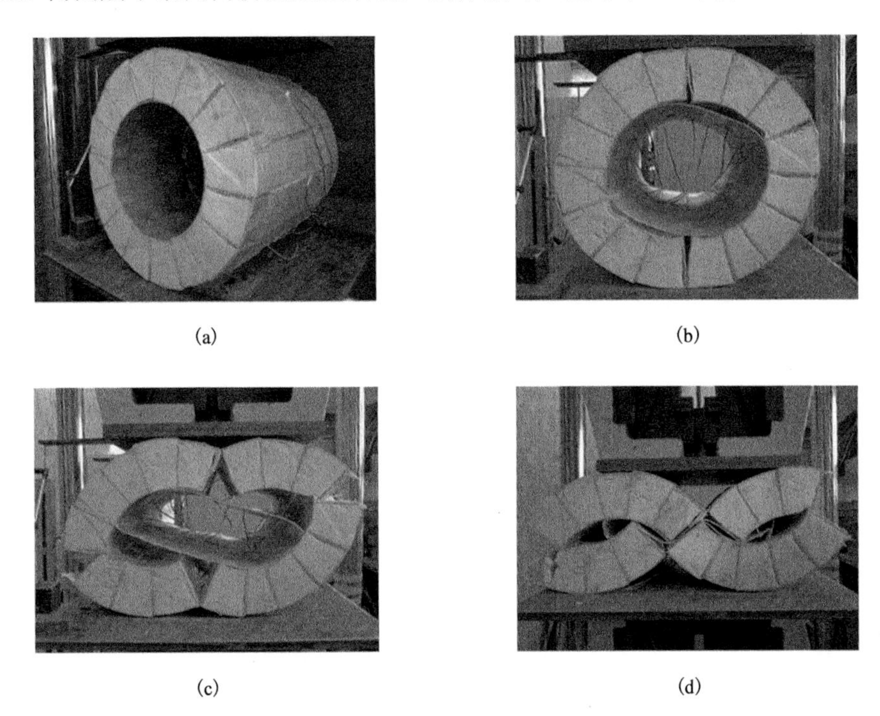

(a)　(b)　(c)　(d)

图 9-14　试件 D500-L16-T5 加载过程

2) 有陶粒试验组

(1) 试件 D500-N-C。

试件 D500-N-C 的荷载-位移曲线见图 9-15，其加载过程见图 9-16。试件在准静态加载初期呈现出较好的弹性受力特征，承载力随着压缩量的增加线性增加；当压缩量约 20mm 时，承载力上升斜率开始下降，伴随着连续的轻微挤压声响，压缩量为 35.8mm 时的承载力为 19.1kN，此时 60°和 120°外面层与泡沫发生剥离，剥离宽度约 1mm；当压缩量为 42.2mm 时，在一声较大声响下，300°外面层至 330°内面层之间的泡沫突然开展了一条宽 0.8cm 的斜裂缝，承载力也由弹性段的最大值 20.58kN 突降至 15.4kN；随后，压缩量为 44.8mm 时，120°外面层至 150°内面层之间的泡沫突然开展了一条宽 0.7cm 的斜裂缝(图 9-16(b))，加载端处的泡沫有了较为明显的压缩变形，承载力由 16.12kN 突降至 12.6kN；之后，试件的承载力随着压缩量的增加继续增加，压缩量为 68.8mm 时，第一条裂缝扩展至 60°内面层，裂缝宽 2cm，承载力从 19.58kN 降至 17.30kN；内面层因有陶粒的支撑变形不大，陶粒因挤压发出声响；压缩量为 143.3mm 时，第二条裂缝扩展至 210°外面层；之后，承载力几乎呈线性快速增加，此阶段两条泡沫裂缝不断扩展，上下加载端泡沫继续压缩变形，陶粒受到挤压而发生少量破碎(图 9-16(c))；停止加载，倒出陶粒后，观察到试件内圈变形不大，内面层纤维只出现了轻微泛白现象，无断裂，外面层变形明显，泡沫撕裂挤压现象显著(图 9-16(d))。

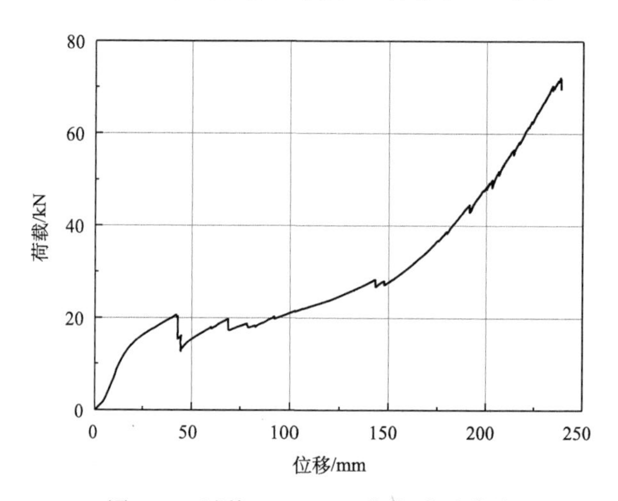

图 9-15　试件 D500-N-C 荷载-位移曲线

(a)

(b)

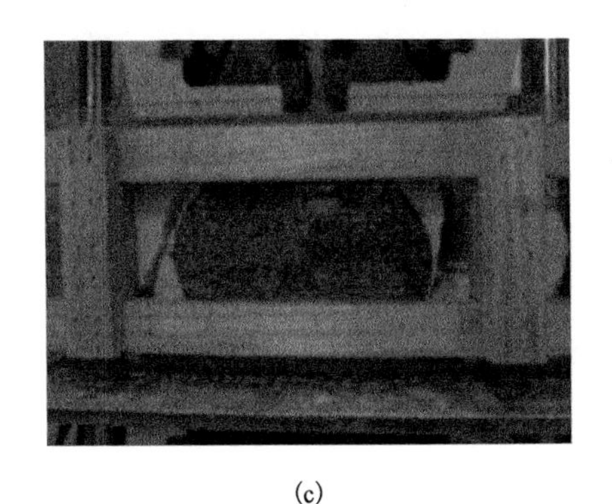
(c)

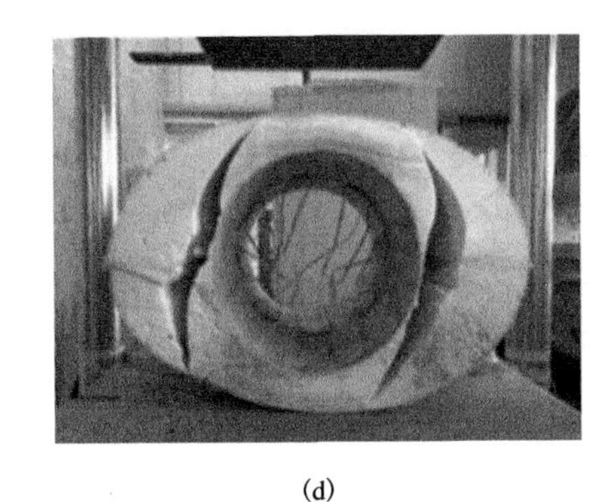
(d)

图 9-16　试件 D500-N-C 加载过程

(2) 试件 D500-L8-T3-C。

试件 D500-L8-T3-C 的荷载-位移曲线见图 9-17，其加载过程见图 9-18。试件在准静态加载初期的承载力随着压缩量的增加呈线性增加，且增加迅速，呈现出较好的弹性受力特征；当压缩量加至 10.9mm 时，试件承载力达到 98.5kN，试件背面 90°内面层发生层间剥离；压缩量加至 15.7mm 之后，陆续发生正面 90°外面层与泡沫剥离、泡沫产生斜裂缝(图 9-18(b))、270°附近的泡沫产生斜裂缝、90°纵向格构屈曲、背面 90°和 270°纵向格构发生层间剥离等现象，弹性极限承载力 118.78kN 出现在压缩量为 18.78mm 时；弹性段过后，试件承载力小幅波动下降又继续上升，压缩量为 31mm 时 180°外面层受拉泛白，压缩量为 38mm 时 315°内面层发生层间剥离；之后，试件的承载力随着加载位移的增加波动上升，压缩量为

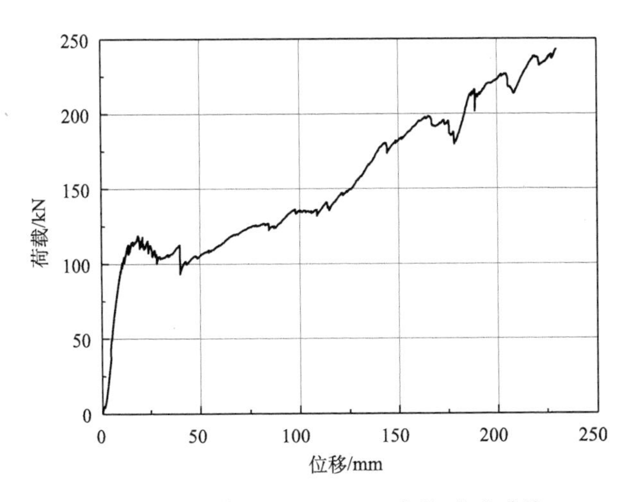

图 9-17　试件 D500-L8-T3-C 荷载-位移曲线

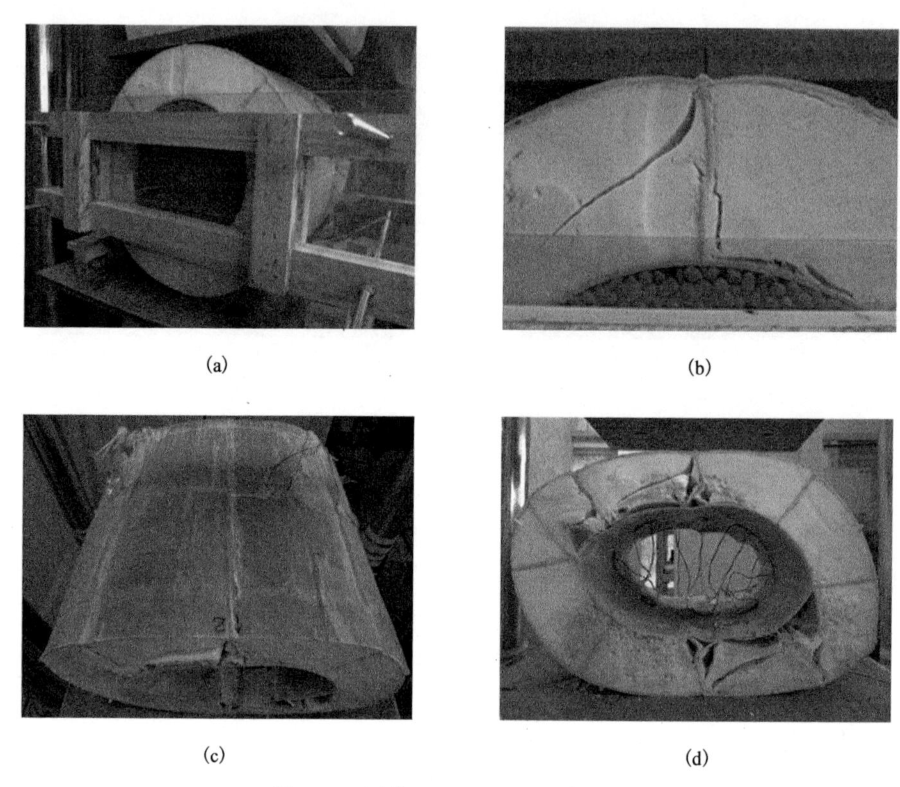

(a)　(b)

(c)　(d)

图 9-18　试件 D500-L8-T3-C 加载过程

60.2mm 时承载力上升至 112.22kN，背面 90°和 270°处纵向格构完全层间剥离；压缩量为 79.8mm 时承载力上升至 125.38kN，背面 135°外面层发生撕裂屈曲，泡沫挤压、破碎；压缩量为 150.1mm 时承载力上升至 181.98kN，背面 45°外面层发生层间剥离、屈曲；停止加载，试件顶部外面层大面积发白，尤其格构处最为明显(图 9-18(c))，倒出陶粒后，试件内面层同样大面积泛白，部分格构处纤维布撕裂，试件 90°~180°和 270°~0°范围内发生纵向格构层间剥离、内面层层间剥离、泡沫挤压破碎等现象(图 9-18(d))。

(3) 试件 D500-L12-T4-C。

试件 D500-L12-T4-C 的荷载-位移曲线见图 9-19，其加载过程见图 9-20。试件在准静态加载初期的承载力同样随着压缩量的增加呈线性增加，呈现较好的弹性受力特征；当压缩量为 8mm 时，试件 90°外面层与泡沫发生剥离；压缩量加至 15.3mm 时，270°内面层发生层间剥离(图 9-20(b))，附近泡沫产生裂缝；压缩量为 17.2mm 时达到试件的弹性极限承载力 140.88kN；压缩量为 24.4mm 时，90°附近泡沫产生裂缝；压缩量为 48mm 时，60°处格构腹板受压屈曲，之后试件承载

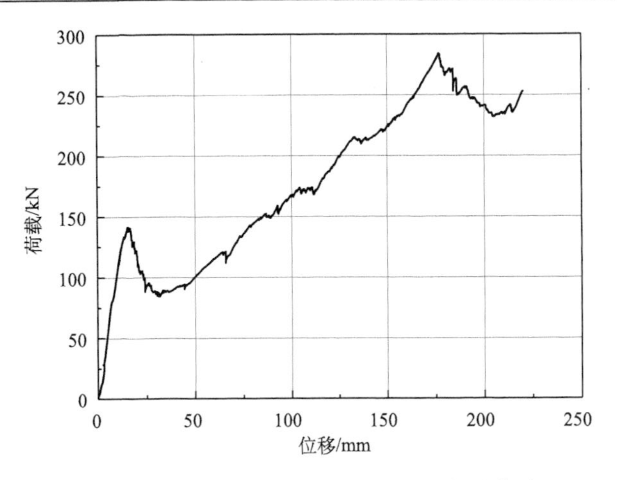

图 9-19　试件 D500-L12-T4-C 荷载-位移曲线

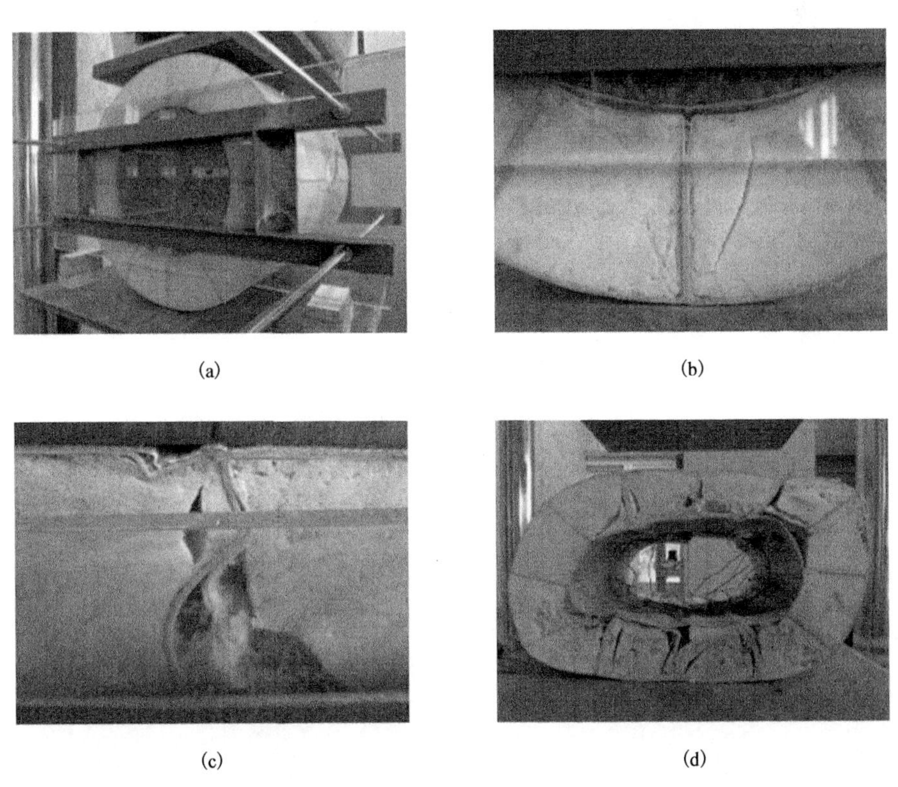

图 9-20　试件 D500-L12-T4-C 加载过程

力波动上升；压缩量为 124.3mm 时，90°处纵向格构屈曲严重，泡沫破碎(图 9-20(c))；压缩量加至 177.7mm 时，试件承载力已上升至 280.42kN，225°外面层纤维撕裂 8cm，之后试件承载力慢慢下降。拆除钢支架、倒去破碎陶粒之后，破坏后的试件内面层大面积层间剥离，局部纤维断裂，90°和 270°附近泡沫破碎、格构腹板发生层间剥离和受压屈曲，外面层仅有局部很少的纤维断裂，受压外面层大面积损伤发白(图 9-20(d))。

(4) 试件 D500-L16-T5-C。

试件 D500-L16-T5-C 的荷载-位移曲线见图 9-21，其加载过程见图 9-22。试件初期的承载力呈线性增加，压缩量为 10.7mm 时，试件 270°外面层与泡沫发生剥离；压缩量加至 13.7mm 时，试件达到弹性极限承载力 159.16kN，90°和 270°内面层同时发生大面积层间剥离，纵向格构也开始发生剥离现象，承载力突然降至 106.74kN；压缩量加至 20.7mm 时，0°和 180°附近外面层基体因受拉开裂开始

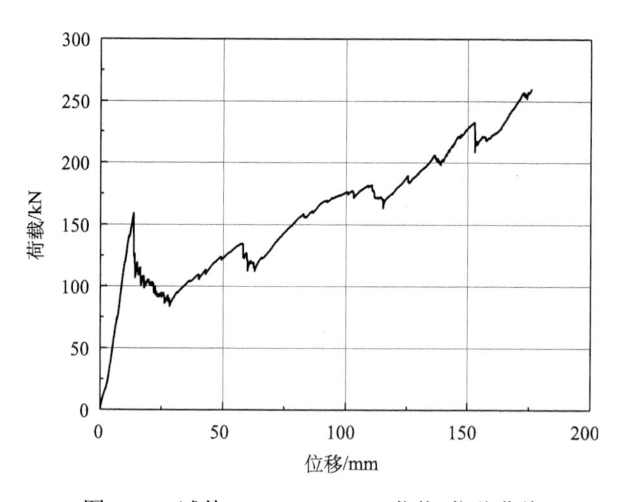

图 9-21　试件 D500-L16-T5-C 荷载-位移曲线

(a)

(b)

(c)

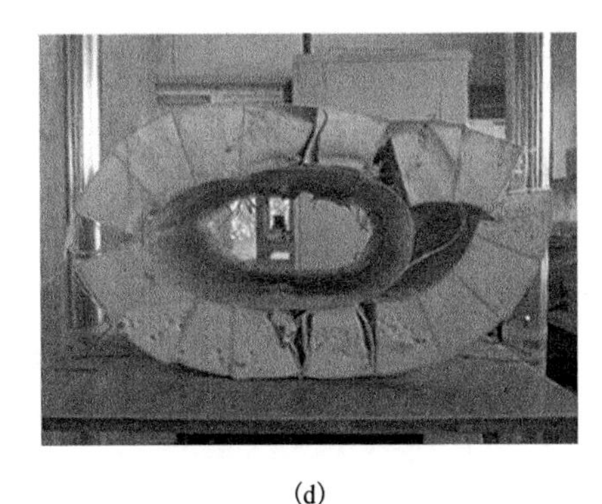

(d)

图 9-22　试件 D500-L16-T5-C 加载过程

发白；压缩量加至 34.3mm 时，试件背面 90°和 270°纵向格构已完全层间剥离；压缩量加至 37.10mm 时，试件内面层顺时针 135°~225°范围内都已发生层间剥离，且剥离程度更加严重(图 9-22(b))，陶粒挤压破碎的声音也更加明显；压缩量为 47.8mm 时，180°外面层纤维发生撕裂，压缩量加至 125.9mm 时，180°和 22.5°外面层纤维完全撕裂；之后，陶粒不断压碎，泡沫不断压实，承载力继续波动上升。试验结束，拆除钢支架、倒去破碎陶粒之后，受压外面层大面积损伤发白(图 9-22(c))，试件内面层大面积层间剥离，90°和 270°附近泡沫破碎、格构腹板发生层间剥离和受压屈曲，22.5°和 180°外面层纤维断裂、纵向格构完全层间剥离(图 9-22(d))。

9.2.4　试验结果分析

1. *破坏模式*

1) 无陶粒试验组

无陶粒试验组 4 个试验试件中，除了无格构腹板试件 D500-N，其余三个有格构腹板试件在准静态压缩过程中的破坏模式相近，见表 9-6。

表 9-6　无陶粒试验组破坏模式

试件编号	破坏模式	内面层	外面层	格构腹板	泡沫
D500-N		树脂基体开裂、面层折叠	树脂基体开裂	无	剪切裂缝、挤压褶皱与面层脱离

续表

试件编号	破坏模式	内面层	外面层	格构腹板	泡沫
D500-L8-T3		层间剥离、树脂基体开裂、面层折叠、纤维断裂	树脂基体开裂	层间剥离 受压屈曲	剪切裂缝、挤压褶皱与面层脱离
D500-L12-T4			树脂基体开裂 纤维断裂	层间剥离	挤压褶皱
D500-L16-T5					

试件 D500-N 在准静态压缩过程中，内外面层因受压产生环向应力，当应力大于树脂基体的抗拉强度时产生基体开裂现象，面层大面积发白。内面层两端因很大的变形发生折叠，树脂基体开裂泛白，纤维尚未断裂。试件泡沫芯层在压缩过程中因受弯产生拉应力，当拉应力大于泡沫的抗拉强度时，突然间产生贯通斜裂缝，因泡沫与面层的黏结力较弱，与内外面层产生脱离，随着继续加载，裂缝不断发展，最终连续贯通整个试件。

与无格构腹板试件 D500-N 相比，增设横向和纵向格构腹板的试件 D500-L8-T3、D500-L12-T4 和 D500-L16-T5 的破坏模式发生了很大的变化。这三个试件的内面层破坏模式完全相同，先后发生层间剥离、树脂基体开裂、面层折叠和纤维断裂。试件 D500-L8-T3 的外面层破坏模式与试件 D500-N 相同，都为树脂基体开裂，试件 D500-L12-T4 和 D500-L16-T5 因较多的格构腹板增加了其刚度，压缩过程中外面层受到巨大的拉应力，使树脂基体开裂，最终外面层纤维受拉断裂并不断延伸直至贯通。这三个试件的格构腹板都发生了层间剥离，且剥离程度随压缩量的增加不断增加，最终完全剥离。当三个试件的格构腹板发生较大变形时，其附近的泡沫因受到挤压都产生了不同程度的褶皱，试件 D500-L8-T3 刚度较小，格构腹板受压屈曲引起附近泡沫产生裂缝破坏。

2) 有陶粒试验组

有陶粒试验组 4 个试验试件中，除了无格构腹板试件 D500-N-C，其余三个有格构腹板试件在准静态压缩过程中的破坏模式相近，见表 9-7。

表 9-7　有陶粒试验组破坏模式

<table>
<tr><th>试件编号</th><th>破坏模式</th><th>内面层</th><th>外面层</th><th>格构腹板</th><th>泡沫</th><th>陶粒</th></tr>
<tr><td>D500-N-C</td><td> 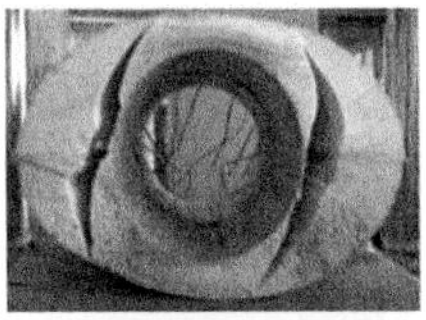</td><td>树脂基体开裂</td><td rowspan="3">树脂基体开裂</td><td>无</td><td rowspan="4">剪切裂缝
挤压褶皱</td><td rowspan="4">挤压破碎</td></tr>
<tr><td>D500-L8-T3-C</td><td> 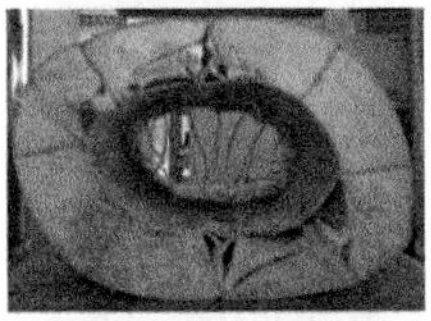</td><td rowspan="3">层间剥离、树脂基体开裂、纤维断裂</td><td rowspan="3">层间剥离
受压屈曲</td></tr>
<tr><td>D500-L12-T4-C</td><td> 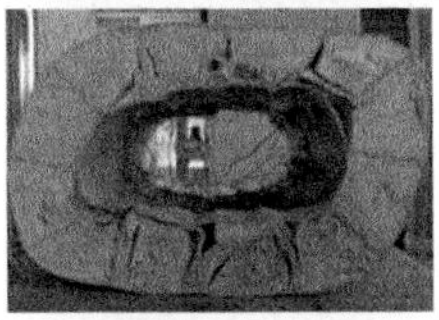</td></tr>
<tr><td>D500-L16-T5-C</td><td> 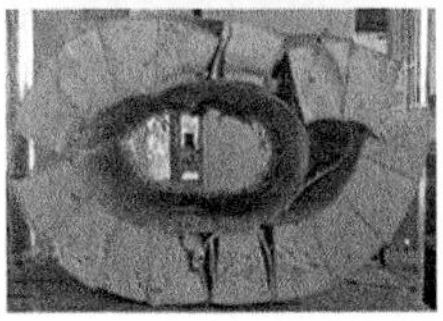</td><td>树脂基体开裂、纤维断裂</td></tr>
</table>

试件 D500-N-C 在准静态压缩过程中的破坏模式与试件 D500-N 有些类似，但内面层因受压陶粒的支撑作用未发生较大破坏，仅出现树脂基体开裂引起的轻微泛白现象，无纤维断裂。外面层受压大面积发白，树脂基体开裂。试件受压导致水平向两侧外凸，当泡沫芯层中产生的拉应力大于泡沫的抗拉强度时，产生垂直方向的贯通裂缝，随着继续加载，裂缝不断发展，最终连续贯通整个试件。试件 D500-N-C 因无格构，其刚度很小，承载力较低，陶粒在压缩过程中仅发生少量破碎，绝大部分完好。

增设横向和纵向格构腹板的试件 D500-L8-T3-C、D500-L12-T4-C 和 D500-L16-T5-C 的破坏模式十分相近。这三个试件的内面层破坏模式完全相同，先后发生层间剥离、树脂基体开裂和纤维断裂。三个试件的外面层在加载过程中都因受压而导致树脂基体开裂发白，试件 D500-L16-T5-C 22.5°和 180°外面层纤维还发生了受拉断裂，这与压缩过程中外面层产生巨大的拉应力有关。三个试件的格构腹板在压缩过程中都先发生层间剥离，直至完全剥离，后因继续压缩产生受压屈曲。三个试件的泡沫芯材在初期都因拉应力产生裂缝，后因受压产生褶皱变形。三个试件内径中填充的陶粒在加载中后期发挥了显著的作用，陶粒因受压不断密实、相互摩擦，当陶粒颗粒之间的接触应力大于其抗压强度时即发生破碎现象，破碎过程可释放大量能量。

2. 荷载-位移曲线

1) 无陶粒试验组

由于限于试件内径仅为300mm，压缩量过大时内筒相互接触，无法继续加载，试验时各试件的最终压缩量均大于试件外径的 40%(200mm)，小于试件外径的 50%(250mm)。

无陶粒试验组 4 个试验试件的荷载-位移曲线见图 9-23。试件 D500-N 的荷载-位移曲线可近似看成两段，即弹性阶段和平台阶段；试件 D500-L8-T3、D500-L12-T4 和 D500-L16-T5 的荷载-位移曲线可看成四段，即弹性阶段、下降阶段、平台阶段和强化阶段。

各试件的荷载-位移曲线首先进入弹性阶段，但斜率不同，在面层和格构腹板厚度相同的情况下，横向和纵向格构腹板数量越多，其初始刚度越大，其弹性极限承载力也越大。试件 D500-N、D500-L8-T3、D500-L12-T4 和 D500-L16-T5 的初始刚度分别为 0.53kN/mm、8.06kN/mm、13.28kN/mm 和 12.67kN/mm，弹性极限承载力分别为 15.04kN、91.84kN、107.56kN 和 154.56kN。

试件 D500-N 达到弹性极限荷载之后，承载力进入平台阶段，此阶段中泡沫芯材先后产生两条斜裂缝，并先后两次扩展，每次裂缝的产生与扩展都导致试件整体刚度的降低和承载力的下降，故在荷载-位移曲线中有四次突降。

试件 D500-L8-T3、D500-L12-T4 和 D500-L16-T5 达到弹性极限承载力之后，承载力先因面层、格构腹板层间剥离和纤维断裂等破坏进入下降阶段，再进入平台阶段，最后因试件的压实进入强化阶段。从图 9-23 中可以看出，试件 D500-L16-T5 虽然弹性极限承载力最大，但承载力下降最迅速，压缩量达到 60mm 左右时即进入了平台阶段，并且其平台荷载仅为 5~10kN。这与其破坏模式有关，以内面层、格构腹板层间剥离和外面层纤维断裂为主，试件被撕成四瓣，很多格构腹板和泡沫未发生明显破坏，未在承载力方面发挥其作用。试件 D500-L8-T3 和 D500-L12-T4 下降阶段都较长，分别在压缩量约为 90mm 和 80mm 时进入平台阶段，且平台阶段承载力较高，分别为 30~40kN 和 20~30kN。

2) 有陶粒试验组

有陶粒试验组 4 个试验试件的荷载-位移曲线见图 9-24，它们的荷载-位移曲线可看成三段，即弹性阶段、下降阶段和强化阶段。

各试件的荷载-位移曲线首先进入弹性阶段，但斜率不同，在面层和格构腹板厚度相同的情况下，横向和纵向格构腹板数量越多，其初始刚度越大，其弹性极限承载力也越大。试件 D500-N-C、D500-L8-T3-C、D500-L12-T4-C 和 D500-

L16-T5-C 的初始刚度分别为 0.49kN/mm、6.32kN/mm、8.19kN/mm 和 11.62kN/mm，弹性极限承载力分别为 20.58kN、118.74kN、140.88kN 和 159.16kN。

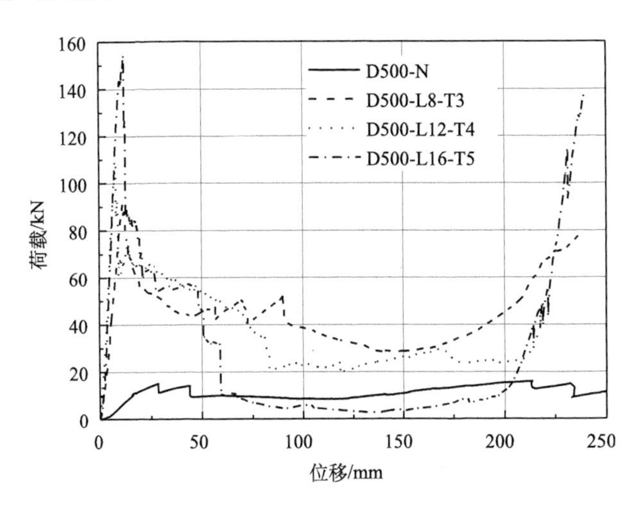

图 9-23　无陶粒试验组荷载-位移曲线

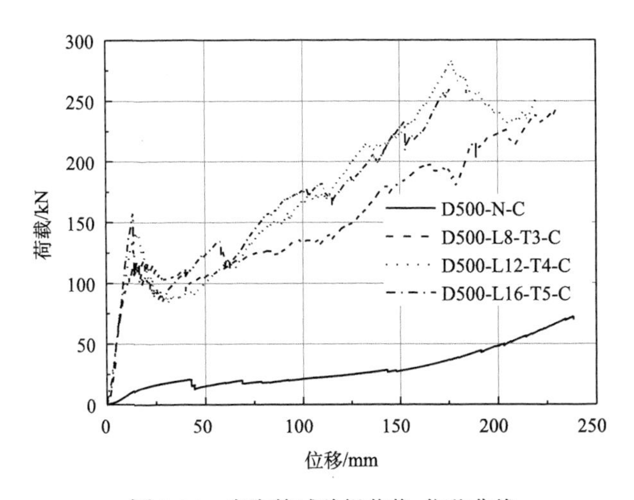

图 9-24　有陶粒试验组荷载-位移曲线

四个试件达到弹性极限承载力之后，内面层和格构腹板发生的层间剥离使试件的刚度下降，试件的承载力也进入下降阶段，再进入平台阶段，最后因试件的压实进入强化阶段。从图 9-24 可以看出，试件的横向和纵向格构数量越多，其弹性极限承载力越高，其下降阶段承载力下降越快且下降幅度越大，这说明格构增强了试件刚度的同时，也增强了其脆性。接着，试件进入行程最长的强化阶段，该阶段内格构腹板逐渐压曲，泡沫不断挤压密实，陶粒不断压实、摩擦与破碎，释放大量能量，承载力不断上升。

3) 有无陶粒试验组对比

图 9-25 给出了有无陶粒试件的荷载–位移曲线对比。试件内腔填充陶粒之后的初始刚度与未填充陶粒较为接近，但弹性极限承载力有所提高，说明陶粒对试件内面层有支撑效果，起到一定的延缓层间剥离的作用，从而提高了试件的初始刚度和弹性极限承载力。弹性阶段之后，有陶粒试件的承载力都在无陶粒试件之上，而且趋于上升趋势。有陶粒试件的荷载–位移曲线在后段出现上升趋势主要有以下两点原因：

(1) 压缩过程中，陶粒颗粒因摩擦和破碎不断密实，这提高了试件发生损伤后的整体刚度。

(2) 填充陶粒后，试件在压缩下的破坏模式发生了改变，内面层因陶粒的支撑和约束作用变形减小，外面层纤维断裂得到改善，格构腹板发生大量受压屈曲，泡沫对腹板的支撑作用增强，从而提高了试件的承载力。

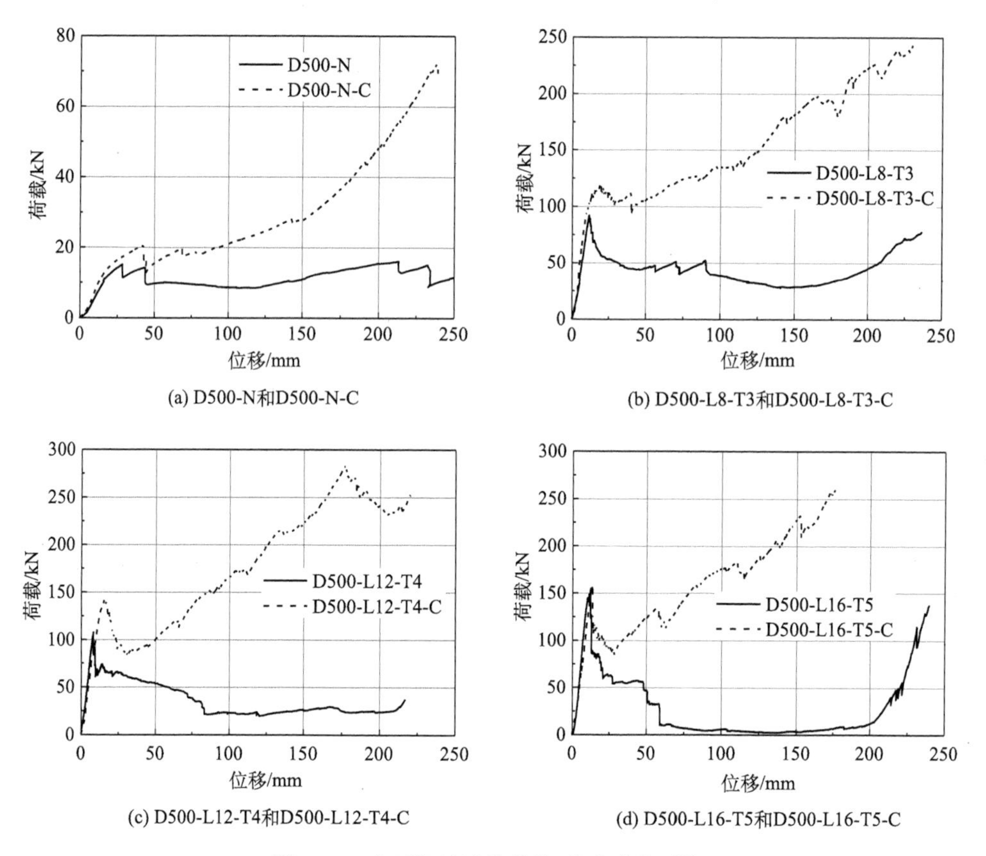

图 9-25　有无陶粒试件荷载–位移曲线对比

3. 弹性极限承载力

各试件的弹性极限承载力、对应的加载位移和初始刚度见表9-8。

表9-8　各试件弹性极限承载力、加载位移和初始刚度

试件编号	弹性极限承载力/kN	位移/mm	初始刚度/(kN/mm)
D500-N	15.04	28.5	0.53
D500-L8-T3	91.84	11.4	8.06
D500-L12-T4	107.56	8.1	13.28
D500-L16-T5	154.56	11.2	13.80
D500-N-C	20.58	42.4	0.49
D500-L8-T3-C	118.74	18.8	6.32
D500-L12-T4-C	140.88	17.2	8.19
D500-L16-T5-C	159.16	13.7	11.62

如图9-26所示，随着试件格构腹板数量的增多，试件弹性阶段的极限承载力会不断提高。在无陶粒试验组中，格构腹板最少的试件D500-L8-T3的弹性极限承载力是无格构腹板试件D500-N的6.1倍；在有陶粒试验组中，格构腹板最少的试件D500-L8-T3-C的弹性极限承载力是无格构腹板试件D500-N-C的5.8倍。可见，增设格构腹板及增加数量可有效提高试件的承载能力。

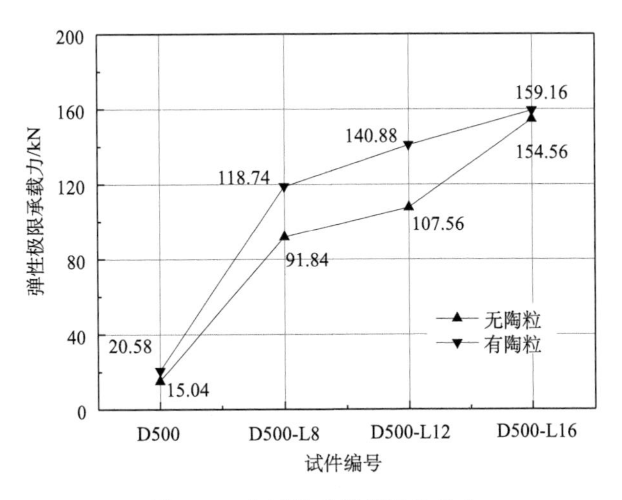

图9-26　各试件弹性极限承载力

另外，对于格构腹板数量相同的试件，当试件内腔中填充陶粒颗粒之后，其弹性极限承载力有不同程度的提高。填充陶粒试件D500-N-C、D500-L8-T3-C、

D500-L12-T4-C 和 D500-L16-T5-C 的弹性极限承载力是未填充陶粒试件 D500-N、D500-L8-T3、D500-L12-T4 和 D500-L16-T5 的 1.37 倍、1.29 倍、1.31 倍和 1.03 倍。试件在压缩过程中，内腔中的陶粒对试件内面层起到了一定的支撑作用，一定程度上提高了试件的整体刚度并延缓了内面层层间剥离的发生，延长了试件的弹性阶段，从而弹性极限承载力有所增大。

4. 荷载-应变曲线

以试件 D500-L16-T5 为例，绘制试件内、外面层的环向和纵向应变曲线，见图 9-27。可以发现试件在弹性阶段时，内面层的环向和纵向应变值明显大于外面层，应变与荷载几乎呈线性关系。由图 9-27(a)和(b)可知，0°和 180°处内外面层环向受压，90°和 270°处内外面层环向受拉，45°、135°、225°和 315°处内外面层环向应变接近于零。由图 9-27(a)和(c)可知，内面层环向与纵向受力状态相反；而对比图 9-27(b)和(d)可知，外面层纵向应变值较接近环向应变，这与试件在制作时采用的真空导入工艺导致外面层与格构腹板处有些许褶皱有关。

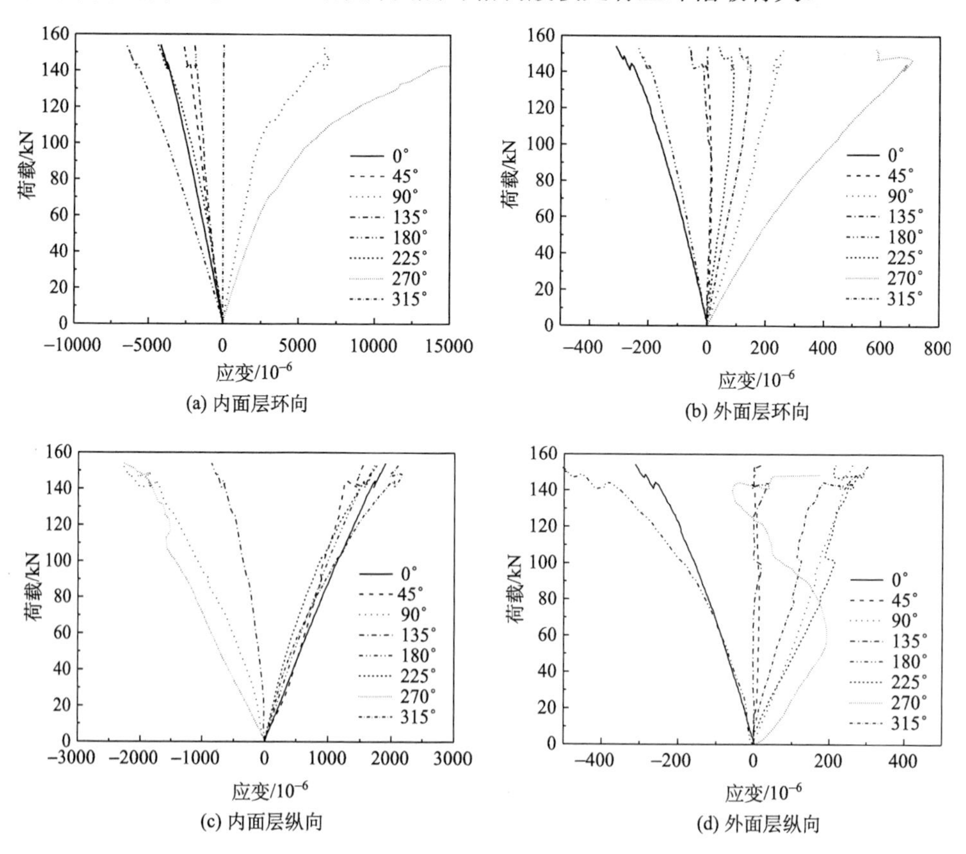

图 9-27　D500-L16-T5 荷载-应变曲线

5. 能量吸收值

能量吸收值 E_a 是衡量结构吸能特性的一个主要指标，计算式见式(8-1)。

1) 无陶粒试验组

由表 9-9 和图 9-28 可知，无陶粒无格构腹板复合材料防撞装置试件 D500-N 的耗能性能表现相对较差，其能量吸收值几乎随着压缩比例的增加而线性增加，在压缩比例为 0.1、0.2、0.3 和 0.4 时，格构腹板最少的试件 D500-L8-T3 的能量吸收值分别是试件 D500-N 的 5.17 倍、4.98 倍、4.48 倍和 3.87 倍，说明格构增强试件耗能能力明显优于无格构腹板试件。

表 9-9　无陶粒试件能量吸收值　(单位：J)

压缩比例	D500-N	D500-L8-T3	D500-L12-T4	D500-L16-T5
0.05	178	1340	1568	1947
0.10	486	2515	3028	3345
0.15	731	3666	4214	3802
0.20	958	4770	4871	3938
0.25	1174	5645	5424	4044
0.30	1425	6385	6027	4123
0.35	1735	7142	6719	4246
0.40	2095	8102	7328	4460

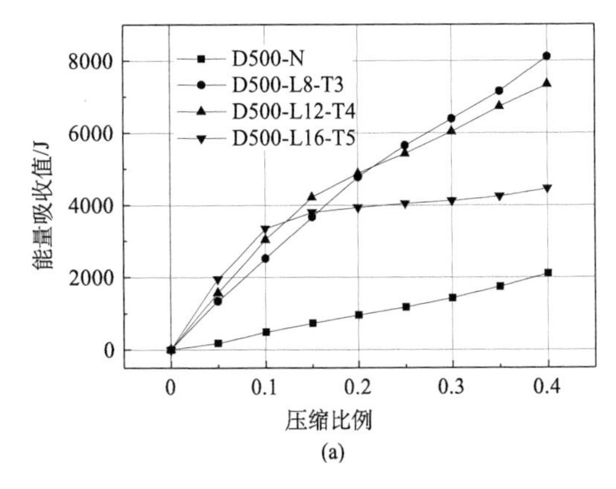

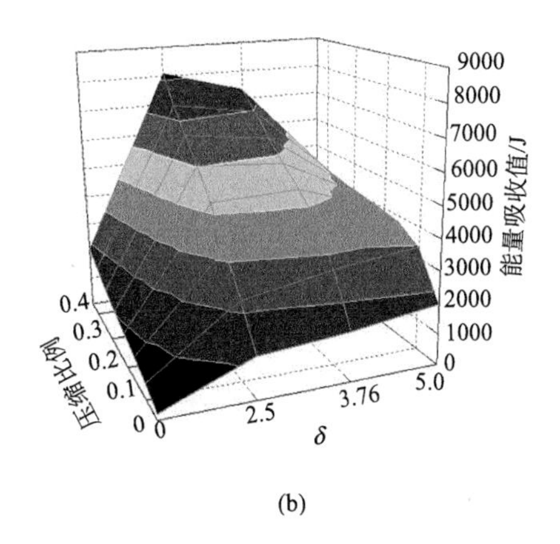

图 9-28　无陶粒试件耗能情况

δ 表示试件直径与横向格构间距的比值

随着格构腹板数量的增多，试件的耗能性能并非一定增强，其能量吸收值与压缩比例有关。当压缩比例较小时(不超过 0.1)，试件的格构腹板数量越多，其耗能性能越强；当压缩比例为 0.15 时，试件 D500-L12-T4 的耗能性能优于试件 D500-L16-T5；当压缩比例为 0.20 时，试件 D500-L8-T3 的耗能性能优于试件 D500-L16-T5；当压缩比例为 0.25 时，试件 D500-L8-T3 的耗能性能也优于试件 D500-L12-T4。这说明在无陶粒试件中，增加格构腹板的数量只能改善试件在压缩初期的耗能性能，当大于一定压缩比例之后，其耗能性能反而呈下降趋势。

2) 有陶粒试验组

由表 9-10 和图 9-29 可知，有陶粒无格构腹板复合材料防撞装置试件 D500-N-C 的耗能性能虽比试件 D500-N 有了很大的改善，但与其他有陶粒有格构腹板试件相比还是相差很多。在压缩比例为 0.1、0.2、0.3 和 0.4 时，格构腹板最少的试件 D500-L8-T3-C 的能量吸收值分别是试件 D500-N-C 的 7.23 倍、6.85 倍、6.57 倍和 6.09 倍，说明格构增强试件耗能能力明显优于无格构腹板试件。

表 9-10　有陶粒试件能量吸收值　(单位：J)

压缩比例	D500-N-C	D500-L8-T3-C	D500-L12-T4-C	D500-L16-T5-C
0.05	219	2108	2291	2210
0.10	654	4728	4572	4826
0.15	1096	7601	7498	8020
0.20	1577	10805	11277	12077
0.25	2147	14277	15721	16496
0.30	2815	18484	21044	21595
0.35	3611	23280	27229	27429
0.40	4667	28424	33695	—

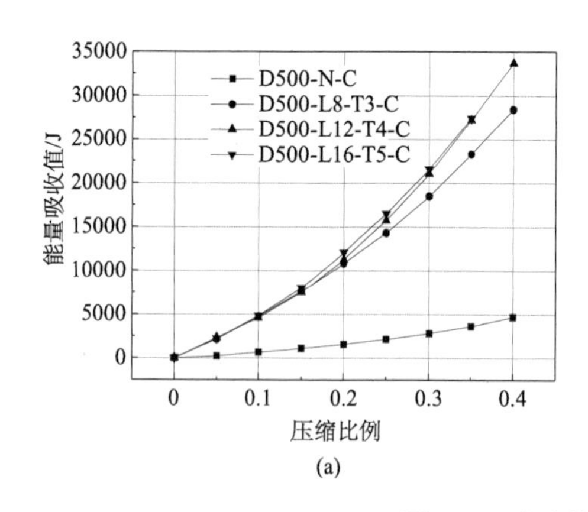

(a)

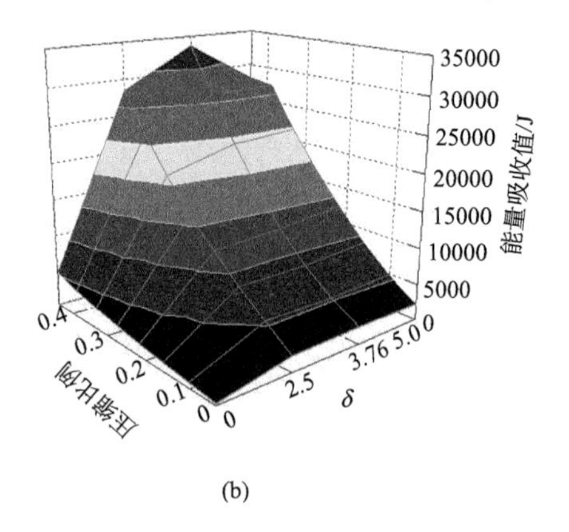

(b)

图 9-29　有陶粒试件耗能情况

δ 表示试件直径与横向格构间距的比值

在试件内径中填充陶粒的情况下，试件的格构腹板数量越多，其耗能性能越好，但格构腹板数量增加至一定程度后，其耗能性能提高幅度缓慢降低，如 D500-L8-T3-C、D500-L12-T4-C 和 D500-L16-T5-C 这三个试件的能量吸收曲线较为接近。这说明在有陶粒试件中，增设格构腹板能有效改善试件在压缩过程中的耗能性能，若考虑经济性的影响，并非格构腹板的数量越多越好。

3）有无陶粒试件对比

图 9-30 给出了有无陶粒试件组的能量吸收值对比。可以看出，有陶粒试件的耗能性能比无陶粒试件有很大的提高，且随着压缩比例的增大，提高的幅度也在增加。在压缩比例为 0.1、0.2、0.3 和 0.4 时，试件 D500-N-C 的能量吸收值分别是试件 D500-N 的 1.35 倍、1.65 倍、1.98 倍和 2.23 倍，试件 D500-L8-T3-C 的能量吸收值分别是试件 D500-L8-T3 的 1.88 倍、2.27 倍、2.89 倍和 3.51 倍，试件 D500-L12-T4-C 的能量吸收值分别是试件 D500-L12-T4 的 1.51 倍、2.32 倍、3.49 倍和 4.60 倍；在压缩比例为 0.1、0.2 和 0.3 时试件 D500-L16-T5-C 的能量吸收值分别是试件 D500-L16-T5 的 1.44 倍、3.07 倍和 5.24 倍。可见，陶粒对试件的耗能性能起到了重要的作用。

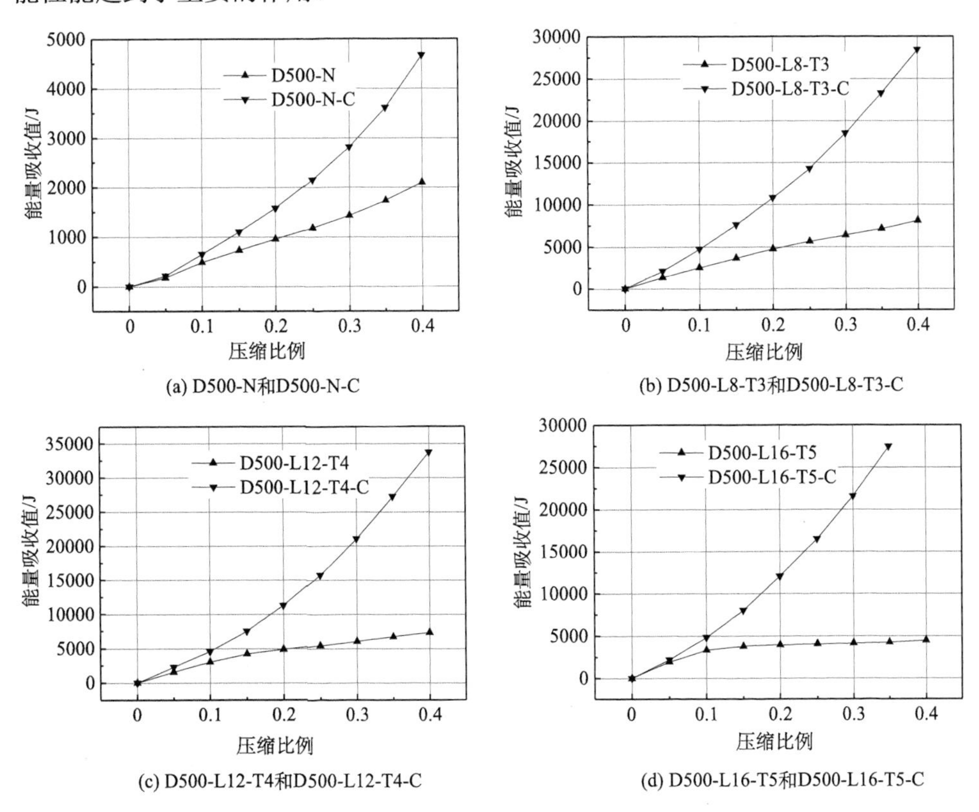

(a) D500-N和D500-N-C

(b) D500-L8-T3和D500-L8-T3-C

(c) D500-L12-T4和D500-L12-T4-C

(d) D500-L16-T5和D500-L16-T5-C

图 9-30　有无陶粒试件耗能情况对比

6. 比吸能 E_s

比吸能 E_s[5]是衡量结构吸能特性的另一个主要指标，它是指单位质量的能量吸收能力，计算式见式(8-2)。

各试件的质量见表 9-11，各对比试件的在不同压缩比例时的比吸能值见图 9-31。

表 9-11　各试件质量

无陶粒试验组	质量 m/kg	有陶粒试验组	质量 m/kg
D500-N	10.01	D500-N-C	30.35
D500-L8-T3	14.43	D500-L8-T3-C	34.26
D500-L12-T4	16.41	D500-L12-T4-C	36.79
D500-L16-T5	19.31	D500-L16-T5-C	38.28

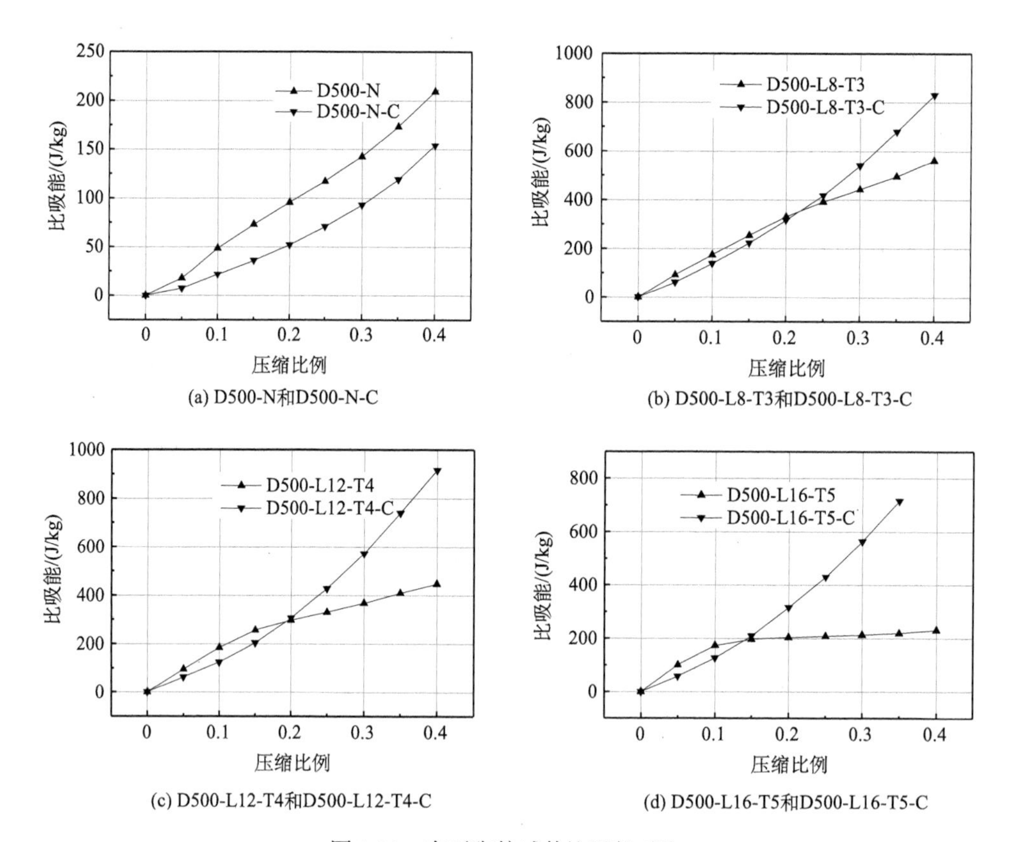

图 9-31　有无陶粒试件比吸能对比

由图 9-31 可知，由于各试件的质量在压缩过程中保持不变，能量吸收值随着压缩比例的增加不断增加，故试件的比吸能值不断增加。对比无格构腹板试件

D500-N 和 D500-N-C，虽然填充陶粒的试件 D500-N-C 的能量吸收值大于试件 D500-N，但因填充的陶粒质量较大，试件 D500-N-C 的比吸能值在不同压缩比例情况下都小于试件 D500-N。对比有格构腹板试件的比吸能值发现，在压缩比例较小时，有陶粒试件的比吸能值低于无陶粒试件，当大于一定压缩比例后，其比吸能将反超，且差距不断拉大。试件 D500-L8-T3-C 的比吸能值在压缩比例大于 0.25 后高于试件 D500-L8-T3，试件 D500-L12-T4-C 的比吸能值在压缩比例大于 0.2 后高于试件 D500-L12-T4，试件 D500-L16-T5-C 的比吸能值在压缩比例大于 0.15 后高于试件 D500-L16-T5。

7. 平均压溃力 F_m

平均压溃力 F_m[5]是在压缩过程中衡量试件平均承载力的指标，其在压缩过程中的变化趋势可间接反映吸能性能的变化，计算式见式(8-3)。

1) 无陶粒试验组

由表 9-12 和图 9-32 可知，无陶粒试验组中的无格构腹板试件 D500-N 的平均压溃力较小且基本维持不变，说明试件在压缩过程中的吸能性能始终保持一定水平，整个压缩过程吸能较为均衡。三个无陶粒格构腹板试件的平均压溃力随着压缩比例的增加而减小，压缩比例较小时，格构腹板数量越多的试件平均压溃力越高，随着压缩比例的增加，其平均压溃力下降速度变快，压缩比例为 0.2 时，试件 D500-L16-T5 的平均压溃力就已降至最低。格构腹板数量最少的试件 D500-L8-T3 的平均压溃力降低最为缓慢。可见，无陶粒格构腹板试件的耗能性能随着压缩比例的增加不断降低，且格构腹板数量越多降得越快，而无陶粒无格构腹板试件的耗能性能随着压缩比例的增加基本保持不变。

表 9-12　无陶粒试件平均压溃力　　(单位：kN)

压缩比例	D500-N	D500-L8-T3	D500-L12-T4	D500-L16-T5
0.05	7.12	53.60	62.72	77.88
0.10	9.72	50.30	60.56	66.90
0.15	9.75	48.88	56.19	50.69
0.20	9.58	47.70	48.71	39.38
0.25	9.39	45.16	43.39	32.35
0.30	9.50	42.57	40.18	27.49
0.35	9.91	40.81	38.39	24.26
0.40	10.48	40.51	36.64	22.30

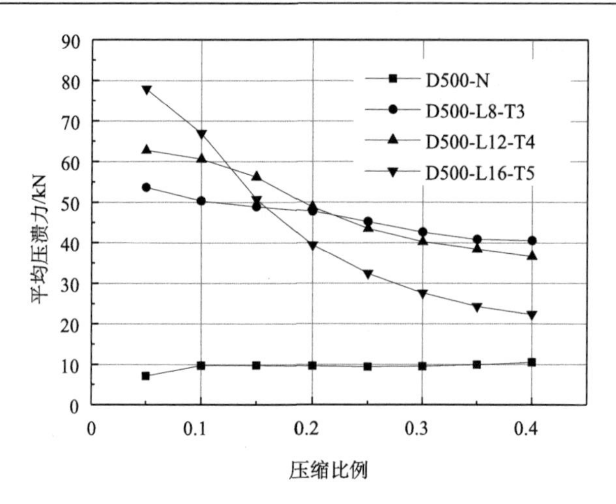

图 9-32　无陶粒试验组平均压溃力

2) 有陶粒试验组

由表 9-13 和图 9-33 可知，有陶粒试验组中四个试件的平均压溃力随着压缩比例的增加而增加。无格构腹板试件 D500-N-C 的平均压溃力与有格构腹板试件相比小很多，说明格构腹板对试件平均压溃力的提高起到了非常重要的作用。有格构腹板试件的平均压溃力都处于较高的水平，且格构腹板数量越多，平均压溃力越高，试件 D500-L16-T5-C 的平均压溃力比试件 D500-L12-T4-C 高出的幅度不超过 7%。可见，有陶粒格构腹板试件的耗能性能随着压缩比例的增加不断增加，平均压溃力随着格构腹板数量的增多而提高，但达到一定数量后的提高幅度会降低。

表 9-13　有陶粒试件平均压溃力　　（单位：kN）

压缩比例	D500-N-C	D500-L8-T3-C	D500-L12-T4-C	D500-L16-T5-C
0.05	8.76	84.32	91.64	88.40
0.10	13.08	94.56	91.44	96.52
0.15	14.61	101.35	99.97	106.93
0.20	15.77	108.05	112.77	120.77
0.25	17.18	114.22	125.77	131.97
0.30	18.77	123.23	140.29	143.97
0.35	20.63	133.03	155.59	156.74
0.40	23.34	142.12	168.48	—

3) 有无陶粒试件对比

图 9-34 给出了有无陶粒试件平均压溃力对比。可以发现，有陶粒试件的平均压溃力均比无陶粒试件高，且随着压缩比例的增加，高出的幅度不断增加，有陶粒试件的平均压溃力呈上升趋势，而无陶粒试件的平均压溃力基本呈下降趋势或

保持不变。当压缩比例大于 0.2 后，三个有陶粒格构腹板试件的平均压溃力都已达到无陶粒试件的 2 倍多，无格构腹板试件的压缩比例需超过 0.3。

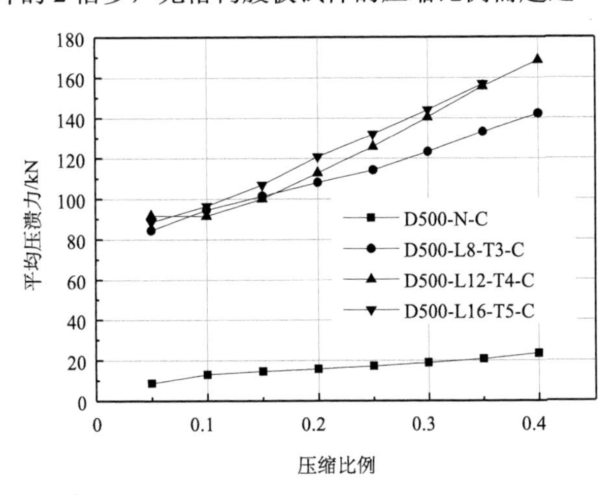

图 9-33　有陶粒试验组平均压溃力

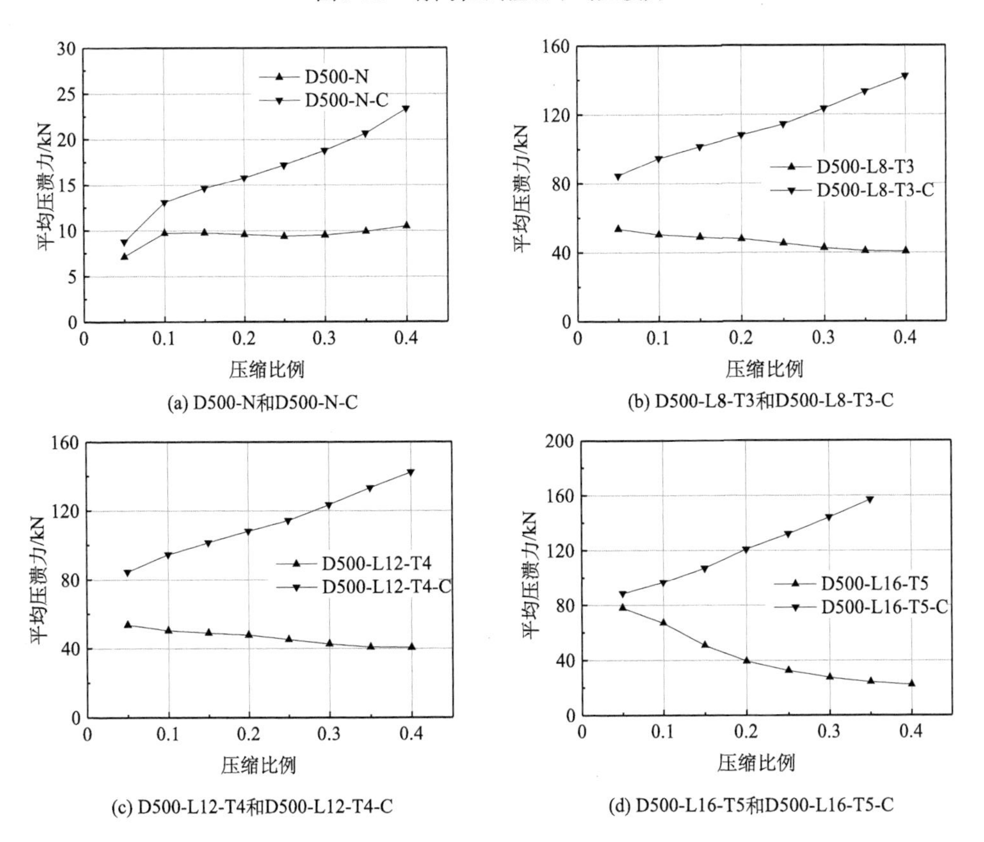

图 9-34　有无陶粒试件平均压溃力对比

9.3　格构增强泡沫夹芯复合材料圆筒结构理论研究

9.3.1　夹芯层等效弹性模量

对矩形填充多孔材料的夹芯层进行研究，如图 9-35 所示，实线表示横向和竖向蜂窝胞壁，阴影部分表示多孔材料，虚线所包围的矩形为提出的等效十字模型，即可将整个夹芯层等效为若干个十字模型。此等效模型具有以下三个优点：①等效十字模型的面积与矩形蜂窝的面积相同；②等效十字模型围成的范围内包含的填充多孔材料面积与矩形蜂窝中填充材料面积相同；③每个等效十字模型都拥有一个完整的十字胞壁。等效十字模型矩形区域称为基本单元体。等效十字模型中胞壁材料的弹性模量为 E_b，填充多孔材料的弹性模量为 E_p，胞壁厚度为 t，基本单元体的长度和宽度分别为 $2a+t$ 和 $2b+t$，夹芯层的厚度为 h_c。

取基本单元体分析，如图 9-36 所示。当矩形填充多孔材料夹芯层受到 1 方向单向应力 σ_1 时，等效体为虚线围成的矩形。

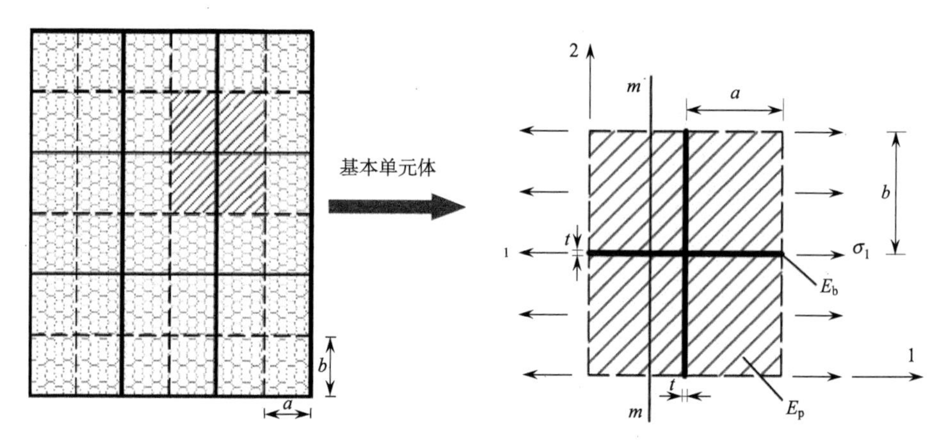

图 9-35　等效十字模型示意图　　　　图 9-36　基本单元体 1 方向单向受力图

取 m—m 截面分析模型的受力(图 9-37)，由力平衡方程可以得到

$$2F_{p1} + F_{b1} = \sigma_1(2b+t)h_c \tag{9-2}$$

在 1 方向的变形协调条件为 $\delta_{p11} = \delta_{b11}$，因 $\delta_{p11} = \dfrac{F_{p1}a}{E_p b h_c}$，$\delta_{b11} = \dfrac{F_{b1}a}{E_b t h_c}$，代入变形协调条件可以得到

$$F_{p1} = \frac{E_p b}{E_b t} F_{b1} \tag{9-3}$$

将式(9-3)代入力平衡方程(9-2)，可以得到

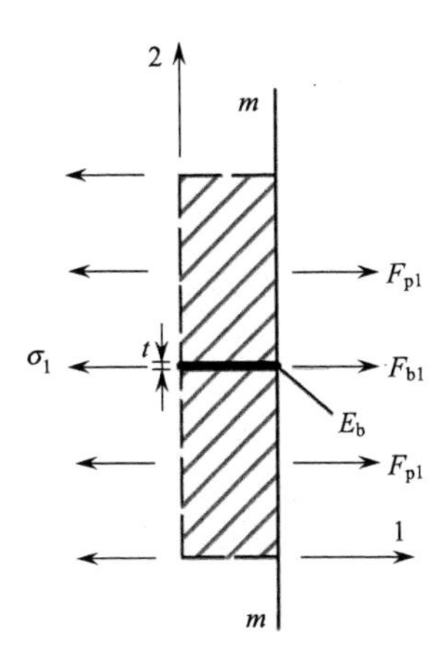

图 9-37　1 方向隔离体

$$F_{p1} = \frac{\sigma_1 (2b+t)E_p bh_c}{E_b t + 2E_p b}, \quad F_{b1} = \frac{\sigma_1 (2b+t)E_b th_c}{E_b t + 2E_p b} \tag{9-4}$$

等效体的变形能为

$$\overline{U} = \frac{1}{2}\frac{\sigma_1^2}{E_{c1}}V = \frac{\sigma_1^2}{2E_{c1}}(2a+t)(2b+t)h_c \tag{9-5}$$

基本单元体的实际变形能与两个水平承载的胞壁和四块填充多孔材料相关，由它们的变形能所组成。

水平胞壁变形能为

$$U_1 = \frac{F_{b1}^2}{2E_b th_c}a = \frac{(2b+t)^2 E_b th_c a}{2(E_b t + 2E_p b)^2}\sigma_1^2 \tag{9-6}$$

填充多孔材料变形能为

$$U_2 = \frac{F_{p1}^2}{2E_p bh_c}a = \frac{(2b+t)^2 E_p bh_c a}{2(E_b t + 2E_p b)^2}\sigma_1^2 \tag{9-7}$$

总变形能为

$$U = 2U_1 + 4U_2 = \frac{a(2b+t)^2 \sigma_1^2 h_c}{E_b t + 2E_p b} \tag{9-8}$$

由 $\overline{U} = U$ 可得夹芯层 1 方向的等效弹性模量 E_{c1} 为

$$E_{c1} = \frac{(2a+t)(E_b t + 2E_p b)}{2a(2b+t)} \tag{9-9}$$

9.3.2　层合理论

基于层合理论对层合圆管侧向压缩进行理论分析。层合圆管示意图见图 9-38，截面图见图 9-39。

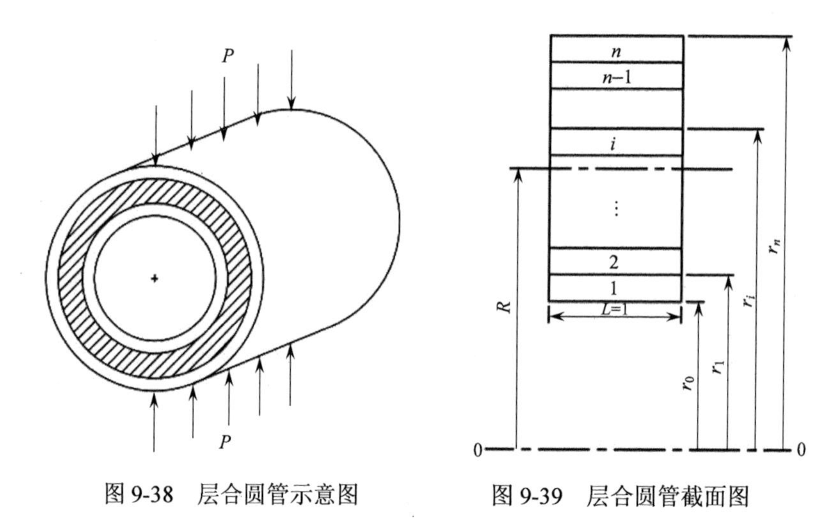

图 9-38　层合圆管示意图　　图 9-39　层合圆管截面图

层合圆管受到侧压荷载，在环向角度 $\phi=0$ 处，P_i 和 T_i 分别是层合圆管第 i 层的轴力和剪力，M_{0i}^P 和 M_{0i}^T 分别是 P_i 和 T_i 引起的弯矩。当 $\phi=0$ 和 $\phi=\pi/2$ 时，由于 P_i 和 T_i 引起的径向位移分别可以表示为

$$u\Big|_{\phi=0}^{P}=-\frac{P_i R_{0i}}{k_i E_i A_i}\left[\frac{1}{2}-\frac{2}{\pi}+\frac{2k_i}{\pi(1+k_i)}\right] \tag{9-10}$$

$$u\Big|_{\phi=\pi/2}^{P}=\frac{P_i R_{0i}}{k_i E_i A_i}\left[\frac{\pi}{4}-\frac{2}{\pi}+\frac{2k_i}{\pi(1+k_i)}\right] \tag{9-11}$$

$$u\Big|_{\phi=0}^{T}=\frac{T_i R_{0i}}{k_i E_i A_i}\left[\frac{\pi}{4}-\frac{2}{\pi}+\frac{2k_i}{\pi(1+k_i)}\right] \tag{9-12}$$

$$u\Big|_{\phi=\pi/2}^{T}=-\frac{T_i R_{0i}}{k_i E_i A_i}\left[\frac{1}{2}-\frac{2}{\pi}+\frac{2k_i}{\pi(1+k_i)}\right] \tag{9-13}$$

其中，R_{0i} 为第 i 层管的平均半径，即 $R_{0i}=\frac{1}{2}\left(r_i+r_{i-1}\right)$，$k_i$ 为层合管的截面模量：

$$k_i=\frac{R_{0i}}{r_i-r_{i-1}}\ln\frac{r_i}{r_{i-1}}-1,\quad i=1,2,\cdots,n \tag{9-14}$$

设

$$\eta_i = \frac{R_{0i}}{k_i E_i A_i}\left[\frac{1}{2} - \frac{2}{\pi} + \frac{2k_i}{\pi(1+k_i)}\right] \tag{9-15}$$

$$\zeta_i = \frac{R_{0i}}{k_i E_i A_i}\left[\frac{\pi}{4} - \frac{2}{\pi} + \frac{2k_i}{\pi(1+k_i)}\right] \tag{9-16}$$

$\phi = 0$ 和 $\phi = \pi/2$ 处的径向位移可表示为由轴力 P 和剪力 T 产生的位移之和，即

$$u\big|_{\phi=0} = u\big|_{\phi=0}^{P} + u\big|_{\phi=0}^{T} \tag{9-17}$$

$$u\big|_{\phi=\pi/2} = u\big|_{\phi=\pi/2}^{P} + u\big|_{\phi=\pi/2}^{T} \tag{9-18}$$

将式(9-15)和式(9-16)代入式(9-10)~式(9-13)，再代入式(9-17)和式(9-18)，由于 $\phi = 0$ 和 $\phi = \pi/2$ 处第 i 层的径向位移与第 i+1 层的径向位移相等，有

$$-P_i\eta_i + T_i\zeta_i = -P_{i+1}\eta_{i+1} + T_{i+1}\zeta_{i+1},\quad i = 1,2,\cdots,n-1 \tag{9-19}$$

$$P_i\zeta_i - T_i\eta_i = P_{i+1}\zeta_{i+1} - T_{i+1}\eta_{i+1},\quad i = 1,2,\cdots,n-1 \tag{9-20}$$

由力平衡可得

$$\sum_{i=1}^{n} P_i = P/2 \tag{9-21}$$

$$\sum_{i=1}^{n} T_i = 0 \tag{9-22}$$

联立式(9-19)~式(9-22)，可求出未知数 P_i 和 T_i，即

$$P_i = \left\{\frac{\dfrac{1}{\eta_i - \zeta_i}\prod_{k=1}^{n}(\eta_k - \zeta_k)}{\sum_{j=1}^{n}\left(\dfrac{1}{\eta_i - \zeta_i}\prod_{k=1}^{n}(\eta_k - \zeta_k)\right)} + \frac{\dfrac{1}{\eta_i + \zeta_i}\prod_{k=1}^{n}(\eta_k + \zeta_k)}{\sum_{j=1}^{n}\left(\dfrac{1}{\eta_i + \zeta_i}\prod_{k=1}^{n}(\eta_k + \zeta_k)\right)}\right\}\cdot\frac{P}{4} \tag{9-23}$$

$$T_i = \left\{\frac{\dfrac{1}{\eta_i - \zeta_i}\prod_{k=1}^{n}(\eta_k - \zeta_k)}{\sum_{j=1}^{n}\left[\dfrac{1}{\eta_i - \zeta_i}\prod_{k=1}^{n}(\eta_k - \zeta_k)\right]} - \frac{\dfrac{1}{\eta_i + \zeta_i}\prod_{k=1}^{n}(\eta_k + \zeta_k)}{\sum_{j=1}^{n}\left[\dfrac{1}{\eta_i + \zeta_i}\prod_{k=1}^{n}(\eta_k + \zeta_k)\right]}\right\}\cdot\frac{P}{4} \tag{9-24}$$

将 P_i 和 T_i 代入式(9-10)~式(9-13)，即可求得 $\phi = 0$ 和 $\phi = \pi/2$ 时分别由 P_i 和 T_i 引起的径向位移 $u\big|_{\phi=0}^{P}$、$u\big|_{\phi=\pi/2}^{P}$、$u\big|_{\phi=0}^{T}$ 和 $u\big|_{\phi=\pi/2}^{T}$，再代入式(9-17)和式(9-18)即可求得 $u\big|_{\phi=0}$ 和 $u\big|_{\phi=\pi/2}$。

9.3.3 理论值与试验值对比

1. 夹芯层等效弹性模量

1) 试件 D500-N

试件 D500-N 夹芯层为均质的聚氨酯泡沫，无需将弹性模量进行等效，弹性模量取第 2 章材性试验所得结果，即 E_{p}=2.48MPa。

2) 试件 D500-L8-T3

取试件 D500-L8-T3 的基本单元体(图 9-40)，保持基本单元体厚度不变，通过截面等面积原则，即 $S_1 = S_1'$，将扇形截面六面体等效为正六面体，则有 l_{AB}=118mm，l_{CD}=196mm，$l_{A'B'}$=157mm，$l_{AD}=l_{A'D'}$=100mm，$l_{DE}=l_{D'E'}$=200mm。

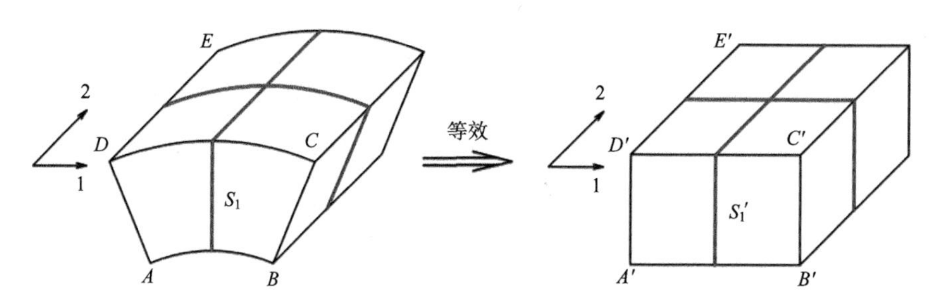

图 9-40　基本单元体等效图

复合材料圆筒在侧向压缩下主要的变形方向为 1 方向，2 方向的变形相对很小，故取 1 方向的面内等效弹性模量 E_{c1} 作为夹芯层的弹性模量。

运用等效十字模型求解等效弹性模量，具体参数为 a=77.3mm，b=98.8mm，t=2.4mm，E_{b}=20GPa，E_{p}=2.48MPa，则等效弹性模量 E_{c1} 为

$$E_{\mathrm{c1}}=\frac{(2a+t)(E_{\mathrm{b}}t+2E_{\mathrm{p}}b)}{2a(2b+t)}=\frac{(2\times 77.3+2.4)\left(20\times 10^{3}\times 2.4+2\times 2.48\times 98.8\right)}{2\times 77.3\times\left(2\times 98.8+2.4\right)}$$
$$=246.21\mathrm{MPa}$$

3) 试件 D500-L12-T4

将试件 D500-L12-T4 的基本单元体等效为正六面体，则有 l_{AB}=79mm，l_{CD}=131mm，$l_{A'B'}$=105mm，$l_{AD}=l_{A'D'}$=100mm，$l_{DE}=l_{D'E'}$=133mm。等效十字模型参数：a=51.3mm，b=65.3mm，t=2.4mm，E_{b}=20GPa，E_{p}=2.48MPa，则等效弹性模量 E_{c1} 为

$$E_{\mathrm{c1}}=\frac{(2a+t)(E_{\mathrm{b}}t+2E_{\mathrm{p}}b)}{2a(2b+t)}=\frac{(2\times 51.3+2.4)\left(20\times 10^{3}\times 2.4+2\times 2.48\times 65.3\right)}{2\times 51.3\times\left(2\times 65.3+2.4\right)}=371.84\mathrm{MPa}$$

4) 试件 D500-L16-T5

将试件 D500-L16-T5 的基本单元体等效为正六面体，则有 l_{AB} =59mm，l_{CD} =98mm，$l_{A'B'}$ =78.5mm，$l_{AD} = l_{A'D'}$ =100mm，$l_{DE} = l_{D'E'}$ =100mm。等效十字模型参数：a=38.1mm，b=48.8mm，t =2.4mm，E_b=20GPa，E_p=2.48MPa，则等效弹性模量 E_{c1} 为

$$E_{c1} = \frac{(2a+t)(E_b t + 2E_p b)}{2a(2b+t)} = \frac{(2\times 38.1+2.4)\left(20\times 10^3\times 2.4+2\times 2.48\times 48.8\right)}{2\times 38.1\times\left(2\times 48.8+2.4\right)} = 497.61\text{MPa}$$

2. 对比

试件 D500-N、D500-L8-T3、D500-L12-T4 和 D500-L16-T5 都可简化为层合圆管，且层数为三层。第 1 层为内面层，第 2 层为夹芯层，第 3 层为外面层。三层材料除夹芯层的等效弹性模量不同外，其余参数相同。具体参数有：r_0=0.1476m，r_1=0.15m，r_2=0.25m，r_3=0.2524m，R=0.2m，R_{01}=0.1488m，R_{02}=0.2m，R_{03}=0.2512m，E_1=E_3=20GPa。D500-N 夹芯层弹性模量 E_2=2.48MPa，D500-L8-T3 夹芯层弹性模量 E_2=246.21MPa，D500-L12-T4 夹芯层弹性模量 E_2=371.84MPa，D500-L16-T5 夹芯层弹性模量 E_2=497.61MPa。

将上述各项参数先代入式(9-14)~式(9-16)求出截面模量 k_i 和系数 η_i、ζ_i；将结果代入式(9-23)和式(9-24)，获得层合圆管第 i 层的轴力 P_i 和剪力 T_i；再代入式(9-18)，得到 $\phi = \pi/2$ 处的径向位移 $u\big|_{\phi=\pi/2}$，即为复合材料圆筒在侧向压缩下的位移。

各试件侧向压缩位移的理论值和试验值对比见图 9-41，弹性极限承载力对应的位移理论值与试验值见表 9-14。

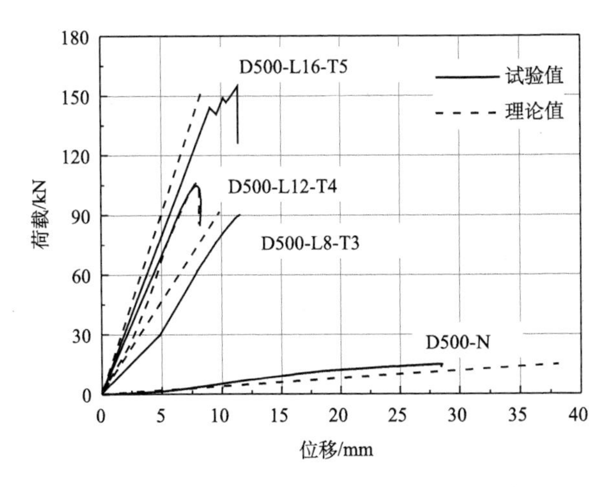

图 9-41　各试件侧向压缩位移理论值与试验值对比

表 9-14　弹性极限承载力对应的位移理论值与试验值

试件编号	D500-N	D500-L8-T3	D500-L12-T4	D500-L16-T5
试验位移/mm	28.5	11.4	8.1	11.2
理论位移/mm	38.18	9.87	7.77	8.54
误差/%	34.0	–13.4	–4.1	–23.8

由图 9-41 和表 9-14 可知，在弹性极限承载力下的位移理论值与试验值吻合较好，存在的误差主要由三个方面产生：

(1) 试验加载弹性阶段时内外面层与泡沫芯材发生剥离，GFRP 与泡沫之间仅通过制作时真空导入的树脂很薄，仅为纤维铺层的 1/20，其黏结能力较弱，在局部较大荷载时易产生脱层，而理论分析时认为界面变形协调。

(2) 采用真空导入工艺制作试件时，产生的负压会使外面层在横向和纵向格构处产生凸起，使试件外面层不够平整，试验加载初期会出现未压实的现象，故格构试件 D500-L8-T3、D500-L12-T4 和 D500-L16-T5 初始刚度相对于理论值偏低，压实后的刚度与理论值吻合，所以弹性极限荷载下的位移试验值比理论值偏大。

(3) 试件尺寸较大，格构试件由若干包裹玻璃纤维布的聚氨酯泡沫块拼接而成，面层和格构可能存在局部厚度略有偏差的现象。

9.4　格构增强泡沫夹芯复合材料圆筒结构数值模拟

9.4.1　复合材料失效准则

对于复合材料的失效问题，许多学者提出了不同的失效准则，如早期的最大应力准则和最大应变准则；1965 年，Tsai[6]在 Hill[7]的研究基础上提出了 Tsai-Hill 失效准则；1967 年，Hoffman[8]对 Tsai-Hill 准则进行修正，引入纤维和横向的拉压强度，提出了 Hoffman 准则；1971 年，Tsai 等[9]提出了张量形式的多项准则 Tsai-Wu 失效准则；1980 年，Hashin[10]基于不变量法提出了包含纤维拉伸和压缩、基体拉伸和压缩四种失效模式的 Hashin 准则；1987 年，Chang 等[11,12]提出了著名的 Chang-Chang 准则，该准则包含了纤维拉伸、纤维压缩、基体拉伸、基体压缩和纤维/基体剪切五种失效模式，如式(9-25)~式(9-29)所示。

$$e_{\mathrm{ft}}=\left(\frac{\sigma_1}{X_{\mathrm{t}}}\right)^2+\frac{\dfrac{\sigma_{12}^2}{2G_{12}}+\dfrac{3}{4}\alpha\sigma_{12}^4}{\dfrac{S_{12}^2}{2G_{12}}+\dfrac{3}{4}\alpha S_{12}^4}\geqslant 1,\quad \sigma_1\geqslant 0 \tag{9-25}$$

$$e_{\mathrm{fc}}=\left(\frac{\sigma_1}{X_{\mathrm{c}}}\right)^2\geqslant 1,\quad \sigma_1\leqslant 0 \tag{9-26}$$

$$e_{mt}=\left(\frac{\sigma_{22}}{Y_t}\right)^2+\frac{\dfrac{\sigma_{12}^2}{2G_{12}}+\dfrac{3}{4}\alpha\sigma_{12}^4}{\dfrac{S_{12}^2}{2G_{12}}+\dfrac{3}{4}\alpha S_{12}^4}\geqslant 1,\quad \sigma_{22}\geqslant 0 \tag{9-27}$$

$$e_{mc}=\left(\frac{\sigma_{22}}{Y_c}\right)^2+\frac{\dfrac{\sigma_{12}^2}{2G_{12}}+\dfrac{3}{4}\alpha\sigma_{12}^4}{\dfrac{S_{12}^2}{2G_{12}}+\dfrac{3}{4}\alpha S_{12}^4}\geqslant 1,\quad \sigma_{22}\leqslant 0 \tag{9-28}$$

$$e_{fs}=\left(\frac{\sigma_1}{X_c}\right)^2+\frac{\dfrac{\sigma_{12}^2}{2G_{12}}+\dfrac{3}{4}\alpha\sigma_{12}^4}{\dfrac{S_{12}^2}{2G_{12}}+\dfrac{3}{4}\alpha S_{12}^4}\geqslant 1,\quad \sigma_1\leqslant 0 \tag{9-29}$$

其中，e_{ft}、e_{fc}、e_{mt}、e_{mc}和e_{fs}分别为纤维拉伸、纤维压缩、基体拉伸、基体压缩和纤维/基体剪切五种失效模式的失效因子，满足式(9-25)~式(9-29)时即发生失效，不满足时材料保持弹性。

本章有限元模拟中，GFRP 选用的材料模型为复合材料损伤模型 Composite Damage Model(材料编号 22)，其采用 Chang-Chang 准则进行失效判断，支持纤维拉伸、基体开裂和基体压缩三种失效模式。

9.4.2　有限元模型的建立

1. 单元类型与材料模型

1)单元类型

LS-DYNA 中提供的单元种类并不多，有杆单元 3D Link 160、梁单元 3D Beam 161、实体单元 2D Solid 162、薄壳单元 Thin Shell 163、实体单元 3D Solid 164、弹簧阻尼单元 Spring-Damper 165、质量单元 3D Mass 166、杆单元 Link 167 和四面体实体单元 3D Tet-Solid 168 等。

本章对格构增强泡沫夹芯复合材料进行有限元模拟时，GFRP 内外层、横纵向格构腹板采用薄壳单元 Thin Shell 163，可以设置实常数(Real Constant)来定义 GFRP 的厚度；泡沫、加载板和垫板采用实体单元 3D Solid 164。

2)材料模型

在有限元分析中，选择合理的材料模型和材料参数才能得到正确的有限元模拟结果。对于格构腹板夹芯复合材料在准静态压缩下的力学研究，在材料模型的选择上有着较高的要求，材料模型不仅要适用于复合材料，还要支持损伤。适用于 GFRP 有限元模拟的材料模型有很多，如塑性随动模型 Plastic Kinematic/

Isotropic Model(材料编号 3)、复合材料损伤模型 Composite Damage Model(材料编号 22)、增强复合材料损伤模型(材料编号 54/55)，复合材料失效模型 Composite Failure Model(材料编号 59)等。

本章 GFRP 选用复合材料损伤模型 Composite Damage Model(材料编号 22)，该模型可应用于薄壳单元、厚壳单元及三维实体单元，并且支持损伤。此模型可以根据 Chang-Chang 模型来定义正交各向异性且易损伤的复合材料。材料参数主要有：密度 ρ，弹性模量 E_X、E_Y、E_Z，剪切模量 G_{XY}、G_{XZ}、G_{YZ}，泊松比 NU_{XY}、NU_{XZ}、NU_{YZ}，损坏材料的体积模量 Bulk Modulus，面内的剪切强度 S_c，长轴的拉伸强度 X_t，横向拉伸强度 Y_t，横向压缩强度 Y_c，非线性剪切系数 α。GFRP 材料模型主要参数列于表 9-15。

表 9-15　GFRP 材料模型主要参数

参数	ρ/(g/cm^3)	E_X/GPa	E_Y/GPa	E_Z/GPa	G_{XY}/GPa
数值	1.8	20.0	20.0	6.67	2.5
参数	G_{XZ}/GPa	G_{YZ}/GPa	NU_{XY}	NU_{XZ}	NU_{YZ}
数值	1.25	1.25	0.15	0.1	0.1
参数	S_c/MPa	X_t/MPa	Y_t/MPa	Y_c/MPa	α
数值	55	322.9	322.9	168.2	0.3

聚氨酯泡沫采用可压碎泡沫模型 Crushable Foam Model(材料编号 63)，材料参数主要有:密度 ρ、弹性模量 E、泊松比 ν、添加破坏准则*MAT_ADD_EROSION，当聚氨酯泡沫的剪切应变达到 0.1 时，删除泡沫实体单元。聚氨酯泡沫材料主要参数列于表 9-16。

表 9-16　聚氨酯泡沫、陶粒和刚体材料模型主要参数

参数	ρ/(g/cm^3)	E/MPa	ν
聚氨酯泡沫	0.04	2.48	0.3
陶粒	0.56	15	0.1
刚体	7.8	2.0×10^5	0.27

陶粒采用可压碎泡沫模型 Crushable Foam Model(材料编号 63)，陶粒材料主要参数列于表 9-16。

加载板和垫板采用刚体材料模型 Rigid Model(材料编号 20)，材料参数主要有密度 ρ、弹性模量 E、泊松比 ν。

2. 模型建立与网格划分

在 ANSYS/LS-DYNA 中，在 GUI 界面创建几何分析模型，利用内置的显式分析菜单功能进行显式分析参数设置，输出一个格式统一的计算程序输入信息文件，即关键字文件(KEYWORD)，在 LS-Program Manager 中进行计算求解得到结果文件 d3plot，运用 ANSYS/LS-DYNA 软件包中附带的 LS-PREPOST 后处理程序即可进行计算结果的可视化后处理。

本章在建立几何模型时，不考虑内外面层、横纵向格构腹板以及聚氨酯泡沫之间的黏结滑移，因此模型的建立采用变形协调，即复合材料内外面层、横纵向格构腹板以及聚氨酯泡沫的节点共用。对几何模型进行网格划分时，采用映射网格(Mapped Mesh)，以划分线的份数控制面和体的网格划分，要求网格划分规整、大小合适。几何模型及网格划分见图 9-42，不同试件的网格划分单元数见表 9-17。

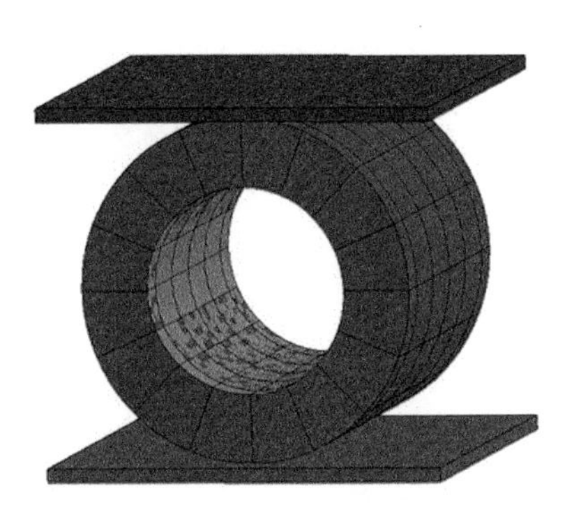
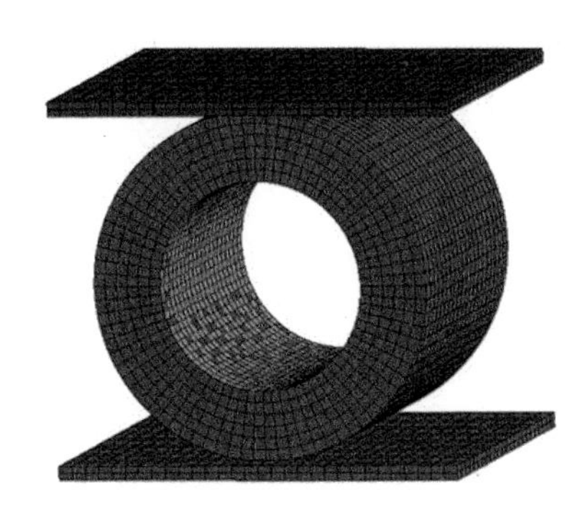

(a) 无陶粒试件 D500-L16-T5

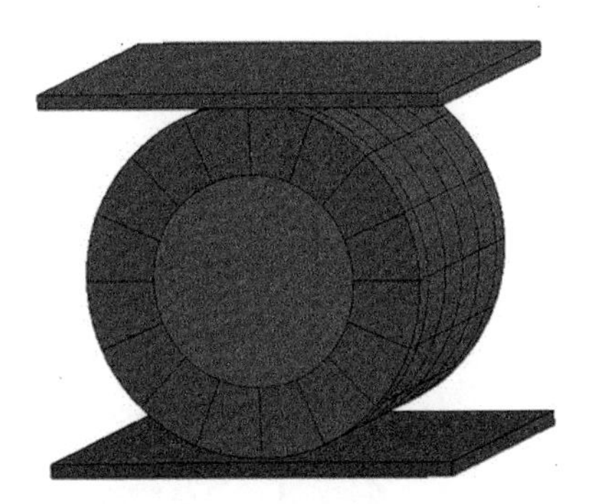
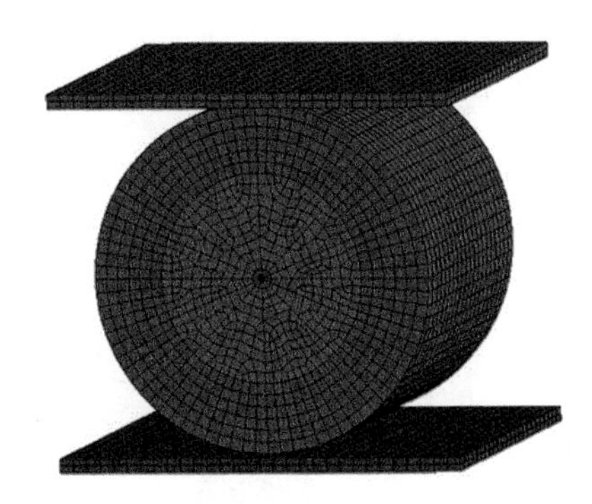

(b) 有陶粒试件 D500-L16-T5-C

图 9-42 几何模型及网格划分

表 9-17　构增强复合材料圆筒模型划分单元数

试件编号	外面层	内面层	纵向格构	横向格构	聚氨酯泡沫	陶粒
D500-N	2000	2000	—	—	12400	—
D500-L8-T3	960	960	960	864	5760	—
D500-L12-T4	1500	1500	1800	1440	9000	—
D500-L16-T5	1600	1600	1920	2400	9600	—
D500-L8-T3-C	960	960	960	864	5760	2640
D500-L12-T4-C	1500	1500	1800	1440	9000	8800
D500-L16-T5-C	1600	1600	1920	2400	9600	8480

3. 边界条件、接触方式与加载方式

有限元模型的边界条件应与试验一致，在垫板底面设置所有约束即 All DOFs，限制其各方向的位移、转动；加载板与复合材料圆筒的接触方式采用自动的面-面接触即*CONTACT_AUTOMATIC_ SURFACE_TO_SURFACE，静摩擦系数和动摩擦系数均设置为 0.1；加载方式采用对加载板进行匀速加载。

9.4.3　有限元结果分析

1. 变形与应力

1) 试件 D500-N

由表 9-18 可知，无格构试件 D500-N 有限元模拟所得的变形图与试验较为吻合。内外面层在侧向压缩下发生变形，压缩后近似椭圆形，上下加载面以及左右两侧出现较大应力，未达到破坏应力，泡沫芯材在压缩过程中因剪应力发生失效，并发展形成裂缝，与试验现象相符。

表 9-18　试件 D500-N 变形图

试件编号	外面层	内面层
D500-N		

续表

试件编号	聚氨酯泡沫	试验
D500-N		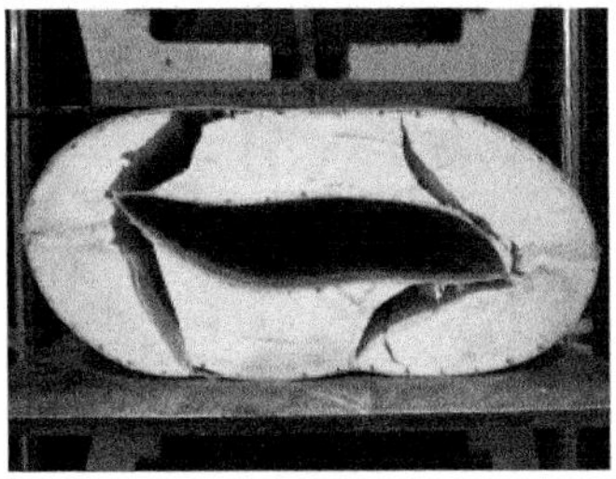

2) 试件 D500-L8-T3、D500-L12-T4 和 D500-L16-T5

由表 9-19 可知，格构试件 D500-L8-T3、D500-L12-T4 和 D500-L16-T5 有限元模拟所得的变形图与试验较为吻合。在加载过程中，内外面层因压缩产生很大的拉应力，当拉应力大于 GRFP 拉伸强度时即发生断裂失效。与试验现象相比，有限元模拟所得的内面层变形和失效情况与试验现象比较相符，外面层断裂情况不如试验现象严重，泡沫破碎失效情况比试验现象严重。有限元模拟结果中纵向格构以受压屈曲为主，少部分发生断裂，横向格构发生大面积的受压屈曲和失效现象。

有限元模拟结果与试验结果的主要差异体现在未实现层间剥离破坏，主要是由于纤维铺层之间的树脂基体发生断裂，裂缝不断扩展直至发生层间剥离。树脂基体的厚度仅为纤维铺层的 1/20，有效地模拟其力学性能是目前存在的有限元模拟难题。本章 GFRP 材料采用的是复合材料损伤模型 Composite Damage Model，虽能支持纤维拉伸、基体开裂和基体压缩三种失效模式，但较难实现试验现象中的层间剥离。若要较好地模拟该现象，可分别通过实体单元建立纤维铺层和树脂基体，但这就需要细化网格，对于本章中的大尺寸试件，势必会大大增加网格数量和计算时间，并且易发生计算不收敛。

2. 位移-荷载曲线

1) 无陶粒试验组

由图 9-43 和表 9-20 可知，各试件的有限元模拟结果与试验结果吻合较好。无格构试件 D500-N 的弹性极限承载力和初始刚度有限元模拟值比试验值分别偏小 13.2%和 32.1%，平台阶段的承载力都在 10kN 附近波动。格构试件 D500-L8-T3、D500-L12-T4 和 D500-L16-T5 的弹性极限承载力有限元模拟值略大于试验值，试件 D500-L12-T4 的误差稍大，为 19.4%；在平台阶段，荷载低于试验值，这与有限元模拟过程的刚度退化有关。LS-DYNA 中的复合材料损伤模型 Composite Damage Model 虽然能支持纤维拉伸、基体开裂和基体压缩这三种失效模式，但较难实现试验现象中的层间剥离，有限元模拟值略大于试验值。

表 9-19　试件 D500-L8-T3、D500-L12-T4 和 D500-L16-T5 变形图

试件编号	D500-L8-T3	D500-L12-T4	D500-L16-T5
外面层			
内面层	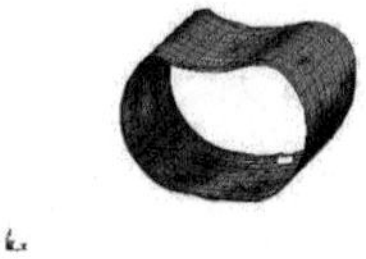		
纵向格构			
横向格构			
聚氨酯泡沫		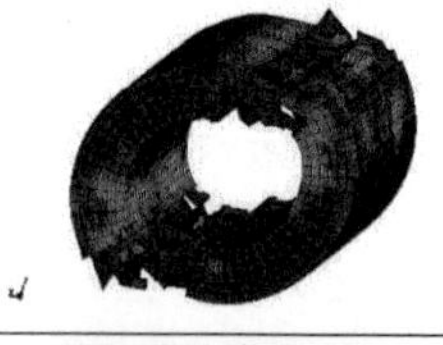	
试验		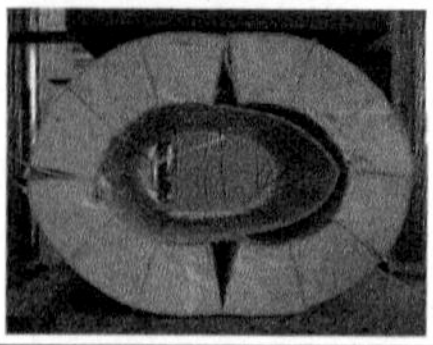	

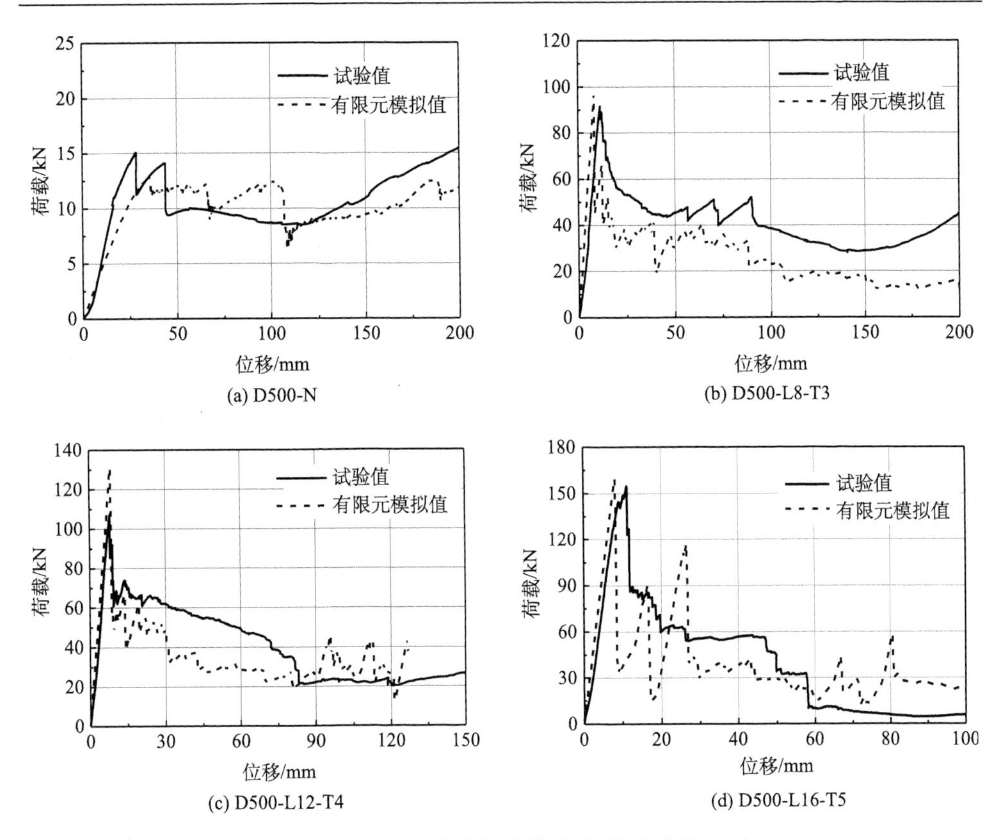

图9-43　无陶粒组试件荷载-位移曲线

表9-20　无陶粒组试件弹性极限荷载、位移与初始刚度

试件编号	弹性极限承载力			位移			初始刚度		
	试验值/kN	有限元模拟值/kN	误差/%	试验值/mm	有限元模拟值/mm	误差/%	试验值/(kN/mm)	有限元模拟值/(kN/mm)	误差/%
D500-N	15.04	13.05	−13.2	28.5	35.8	25.6	0.53	0.36	−32.1
D500-L8-T3	91.84	93.53	1.8	11.4	8.4	−26.3	8.06	11.13	38.1
D500-L12-T4	107.56	128.42	19.4	8.1	8.4	3.7	13.28	15.29	15.1
D500-L16-T5	154.56	159.51	3.2	11.2	8.2	−26.8	13.80	18.99	37.6

由表9-20可知，三个格构试件的初始刚度有限元值都大于试验值，但从图9-43中可见，三个试件的初始刚度有限元模拟值与实际刚度基本吻合。计算所得出的误差主要是因为试件在真空导入树脂时产出的负压使试件外面层与格构腹板交界处出现褶皱，使试件在加载初期因加载面没有完全接触，从而使荷载上升缓慢，当加载面完全压实后，试件的整体刚度恢复到其应有的水平。

2) 有陶粒试验组

由图 9-44 可知，各试件的有限元模拟结果与试验结果吻合较好。在弹性阶段，有限元模拟值与试验值十分接近，初始刚度较为吻合；在强化阶段，有限元模拟值略大于试验值，试验中横向格构和纵向格构因出现层间剥离使试件在弹性阶段之后出现了下降段，而有限元模拟中不能实现层间剥离现象，延性段因内部填充的陶粒起到支撑作用而使承载力逐渐上升。

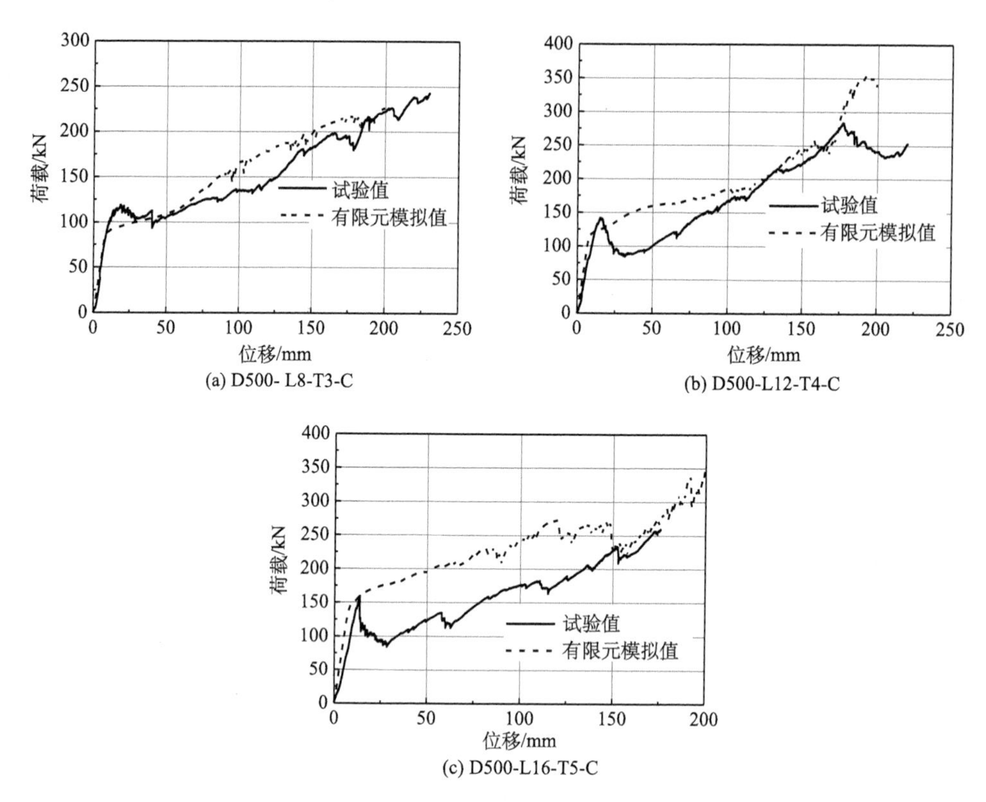

图 9-44　有陶粒组试件荷载-位移曲线

3. 耗能分析

1) 无陶粒试验组

由图 9-45 可知，对比各试件在侧向压缩下的能量吸收试验值与有限元模拟值发现，无格构试件二者吻合良好，格构试件有限元模拟值比试验值偏小。因为在有限元模拟中，GFRP 材料所受应力满足失效准则时即发生失效，刚度退化为零。而在压缩试验中，GFRP 材料的失效需要一个过程，刚度退化的过程比有限元模拟缓慢很多。材料在失效的过程中会因纤维拉伸/压缩、基体拉伸/压缩、纤维/基体剪切等破坏消耗大量能量，故有限元模拟值比试验值偏低。

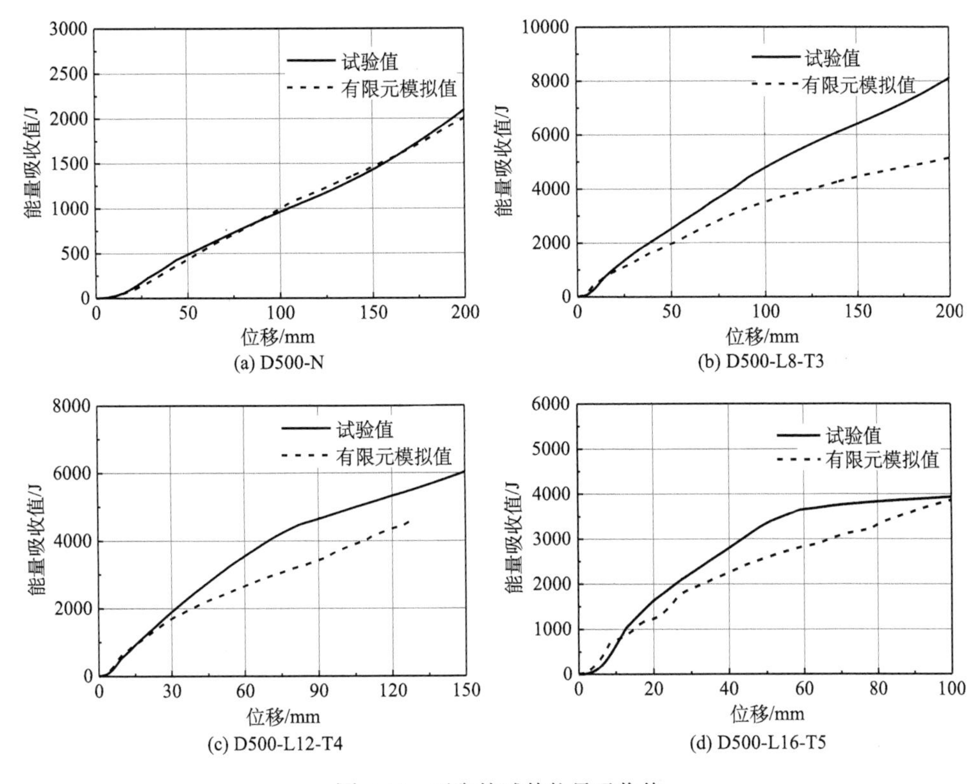

图 9-45　无陶粒试件能量吸收值

2) 有陶粒试验组

由图 9-46 可知，对比各试件在侧向压缩下的能量吸收试验值与有限元模拟值，发现误差较小，有限元模拟值略高于试验值。由于有限元模拟中不能实现层间剥离现象，强化阶段因内部填充的陶粒起到支撑作用，承载力逐渐上升，且大于试验值，故有限元模拟所得能量吸收值大于试验值。

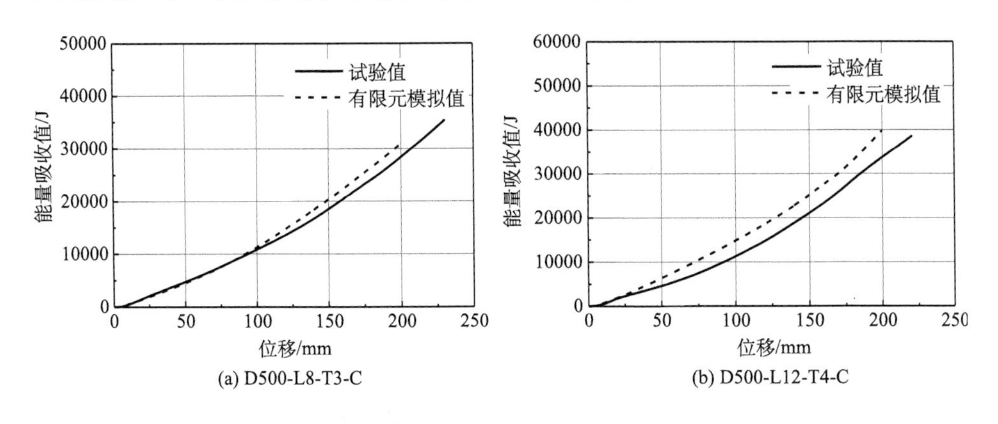

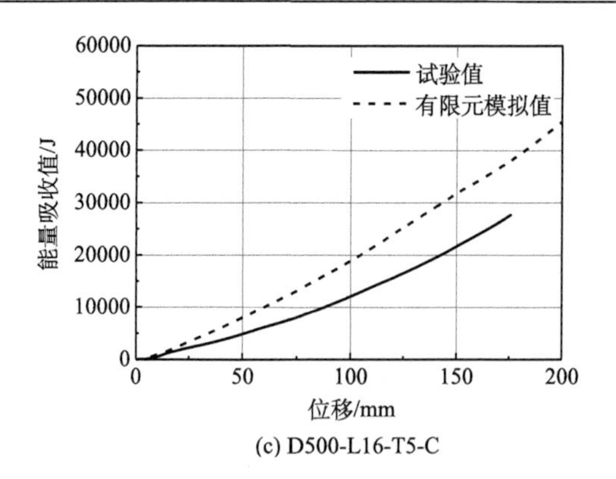

(c) D500-L16-T5-C

图 9-46　有陶粒试件能量吸收值

4. 试验、理论与有限元对比

对比无陶粒试件承载力弹性阶段的试验结果、理论结果与有限元模拟结果，见图 9-47。由图可知，通过对比各试件在试验、理论和有限元模拟下的弹性阶段受力情况发现，三者之间的误差较小，结果较为吻合。理论曲线与有限元曲线较为接近，无格构试件 D500-N 试验值稍偏大，三个格构试件试验值稍偏小。

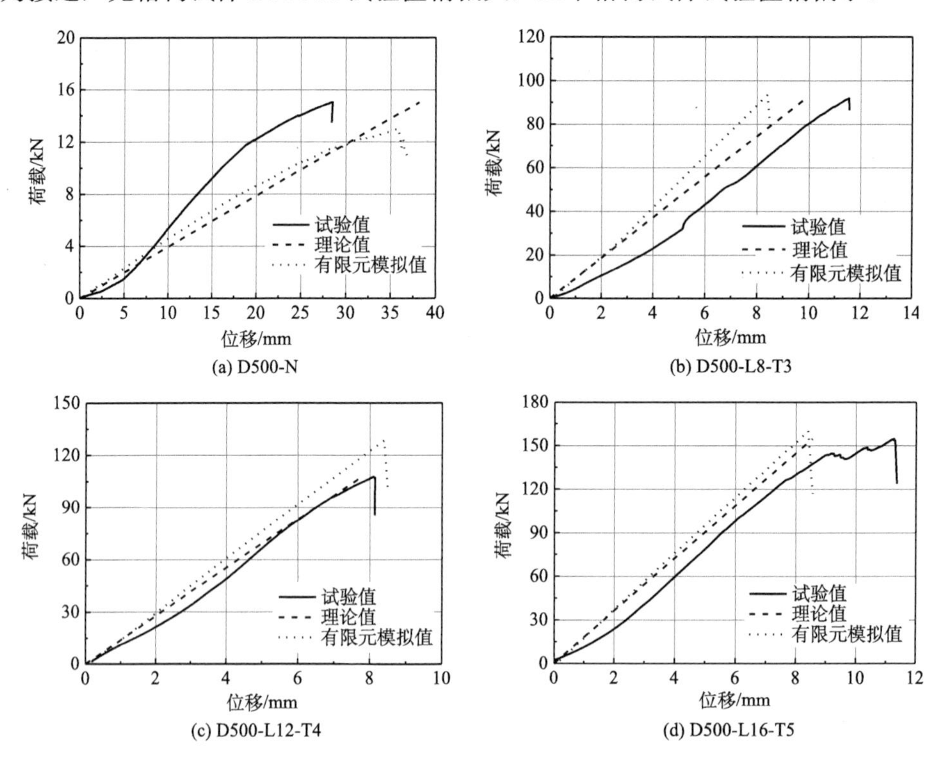

图 9-47　各试件弹性阶段荷载-位移曲线对比

9.4.4　有限元参数分析

1. 纵向格构数量的影响

保持横向格构数量为 3 个不变，纵向格构数量设置为 4 个、8 个、12 个和 16 个，即得到试件 D500-L4-T3、D500-L8-T3、D500-L12-T3 和 D500-L16-T3，计算分析纵向格构数量对试件弹性极限承载力的影响，各试件的荷载-位移曲线见图 9-48，弹性极限承载力见图 9-49，弹性极限承载力对应的加载位移及初始刚度见表 9-21。

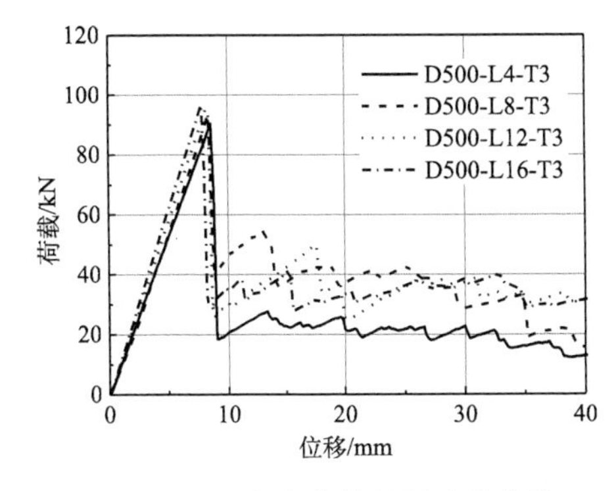

图 9-48　不同纵向格构数量试件荷载-位移曲线对比

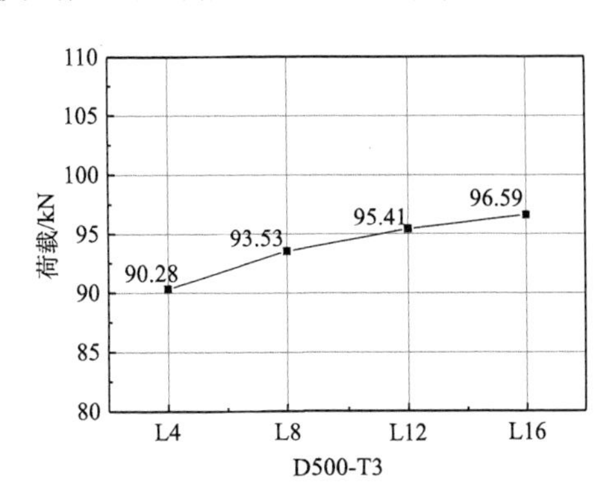

图 9-49　不同纵向格构数量试件弹性极限承载力对比

表 9-21　不同纵向格构数量试件的弹性极限承载力、位移和初始刚度

试件编号	弹性极限承载力/kN	位移/mm	初始刚度/(kN/mm)
D500-L4-T3	90.28	8.6	10.50
D500-L8-T3	93.53	8.4	11.13
D500-L12-T3	95.41	8.2	11.64
D500-L16-T3	96.59	7.8	12.38

由图 9-48、图 9-49 和表 9-21 可知，保持其他参数不变，增加纵向格构的数量对提高试件弹性极限承载力的作用很小，弹性极限承载力和初始刚度仅有小幅提高，弹性极限承载力所对应的加载位移有小幅下降。试件在加载初期的承载力主要由横向格构提供，增加纵向格构的数量只能小幅提高试件的整体刚度，对承载力提高的作用并不大。

2. 横向格构数量的影响

保持纵向格构数量为 12 个不变，横向格构数量设置为 2 个、3 个、4 个和 5

个，此时横向格构间距分别为400mm、200mm、133mm和100mm，即得到试件D500-L12-T2、D500-L12-T3、D500-L12-T4和D500-L12-T5，计算分析横向格构数量对试件弹性极限承载力的影响，各试件的荷载-位移曲线见图9-50，弹性极限承载力见图9-51，弹性极限承载力对应的加载位移及初始刚度见表9-22。

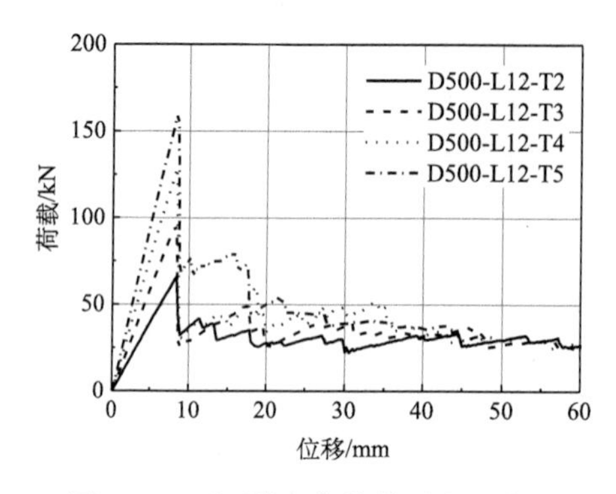

图9-50　不同横向格构数量各试件荷载-位移曲线对比

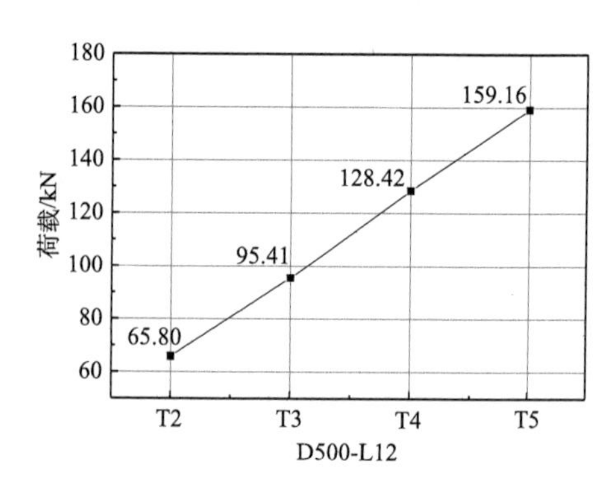

图9-51　不同横向格构数量试件弹性极限承载力对比

表9-22　不同横向格构数量试件的弹性极限承载力、位移和初始刚度

试件编号	弹性极限承载力/kN	位移/mm	初始刚度/(kN/mm)
D500-L12-T2	65.80	8.4	7.83
D500-L12-T3	95.41	8.2	11.64
D500-L12-T4	128.42	8.4	15.29
D500-L12-T5	159.16	8.6	18.51

由图9-50、图9-51和表9-22可知，保持其他参数不变，增加横向格构的数量对提高试件弹性极限承载力的作用十分显著，且承载力的提高几乎呈比例增长。弹性极限承载力所对应的加载位移变化不大，初始刚度增加明显。

3. 横向格构厚度的影响

对D500-L8-T3构件改变横向格构腹板的厚度，分别设置为1.2mm、2.4mm、3.6mm和4.8mm，计算分析横向格构厚度对试件弹性极限承载力的影响，各试件的荷载-位移曲线见图9-52，弹性极限承载力见图9-53，弹性极限承载力对应的加载位移及初始刚度见表9-23。

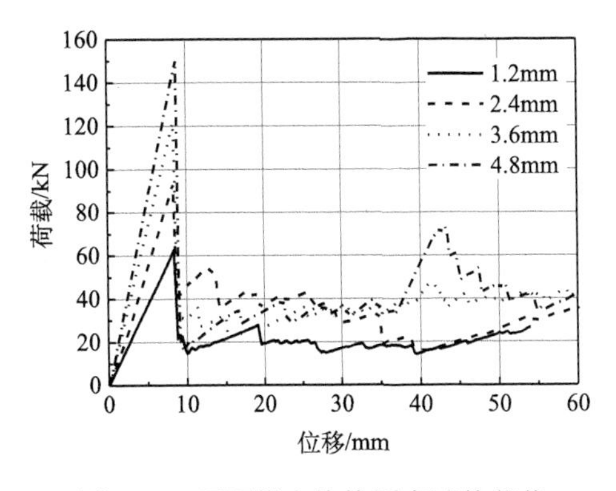

图 9-52　不同横向格构厚度试件荷载-位移曲线对比

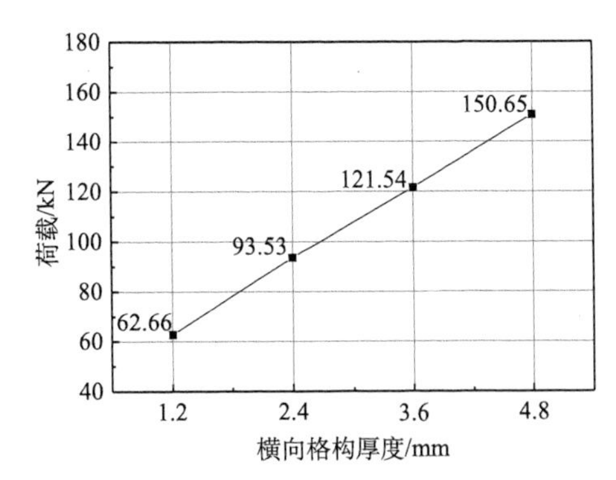

图 9-53　不同横向格构厚度试件弹性极限承载力对比

表 9-23　不同横向格构厚度试件的弹性极限承载力、位移和初始刚度

横向格构厚度/mm	弹性极限承载力/kN	位移/mm	初始刚度/(kN/mm)
1.2	62.66	8.4	7.46
2.4	93.53	8.4	11.13
3.6	121.54	8.4	14.47
4.8	150.65	8.8	17.12

由图 9-52、图 9-53 和表 9-23 可知，保持其他参数不变，增加横向格构的厚度对提高试件弹性极限承载力的作用十分显著，承载力提高几乎呈比例增长。弹性极限承载力所对应的加载位移变化不大，初始刚度增加明显。

4. 面层厚度的影响

对 D500-L8-T3 构件改变内外面层的厚度，分别设置为 1.2mm、2.4mm、3.6mm 和 4.8mm，计算分析面层厚度对试件弹性极限承载力的影响，各试件的荷载-位移曲线见图 9-54，弹性极限承载力见图 9-55，弹性极限承载力对应的加载位移及初始刚度见表 9-24。

表 9-24　不同面层厚度试件的弹性极限承载力、位移和初始刚度

面层厚度/mm	弹性极限承载力/kN	位移/mm	初始刚度/(kN/mm)
1.2	89.03	9.4	9.47
2.4	93.53	8.4	11.13
3.6	99.54	7.8	12.76
4.8	103.39	7.0	14.77

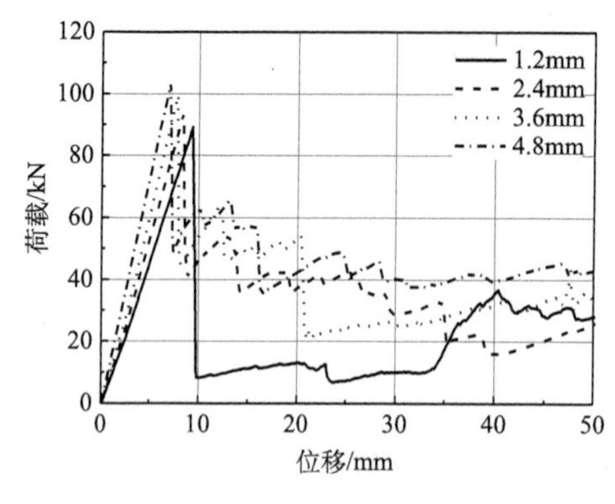

图 9-54 不同面层厚度试件荷载-位移曲线对比

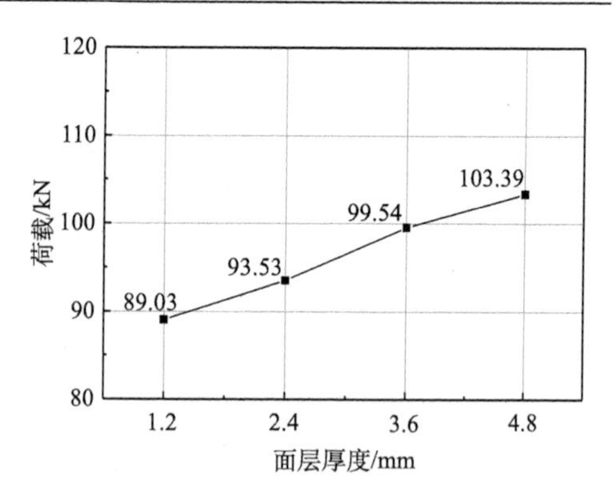

图 9-55 不同面层厚度试件弹性极限承载力对比

由图 9-54、图 9-55 和表 9-24 可知，保持其他参数不变，增加内外面层的厚度对提高试件弹性极限承载力的作用有限，承载力小幅提高，弹性极限承载力所对应的加载位移减小，初始刚度有一定提高。

9.5 本 章 小 结

本章对格构增强泡沫夹芯复合材料圆筒试件侧向压缩试验进行研究，比较在有无格构和有无填充陶粒的情况下复合材料圆筒的破坏模式，分析不同参数对试件力学性能和耗能性能的影响；推导了无格构复合材料层合圆筒在侧向压缩下承载力与压缩位移的关系；运用 ANSYS/LS-DYNA 非线性有限元软件对试验部分进行了数值模拟，得到以下几点结论：

(1) 比较分析了不同形式圆筒试件之间的破坏模式差异。无格构试件的破坏模式为内外面层树脂基体开裂，泡沫发生剪切裂缝和挤压褶皱，内填陶粒后内面层得到支撑，变形减小；格构试件的破坏模式为外面层树脂基体开裂、纤维断裂，内面层树脂基体开裂、纤维断裂、层间剥离，格构腹板层间剥离、受压屈曲，泡沫挤压褶皱，内填陶粒后外面层纤维断裂减少、内面层纤维断裂增多、泡沫发生剪切裂缝。

(2) 研究了不同形式圆筒试件的侧向承载力和弹性极限承载力。无陶粒无格构试件荷载-位移曲线分为弹性阶段和平台阶段，无陶粒格构试件荷载-位移曲线分为弹性阶段、下降阶段、平台阶段和强化阶段，陶粒试件荷载-位移曲线分为弹性阶段、下降阶段和强化阶段；增设横向和纵向格构后，试件的弹性极限承载力和初始刚度提高；内填陶粒后，试件的弹性极限承载力有所提高，增加幅度为 3%~37%。

(3)引入了能量吸收值、比吸能和平均压溃力等参数，对试件的吸能性能进行了分析评价。格构试件在侧向压缩过程中的能量吸收值明显大于无格构试件，有陶粒试件的能量吸收值明显大于无陶粒试件；无格构试件填充陶粒后比吸能值降低，格构试件填充陶粒后比吸能值变化情况与压缩比例有关，随着压缩比例的增加先降低后增加；格构试件平均压溃力大于无格构试件，有陶粒试件的平均压溃力随压缩比例的增加而增加，无陶粒试件的平均压溃力呈下降趋势或保持不变。

(4)基于能量法，运用等效十字模型，将芯层等效为均质材料，得到了格构增强复合材料圆筒芯层面内等效弹性模量；运用层合理论推导了该圆筒结构在侧向压缩下的荷载和位移关系，并与试验值进行了对比，结果吻合良好。

(5)利用有限元软件对复合材料圆筒进行侧向压缩模拟，模拟所得荷载-位移曲线、初始刚度、弹性极限承载力与试验结果和理论结果较为吻合。对比有限元模拟和试验的试件破坏模式，有限元模拟所得的内面层变形和失效情况与试验现象比较相符，外面层断裂情况不如试验现象严重，泡沫破碎失效情况比试验现象严重，横向格构发生了大面积的受压屈曲和失效现象，纵向格构以受压屈曲为主，少部分发生断裂。

(6)利用有限元软件对试件进行参数分析发现，增加纵向格构数量和面层厚度对提高试件弹性极限承载力的作用很小，弹性极限承载力和初始刚度小幅提高，弹性极限承载力所对应的加载位移一定程度下降；增加横向格构的数量和厚度对提高试件弹性极限承载力的作用十分显著，初始刚度增加明显，弹性极限承载力所对应的加载位移变化不大。

参考文献

[1] 中华人民共和国国家质量监督检验检疫总局，中国国家标准化管理委员会. 纤维增强塑料拉伸性能试验方法(GB/T 1477—2005)[S]. 北京：中国标准出版社，2005.

[2] 中华人民共和国国家质量监督检验检疫总局，中国国家标准化管理委员会. 纤维增强塑料压缩性能试验方法(GB/T 1448—2005)[S]. 北京：中国标准出版社，2005.

[3] 中华人民共和国国家质量监督检验检疫总局，中国国家标准化管理委员会. 硬质泡沫塑料压缩性能的测定(GB/T 8813—2008)[S]. 北京：中国标准出版社，2008.

[4] 中华人民共和国国家质量监督检验检疫总局，中国国家标准化管理委员会. 轻集料及其试验方法 第2部分：轻集料试验方法(GB/T 17431.2—2010)[S]. 北京：中国标准出版社，2011.

[5] 项燕飞. 能量吸收材料与结构的评价指标[D]. 宁波：宁波大学，2014.

[6] Tsai S W. Strength characteristics of composite materials[R]. NASA-CR-224, 1965.

[7] Hill R. A theory of the yielding and plastic flow of anisotropic materials[J]. Proceedings of the Royal Society: Series A, 1948, 193: 281-293.

[8] Hoffman O. The brittle strength of orthotropic materials[J]. Journal of Composite Materials,

1967, 1(2): 200-206.

[9] Tsai S W, Wu E M. A general theory of strength for anisotropic materials[J]. Journal of Composite Materials, 1971, 5(1): 58-80.

[10] Hashin Z. Failure criteria for unidirectional fiber composites[J]. Journal of Composite Materials, 1980, 47(2): 329-334.

[11] Chang F K, Chang K Y. A progressive damage model for laminated composites containing stress concentrations[J]. Journal of Composite Materials, 1987, 21(9): 834-855.

[12] Chang K Y, Liu S, Chang F K. Damage tolerance of laminated composites containing an open hole and subjected to tensile loadings[J]. Journal of Composite Materials, 1991, 25: 274-301.